高等学校教材系列

综合设计性
物理实验教程

主　编　张利民　吴宏景　付全红
副主编　邢　辉　王　民
主　审　王建元

電子工業出版社
Publishing House of Electronics Industry
北京 • BEIJING

内 容 提 要

本书是为贯彻正确价值观引领下“以学生为本、综合运用知识及技能、提高科学素养和创新思维、强化实践能力和创新能力”的实验教学理念编写的，并紧扣“高阶性、创新性、挑战度”的金课标准。本书满足不同基础学生的层次性，并努力做到六性：新颖性、实用性、先进性、趣味性、普及性和适应性。每个实验内容都提供有吸引力的引言、针对性的参考文献、引导性的预习思考题和“基础、提高、进阶、高阶”四阶要求。学习本书，可优化与强化学生的创新意识和创新能力。

本书分为三篇：第一篇为设计性物理实验理论概述，主要内容为设计性物理实验简介及其在培养人才中的作用，以及实验数据处理及论文报告写作；第二篇为综合设计性物理实验，共五章17个实验，归纳为经典力学实验、物质热物性测量研究、电子元件和电路的特性与应用研究、光的特性与应用研究、传感器的特性与应用研究五类实验，注重物理基础知识和技能的综合运用，激发学生的兴趣和积极性，着重培养学生将知识与技术转化为解决实际问题的能力；第三篇为研究性与设计性物理实验，共三章11个实验，题目紧跟时代需求，主要包括新材料制备、设计和特性研究，基于新能源发电的设计性物理实验研究，基于仿生的创新性物理实验研究，培养学生独立从事科学研究的能力。

本书可作为高等院校理工类本科生设计性物理实验课程的教材或参考书，也可作为物理竞赛与创新实验的参考书。

图书在版编目（CIP）数据

综合设计性物理实验教程 / 张利民，吴宏景，付全红主编. —北京：电子工业出版社，2022.9
ISBN 978-7-121-44157-8

Ⅰ. ①综… Ⅱ. ①张… ②吴… ③付… Ⅲ. ①物理学－实验－高等学校－教材 Ⅳ. ①O41-33

中国版本图书馆 CIP 数据核字（2022）第151324号

责任编辑：王晓庆
印　　刷：北京七彩京通数码快印有限公司
装　　订：北京七彩京通数码快印有限公司
出版发行：电子工业出版社
　　　　　北京市海淀区万寿路173信箱　　邮编：100036
开　　本：787×1 092　1/16　印张：17.25　字数：442千字
版　　次：2022年9月第1版
印　　次：2023年9月第2次印刷
定　　价：55.00元

凡所购买电子工业出版社图书有缺损问题，请向购买书店调换。若书店售缺，请与本社发行部联系，联系及邮购电话：（010）88254888，88258888。

质量投诉请发邮件至 zlts@phei.com.cn，盗版侵权举报请发邮件至 dbqq@phei.com.cn。

本书咨询联系方式：（010）88254113，wangxq@phei.com.cn。

前　言

当今世界，综合国力竞争归根结底是人才竞争，为了迎接未来的挑战，要加强创新人才的培养，这是高等教育的根本任务，也是教学改革的基本方向。目前高等教育改革应注重加强培养学生创新意识和创新能力、加强培养基础学科拔尖学生。通常认为，设计性实验教学是培养学生创新意识和创新能力的有效模式。本书在编写上多措并举，目的是优化与强化学生的创新意识和创新能力。

设计性实验是介于基础实验和实际科学实验之间、具有对科学实验全过程进行初步训练的较高层次的实验课程。在任务驱动下，让学生接受通过查阅文献资料来收集信息、设计实验方案、拟定实验步骤、执行研究计划、整理分析数据、撰写科学报告和论文等全方位的模拟科研训练。其目的在于为学生营造一种自主学习、独立设计和自由发挥的氛围，综合运用所学的知识、方法和技能解决实际问题，激发学生学习物理新知识、研究与探索物理规律的积极性，开发其潜能，强化培养学生的实践能力和创新能力。通过对该课程的学习，培养学生独立分析问题、解决问题的能力和从事科学研究的能力，为将来毕业设计、撰写科研成果报告和学术论文奠定良好的基础。

本书针对不同基础的学生，按训练要求的不同，将实验项目分为两大类：第一类是综合设计性物理实验，注重把所学的物理与软件等知识、实验方法和技能等综合运用到解决实际问题或测量技术中，激发学生的学习热情，提高动手动脑能力，激励创新精神；第二类是研究性与设计性物理实验，增设了物理与生物、物理与环境、物理与材料等多学科交叉的题目，它们带有一些前沿的科学研究性质，主要目的是培养学生独立从事科学研究的能力。在编排上打破了传统实验教材中以实验项目为主线的方法，以学科或技术为主线，尝试将各实验进行重组，有助于相关知识、测量技术、仪器使用方法和科学素养的融会贯通，发挥创造力。编写中还采用了“用同一仪器或方法设计多种实验”和“用不同方法完成同一目的的实验”的辅线，运用实验仪器与测量目标交叉组合的方法，将实验进一步融合，基于列举法和一物多用法等强化训练创新思维，努力实现设计性物理实验的教学目标。

每个实验的引言都介绍了实验题目的有关背景和较新的发展动态，以帮助学生认识该实验的价值，激发其主动性，激励创新热情。查阅文献资料是设计性物理实验中重要的一环，运用创新思维和创新技法对收集的信息进行加工，才能构思出最佳的实验方案。为了保证学生能在较短的实验时间内把主要精力放在创新设计上，每个实验内容都提供了参考文献和引导性的预习思考题。此外，拓展内容对“吃不饱”的学生提供了更高阶的挑战，满足他们的个性化需求，培养拔尖人才。实验内容上采取的举措也会强化对学生创新意识和创新能力的培养。

本书是在西北工业大学陕西省物理实验教学示范中心的《设计性基础物理实验》讲义基础上，经大量修改而完成的，尤其是增加了很多新的紧跟时代步伐的设计性实验内容。本书由张利民、吴宏景、付全红担任主编，邢辉、王民担任副主编。在实验项目撰写工作中进行了详细的分工，编排经多次集体讨论确定。全书由张利民策划和统稿。在编写过程中，臧渡洋教授、罗炳成副教授、庞述先高级工程师等提出了宝贵的意见并给予了大量帮助。王建元教授审阅了全书，并提出了许多宝贵意见。此外，笔者还参考了很多国内外的文献资料和设计性物理实验教材。在此向大家一并表示衷心的感谢！

由于编者水平有限，恳请同行和读者对书中的错误和不妥之处批评指正。

编　者

2022 年 8 月

目　录

第一篇　设计性物理实验理论概述

第一章　设计性物理实验在培养人才中的作用 ······1

第一节　创新人才的培养 ······1

第二节　创新教育在设计性物理实验中的体现 ······5

第二章　设计性物理实验简介 ······7

第一节　何为设计性物理实验 ······7

第二节　设计性物理实验的选题和教学方式 ······8

第三节　如何做好设计性物理实验 ······9

第三章　实验数据处理及论文报告写作 ······12

第一节　用软件处理物理实验数据 ······12

第二节　论文报告的撰写 ······23

第二篇　综合设计性物理实验

第四章　经典力学实验 ······25

实验 1　碰撞打靶实验 ······25

实验 2　动力法研究刚体转动惯量及特性 ······28

实验 3　基于波尔共振仪的受迫振动特性研究 ······32

第五章　物质热物性测量研究 ······39

实验 4　固体导热系数的测量 ······41

实验 4-1　准稳态法测量不良导体的导热系数和比热 ······43

实验 4-2　瞬态热线法测量导热系数 ······45

实验 5　液体粘滞系数的测量 ······46

实验 5-1　基于斯托克斯公式的落球法 ······48

实验 5-2　基于泊肃叶公式的毛细管法 ······50

实验 5-3　基于液体热物性参数相关性测定粘滞系数 ······52

实验 6　液体表面张力的测量 ······54

实验 6-1　拉脱法 ······57

实验 6-2 饱和高度法 …… 59
实验 6-3 基于超声悬浮液滴扇谐振荡特性的非接触法 …… 60
实验 7 金属及半导体电阻率的测量研究 …… 62
实验 7-1 开尔文电桥法测量金属电阻率 …… 65
实验 7-2 四探针法测量半导体的电阻率 …… 67
第六章 电子元件和电路的特性与应用研究 …… 70
实验 8 电学元件及 RLC 电路的特性与应用研究 …… 70
实验 8-1 二极管的伏安特性及应用 …… 77
实验 8-2 基于电子元件和 RC 串联电路特性的暗盒实验 …… 79
实验 8-3 RLC 串联电路的谐振 …… 81
实验 8-4 RLC 串联电路的暂态过程 …… 84
实验 8-5 基于 RLC 电路特性的暗盒实验 …… 86
实验 9 交流电桥的应用研究 …… 88
实验 9-1 交流电桥测量电容、电感 …… 93
实验 9-2 交流电桥测量铁磁材料居里温度 …… 95
第七章 光的特性与应用研究 …… 99
实验 10 基于分光计的几何光学和光衍射的特性与应用研究 …… 99
实验 10-1 折射率的测量 …… 103
实验 10-2 单缝和光栅衍射的应用研究 …… 105
实验 10-3 超声光栅衍射与液体中声速的测定 …… 107
实验 10-4 发光二极管的特性与应用研究 …… 110
实验 11 光的偏振特性与应用研究 …… 112
实验 11-1 光的偏振特性与调控研究 …… 112
实验 11-2 液晶电光的特性与应用研究 …… 116
实验 12 光干涉测量技术的应用研究 …… 122
实验 12-1 时间相干性在迈克耳孙干涉仪中的应用 …… 122
实验 12-2 等厚干涉的典型应用——牛顿环干涉、劈尖干涉 …… 127
实验 12-3 干涉仪的研究及应用 …… 131
实验 12-4 压电陶瓷的特性及振动的干涉测量 …… 135
第八章 传感器的特性与应用研究 …… 140
实验 13 温度传感器的制作、特性与应用 …… 140
实验 13-1 AD590 集成温度传感器的特性与应用研究 …… 140

实验 13-2　NTC 型热敏电阻温度的特性与体温计设计……146
实验 14　CCD 的特性与应用研究……149
实验 14-1　CCD 的特性与应用研究实验……149
实验 14-2　线阵 CCD 的应用——细丝直径的非接触测量……157
实验 15　各向异性磁阻传感器的磁阻特性与应用研究……163
实验 16　霍尔传感器的特性与应用研究……169
实验 16-1　霍尔元件测量磁场……172
实验 16-2　基于霍尔位置传感器的弯曲法测量杨氏模量……174
实验 16-3　集成开关型霍尔传感器的特性与应用研究……176
实验 17　光纤传感器的特性与应用研究……178
实验 17-1　光纤马赫-曾德尔干涉仪的压力和温度传感的特性与应用研究……185
实验 17-2　光纤布拉格光栅应变/温度传感的特性与应用研究……187
实验 17-3　光纤压力/位移传感器的特性与应用研究……191
实验 17-4　光纤位移传感器测量材料的杨氏模量……194

第三篇　研究性与设计性物理实验

第九章　新材料制备、设计和特性研究……197
实验 18　基于超声悬浮的液滴-气泡转变特性……197
实验 19　铌酸钠基薄膜的制备及性能研究……203
实验 20　多层壳核空心球尖晶石的制备及其电磁波吸收性能……209
实验 21　相场方法模拟晶体生长的数值实验……216
第十章　基于新能源发电的设计性物理实验研究……221
实验 22　太阳能电池的特性及应用……221
实验 22-1　太阳能电池基本特性的测定……224
实验 22-2　离网型太阳能光伏电源系统……226
实验 23　半导体热电材料的热电性能及温差发电……229
实验 24　风力发电系统研究……237
实验 25　燃料电池特性测量与分析……243
第十一章　基于仿生的创新性物理实验研究……249
实验 26　仿生超疏水表面的制备与减阻性能……249
实验 27　仿贝壳复合材料的制备及其力学性能……254
实验 28　仿生复眼的电化学刻蚀制备及测试……262

第一篇　设计性物理实验理论概述

第一章　设计性物理实验在培养人才中的作用

第一节　创新人才的培养

创新是一个民族进步的灵魂，是一个国家兴旺发达的不竭动力，国家科技创新的根本源泉在于创新人才。所谓创新人才，就是具有创新意识、创新精神、创新思维、创新知识、创新能力及良好的创新人格，能够创造性地解决问题的人才。人才的培养，重在培养素质，创新人才的素质主要侧重于思想素质和文化素质。

思想素质包含心理素质的要求，正确的指导思想和心理状态对于做任何事情都能起到保证作用，开展创新工作也不例外。如果创新的目的与推动科技进步、促进生产发展、为人民谋福利、振兴国家密切联系，就会产生巨大的动力。思想素质是创新工作的重要条件。心理素质中的兴趣、爱好和毅力，在一定程度上对创新工作起着积极的促进作用。

文化素质，除要求掌握一定的科学文化知识、专业知识外，还应尽可能多地了解科技发展的最新信息和动态，熟悉创新的基本知识、思维的基本变化法则和创新技巧，且具有一定的创造能力。如果不了解最新的科技信息，就不能从更高的起点、更广阔的视野去开展创新工作，也就不能既好又快地获取高水平的成果。如果不掌握有关的创新理论和知识，就不能自觉高效地进行创造发明。如果不具备一定的创造能力，那么创新设想往往只能停留在脑子中、出现在纸上。

下面将从四个方面来论述对创新人才的培养。首先要克服创新障碍，激发创新热情，然后从创新思维的训练、创造能力的培养和创新品格的塑造三个方面来综合造就人才。

一、克服创新障碍，激发创新热情

创新障碍一般以主观因素为主，主要表现为思想认识上的障碍、心理上的障碍、运用创新思维和技巧的障碍、经验不足的障碍等。要打破前两种障碍，就要做好以下几点。

（1）学习和掌握辩证法，打破思维定式。在长期应试教育、灌输式教学等影响下，学生会形成一些错误的观念，如书上写的就是正确的，教师讲的总是对的，存在就是正确的、合理的。思想僵化，不能一分为二辩证地看问题，因此对创新研究不但没有兴趣，反而认为这不应该做，那也不值得做。比如伽利略的比萨斜塔实验推翻了持续两千多年的亚里士多德的

自由落体观点。因此，必须不断学习和掌握辩证法，打破思维定式，敢于创新，才能有所发现、有所发明。

（2）克服自卑心理，增强自信心。很多人认为发明创造是天才做的事，自己脑子笨，做不来，自卑心理比较严重。事实上，一个人的创造力和先天有一定关系，但更重要的是靠后天长期的努力学习和实践锻炼。搞创新，要根据自身条件，有一个正确的定位。小学生虽然知识水平和生活经验都不如大人，但他们同样取得了许多创造性的成果。只要有信心，勤于思考，勇于实践，不断努力，几乎每个人都可以根据自身条件和特点，取得创新成果。

（3）加强责任感，克服畏难情绪。许多人平时也善于观察，也能发现问题，然而对于不合理的产品设计、不寻常的实验现象，没有解决的决心和毅力，担心吃力不讨好，白花时间，怕别人说风凉话，怕担风险。这部分人把困难看得较多，思想顾虑较重，这同样是一种障碍。要克服这一障碍，关键是要加强责任感，要真正认识到创新是事关国家和民族的大事。从局部看，这也关系到一个企业、一个单位的发展。对个人来说，也是一种思想和能力的提升。对于青年一代来说，应具有"振兴国家，匹夫有责"的强烈责任感，勇于面对困难，迎接挑战，"立下创新志，偏向困难行"。

二、创新思维的训练

创新思维是指系统地、灵活地运用有关的基本思维方法和创新法则、创新技法进行创新，并解决创新活动中的问题，从而取得创新成果的思维活动过程。从创新思维的全过程来看，它具有主动性、综合性和创新性的特点。从思维本身的特点来看，它又具有灵活性、开放性和独立性。

创新思维是一个艰苦的、复杂的、长期的思维活动过程，不是大脑的"一闪念"。虽然灵感、直觉在创新活动中起着重要作用，但它们存在的时间比较短。灵感思维和直觉思维的形成有它的前提和条件，需以逻辑思维和非逻辑思维为基础。创新思维只有经过训练才能取得事半功倍的效果，通过学习能熟练运用思维的各种基本方法、基本变化法则和各种创新技法。

学生的创新思维训练不外乎课堂学习、小组讨论和自我训练三种形式。本书的综合设计性物理实验、研究性与设计性物理实验都采用创新思维训练模式，以实验设计要求作为模拟创新目标，让学生运用创新思维基本方法、创新法则进行设计，完成实验要求，从中得到锻炼。这种模式提供了理论联系实际的机会，具有边学边用的特点，但设计性实验必须具备一定的实验条件，花的时间也多。

这里介绍创新思维训练常用的几种方法。

（1）自我设问法训练。设问法是一种简单易行的创新技法，它对训练创新思维、开发创新课题、寻找解决问题的方法都起着重要作用。爱因斯坦曾说过："提出一个问题往往比解决一个问题更重要。因为解决一个问题也许仅是一个数学上的或实验上的技巧而已，而提出新的问题、新的可能性、从新的角度去看旧问题，却需要有创造性的想象力，而且标志着真正的科学进步。"所以，从某种意义上说，要学会创新，必须学会提问。活跃思维、激发创新思路、把握创新方向的常用的自我设问的内容主要包括以下四点：①考察对象有什么缺点或不足之处值得改进或利用；②考察对象有什么优点可供创新之用；③对于考察对象，还存在什么社会需求，可发明一种新产品以满足人们的需要；④对于考察对象，运用何种创新法则和技巧，才能开发出新产品。第一点和第二点分别属于列举法中的缺点列举法和优点列举法。

第三点是捕捉社会需要，社会需要是创新的动力和源泉，是创新之母。第四点是利用置换、移植、组合、分解、缩小、扩大、增加、删除等方法进行创新。

（2）列举法训练。列举法主要有特性列举法、优缺点列举法和成对列举法。通过对同一范围内各物品的列举或将一种产品分解成各零件的列举或优缺点列举拓展思路，并运用置换、组合和比较等方法形成新创意，从而找到改进方向和创新内容，这对改进旧产品、开发新产品比较有效，在创新思维训练上也是一种活跃思维、培养思维变换和分析能力的简便方法。

（3）一物多用法训练。此方法是指一个物体在不同条件下，都可起到不同的作用，发挥不同的功能，属于发散思维方法的训练。此方法有利于打破思维定式、改变习惯性看法，可帮助我们从不同角度、不同方向思考问题、解决问题。比如把某一领域的高科技成果移植到其他领域，往往很快能产生新的成果，有时其机制和作用比在原来领域中还要大。随着现代科学技术的发展，各学科的交叉、渗透越来越多，技术上的融合越来越紧密，从而为创新提供了越来越多的机会。

（4）“异途同归”法训练。采用不同方法、不同技术或利用不同设备、材料来解决某一问题，达到某一目的的训练，虽然途径不同，但目标一致，属于思维发散性训练。发散思维运用联想、想象、逆向思维等思维方法和组合法、移植法、置换法等各种创新技法，从不同角度、不同方向来思考问题，灵活多变地研究问题，这种训练容易激发创新火花，构思出最佳方案。

要提出多个方案去解决一个问题，必须有较为广博的知识。如在线动态测量钢材的厚度，如果仅仅知道用米尺、千分尺和游标卡尺测量厚度，显然不能解决问题。但如果还知道利用电容法、超声波法、涡流法、电磁法和射线法等也可测厚度，才有可能从各种方法的分析比较中找到最佳的钢材在线动态测厚法。因此，广博的知识对训练思维的灵活性是很重要的。

三、创新能力的培养

创新能力是指发现问题和解决问题的能力，还可以表述为观察能力、思维能力和实际操作能力，有的表述为发现问题的能力、获取信息的能力、分析判断的能力、实际操作的能力和组织管理的能力等。创新能力不是天赋，它和其他能力一样，可以通过学习和训练培养，每个人的创新潜能都可以通过培养而释放出来。创新能力应侧重观察能力的培养、想象能力的培养、创造性思维能力的培养、实践能力的培养和信息获取能力的培养。

（1）观察能力的培养。观察对于任何工作，尤其是科学研究是不可缺少的。在创新工作中，观察的作用同样很重要，有时甚至是决定性的。因为创新始于问题，而问题往往来源于观察。通过敏锐的观察，科学家能发现常人视而不见的问题，进而获得新的科学发现或发明，如万有引力和准晶的发现。要培养见微知著的洞察力，观察需要有目的性和客观性，还需要有全面性和典型性。培养观察能力，一定要尽量结合自己的个人工作、结合有兴趣的问题、结合新颖事物进行观察。

（2）想象能力的培养。想象是指通过大脑思维，把原有事物形象地描绘成或创造成新形象的过程。想象一般分为无意想象和有意想象两种。想象在创新思维过程中的具体作用：第一，表现为能通过想象综合形成一个创新形象，这对大多数技术创新来说是必要的；第二，想象能诱发灵感和直觉，从而取得创新性突破；第三，想象是最灵活的思维活动，可以把头脑中的各种信息进行任意组合、类比、联想，从而容易产生新的构思、新的方案。要培养想象能力，首先，要见多识广、博览群书、博采众长。有了渊博的知识，就易于把各种信息进行组合，充分发挥想象，形成各种各样的设想。其次，通过联想发展想象，充分发挥对比联想和相似联想的作用。最后，平时多看科幻小说或一些艺术展等，丰富自己的想象力、创意能力和形象思维能力。

（3）创造性思维能力的培养。创造性思维是在一般思维的基础上发展起来的，表现为创造性地提出问题和创造性地解决问题。它是后天培养与训练的结果，因此我们有意识地从以下几个方面进行培养。①要激发人的好奇心和求知欲，它们是培养创新意识、提高创造思维能力和掌握创造方法与策略的推动力。实验研究表明，一个好奇心强、求知欲旺盛的人往往勤奋自信、善于钻研、勇于创新。②培养发散思维。发散思维本身有不依常规、寻求变异、探索多种答案的特点，这是发展创造性思维能力的重要方面。所以应重视对学生发散思维的培养，在解题练习中进行多解、多变。③培养直觉思维和逻辑思维。直觉思维是指未经逐步分析而迅速地对解决问题的途径和答案做出合理反应的思维，如猜测、预感、设想、顿悟等。但是直觉思维往往不完善、不明确，有时甚至是错误的。要使直觉思维达到完善，需要检验、修改和订正完善过程。因此，把两者结合起来培养会更有助于创造性思维的发展。

（4）实践能力的培养。实践能力主要是指对基本实验技能和方法的运用能力，对改进与研制实验设备和仪器的能力，对计算机有一定的操作和应用能力。事实证明，实践能力在创新工作中具有重要作用。只有通过个人努力、反复训练、动手动脑，才能提高实践能力。

（5）信息获取能力的培养。创新既要新颖，又要先进，这就要求在创新之前必须对与课题有关的现状做全面的了解。既能避免重复工作，又能汲取别人成果的精华，再通过自己的创新活动，形成独特的设计方案。在目前的信息社会，要学会通过查数据库、个人计算机上网、图书馆查阅等方式来筛选有用的信息。

四、创新品格的塑造

品格主要反映一个人的意志品质和性格，是一种非智力的心理品质，是心理过程和个性心理特征的总称。品格对一个人的工作、成就影响很大。研究表明，在发明创造中，知识、智力因素往往不是决定性因素，而非智力的心理品质（包括动机、兴趣、情感、意志和性格）是激发创造热情、促进智力发挥和创新思维的心理动力，在一定条件下，心理品质对智力发挥起决定性作用。而消极的心理品质往往影响智力的正常活动，抑制创造力的发挥，甚至会导致创新工作半途而废。有关资料表明，在影响一个人成就的因素中，智力因素只占 25%，而优良性格等非智力因素却占 75%。

一个人的品格在创造发明中起着重要作用。好的品格能使人成为一个发明家或取得创新成果，这种品格称为创新品格。它主要表现为具有正确的创新动机、强烈的事业心和责任感；具有好奇心、自信心和进取心；具有坚忍不拔的毅力；具有谦虚、合作的精神。

一个人的优良心理品质决定着一个人的创新品格。人的心理品质和先天有关，和人的生理状态有关，但也深受后天生活环境、家庭、学校教育、社会实践的影响。各种因素的共同作用塑造了一个人的品格。先天条件无法改变，但后天作用可趋利避害，尤其是要认识自己的心理品质，认清自己的意志和性格特点、优势方面和不足方面，有针对性地进行自我控制、自我调节、自我锻炼。

第二节　创新教育在设计性物理实验中的体现

传统物理实验在教学内容、教学模式、教学方法上存在一定的问题。全国高校已进行了实验教学的改革。一方面，不断充实和加强现代科技内容，转变教学观念、教学思想；另一方面，积极探索各种教学模式和教学方法。现在已有基础性实验、综合性实验、开放性实验、设计性实验、应用性实验、专业化实验等不同类型的实验课程，且它们正在被不断实践和改进。其中，设计性实验在全国高校中普遍受到重视，它是培养学生创新意识和创新能力的一种有效模式，是实验教学模式和教学方法的一大进步。

设计性物理实验的开设在理工科院校有不同的学习目标。工科院校的学生大部分作为未来的工程技术人员要从事技术工作，进行工程、产品、工艺等设计。而设计性物理实验由教师给出实验题目，提出目的、要求和要完成的任务，让学生设计实验方案、拟定实验步骤、选择仪器，独立实验，进行观察、分析和测量直至最后得到实验结果，完成实验任务。这些正是对今后设计工作的模拟训练过程，有利于培养学生的动手能力和技术创新能力。对于理科院校的学生，把设计性物理实验定位成基础实验和实际科学实验之间、具有对科学实验全过程进行初步训练的实验教学模式，即让学生做一个费时少、难度低的微型科研题目，从而培养学生的科研能力。从原则上说，它们都是为了提高学生独立工作的能力，为了培养学生分析问题和解决问题的能力，只是针对不同类型的院校，侧重点有所不同而已。

在教学中如何培养学生的创新意识、创新能力，正是我们努力解决的问题。为使设计性物理实验在培养学生创新意识和创新能力方面更好地发挥作用，以实验题目为载体，从以下五个方面采取举措来优化和强化学生的创新意识和创新能力。

（1）把学习创新理论和设计性实验结合起来。实践必须用理论来指导，创造性设计也应该用创造理论来指导。但在现阶段，国内各类院校在开展创新教育方面还不广泛，大学生对正确的科学思维方法和创造理论缺乏较为全面的了解。各类学校的传统教育往往侧重传授知识，而对知识论和方法论的教育重视程度不够。为了弥补这方面的不足，学生应通过查阅资料，深入、系统地学习科学思维方法、创新理论和创新技法，做到理论指导实验，学用结合，以取得更好的能力培养效果。

（2）在选题上，尽量做到新颖性、实用性、先进性、趣味性、普及性和适应性。好的设计性实验选题可以调动学生的学习积极性。新的有趣的内容、实用的东西容易受到学生的关注，激发他们的兴趣。有了兴趣，学生才会花时间认真地研究。另外，新颖的、先进的内容有利于学生活跃思维，提出新点子、好方法，容易贴近现实进行创新设计。每个实验的仪器大都采用常规仪器，这样容易开设实验，有利于各高校之间交流，另外，实验难度也要贴近学生的知识水平。

（3）为每个实验都提供较多的参考资料。要做好设计性实验，单凭学生现有的知识和经验是不够的，还必须广泛地收集信息，运用创新思维和创新技法进行加工，从而构思出最佳的设计方案。丰富的参考资料是进行构思和设计的重要前提，因此每个实验都提供了参考资料，以保证学生能在较短的实验时间内，把主要精力放在重要的创新设计上。

（4）实验的前言应详细介绍有关实验课题形成的背景、应用现状和较新的发展动态，以帮助学生认识实验课题的价值，激励创新热情。

（5）除课上的内容外，还要有课外的拓展题目，只给出题目和要求，对完成任务提出了更高的要求，进一步培养有能力和有兴趣的学生的创新能力与实践能力。

参考文献

[1] 胡德敬，谢嘉祥，曹正东. 设计性物理实验集锦——创新教育之实践[M]. 上海：上海教育出版社，2002.

[2] 毕富生. 科学研究与思维方法[M]. 北京：当代中国出版社，1997.

[3] 赵惠田. 发明创造技法[M]. 北京：科学普及出版社，1988.

[4] 范锡洪. 自然辩证法教程[M]. 上海：同济大学出版社，1992.

[5] W. I. B.贝弗里奇. 科学研究的艺术[M]. 北京：科学出版社，1979.

[6] 张宝刚，陈保辉. 创造思维与技法[M]. 北京：机械工业出版社，1997.

第二章　设计性物理实验简介

第一节　何为设计性物理实验

设计性实验是介于基础实验和实际科学实验之间、具有对科学实验全过程进行初步训练的较高层次的实验课程，面向高校理工科类专业学生。针对不同年级、不同基础的学生，这种实验训练的要求应有所不同。为此，本书在内容上做了综合设计性物理实验和研究性与设计性物理实验的区分。

此课程是学生在教师的指导下，根据给定的实验题目中的任务和要求，通过查阅文献资料，以理论为依据，建立物理模型。自行设计或选择合理的实验方案（包括实验方法、测量方法、选用仪器、选择测量条件及数据的处理方法），并实施实验、观察现象、测量数据、计算结果、综合分析，最后写出完整的实验报告。设计性物理实验花费时间较长，而且往往要经历某些失败甚至多次的失败，但是培养学生独立从事科学研究工作能力，特别是创新能力所必需的。这类实验的开设打破了传统实验固定、单一的教学模式，学生由被动学习转变为主动学习，学习的积极性得到有效调动。设计性实验方法的多样性，使不同的学生可以通过不同的途径和方法达到同一个实验目的。在实验过程中，学生的独立思维、才智、个性得到充分尊重，从根本上改变了千人一面的传统教学模式，有利于创新人才的培养，体现了以人为本的教育思想。

综合设计性物理实验在某种意义上说，是结果可以预知和控制的实验。而研究性与设计性实验则是一种探究性实验活动，其实验结果有时虽然可以预测，但通常是不明确的，通过这些探究性实验结果，才能揭示实验规律背后所蕴含的规律。在大学开展研究性实验的教学工作，可以在本科生毕业设计或研究生从事研究过程中实施，其主要是借助一种具体方法或一套实验系统从事某一具体的应用研究。在研究的过程中，通过一系列的步骤来完成对现象或过程的理解和认识。

设计性物理实验旨在贯彻“以学生为本，知识、能力、素质教育协调发展”的实验教学新理念。综合设计性物理实验是在学生具有一定实验能力的基础上，把所学的物理知识、计算机应用知识、实验方法和技能等综合运用到解决问题或实际测量问题中，主要是激发学生学习物理知识、研究与探索物理规律的热情和积极性，提高其动手动脑能力，激励创新精神。研究性与设计性物理实验实际上可以看作科学方法的一部分，是探究系统或过程如何工作的一种途径。通过研究性实验使学生获得独立解决问题的方法和能力。通过这一过程使学生的创新意识和能力受到启发和锻炼，为将来毕业设计、撰写科研成果报告和学术论文奠定良好的基础。

设计性物理实验也是对正常教学的必要补充，着力提高和培养学生的综合分析问题的能力和解决问题的能力、创新能力和实践能力。它特别注重学生主体作用的发挥和独立个性发展相结合，通常只给出一些实验要求及必要的提示。实验前，要求学生查阅文献资料，设计出实验方案，并提前交给教师审阅。实验室尽可能满足学生提出的合理要求，设计方案应包括实验名称、任务、设计原理、仪器、可行性分析。实验后写出实验报告或小论文，对结果进行分析研究。

第二节　设计性物理实验的选题和教学方式

大学物理实验是高等理工院校对学生进行科学基本训练的一门基础实验课，定位于掌握物理基本知识、基本技能和基本方法，接受科学实验的初步训练。设计性物理实验则是一门具有较高层次的实验课，注重培养学生的综合运用能力、创新能力和科研能力。因此，设计性实验课在教学内容、教学模式和教学方法上有自己的特点。

设计性物理实验的选题应具有综合运用所学物理知识、物理方法和技能解决实际问题的性质，有利于提高学生的科学思维方法和科学研究能力，培养学生创新意识、创新能力和科研能力。设计性物理实验的内容应具有广泛性，它的选题应该有经久不衰的经典物理实验，还应该有与生活、生产、科研实践等关系密切，在力、热、声、光、电、磁等领域具有一定代表性的实验。如热导率、表面张力等热物性测量实验，虽然在18世纪已进行相关研究，但当前航空航天、新能源和纳米技术等的迅猛发展，使基于纳米尺度低维材料和微器件的热物性测试新原理、新方法和新装置的研究仍是关注热点。作为碳中和关键的新能源技术是国内外的热点，设计了相关的燃料电池和风能发电等实验。另外，通过“用同一仪器设计多种实验”和“用不同仪器或方法完成同一目的的实验”方式重组并融合实验内容对思维的培养也十分重要。如用分光仪研究折射率、光的衍射、超声光栅和发光二极管特性，用拉脱法、饱和高度法、基于声悬浮液滴扇谐振荡特性的非接触法测量液体的表面张力。这些实验无论是物理思想还是实验技能，都包含非常丰富的内容，能够使学生在实验中思考物理原理的不同之处、物理现象的不同之处、再现物理过程的方法的不同之处等，能够使学生在对比中发现问题、思考问题、解决问题，从中学习到物理实验的思想、方法、技巧等，从而激发学生的创造性思维，从实验中体会探索知识的艰辛与快乐。

设计性物理实验还应采用较为先进的科学方法和测量技术，使学生紧跟当代科学技术的发展步伐，在实验题目的选取上尽量兼顾新颖性、实用性、先进性、趣味性、普及性和适应性。

（1）兴趣是学习的动力，好奇是学习的源泉，开设的设计性物理实验应能激发学生的好奇心。内容可以是学生学过的知识，也可以是新知识，在选题设计上尽量做到新旧知识兼顾，如基于迈克耳孙干涉仪的光干涉测折射率原理是基础知识，测量方法也不是新方法，但在引言里面应介绍引起轰动的激光干涉引力波天文台等激光干涉探测引力波。仿生实验等内容都能激起学生的实验兴趣。

（2）设计性物理实验是在学生已经具备了一定的理论知识和基本的实验技能的基础上进行的，实验题目具有综合性，要求学生综合应用所学的理论知识和实验技能完成实验的全过程，有利于培养学生综合应用所学知识解决实际问题的能力。如太阳能光伏电池特性及其应用实验，涉及电学的二极管及基尔霍夫定律、半导体物理、光学的光电效应及太阳能发电等知识。

（3）实验内容要体现出巧妙的物理思想和实验技巧，尽力引用现代科学技术中得到广泛应用的测试技术和器件，大胆引入计算机数据采集系统等现代化测试手段，以及物理学与其他学科相互交叉、相互渗透的新测量技术和数据处理方法。新方法、先进的内容有利于学生活跃思维，提出新点子、好方法，在完成实验的过程中实现对学生“跳跃式思维”的训练，培养他们的创新意识，使之成为富有洞察力、想象力的创新型人才。

设计性物理实验的内容还应具有层次性。部分选题的原理比较简单，注重科学性与趣味性相结合，目的主要是激发学生学习物理知识，研究与探索物理规律的热情和积极性，加深对物理规律的切身感受和实际体会，提高他们的动手动脑能力，激励创新精神。还有部分选题带有一些科学研究的性质，要求学生完成一个有创新意义的交叉性研究课题，培养学生独立从事科学研究的能力。

设计性物理实验采用启发式和开放型的教学方式。要求学生从查阅资料文献，到拟定实验方案直到完成实验报告，尽量都独立完成。如有必要，教师可做启发式引导，绝不包办代替。本书提供较为充足的设计性物理实验题目，部分题目可以自选。学生也可以根据自己的兴趣，自己提出题目，在条件允许和教师许可的情况下，自行完成。在实验时间方面，学生可与教师提前约定，到实验室进行实验，为学生提供充足的时间进行钻研和探讨。

对于设计性物理实验，成绩评定主要依据以下三个方面。①设计方案和拟定实验步骤的好坏。②课上学生的动手能力，它是评价的一项重要内容，要求学生对实验目的要明确，实验原理要清楚，能正确选用、配置仪器和调整仪器，迅速分析、判断和处理实验过程中出现的问题，正确操作和积累数据，有目的地减小误差。但对于不同的题目，动手能力的评价和要求应有所区别。③实验报告或小论文的质量。

第三节 如何做好设计性物理实验

对于一个选定的题目，从明确任务和要求到工作顺利完成，科学实验的整个过程必须按一定的流程进行，如图 2-1 所示。图中实线箭头表示依次进行的各个环节，虚线箭头表示反馈和修正。许多科学工作只有经过反复多次的实践、反馈、修正，才能不断地完善。

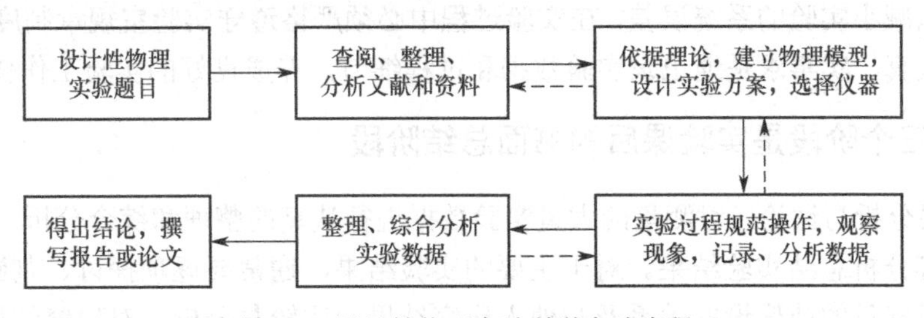

图 2-1 设计性物理实验科学实验流程

该课程科学实验的整个过程可归纳为三个阶段。

一、第一个阶段是实验课前的准备、设计阶段

（1）确定研究选题，提出要求和任务。学生实验活动的课题往往由指导教师指定，不仅要求教师把握科学需求和研究趋势，还要注意课题的难度。远离不符合学生认知水平的课题，以防挫伤学生的积极性和主动性，太简单又容易降低实验的吸引力。该环节一般与调研环节是强耦合的，调研的结果可能会进一步修正研究课题的具体任务。

（2）题目调研。在介绍的有关实验背景、理论基础、关键科学问题和相关文献的基础上，

通过查阅文献等调查研究，回答在该课题上已经做了哪些工作，这些工作如何分类、有何优缺点，当前最佳的方法已经做到了什么程度，还有什么问题没有解决，目前的发展趋势是什么等。在调研阶段，学生有足够的时间和精力阅读大量的文献资料，从而把握更多的细节，但可能因缺少大局观而判断力不足。由于教师往往在相关领域具有一定的基础，而且知识体系更全面，可以形成更好的预见性，因此，学生与指导教师应多交流、讨论。

（3）制定实验方案。实验方案是完成选题的关键，在大量调研的基础上，做出研究全过程的蓝图。选择突破口和切实可行的技术路线，包括研究理论依据，建立物理模型，选择适当类型的实验和实验方法，设计正确的测量方法和路线，恰当地选择实验仪器设备等。在实验方案中还要探究最佳实验条件，实验方案还应兼顾数据处理的方法及误差的合理估计与制定方案的关系。实验方案应具有先进性、预见性和切实可行性。教师应对实验方案把关，避免实验过程出现大的偏差。对于难度高的选题，还可以以小组讨论的方式确定实验方案。

①选择实验方法。根据选题研究对象的性质和特点，收集各种实验方法，在分析和比较各种实验方法的使用条件、可能达到的实验精度及可行性和经济因素后，选择符合实验要求的最佳实验方法。

②选择最佳测量方法。实验方法确定后，需要选择一种最佳测量方法，充分发挥现有仪器设备的效能，使各物理量的测量误差最小。

③选用仪器设备。根据实验目的和轻度要求，选用最简单、最经济的、符合要求的仪器。衡量仪器的主要技术指标是分辨率和精确度，即仪器能够测量的最小值和仪器误差。可以通过误差分析来实现仪器的最佳选择，若实验中选用多种仪器，则还应注意合理配套和仪器误差的合理分配。

二、第二个阶段是实验课上实验阶段

实验过程中要进行最佳实验条件的探索。实验中要注意理论指导实践，有针对性地运用各种测量方法减小实验的系统误差。在实验过程中必须严格遵守实验室规章制度和实验规程，仔细观察，认真、实事求是地记录实验数据和过程细节，养成良好的实验工作作风。

三、第三个阶段是实验课后的书面总结阶段

（1）结果分析与讨论。对测量的大量实验数据进行认真的整理和综合分析。可以用表格、曲线和图解等分析总结实验结果。对于主要的实验结果，通常要逐项探讨、判断分析；探讨所得结果与研究目的或假设的关系及与他人研究结果的比较与分析、对研究结果的解释（是否符合原来的期望）、重要研究结果的意义（推论）。这是由表及里，从现象到规律，从感性到理性的提炼升华过程。

（2）得到结论，以实验报告或论文的形式总结实验结果。上述实验结果提供了宝贵的第一手资料，足以支撑一些基本的结论。这些结果和对比分析还为我们提供了更宝贵的经验，使我们更深刻地认识相关选题存在的真实问题，什么样的思路可能有效，进而使我们可以提出新问题或者新的解决思路。对于典型的选题也可以以口头形式交流讨论，达到更好的效果。

为了做好设计性物理实验，还需要注意以下几点。

①认真学习有关的创新理论和创新技法。因为只有掌握必要的理论，才能更好地进行创新实践。

②创新思维是一种积极主动的思维，要做好设计性实验，一定要有热情、有信心，要不畏困难和失败，通过实验锻炼塑造自己的创新品格。

③对每个实验的基础理论及启示或引言要认真阅读，并到图书馆或数据库查阅相关的参考文献和资料。综合分析收集的信息，结合创新思维和法则、技巧，进行深入的思考，才能构思出最佳的方案。

④认真思考预习自测题，有助于学生迅速地抓住实验的关键问题，找出理论依据。在此基础上，提出有价值、有新意的设想或方案，并去实现它。

⑤认真对待实验小结。最好学会以论文的形式做小结，这更贴近以后发表研究成果的实际需要。

⑥本书提供较多的实验内容，方便不同基础的学生根据自己的学习兴趣选做。每个实验都各有特点，有的以培养基本思维方法的运用为主，有的要求方法创新，有的侧重实践能力的培养等。做实验时，要提出尽可能多的设想，再根据时间和条件选择合适的方案。有的拓展性实验如没有条件进行，也可以提出新的设想，这同样也是一种创新性思维的训练形式。

参考文献

[1] 胡德敬，谢嘉祥，曹正东. 设计性物理实验集锦——创新教育之实践[M]. 上海：上海教育出版社，2002.

[2] 陈东生，王莹，刘永生. 综合设计性物理实验教程[M]. 北京：冶金工业出版社，2020.

[3] 汪静，迟建卫. 创新性物理实验设计与应用[M]. 北京：科学出版社，2015.

[4] 沈元华. 设计性研究性物理实验教程[M]. 上海：复旦大学出版社，2004.

第三章　实验数据处理及论文报告写作

第一节　用软件处理物理实验数据

用计算机软件处理实验数据具有方便、准确、快速等优点，无须编程就能直接处理数据的软件主要包括Microsoft Office Excel、WPS表格、Origin、Easyplot等。如果要通过编程来实现数据的自动处理，那么利用任何一种具有数据计算能力的计算机编程语言均可实现数据处理的各项功能，常用的有MATLAB、Fortran、Basic、Python、C语言等。本节以常用的微软公司的Excel表格统计软件和OriginLab公司的Origin软件为例介绍计算机软件数据处理，其他软件可参看相应的说明书或教程。

一、利用Excel软件处理实验数据

Excel软件是微软公司出品的Office系列办公软件的一个组件，它可以进行各种数据的处理、统计分析、数据表格的制作和辅助决策操作，同时具有较强的图表制作、数据曲线拟合等功能。Excel内有大量的公式函数可以选择应用，可以执行计算、分析信息并管理电子表格或网页中的数据信息列表，利用这些函数可以准确、快捷、方便地对物理实验中的数据进行计算和分析。

1．物理实验中常用的Excel函数

1）求和函数SUM：用于计算选定单元格区域中所有数值的和

求和函数的格式为SUM(X_1:X_n)，表示计算第X列中的第1个数X_1到第n个数X_n的和。它有多种使用方式，以Excel 2010为例，第一种方式：单击任意空白区域，在菜单栏的“公式”选项中选择“f_x函数”选项（或在Excel菜单栏的“经典菜单”的快捷按钮中找到插入函数按钮“f_x”），弹出插入函数对话框，选择求和函数“SUM”后，单击“确定”按钮，弹出函数参数对话框，在对话框中Number1空白处输入X_1:X_{10}后单击“确定”按钮，即可在该区域得到第1个数到第10个数的数值之和。第二种方式：可以将要计算和的值的所有单元格全部选上，在主界面的快捷按钮中单击按钮“Σ”后面的小三角打开下拉菜单，这里集合了常用的求和、平均、计数等常用函数，选择“求和”则自动将所有单元格的数值和计算结果显示到下一个空白处。第三种方式：可以直接在任意空白单元格中输入“=SUM(X_1:X_n)”并按回车键即可。

2）求平均函数AVERAGE：用于计算选定单元格区域中所有数值的平均值

平均函数的格式为AVERAGE(X_1:X_n)，表示计算第X列中的第1个数X_1到第n个数X_n的算术平均值，求平均值的使用与求和函数类似，可以使用多种方式完成。

3）求标准偏差函数STDEV：用于计算选定单元格区域中所有数值的标准偏差

标准偏差的格式为STDEV(X_1:X_n)，表示计算第X列中的第1个数X_1到第n个数X_n的标

准偏差值，即

$$S_x = \sqrt{\frac{\sum(\Delta x_i)^2}{n-1}} = \sqrt{\frac{\sum(x_i - \bar{x})^2}{n-1}} \tag{3-1}$$

4）求平均值的标准偏差 AVEDEV：用于计算选定单元格区域中所有数值与其平均值之间绝对差值的平均值

平均值的标准偏差的格式为 AVEDEV(X_1:X_n)，表示第 X 列中的第 1 个数 X_1 到第 n 个数 X_n 中的每个数值与其平均值 $\bar{x}$ 之间的绝对差值的平均值。

5）最大值（或最小值）函数 MAX（或 MIN）：用于找到选定单元格区域中所有数值的最大值（或最小值）

最大值（或最小值）函数的格式为 MAX(X_1:X_n)（或 MIN(X_1:X_n)），表示第 X 列中的第 1 个数 X_1 到第 n 个数 X_n 中的最大值（或最小值）。

6）方差函数 VAR（或 VARPA）：用于计算选定单元格区域内数值的方差（或总体样本的方差）

方差函数的格式为 VAR(X_1:X_n)，表示第 X 列中的第 1 个数 X_1 到第 n 个数的方差，即

$$\text{VAR}(X_1:X_n) = \frac{\sum(x_i - \bar{x})^2}{n-1} \tag{3-2}$$

当计算总体样本的方差时，VARPA 函数的格式为

$$\text{VAR}(X_1:X_n) = \frac{\sum(x_i - \bar{x})^2}{n} \tag{3-3}$$

2. 物理实验中 Excel 软件的曲线绘制和拟合

物理实验中常用最小二乘法处理数据，用来得到经验公式。其原理是：利用一组已测量出的数据(x,y)，求出一个误差最小的最佳经验公式 $y=f(x)$，使测量值 y 与经验公式计算值 $f(x)$ 之间的残差平方和最小。利用最小二乘法可以简便地求得未知的数据，并使这些求得的数据与实际数据之间误差的平方和最小，还可用于曲线拟合。

在物理实验中基于最小二乘法的（线性）回归分析是常用的数据处理手段。回归也称拟合，线性回归称为线性拟合，即当两个变量之间具有线性相关关系时，可用一条理想直线描述二者的关系。而当两个变量间具有非线性关系时，用一条理想曲线描述称为一元非线性回归，又称曲线拟合。

1）一元线性回归

变量 y 和自变量 x 之间具有线性关系 $y=kx+b$，k、b 分别为斜率和截距，即方程中的回归系数，求回归方程实际上就是确定回归系数 k、b。另外，为了衡量变量之间线性相关的程度，还要引入相关系数 r 和变量的标准偏差 S_y。

在 Excel 中可以使用两种方式进行线性回归，并得到回归系数、相关系数等参量。

一种方式是使用函数形式，设 Y_1:Y_n、X_1:X_n 分别为实验中测量的变量和自变量的数值，并输入相应单元格中，调用相应的函数就可求得回归直线方程的参数。

斜率函数 SLOPE：用于计算线性回归的直线方程的斜率 k，其格式为 k=SLOPE(Y_1:Y_n, X_1:X_n)。

截距函数 INTERCEPT：用于计算线性回归的直线方程的截距 b，其格式为 b=INTERCEPT

$(Y_1{:}Y_n,\ X_1{:}X_n)$。

标准偏差函数 STEYX：用于计算线性回归的直线方程中的变量 y 和标准偏差 S_y，其格式为 S_y=STEYX($Y_1{:}Y_n$，$X_1{:}X_n$)。

另一种方式是直接插入图表再显示相关参数，设 $Y_1{:}Y_n$、$X_1{:}X_n$ 分别为实验中测量的变量和自变量的数值，将测量的数据输入相应单元格中，选择菜单栏中的“插入”“图表”选项，在图标类型中选择“*XY* 散点图”，在字图标类型中选择“平滑散点图”，单击“下一步”按钮，并将相应数据区域选择为数据的单元格 $Y_1{:}Y_n$、$X_1{:}X_n$，最后选择图标选项中的坐标轴标注等复选框即可得到回归的直线。在得到的直线上单击“添加趋势线”按钮，在“趋势线格式”复选框中勾选“显示公式”和“显示 *R* 平方值”两个选项即可得到回归的直线方程 $y=kx+b$ 和相关系数的平方值 R^2。

【例 3-1】 在压电陶瓷特性及振动的干涉测量实验中，用压电陶瓷代替迈克耳孙干涉仪的一个反射镜，其在直流电压的驱动作用下，会发生应变，引起光程差的改变，使得干涉条纹移动。从最低电压开始，条纹每移过参考点一条，就记录下相应的电压值；当电压接近最高值时，测量反向降压过程条纹移动对应的电压变化数据，见表 3-1。作出位移 ε–电压 U 关系曲线，求出平均压电常数。

表 3-1　直流电压驱动下升压及降压过程移动条纹数与对应电压关系

移动条纹数 n	0	1	2	3	4	5
位移 ε/nm	0	325	650	975	1300	1625
$U_{升}$/V	4	55	101	142	180	216
$U_{降}$/V	4	32	74	114	158	206

解：（1）用函数形式作出位移 ε–$U_{升}$曲线。新建 Excel 工作簿，将测量的 $U_{升}$、$U_{降}$和 ε 输入相应的单元格中（A1:A6，B1:B6，C1:C6）。在不同的空白表格处分别输入斜率函数（=SLOPE(C1:C6，A1:A6)）、截距函数（=INTERCEPT(C1:C6，A1:A6)）和相关系数(=CORREL(C1:C6，A1:A6))，得到升压时的斜率，即压电常数为 7.67nm/V，截距为−80.06，相关系数为 0.9978。同理可得，降压时的压电常数为 7.92nm/V，截距为 36.04，相关系数为 0.9973。平均压电常数约为 7.80nm/V。

（2）直接插入图表再显示相关参数，得到 ε–$U_{升}$/$U_{降}$关系曲线。新建 Excel 工作簿，将测量的 $U_{升}$和 ε 输入相应的单元格中（A1:A6，B1:B6）。选择菜单栏中的“插入”“图表”选项，在图标类型中选择“*XY* 散点图”，得到了 ε–$U_{升}$的散点图。选择任意一个数值点，并右击选择“设置数据系列格式”，改变数据点符号；在对话框中选择“添加趋势线”，类型为“线性”，并勾选“显示公式”“显示 *R* 平方值”两个选项，即可得到升压时回归的直线方程，通过右击坐标轴数字设置坐标轴格式。进行类似操作可得到降压时回归的直线方程，如图 3-1 所示。可以得到压电陶瓷的平均压电常数为 7.80nm/V。

2）一元非线性回归

当变量 y 和自变量 x 之间的关系为一元非线性时，可以使用软件提供的非线性回归类型进行数据的回归分析，并给出拟合曲线和回归方程。非线性回归的数据类型包括指数、对数、乘幂、多项式、移动平均，可以根据实验需要选择相应类型进行回归分析。

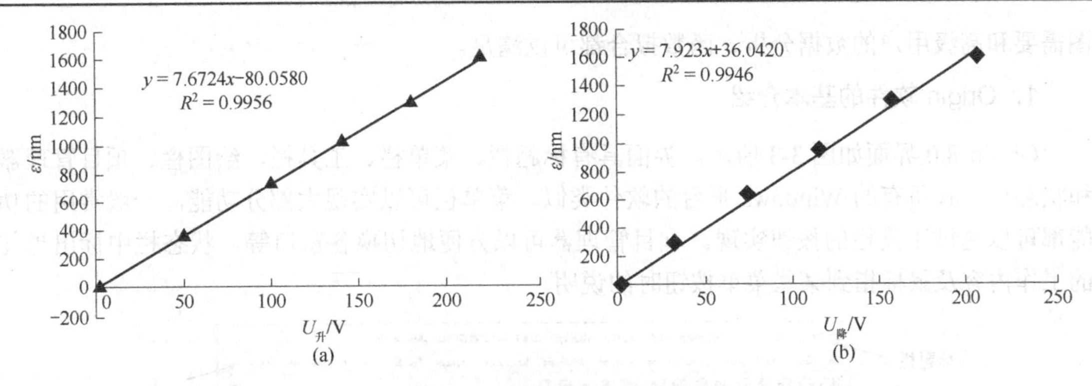

图 3-1　位移–电压特性曲线

【例 3-2】在用放电法测量高电阻的实验中，放电 t 时间后的剩余电量 Q 记录在表 3-2 中，作出 RC 电路的放电曲线，求出高电阻的阻值。

表 3-2　剩余电量随时间的变化（C=0.5μF，U=2.4V）

序　号	1	2	3	4	5	6	7	8	9	10
放电时间 t/s	0	12	35	50	62	75	90	110	128	150
剩余电量 Q/nC	1200	1002	696	438	372	306	240	174	138	108

解：新建空白工作簿，将测量的数据输入相应的单元格中（A1:A6，B1:B6）。选择菜单栏中的“插入”“图表”选项，在图标类型中选择“*XY* 散点图”，得到了 Q–t 的散点图。任意选择一个数值点并右击，选择“设置数据系列格式”，改变数据点符号；在对话框中选择“添加趋势线”，类型为“指数”，并勾选“显示公式”“显示 R 平方值”两个选项，即可得到 RC 电路的放电曲线的回归曲线方程，如图 3-2 所示。根据图中的方程，可以计算得出高电阻值约为 $1.18\times10^8\Omega$。

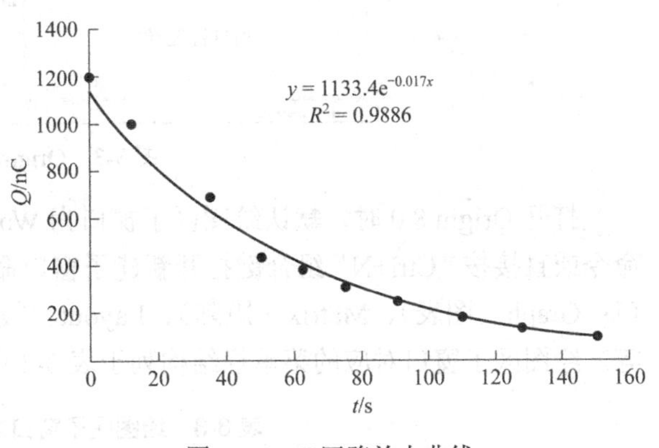

图 3-2　RC 回路放电曲线

二、利用 Origin 软件处理实验数据

Origin 软件是由美国 OriginLab 公司开发的一个数据分析和科学绘图软件，支持各种各样的 2D/3D 图形。Origin 软件主要包括排序、计算、统计、平滑、频谱分析、直线和曲线拟合等数学分析功能。分析时，只需将要分析的数据进行相应的菜单命令操作即可。曲线拟合采用基于 Levernberg-Marquardt 算法（LMA）的非线性最小二乘法拟合。Origin 制图主要基于模板，其提供了 50 多种二维和三维绘图模板而且可以自己定制模板。绘图时，只要选择需要的模板即可。用户可以自定义数学函数、图形样式和绘图模板，可以和各种数据库软件、办公软件、图像处理软件等方便地连接。

Origin 软件使用简单，采用直观的、图形化的、面向对象的窗口菜单和工具栏操作，全面支持鼠标右键、支持拖拽式绘图等。其简单易学、操作灵活、功能强大，对一般用户的制图需要和高级用户的数据分析、函数拟合都可以满足。

1. Origin 软件的基本介绍

Origin 8.0 界面如图 3-3 所示。界面具有标题栏、菜单栏、工具栏、绘图栏、项目管理器和状态栏，和所有的 Windows 平台的软件类似。菜单栏可以实现大部分功能，一般常用的功能都可以通过工具栏的按钮实现。项目管理器可以方便地切换各窗口等。状态栏中标出当前的工作内容及鼠标指到某些菜单按钮时的说明。

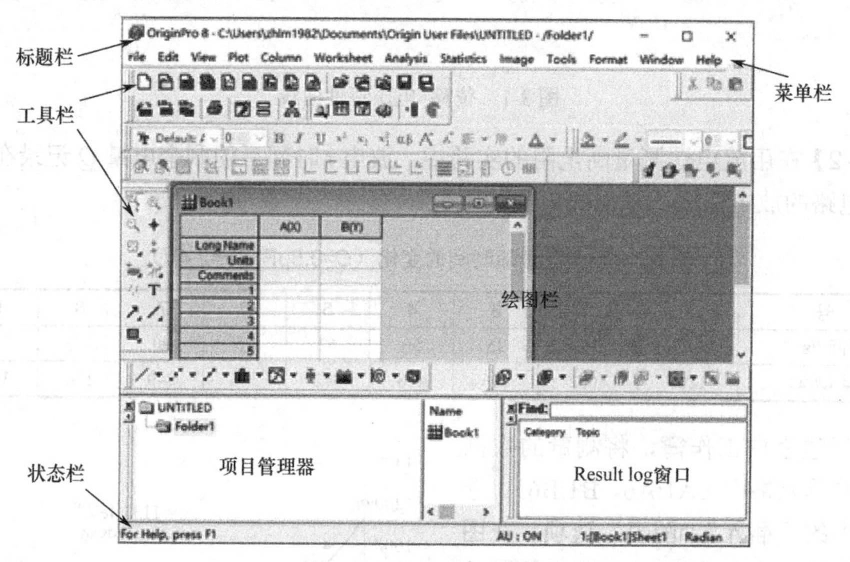

图 3-3 Origin 8.0 界面

打开 Origin 8.0 时，默认绘图区子窗口为 Workbook（工作表），执行菜单栏“File→New”命令或直接按“Ctrl+N”组合键打开新建子窗口命令，可以选择在绘图区新建一种类型的子窗口：Graph（图表）、Matrix（矩阵）、Layout（版面设计）、Notes（注释）、Function（函数）等。绘图区子窗口对应的菜单栏结构列于表 3-3 中。

表 3-3 绘图区子窗口对应的菜单栏结构

子 窗 口	菜单栏结构
Workbook（工作表）	File（文件）、Edit（编辑）、View（视图）、Plot（绘图）、Column（柱状图）、Worksheet（工作表）、Analysis（分析）、Statistics（统计）、Image（图像）、Tools（工具）、Format（格式）、Window（窗口）、Help（帮助）
Graph（图表）	File（文件）、Edit（编辑）、View（视图）、Graph（图表）、Data（数据）、Analysis（分析）、Tools（工具）、Format（格式）、Window（窗口）、Help（帮助）
Matrix（矩阵）	File（文件）、Edit（编辑）、View（视图）、Plot（绘图）、Matrix（矩阵）、Image（图像）、Tools（工具）、Format（格式）、Window（窗口）、Help（帮助）
Layout（版面设计）	File（文件）、Edit（编辑）、View（视图）、Layout（格式）、Tools（工具）、Format（格式）、Window（窗口）、Help（帮助）
Notes（注释）	File（文件）、Edit（编辑）、View（视图）、Tools（工具）、Format（格式）、Window（窗口）、Help（帮助）
Function（函数）	File（文件）、Edit（编辑）、View（视图）、Graph（图表）、Data（数据）、Analysis（分析）、Tools（工具）、Format（格式）、Window（窗口）、Help（帮助）

Workbook 窗口是 Origin 最基本的子窗口之一，默认的标题是 Book1 等，其主要功能是存放和组织 Origin 中的数据，并利用这些数据进行统计、分析和作图。A、B 和 C 等是数列的名称，*X* 和 *Y* 是数列的属性，其中 *X* 表示该列为自变量，*Y* 表示该列为因变量。可以双击数列

的标题栏，打开“Column Properties”对话框来改变这些设置。工作表中的数据可以直接输入，也可以从外部文件导入，而后通过选取工作表中的列完成作图。

Graph 窗口是 Origin 中最重要的窗口之一，默认的名称为 Graph1、Graph2 等，此窗口可以将 Worksheet、Matrix 等子窗口中的数据制图，实现数据可视化，也可以直接使用函数进行制图。用户也可以编辑生成图形，包括编辑 Graph 图层、坐标轴、数据点显示方式、文本等内容。

Excel 窗口既可以保存在 Origin 的项目文件中，又可以是外部文件嵌入。外部嵌入的 Excel 文件与 Origin 一直存在关联关系，当外部嵌入的 Excel 文件移动位置或被删除，打开嵌入它的 Origin 项目文件时，会提示嵌入的 Excel 文件丢失。

Matrix 窗口用来组织和管理矩阵工作表，矩阵工作表窗口用特定的行和列存储数据。通过该窗口可以方便地进行矩阵运算，也可以利用该窗口中的数据绘制三维图形。

Layout 窗口用于组织和排列 Origin 的数据、图形等，以便打印或输出。

Notes 窗口主要用于标注、记录数据处理分析的过程等。

2. 工作表（Workbook）的使用

默认情况下，Origin 8.0 在启动时会创建一个含有两列单元格的空白工作表，并自动将两列指定为 A（*X*）和 B（*Y*）。数据输入完毕后，可以进行工作表显示或属性调整。在 A（*X*）列上双击打开“Column Properties”对话框，通过“Properties”中的“Short name”更改列的名称。通过“Options”中的“Plot Designation”更改列的属性，在“Format”选项的下拉菜单中选择该列数据的格式。单击“Previous”或“Next”按钮可以对该列的前一列或后一列进行格式设置，设置完毕后单击“OK”按钮即可。

1）数据输入与删除

（1）从键盘输入数据。选择一个工作表格单元格（单击该处），输入数据，然后按“Tab”键（→）到下一列或按“Enter”键（↓）到下一行，也可以用鼠标选定任意位置的单元格，再继续输入下一个值（在某单元格输入数据然后按“Tab”键、方向键或“Enter”键将光标移动到其他单元格，再确认刚输入的数据）。若要更改某个单元格的数据值，可以选择该单元格并输入新数据，原始数据将被自动覆盖。若要编辑一个单元格的数值，先选择相应的单元格，按“F2”快捷键或单击指定的位置，用“Delete”“Home”等特定键剪辑单元格的数值。若要结束编辑状态，可以按“↑”“↓”“Page Up”“Page Down”“Tab”键结束编辑状态。如果变更错误，可以按“Ctrl+Z”组合键撤销修改。

（2）从 ASCII、Excel、dBASE 等文件形式导入数据。具体操作如下：打开或选择一个工作表，选择“File”菜单中“Import”命令下相应的文件类型，打开文件对话框，选择文件，并单击“OK”按钮。

（3）通过剪贴板交换数据。工作表格的数据也可以通过剪贴板从别的应用程序获得，具体应用方式与一般的复制、粘贴一样。

（4）在列中输入相应的行号或随机数。可以用以下操作将一列或选定区域的单元格快速填充为行号、正随机数或一般随机数。选择相应的单元格区域，单击“View：Toolbars”，勾选“Worksheet Data”，在工具栏中显示 8 个 Button Groups，单击其中的“Set column values according to row number”图标将列填充为行号，单击“Set column values with uniform random numbers”图标将列填充为正随机数，单击“Set column values with normal random numbers”图标将列填充为一般随机数。或选择“Column”菜单中的“Fill Column With”命令，也可以右击选择该命令。

（5）用函数或数学表达式设置列的数值。选中需设置数值的列，选择“Column：Set Column Values”命令，也可右击选择“Set Column Values”命令。

（6）递增的 X 序列输入。当用工作表格中的数据绘图而不指定 X 列时，Origin 假定 X 的初始值为 1，且其增加值为 1。

（7）在列中插入一个单元格数据。首先选择要插入单元格的位置，选择“Edit：Insert”命令或右击在快捷菜单中选择“Insert”命令，新的单元格出现在选中的单元格上面。如插入 n 个单元格，可以先选择 n 个单元格，然后选择“Insert”命令。

（8）删除单元格和数据。删除整个工作表格内的数值：选择工作表格，在“Edit”菜单中选择“Clear Worksheet”命令，该工作表格中所有的内容均被删除。删除工作表格中的部分数据：选中需删除的某个或多个单元格，在“Edit”菜单中选择“Delete”命令即可。如果该数据已被绘图，绘图窗口将重新绘图以除去删除的点。若仅删除数据而不删除单元格，可选中相应单元格，按 Delete 键。被删除数据的单元格将显示“—”，表示没有数值。

2）数据管理

（1）排序。Origin 可以对单列、多列、工作表格的一定范围或整个工作表格进行排序（包括简单和嵌套排序）。①列排序：选择一列数据，在“View”菜单中选择“Toolbars”命令，勾选“Worksheet Data”，单击“Sort”按钮，进行升序或降序排列。或通过“Worksheet”菜单中的“Sort Column”命令，进行列排序。②选择范围排序：选中待排序的数据，选择“View：Toolbars”命令，通过“Worksheet Data”中的“Sort 按钮”或通过“Worksheet”菜单中“Sort Range”命令对选中范围内的数据进行排序。③工作表格排序：选择列或一定范围后，在“Worksheet”菜单中选择“Sort Worksheet”命令，则对选择范围排序。不同于①和②的两种排序结果，③的排序结果与同行数据的相关性有关。

（2）抽取数据。基于用户定义的表达式的条件，从一个旧的工作表格中可以选取部分数据到新的工作表格中。操作方法：激活要选择的工作表格，在“Worksheet”菜单中选择“Extract Worksheet Data”命令，打开对话框，输入数据范围、新工作表格名称和选取条件，单击“Do it”产生新工作表格。该表格保留原表格的所有格式，包括设置列值的数学表达式。

3）数据统计与筛选

（1）行（列）统计。选择列/行或单元格范围，执行“Statistics：Descriptive Statistics：Statistics on Columns (Row)”命令，命令将打开一个新的工作表格，显示平均值、标准误差、标准偏差的平均值、最小值、最大值、数值范围、总和与点数。

（2）频数统计。选取数据，执行“Statistics：Descriptive Statistics：Frequency Counts”命令，在弹出的对话框中设置参数，生成一个新的数据表，其中第一列是统计数据的中心值，第三列是选取数据的统计分布计数，选中第一个第三列数据，单击工具栏的“Column”图标，将绘制出统计直方图。

（3）正态统计。选取数据，执行“Statistics：Descriptive Statistics：Normality Test”命令，在弹出的对话框中选择一种统计方法，生成一个新的数据表，在正态性菜单下面就可以看到数据是否为正态性或非正态性。

（4）方差分析。方差分析（ANOVA）是统计中一种重要的分析方法，包括单因子分析和双因子分析。选择菜单命令“Statistics：ANOVA：One-Way ANOVA”或“Two-Way ANOVA”，弹出单因子分析或双因子分析的对话框。这两个对话框类似，都包括 ANVOA、Levene 和 Brown Forsythe 检验。设置完成后单击“Compute”按钮即可进行方差分析。

3. Origin 绘图

Origin 绘图功能非常灵活，功能十分强大，能绘出数十种精美的、满足绝大部分科技文献和论文要求的数据曲线图。

1）简单 *X-Y* 图形的绘制

首先将数据按照 *X*、*Y* 坐标在 Workbook 工作表格中存为两列并激活，执行“Plot：Line/Scatter/line+Symbol”等二维数据图类型命令，或者单击绘图区和项目管理器之间的工具图标，就可以绘制出简单的二维图形。

2）图形的定制与标注

双击数据曲线，打开“Plot Details”对话框。在此对话框中可以对曲线进行定制，包括除坐标轴及说明之外的所有内容。

3）坐标轴的定制

双击数据曲线图的任一坐标轴，可以打开坐标轴属性对话框。利用此对话框，可以对坐标轴的 Tick Labels、Minor Tick Labels、Scale、Title & Format 等属性进行定制。

4）图形中数据的处理

（1）激活绘图窗口，执行“Analysis：Simple Math”命令，在对话框中设置参数，单击“OK”按钮，进行简单的算术运算。

（2）激活绘图窗口，执行“Analysis：Data manipulation：Subtract Straight Line”命令，光标自动变为“Screen Reader”图标，然后在窗口上双击确定起始点，再在终止点双击，确定一条参考直线，Origin 会自动将曲线减去这条参考直线而获得一条新的曲线并在原绘图窗口中显示。

（3）垂直/水平移动曲线。以垂直移动为例，激活绘图窗口后，执行“Analysis：Data manipulation：Translate：Vertical Translate”命令，在 Graph 窗口出现带圆圈符号的一条水平线，鼠标在圆圈时，按住左键可以拖曳这条水平线在曲线上移动，单击选定水平线，按住左键拖动曲线垂直移动。曲线水平移动与垂直移动的操作类似。

（4）微分/积分。激活绘图窗口后，执行“Analysis：Mathematics：Differentiate/Integrate”命令，弹出对话框，设置合适参数后单击“确定”按钮，进行微分或积分操作。

5）保存项目文件和模板

Origin 项目包括数据、工作表、图形和文件夹组织结构等。保存项目的步骤如下：执行“File：Save Project/Save Project As”命令或直接单击上部工具栏中的“Save Project”图标，在弹出的文件保存对话框中输入文件名，单击“保存”按钮，当前项目就保存在.opj 后缀的文件中。

6）绘制多层图

Origin 自带了几个多图层模板，包括双 *Y* 轴图形模板（Double *Y* Axis）、左右对开图形模板（Horizontal 2 Panel）、上下对开图形模板（Vertical 2 Panel）、四屏图形模板（4Panel）、九屏图形模板（9Panel）和叠层图形（Stack）模板。这些模板允许用户在取得数据后，只需单击“2D Graph Extended”工具栏上相应的命令按钮，就可以在一个绘图窗口中把数据绘制为多层图。

Origin 还允许用户自己定制图形模板。具体步骤如下：通过简单的 *X-Y* 图形绘制作出单层图，在 Graph 窗口中执行"Graph：New Layer (Axes)/Layer Management"命令，或右击并在弹出的菜单中选择"Graph：New Layer (Axes)/Layer Management"命令，将创建好的多图层存为模板，以后可以直接基于此模板绘图。

4．数据拟合

Origin 提供了多种可以进行数据拟合的函数，除线性回归、多项式回归等常用的拟合形式外，还提供了自定义函数，以便进行非线性拟合。此外，Origin 还提供了图形窗口，可以直观显示拟合得到的结果，合理地利用图形，还可大大减少实验拟合的次数，及时获得最佳的拟合结果，尤其对 $Y=F(A,X)$类型函数的参数拟合极其方便。

1）线性回归

要对被激活的数据进行直线拟合，须执行"Analysis：Fitting：Fit Linear"命令，对于 X（自变量）和 Y（因变量），线性回归方程为 $Y_i=a+bX_i$，参数 a（截距）和 b（斜率）由最小二乘法计算。拟合后，Origin 产生一个新的（隐藏的）包含拟合数据的工作表格，并将拟合出的数据在绘图窗口中显示，同时将截距 a 及其标准差、斜率 b 及其标准偏差、相关系数 R 等在新 Workbook 窗口中显示。

【例 3-3】 各向异性磁阻传感器的磁阻特性与应用实验中，磁电转换特性是磁阻传感器的基本特性。亥姆霍兹线圈电流 I 与相应的磁感应强度 B、输出电压 U 的测量数据见表 3-4。试作出 U–B 曲线，并确定所用传感器的线性工作范围及灵敏度。

表 3-4　磁电转换特性的数据

I/mA	300	250	200	150	100	50	0	−50	−100	−150	−200	−250	−300
B/Gs	6	5	4	3	2	1	0	−1	−2	−3	−4	−5	−6
U/V	1.500	1.261	1.015	0.762	0.515	0.256	0	−0.255	−0.525	−0.778	−1.016	−1.240	−1.456

解：用 Origin 线性拟合 U–B 曲线，计算传感器的灵敏度。

将表中的数据输入 Origin 的工作表，A（X）列为 B 的数据，B（Y）列为 U 的数据。选中所有数据，执行"Plot：Scatter"命令，绘制数据散点图。然后执行"Analysis：Fitting：Fit Linear"命令，进行线性拟合。双击数据曲线或数据点打开"Plot Details"对话框，调整该图的图像属性。双击任一坐标轴打开"*X*Axis-Lay1"和"*Y*Axis-Lay1"对话框，设置坐标轴属性。执行"File：Export Graphs"命令，输出选定格式的图像，如图 3-4 所示。

拟合的结果在图 3-4 中的表格中显示，截距为 0.0030，斜率为 0.2504，相关系数为 0.99959。由输出特性曲线及相关系数可知，在相当大的范围内，输出电压与磁场为线性关系。而且传感器可以很好地反映微弱磁场的变化，适用于对地磁场等的测量。在线性工作范围−6～6Gs 内，传感器的灵敏度 S 为 1mV/(V·Gs)。

2）多项式及非线性回归

多项式拟合的目的：一是求出满足多项式函数关系的系数；二是物理量之间无明确关系时可用多项式关系拟合出合适的经验公式。

若对被激活的数据组用多项式进行拟合，执行"Analysis：Fitting：Fit Polynomial"命令，在"Polynomial Fit"对话框中，可以设置多项式级数（Polynomial Order）等，最后单击"确定”按钮完成拟合。拟合结束后，Origin 产生一个新的（隐藏的）包含拟合数据的工作表格，并将拟合出的数据在绘图窗口中显示，同时参数结果显示在新 Workbook 窗口中。

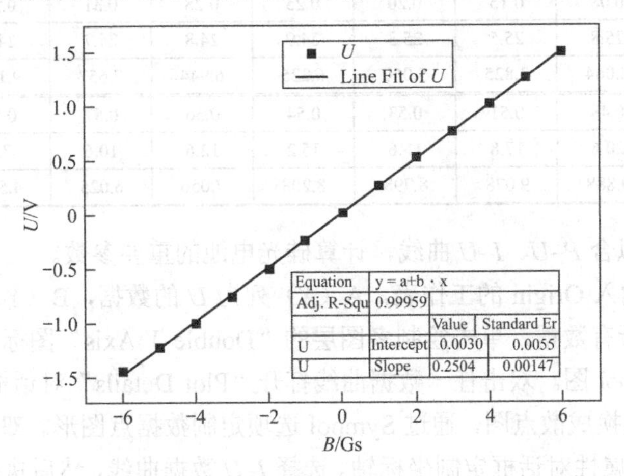

图 3-4 磁电转换特性线性拟合曲线

非线性拟合曲线的目的是根据已知数据求出响应函数的系数。

非线性最小二乘拟合（Nonlinear Curve Fit）是 Origin 提供的功能最强大、使用最复杂的拟合工具之一。使用用户可以将自己的数据对一个（一套）函数，基于一个（或多个）自变量进行最高可达 200 个参数的拟合。执行“Analysis：Fitting：Nonlinear Curve Fit”命令，在弹出的“NLFit”对话框中设置合适的 Category、Function 等参数，单击“Fit”按钮完成拟合。在“NLFit”对话框中，选择“Formula”按钮可以预览具体表达式，选择“Sample Curve”可以预览函数图形。拟合参数和统计结果显示模式与线性拟合相同。

Origin 提供了近 200 个内置的函数可供选择，如果函数还无法适应实际需要，用户还可以自己定义函数进行拟合。Origin 的非线性拟合方法基于非线性最小二乘拟合中最普遍使用的阻尼最小二乘（Levenberg-Marquardt，LM）算法。其拟合过程非常灵活，用户几乎可以对拟合过程进行完全控制，但当数据和拟合出的曲线在外形上明显不同时，需要用户介入。

【例 3-4】在太阳能光伏电池的特性及其应用实验中，硅光电池的理论模型由一个理想电流源、一个理想二极管、一个并联电阻 R_{sh} 和一个串联电阻 R_s 组成，光照下硅光电池的等效电路如图 3-5 所示。在一定光照下，当硅光电池接不同的负载电阻 R_L 时，负载两端的电压 U 和通过的电流 I 记录在表 3-5 中。作出 P–U 曲线、不同负载下的 I–U 曲线，得到此光强下开路电压 U_{oc}、短路电流 I_{sc}、最佳工作电流 I_m、最佳工作电压 U_m、最大输出功率 P_m、填充因子 FF、串联电阻 R_s、并联电阻 R_{sh} 等硅光电池的重要参数。

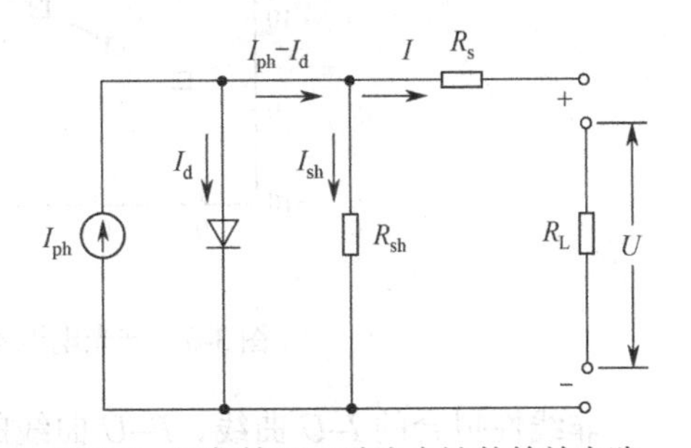

图 3-5 理想情况下硅光电池的等效电路

基于基尔霍夫定律，可得通过负载 R_L 的电流 I 及负载端电压 U 为

$$I = I_{ph} - I_d - I_{sh} = I_{ph} - I_0\left[e^{\beta(U+IR_s)} - 1\right] - I\left(R_s + R_L\right)/R_{sh} \tag{3-4}$$

$$U = IR_L \tag{3-5}$$

表 3-5 一定光照下硅光电池的伏安特性数据

U/V	0.02	0.08	0.15	0.20	0.25	0.28	0.31	0.38	0.40	0.43
I/mA	26.1	25.8	25.5	25.3	24.9	24.8	24.7	24.1	23.4	22.8
P/mW	0.522	2.064	3.825	5.060	6.225	6.944	7.657	9.158	9.360	9.804
U/V	0.45	0.48	0.51	0.53	0.54	0.56	0.57	0.58	0.59	0.60
I/mA	22.1	20.6	17.8	16.6	15.2	12.6	10.6	7.8	5.6	2.6
P/mW	9.945	9.888	9.078	8.798	8.208	7.056	6.025	4.536	3.292	1.532

解：用 Origin 拟合 P–U、I–U 曲线，计算硅光电池的重要参数。

将表中的数据输入 Origin 的工作表，A（X）列为 U 的数据，B（Y）、C（Y）列分别为 I 和 P 的数据。选中所有数据，单击绘制多图层的“Double Y Axis”图标，绘制双图层的 P–U 和 I–U 的 Line+Symbol 图。双击任一数据曲线打开“Plot Details”对话框，“Plot Type”选项变为 Scatter，图形变换成散点图，通过 Sympol 选项定制数据点图形。双击数据曲线图的任一坐标轴，通过坐标轴属性对话框定制坐标轴。选择 I–U 数据曲线，然后执行“Analysis：Fitting：Fit Linear：Nonlinear Curve Fit”命令，在弹出的“NLFit”对话框中选择 Category：Exponential、Function：Exponential，单击“Fit”按钮完成 I–U 曲线拟合；选择 P–U 数据曲线，执行“Analysis：Fitting：Fit Polynomial”命令，在“Polynomial Fit”对话框中可以设置多项式级数（Polynomial Order）为 6，单击“确定”按钮完成该曲线拟合。执行“File：Export Graphs”命令，输出选定格式的图像，如图 3-6 所示。

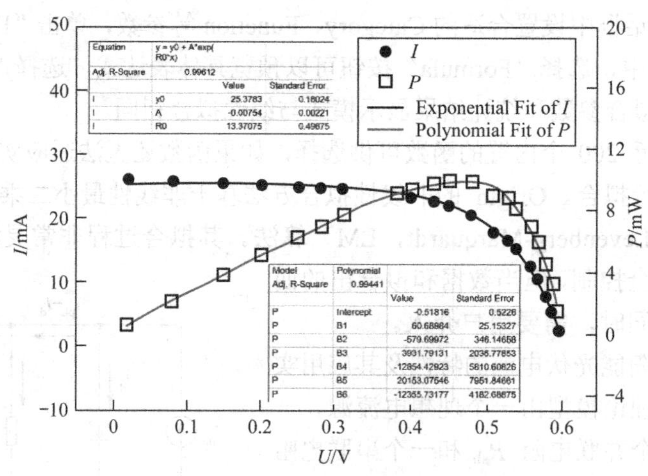

图 3-6 硅光电池不同负载时拟合的 I–U、P–U 曲线

非线性拟合的 I–U 曲线、P–U 曲线的相关系数平方分别为 0.996 和 0.994，表明拟合得到的曲线几乎贴合原数据。令拟合 P–U 曲线的多项式方程的一阶导数为零，可得 P_m=9.904mW、U_m=0.469V、I_m=21.1mA。由拟合 I–U 曲线过坐标轴的点可得 U_{oc}=0.607V、I_{sc}=25.4mA。依据填充因子的定义式可得 FF=64.2%。

当 U→0 时，式（3-4）可简化为

$$I \approx I_{ph} - I\left(R_s + R_L\right) / R_{sh} \approx I_{ph} - U / R_{sh} \tag{3-6}$$

由式（3-6）可知，当 U→0 时 I 与 U 具有良好的线性关系，该线性方程的斜率为-1/R_{sh}，即方程的一阶导数（dI/dU）。

当 $U \to U_{oc}$ 时，式（3-4）可简化为

$$I = \ln(I_{ph} / I_0 + 1) / \beta R_s - U / R_s \tag{3-7}$$

由式（3-7）可知，当 $U \to U_{oc}$ 时 I 与 U 也具有良好的线性关系，该线性方程的斜率为 $-1/R_s$，即方程的一阶导数（dI/dU）。

对硅光电池的 I–U 曲线求微分，则可在 $U \to 0$ 和 $U \to U_{oc}$ 处分别求出 R_{sh} 和 R_s。

选中 I–U 拟合曲线，选择“Analysis：Mathematics：Differentiate”命令，在弹出的“Mathematics：Differentiate”对话框中选择“Derivative Order”为 1，勾选“Plot Derivative Curve”，单击“确定”按钮完成曲线的一阶求导，界面显示微分图，如图 3-7 所示。依据 $U \to 0$ 和 $U \to U_{oc}$ 处的微分值得到并联电阻 $R_{sh} \approx 6406\Omega$ 和串联电阻 $R_s \approx 4\Omega$。若硅光电池含较大的串联电阻 R_s，则会减小该电池的填充因子 FF、降低硅光电池的效率 P。

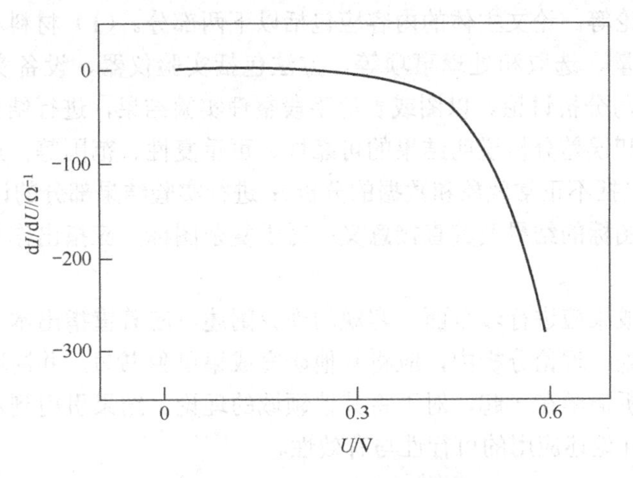

图 3-7 dI/dU 随 U 变化的曲线

第二节 论文报告的撰写

论文报告是科学研究的永久性记录与总结，通常由以下几部分组成。

一、摘要

摘要应具有独立性和自明性，并且拥有与文献同等量的主要信息，即不阅读全文，就可获得必要的信息。它要求简明扼要地说明研究工作的目的、研究方法和最终结论等，重点是结论，是一篇具有独立性和完整性的短文。如有可能，还应尽量提到论文结果与结论的应用范围和应用情况。写好摘要，必须回答好以下几个问题：（1）本文的目的或要解决的问题；（2）解决问题的方法及过程；（3）主要结果及结论；（4）本文的创新、独到之处。

二、引言

引言（或绪论）主要向读者勾勒出全文的基本内容和轮廓。它可以包括以下的全部或部分内容：（1）介绍某领域的背景、意义、发展状况和目前水平等；（2）对相关领域的研究现状进行回顾和综述，包括前面的研究成果、已解决的问题，并适当加以评价或比较；（3）指

出前人尚未解决的问题、留下的技术空白，也可以提出新问题以及解决问题的新办法、新思路，从而引出研究课题的动机与意义；（4）说明研究课题的目的；（5）概括论文的主要内容，或勾勒其大体轮廓。

对于比较简短的论文，引言也可以相对简短。可以用一两句话简介某研究领域的重要性、意义或需要解决的问题等，归纳文献，然后介绍自己的研究动机、目的和主要内容。其他内容可以省略。

三、正文

正文是论文报告的核心部分，占主要篇幅，包括调查对象、实验和观测方法、仪器设备、材料原料、实验和观测结果、计算方法和编程原理、数据资料、经过加工整理的图标、形成的论点和导出的结论等。论文主体的内容应包括以下两部分。（1）材料和方法。材料包括材料来源、性质、数量、选取和处理事项等。方法包括实验仪器、设备实验条件和测试方法等。（2）实验结果与分析讨论。以图或表等手段整理实验结果，进行结果的分析和讨论，包括：通过数理统计和误差分析说明结果的可靠性、可重复性、范围等；进行实验结果与几轮计算结果的比较（包括不正常现象和数据的分析）；进行实验结果部分的讨论。值得注意的是：必须在正文中说明图标的结果及其直接意义；对于复杂图标，应指出作者强调或希望读者注意的问题。

对研究内容及成果应进行较全面、客观的理论阐述，应着重指出本研究内容中的创新、改进与实际应用之处。理论分析中，应将其他研究成果单独书写，并注明出处，不得将其与本人提出的理论分析混淆在一起，对于将其他领域的理论、结果引用到本研究领域的，应说明该理论的出处，并论述应用的可行性与有效性。

四、结论

结论是最终的、总体的结论，不是正文中各段的小结的简单重复。结论应该准确、完整、明确、精练。如果不能归纳出应有的结论，也可以在没有结论的情况下进行必要的讨论，可以在结论或讨论中提出建议、研究设想、仪器设备改进意见、尚待解决的问题等。

五、参考文献

列出撰写论文所参考引用的主要文献，参考文献应按照论文中出现的顺序列出，并加上序号。值得注意的是，教材、产品说明书、各类标准、各种报纸上刊登的文章及未公开发表的研究报告等通常不宜作为参考文献引用；引用网上的参考文献时，应注明该文献的准确网页地址。

参考文献

[1] 陈东生，王莹，刘永生. 综合设计性物理实验教程[M]. 北京：冶金工业出版社，2020.

[2] 汪静，迟建卫. 创新性物理实验设计与应用[M]. 北京：科学出版社，2015.

[3] 陈喜燕，李雪，李亚蒙，等. Origin 软件在处理物理实验角度数据的应用[J]. 实验室研究与探索，2015，34（7）：135-138.

[4] 熊万杰，黄振中. 用 Origin 软件处理物理实验数据[J]. 大学物理实验，2004，17（2）：65-67.

第二篇　综合设计性物理实验

第四章　经典力学实验

实验 1　碰撞打靶实验

物体间的碰撞是自然界中普遍存在的现象，从宏观物体的一体碰撞到微观的粒子碰撞都是物理学中极其重要的研究课题。

单摆运动和平抛运动是运动学中的基本内容，能量守恒与动量守恒是力学中的重要概念。本实验通过两个物体的碰撞，以及碰撞前小球的单摆运动和碰撞后被撞球的平抛运动，运用已学到的力学定律去解决打靶的实际问题。比较分析理论和实验结果的差异，探索实验过程中能量损失的来源，从而更深入地理解力学原理，并提高学生分析和解决力学问题的能力。

一、实验目的和要求

1. 熟练掌握物体碰撞、运动、能量守恒和动量守恒等力学方面的知识。
2. 灵活运用所学的力学定律解决打靶方面的实际问题。
3. 自行设计实验分析能量损失的大小和来源。

二、基础理论及启示

碰撞是指物体间相互作用时间极短，而相互作用力很大的现象。在碰撞过程中，系统内物体相互作用的内力一般远大于外力，故碰撞中的动量守恒。按碰撞前后物体的动量是否在一条直线，可分为正碰和斜碰。按碰撞过程中动能的损失情况，可分为弹性碰撞、完全非弹性碰撞和非弹性碰撞 3 种。

弹性碰撞前后系统的总动量和总能量不变，对两个物体组成的系统的正碰情况，满足

$$m_1v_1 + m_2v_2 = m_1v_1' + m_2v_2' \tag{4-1}$$

$$\frac{1}{2}m_1{v_1}^2 + \frac{1}{2}m_2{v_2}^2 = \frac{1}{2}m_1v_1'^2 + \frac{1}{2}m_2{v_2'}^2 \tag{4-2}$$

式中，m_1、v_1 分别为碰撞前物体 1 的质量和速度，m_2、v_2 分别为碰撞前物体 2 的质量和速度，v_1'、v_2' 分别为碰撞后物体 1、物体 2 的速度。

将式（4-1）和式（4-2）联立，得

$$v_1' = \frac{(m_1 - m_2)v_1 + 2m_2v_2}{m_1 + m_2}；\quad v_2' = \frac{(m_2 - m_1)v_2 + 2m_1v_1}{m_1 + m_2}$$

当 $v_2=0$ 时，

$$v_1' = \frac{m_1 - m_2}{m_1 + m_2}v_1；\quad v_2' = \frac{2m_1v_1}{m_1 + m_2}$$

若 $m_1=m_2$，则 $v_1'=0$，$v_2'=v_1$。即碰撞后动能和动量全部发生了转移。

若 $m_1 \gg m_2$，则 $v_1' \approx v_1$，$v_2' \approx 2v_1$。碰后 m_1 的速度几乎未变，仍按照原方向运动，质量小的物体以 v_1 的两倍速度向前运动。

若 $m_1 \ll m_2$，则 $v_1' \approx -v_1$；$v_2' \approx 0$。碰后 m_1 按原速度弹回，而 m_2 几乎不动。

完全非弹性碰撞，该碰撞中动能的损失最大，对两个物体组成的系统满足

$$m_1v_1 + m_2v_2 = (m_1 + m_2)v$$

非弹性碰撞，碰撞的动能介于弹性碰撞和完全非弹性碰撞之间。碰撞中动能不守恒，其中一部分转化为非机械能（如热能），只满足动量守恒，两个物体的碰撞一般都是非弹性碰撞。

恢复系数是碰撞前后两个物体沿接触处法线方向上的分离速度与接近速度之比，只与碰撞物体的材料有关。

碰撞后两个物体的分离速度（v_2-v_1）与碰撞前两个球的接近速度（$v_{10}-v_{20}$）成正比，比值由两球的材料性质决定，即

$$e = \frac{v_2 - v_1}{v_{10} - v_{20}} \tag{4-3}$$

通常把 e 叫作恢复系数（在斜碰的情况下，式中的分离速度和接近速度都是指沿碰撞接触处法线方向上的速度）。如果 $e=0$，则碰撞为完全非弹性碰撞；如果 $e=1$，则碰撞为弹性碰撞；如果 $0<e<1$，则碰撞为非弹性碰撞。

三、主要的实验仪器与材料

主要的实验仪器与材料包括：碰撞打靶实验仪、撞击球（摆球）、被撞球、电子天平、游标卡尺、钢尺等。

碰撞打靶实验仪如图 4-1 所示，它由导轨、单摆、升降架（上有小电磁铁，可控断通）、被撞球及载球支柱、靶盒等组成。载球支柱上端为圆锥形平头状，减小被撞球（钢球）与载球支柱的接触面积，在被撞球受击运动时，减小摩擦力做功。载球支柱具有弱磁性，以保证钢球质心沿着载球支柱中心位置运动。

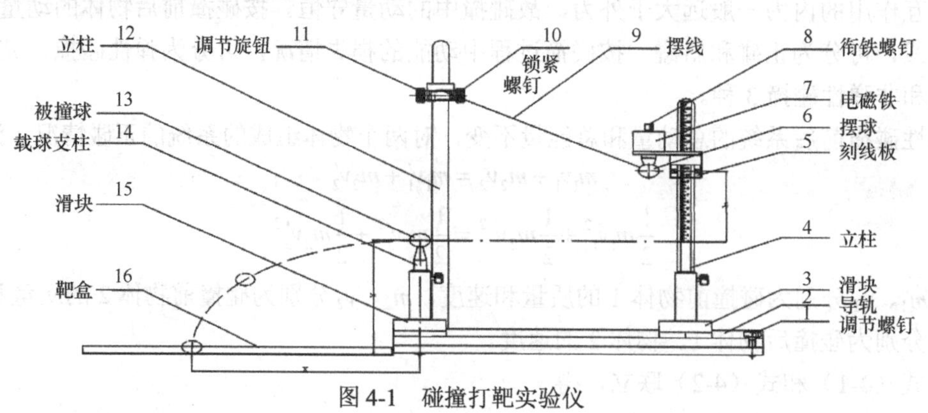

图 4-1 碰撞打靶实验仪

升降架上装有可上下升降的磁场方向与立柱平行的电磁铁，立柱上有刻度尺及读数指示移动标志。仪器上电磁铁磁场中心位置、摆球（钢球）质心与被撞球质心在碰撞前后处于同一平面上。由于事前两球质心被调节成离导轨同一高度，因此，一旦切断电磁铁电源，被吸单摆小球就将自由下摆，并能正中地与被撞球碰撞。被撞球将做平抛运动，最终落到贴有目标靶的金属盒内。小球质量可用电子天平称量。

四、实验内容与步骤提示

1．调节碰撞打靶实验仪到使用状态

调节导轨上的两个调节螺钉使导轨水平（思考如何用单摆垂直来检验）。移动“滑块 15”至“摆球 6”的正下方，调节“锁紧螺钉 10”和“调节旋钮 11”，使摆球对准“载球支柱 14”，并与之相切，然后拧紧“锁紧螺钉 10”。向左移动“滑块 15”摆球半径加被撞球半径的距离，利用固定螺钉锁紧。在“靶盒 16”中放入靶纸，并在上面覆盖一张复写张。将直流电源与“按钮盒”连接，将“摆球”放在电磁铁下的衔铁口上，调节“衔铁螺钉 8”，使摆球与衔铁口的整个孔口接触，并移动“滑块 3”使摆线呈直线状。将“被撞球 13”放置在“载球支柱 14”上。

用电子天平测量被撞球（与撞击球相同）的质量 m=32.70g，并以此作为撞击球的质量。

观察电磁铁电源切断时，单摆小球只受重力及空气阻力时的运动情况。

2．观察两球碰撞前后的运动状态，测量两球碰撞的能量损失

通过绳来调节撞击球的高低和左右，使之能在摆动的最低点和被撞球进行正碰。以理论高度 h_0 值进行多次打靶实验，记录被撞球实际击中的位置，据此计算碰撞前后的机械能损失 ΔE_1，应对撞击球的高度做怎样的调整，才可以击中靶心？

调整撞击球的高度 h，再进行多次打靶实验，确定实际击中靶心时的高度 h，再次计算碰撞前后总能量的损失 ΔE_2。分析能量损失的各种来源，并设计实验测出各部分能量损失的大小。

通过计算得到恢复系数，判断实验中两球碰撞是否为近似弹性碰撞。

五、预习思考题

1．在加速度为 g 的重力场中，单摆运动的动能和势能是如何转化的？最大速度 v 与极限高度 h 有怎样的关系？实际单摆中可能有哪些能量损失？如何判断和测量？

2．平抛运动具有什么特点？质量为 m、初速为 v 的物体水平移动的距离 x 和下落的高度 y 有怎样的关系？平抛运动中可能有哪些能量损失？如何判断和测量？

3．系统能量守恒和机械能守恒分别需要具备什么条件？

4．系统的总动量守恒需要什么条件？在非弹性碰撞中，总动量是否守恒？

5．推导无能量损失时撞击球的理论高度 h_0 和靶心位置 x、被撞球高度 y 的函数关系（要求撞击球在最低点和被撞球正碰，且击中靶心）。

6．如果不放被撞球，撞击球在摆动回来时能否达到原来的高度？请说明原因。

六、实验报告的要求

1．写明本实验的目的和意义。

2. 简述实验的基本原理、设计思路和研究过程。
3. 记录实验的全过程，包括实验步骤、实验现象和数据处理等。
4. 分析实验结果，讨论实验中出现的各种问题。
5. 得出实验结论，并提出改进意见。

七、拓展

用不同材料、不同大小的撞击球和被撞球进行上述实验，分别计算能量损失的大小，并分析其主要来源。

八、参考文献

[1] 沈元华. 设计性研究性物理实验教程[M]. 上海：复旦大学出版社，2004.
[2] 沈元华，陆申龙. 基础物理实验[M]. 北京：高等教育出版社，2003.
[3] 郑永令，贾起明，方小敏. 力学[M]. 北京：高等教育出版社，2002.
[4] 上海复旦天欣科教仪器有限公司. FD-CI-B 型碰撞打靶实验仪说明书.

实验 2　动力法研究刚体转动惯量及特性

转动惯量是表征刚体转动特性的物理量，是刚体转动惯性的量度。刚体的转动惯量具有重要的物理意义，在科学实验、工程技术、航天、电力、机械、仪表等工业领域也是一个重要参量。电磁系仪表的指示系统，按线圈的转动惯量不同，可分别被用于测量微小电流（检流计）或电量（冲击电流计）。在发动机叶片、飞轮、陀螺以及人造卫星的外形设计上，精确地测量转动惯量是十分必要的。刚体的转动惯量取决于刚体总质量的大小、转轴的位置和质量相对转轴的分布。对于形状规则、质量分布均匀的刚体，其绕特定转轴的转动惯量可用数学方法计算，但对于形状复杂、质量分布不均匀的刚体，就必须用实验方法进行测量。

转动惯量的测量方法有很多，如三线悬摆法、扭摆法、复摆法以及利用各种特制的转动惯量实验仪等。动力法是指物体在重力的作用下绕定轴转动，利用转动定律测量所受力矩和角加速度，从而求得转动惯量。本实验采用基于动力法的转动惯量实验仪测定几种不同形状物体的转动惯量，验证叠加性及平行轴定律，加深学生对转动惯量概念和平行轴定理的理解。

一、实验目的和要求

1. 学习用恒力矩转动法测定刚体转动惯量的原理和方法。
2. 观察刚体转动惯量随质量、质量分布及转轴不同而改变的情况，验证平行轴定理。
3. 学习用曲线改直的数据处理方法处理数据。

二、基础理论及启示

1. 恒力矩转动法测量转动惯量

根据刚体的定轴转动定律

$$M = J\beta \tag{4-4}$$

式中，M 为刚体所受的合外力矩，β 为角加速度，J 为刚体绕转轴的转动惯量。只要测得 M 和 β，就可计算出该刚体的转动惯量 J。

实验中所用的转动惯量实验仪的受力示意图如图 4-2 所示。假设塔轮 B 的轴半径为 R，滑轮 A 的半径为 r，质量为 m'，塔轮处细线的张力为 T，滑轮 A 处细线的张力为 T'，滑轮的转动惯量为 J_A，砝码的质量为 m，转动时砝码下落的加速度为 a，则下面三式成立

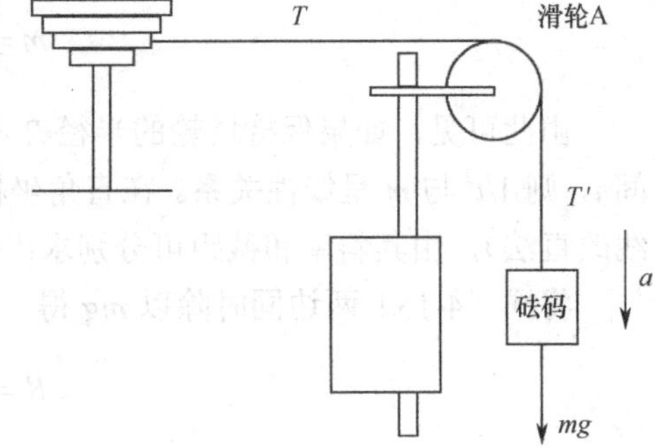

图 4-2　转动惯量实验仪的受力示意图

$$mg - T' = ma \tag{4-5}$$

$$(T' - T)r = J_A a / r \tag{4-6}$$

$$J_A = \frac{m'r^2}{2} \tag{4-7}$$

将式（4-5）～式（4-7）联立可得

$$T = m\left[g - \left(a + \frac{1}{2}\frac{m'}{m}a\right)\right] \tag{4-8}$$

在此实验中，当略去滑轮和细线的质量、滑轮轴上的摩擦力和空气阻力矩，并认为细线不可伸长时，有

$$T = m(g - a) = m(g - R\beta) \tag{4-9}$$

未加砝码时，在摩擦力矩 M_μ 的作用下，塔轮 B 将以角速度 β_1 做匀减速运动，可得

$$-M_\mu = J\beta_1 \tag{4-10}$$

将质量为 m 的砝码用细线绕在半径为 R 的塔轮上，当砝码自由下落时，塔轮在张力 T 和摩擦力矩 M_μ 下做匀加速运动，故

$$mR(g - R\beta_2) - M_\mu = J\beta_2 \tag{4-11}$$

将式（4-10）代入式（4-11）得

$$J = \frac{mgR - mR^2\beta_2}{\beta_2 - \beta_1} \tag{4-12}$$

若 R 和 m 已知，则只需测出 β_1 和 β_2，就可求出转动体系的转动惯量 J。值得注意的是，β_1 是匀减速转动的角加速度，其值实为负值，故式（4-12）中的分母实为绝对值相加。

根据刚体运动学角位移 θ 与时间 t 的关系

$$\theta = \omega_0 t + \frac{1}{2}\beta t^2 \tag{4-13}$$

在一次转动过程中，取两个不同的角位移和时间的对应关系(θ_m,t_m)和(θ_n,t_n)，有

$$\beta = \frac{2\left(\dfrac{\theta_m}{t_m} - \dfrac{\theta_n}{t_n}\right)}{(t_m - t_n)} = \frac{2(\theta_m t_n - \theta_n t_m)}{t_m t_n (t_m - t_n)} \tag{4-14}$$

2. 单角度设置法（ω_0=0）求刚体的转动惯量

假设转动惯量实验仪在恒外力矩的作用下以初始角速度 ω_0=0 开始绕轴转动，因实验过程中始终保持 $g \gg a = R\beta$，由式（4-11）和式（4-13）可得

$$mgR - M_{\mu} = 2J\theta / t^2 \tag{4-15}$$

将式（4-15）两边同时除以 gR 得

$$m = \frac{2J\theta}{gR} \cdot \frac{1}{t^2} + \frac{M_{\mu}}{gR} \tag{4-16}$$

由此可见，如果保持塔轮的半径 R 不变，角位移 θ 不变，测出不同砝码质量 m 对应的时间 t，则 $1/t^2$ 与 m 呈线性关系。在直角坐标纸上作 $1/t^2$–m 关系图（这种处理数据的方法称为曲线改直法），由其斜率和截距可分别求出 J 和 M_{μ}。

将式（4-15）两边同时除以 mg 得

$$R = \frac{2J\theta}{mg} \cdot \frac{1}{t^2} + \frac{M_{\mu}}{mg} \tag{4-17}$$

如果保持砝码质量 m 不变，角位移 θ 不变，测出不同塔轮半径 R 对应的时间 t，则 $1/t^2$ 与 R 呈线性关系。在直角坐标纸上作 $1/t^2$–R 关系图，同样由其斜率及截距可分别求出 J 和 M_{μ}。

三、主要的实验仪器与材料

主要的实验仪器与材料包括：ZKY-ZS 转动惯量实验仪、智能计时计数器、试件（圆盘、圆环、两个圆柱）、砝码等。

转动惯量实验仪及俯视图如图 4-3 所示，载物台通过螺钉与塔轮连接，塔轮通过特制的轴承安装在主轴上，使转动时的摩擦力矩很小。塔轮半径分为 15mm、20mm、25mm、30mm、35mm 共 5 挡，可与 5.4g 的砝码托及 1 个 5g、4 个 10g 的砝码组合，产生不同大小的力矩。载物台上的孔离中心的距离分为 45mm、60mm、75mm、90mm、105mm 共 5 种，方便圆柱试样插入以验证平行轴定理。有两个光电门，一个测量用，另一个备用。

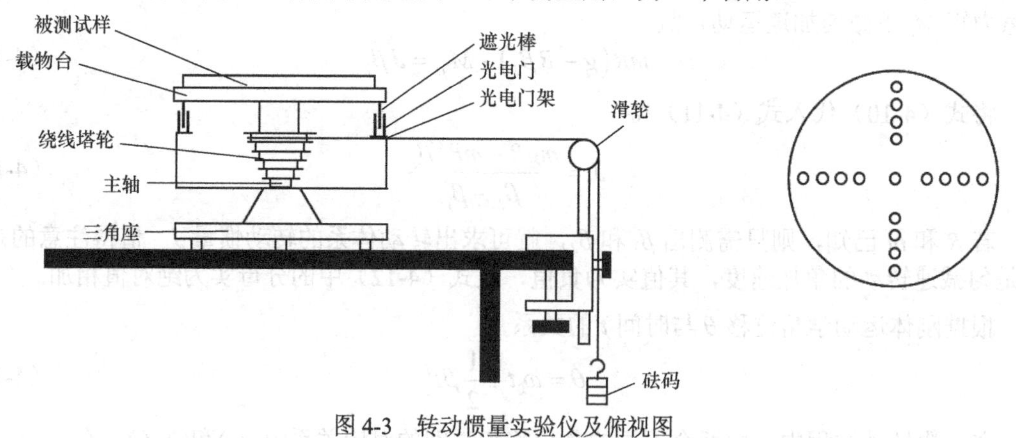

图 4-3 转动惯量实验仪及俯视图

被测试样有圆盘（M_1=450g、D_1=240mm），圆环（M_2=462.8g、$D_{外}$=240mm、$D_{内}$=210mm），两个圆柱（M_3×2=332g、D_3=30mm）。

智能计时计数器主要具有以下技术指标：由单片机和固有程序等组成，具有记忆存储功能，最多可计 99 个脉冲输入的时间，并可随意提取数据。本仪器使用+9V 稳压直流电源，时间分辨率（最小显示位）为 0.0001s，误差为 0.004%，最大功耗为 0.3W。具有模式选择/查询下翻按钮、项目选择/查询上翻按钮、确定/开始/停止按钮这 3 个操作按钮，4 个信号源输入端，两个 4 孔输入端是一组，两个 3 孔输入端是另一组。

使用方法如下。接通智能计时计数器的电源后显示“智能计时计数器成都世纪中科”画面，延时一段时间后，显示操作界面：上一行为测试模式名称和序号，例如，“1 计时”表示按模式选择/查询下翻按钮选择测试模式。下一行为测试项目名称和序号，例如，“1-1 单电门”表示项目选择/查询上翻按钮选择测试项目。选择好测试项目后，按确定键，将显示“选 A 通道测量”，然后通过按模式选择/查询下翻按钮和项目选择/查询上翻按钮选择 A 通道或 B 通道，选择好后再次按下确认键即可开始测量。测量过程中将显示“测量中*****”，测量完成后自动显示测量值，若该项目有多组数据，则可按查询下翻按钮或查询上翻按钮进行查询，再次按下确认键退回到项目选择界面。若测量未完成就按下确认键，则测量停止，将根据已测量到的内容进行显示，再次按下确认键将退回到项目选择界面。

该仪器具有的模式种类及功能：1 计时；2 平均速度；3 加速度；4 计数；5 自检。本实验将智能计时计数器的 A 或 B 通道与转动惯量实验仪的一个光电门相连，模式选择“1 计时”，项目选择“1-2 多脉冲”，测量单电门连续脉冲间距时间，可测量 99 个脉冲间距时间。

四、实验内容与步骤提示

1. 调节转动惯量实验仪到使用状态

仪器转轴必须垂直（载物台必须水平），可以调节底座螺钉使载物台水平，并用水准仪检验。导向滑轮转动自如，调节滑轮的高度和转向使拉线水平和滑轮的滑槽与相切于塔轮的细线平行。将细线一端打结卡入塔轮的狭缝中，在同一张力下密绕在塔轮上，不能线上绕线（保持力臂不变），在细线的另一端悬挂砝码。

2. 恒力矩转动法测量转动体系绕其中心轴的转动惯量 J_0

测量转动体系在摩擦力矩的作用下做匀减速转动的角加速度 β_1，转动体系在外力矩及摩擦力矩的作用下做匀加速转动的角加速度 β_2，求出转动体系绕其中心轴的转动惯量 J_0。

3. 单角度设置法通过转动惯量叠加性测定圆盘绕中心轴的转动惯量 $J_{圆盘}$

在载物台上放置待测圆盘，将遮光细棒紧靠光电门，使塔轮以初始角速度 $\omega_0=0$ 开始绕轴转动，保持塔轮半径 R 不变，角位移 $\theta=k\pi$ 不变，测量不同砝码质量时体系转动 $\theta=k\pi$ 所对应的时间 t_k。作 $1/t_k^2-m$ 关系图，通过作图法由其斜率求出体系的 J，进而求出 $J_{圆盘}$。将实验测量值与理论计算值相比较，计算相对误差。

4. 单角度设置法通过转动惯量叠加性测定圆环绕中心轴的转动惯量 $J_{圆环}$

在载物台上放置待测圆盘，使塔轮以初始角速度 $\omega_0=0$ 开始绕轴转动，保持砝码质量 m 不变，角位移 $\theta=k\pi$ 不变，测量不同塔轮半径时体系转动 $\theta=k\pi$ 所对应的时间 t_k。以 $1/t_k^2$ 为自变量，R 为因变量，利用线性回归法处理数据，通过线性回归法由其斜率求出体系的 J，进而求出 $J_{圆盘}$。将实验测量值与理论计算值进行比较，计算相对误差。

5. 验证平行轴定理

将两个圆柱体对称地插入载物台上的圆孔中，测量圆柱体在此位置的转动惯量 $J_{圆柱}$。将实验测量值与理论计算值进行比较。

五、预习思考题

1．若智能计时计数器以第 1 次遮挡光电门的时刻为零时刻（t_0=0s），每隔 π 弧度（半圈）计一次时间，则智能计时计数器测量的时间 t_n 表示第几次遮挡光电门的时刻？对应的角位移为多少？

2．若细线不水平且不与滑轮的滑槽平行，则将使转动惯量的测量结果偏大还是偏小？请说明原因。怎样调节塔轮和滑轮才能使细线处于测量的理想状态？

3．因为细线在塔轮上的绕线圈数有限，若在某个半径塔轮上绕线圈数为 n，在细线打结的一端脱开塔轮而另一端挂的砝码还没落地的情况下，记录的前多少组数据可用？

4．式（4-16）和式（4-17）成立的一个前提条件是初始角速度 ω_0=0，如何设置遮光棒的初始位置使 $\omega_0\approx 0$？

5．从理论上分析实验中误差的来源。

6．用测量数据说明 $g\gg a=R\beta$ 是否成立。若忽略砝码的加速度 a，则细线的张力 $T\approx mg$，这一近似使得转动惯量的测量值比真实值大还是小？为什么？

六、实验报告的要求

1．简述转动惯量实验仪和智能计时计数器的工作原理，写明本实验的目的和意义。
2．简述恒力矩转动法和单角度设置法测转动惯量的原理。
3．详细记录实验过程及数据，并用作图法和线性回归法等处理数据。
4．记录实验中发现的问题及解决办法。
5．对实验中出现的问题及实验结果进行分析和讨论。
6．谈谈本实验的收获、体会，并提出改进意见。

七、拓展

若塔轮转轴的摩擦力矩 M_μ 恒定，则如何测量？本实验如何验证摩擦力矩 M_μ 近似恒定？

八、参考文献

[1] 侯建平. 大学物理实验[M]. 北京：国防工业出版社，2018.

[2] 胡平亚. 大学物理实验教程——综合性设计性研究性物理实验[M]. 长沙：湖南师范大学出版社，2008.

[3] 李平舟，武颖丽，吴兴林，等. 综合设计性物理实验[M]. 西安：西安电子科技大学出版社，2012.

[4] 刘赟. 教学用转动惯量仪的设计与实现[D]. 西安：西安理工大学，2009.

[5] 成都世纪中科仪器有限公司. ZKY-ZS 转动惯量实验仪说明书.

实验 3 基于波尔共振仪的受迫振动特性研究

共振现象是宇宙间最普遍、最频繁的自然现象之一，几乎在物理学的各个分支学科、许多交叉学科中以及工程技术的各个领域中都有应用，如电学中振荡电路的共振、机械上的粉碎机和电振泵、生活中的微波炉、医学上的核磁共振成像、基于共振输电的无线输电技术、物理中顺磁共振研究物质结构等。共振在带给人们巨大帮助的同时，也可能带来危害，如建筑共振倒塌、次声波共振损害人体器官等。为了趋利避害，共振在工程技术和科学研究中受到了人们极大的关注，21 世纪蓬勃发展的信息技术、基因科学、纳米材料和航天科技中都运用了共振技术。

受迫振动是振动系统在持续周期性驱动力作用下的振动，而共振仅是受迫振动的一种特殊情况。振幅-频率特性和相位-频率特性（简称幅频特性和相频特性）常用来表征受迫振动的性质，因此为了更深入地认识受迫振动，本实验采用波尔共振仪定量研究受迫振动的幅频特性和相频特性，并利用频闪法测定动态物理量——相位差。

一、实验目的和要求

1. 研究波尔共振仪中弹性摆轮受迫振动的幅频特性和相频特性。
2. 研究不同阻尼力矩对受迫振动的影响，观察共振现象。
3. 学习用频闪法测定动态物理量——相位差。
4. 学习系统误差的修正。

二、基础理论及启示

物体在周期性外力的作用下发生的振动称为受迫振动，这种周期性的外力称为强迫力。若周期性外力符合简谐振动的规律，则稳定的受迫振动也是简谐振动。此时，振幅保持恒定，且振幅的大小与强迫力的频率、振动系统的固有频率以及阻尼系数都有关。在受迫振动状态下，振动系统除受到强迫力的作用外，还可能受到回复力和阻尼力的作用。所以处于稳定状态的物体的位移、速度变化与强迫力不是同相位的，存在相位差。当强迫力的频率等于振动系统的固有频率时，产生共振，此时振幅最大，相位差为−90°。

当波尔共振仪中的摆轮受到周期性强迫外力矩 $M = M_0\cos(\omega t + \varphi_M)$ 的作用，并在有空气阻尼和电磁阻尼的条件下运动时，其运动方程为

$$J\frac{\mathrm{d}^2\theta}{\mathrm{d}t^2} = -k\theta - b\frac{\mathrm{d}\theta}{\mathrm{d}t} + M_0\cos(\omega t + \varphi_\mathrm{M}) \tag{4-18}$$

式中，J 为摆轮的转动惯量，$-k\theta$ 为弹性回复力矩，$-b\frac{\mathrm{d}\theta}{\mathrm{d}t}$ 为阻尼力矩，M_0 为强迫力矩的幅值，ω 为强迫力矩的频率。

令 ${\omega_0}^2 = \frac{k}{J}$，$2\beta = \frac{b}{J}$，$m_0 = \frac{M_0}{J}$，式（4-18）可变为

$$\frac{\mathrm{d}^2\theta}{\mathrm{d}t^2} + 2\beta\frac{\mathrm{d}\theta}{\mathrm{d}t} + {\omega_0}^2\theta = m_0\cos(\omega t + \varphi_\mathrm{M}) \tag{4-19}$$

当 $m_0 = 0$ 时，式（4-19）为阻尼振动方程；若再有阻尼系数 $\beta = 0$，则式（4-19）变为简谐振动方程，振动系统的固有频率为 ω_0。

方程（4-19）的通解为

$$\theta = \theta_1\mathrm{e}^{-\beta t}\cos(\sqrt{{\omega_0}^2 - \beta^2}t + \varphi_1) + \theta_2\cos(\omega t + \varphi_2) \tag{4-20}$$

由式（4-20）可见，受迫振动可分成两部分：第一部分与初始条件有关，经过一段时间后衰减消失；第二部分说明强迫力矩对摆轮做功，最后达到一个稳定的振动状态，振幅为

$$\theta_2 = \frac{m_0}{\sqrt{(\omega^2 - {\omega_0}^2)^2 + 4\beta^2\omega^2}} \tag{4-21}$$

它与强迫力矩的相位差为

$$\phi = \varphi_2 - \varphi_M = \arctan\frac{2\beta\omega}{\omega^2 - {\omega_0}^2} = \arctan\frac{-\beta {T_0}^2 T}{\pi(T^2 - {T_0}^2)} \tag{4-22}$$

由式（4-21）和式（4-22）可以看出，振幅 θ_2 和相位差 ϕ 取决于强迫力矩的归一化幅值 m_0、ω、ω_0 和 β 这 4 个因素，而与振动的初始状态无关。

由极值条件 $\frac{\partial\theta_2}{\partial\omega} = 0$ 可得，当强迫力矩的圆频率 $\omega = \sqrt{{\omega_0}^2 - 2\beta^2}$ 时，θ_2 有极大值，摆轮产生共振。若共振时的圆频率和振幅分别用 ω_r、θ_r 来表示，则

$$\omega_r = \sqrt{{\omega_0}^2 - 2\beta^2} \tag{4-23}$$

$$\theta_r = \frac{m_0}{2\beta\sqrt{{\omega_0}^2 - \beta^2}} \tag{4-24}$$

式（4-23）和式（4-24）表明，阻尼系数 β 越小，共振时强迫力矩的频率 ω_r 越接近系统的固有频率 ω_0，振幅 θ_r 也越大。图 4-4 和图 4-5 表示阻尼系数 β 不同时受迫振动的幅频特性和相频特性。

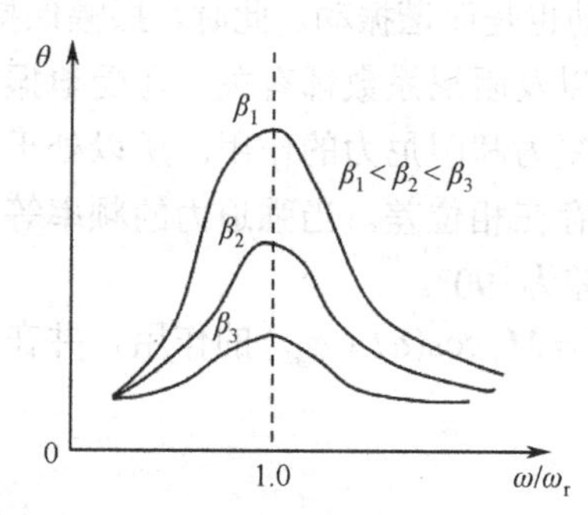

图 4-4 受迫振动的幅频特性

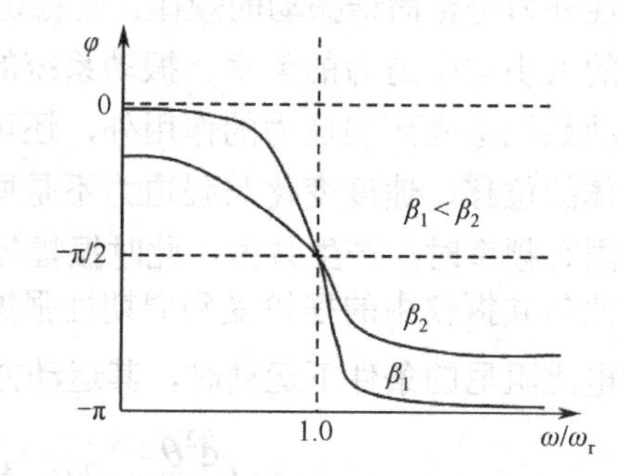

图 4-5 受迫振动的相频特性

若阻尼振动的周期为 T，i 个和 j 个周期后的振幅分别为 θ_i 和 θ_j，则由式（4-20）可得

$$\frac{\theta_j}{\theta_i} = e^{-\beta(j-i)T}，即 \beta = \frac{\ln(\theta_j/\theta_i)}{-(j-i)T} \tag{4-25}$$

若在实验过程中记录 n 组振幅数据，并用 n 个周期的平均值 $\overline{T}$ 来代替 T，则

$$\beta_i = \frac{\ln(\theta_{i+5}/\theta_i)}{-5\overline{T}} \quad (i=1, 2, 3, 4, 5) \tag{4-26}$$

若阻尼系数较小（满足 $\beta^2 \leqslant {\omega_0}^2$），则在共振频率附近（$\omega \approx \omega_0$），由式（4-21）和式（4-24）可得

$$\left(\frac{\theta_2}{\theta_r}\right)^2 = \frac{4\beta^2({\omega_0}^2 - \beta^2)}{(\omega^2 - {\omega_0}^2)^2 + 4\beta^2\omega^2} \approx \frac{\beta^2}{(\omega - \omega_0)^2 + \beta^2} \tag{4-27}$$

据此可由幅频特性曲线求得阻尼系数 β。

当 $\left(\frac{\theta_2}{\theta_r}\right)^2 = \frac{1}{2}$，即 $\theta_2 = \frac{1}{\sqrt{2}}\theta_r$ 时，由式（4-27）可得

$$\omega = \omega_0 \pm \beta \tag{4-28}$$

$\omega_0 - \beta$ 和 $\omega_0 + \beta$ 对应幅频特性曲线上 $\theta = \frac{1}{\sqrt{2}}\theta_r$ 处的两个频率 ω_1 和 ω_2，由此得出

$$\beta = \frac{\omega_2 - \omega_1}{2} \tag{4-29}$$

本实验采用摆轮在弹性回复力矩的作用下自由摆动，在电磁阻尼力矩的作用下做受迫振动来研究受迫振动的特性，可直观地显示机械振动中的一些物理现象。

三、主要的实验仪器与材料

ZKY-BG 型波尔共振仪由振动仪与电器控制箱两部分组成，其中振动仪如图 4-6 所示。摆轮 A 安装在机架上，弹簧 B 的一端与摆轮 A 的轴相连，另一端固定在机架支柱上。在弹簧弹性力的作用下，摆轮可绕轴自由往复摆动。在摆轮的外围有一卷凹槽，其中一个长凹槽 C 比其他凹槽长得多。机架上对准长凹槽 C 处有一个光电门 H，用来测量摆轮的振幅和振动周期。在机架下方有一对带有铁芯的阻尼线圈 K，摆轮 A 恰巧嵌在铁芯的空隙。当线圈中通过直流电时，摆轮受到电磁阻尼力的作用，且阻尼大小可由电流大小控制。为使摆轮 A 做受迫振动，在电动机轴上装有偏心轮，通过连杆 E 带动摆轮，电动机轴上还装有带刻线的一起转动的有机玻璃转盘 F，由角度读数盘 G 可读出相位差 φ。有机玻璃转盘 F 上还有两个挡光片，通过与角度读数盘 G 中央上方 90°处的光电门 I 配合，测量强迫力矩的周期。

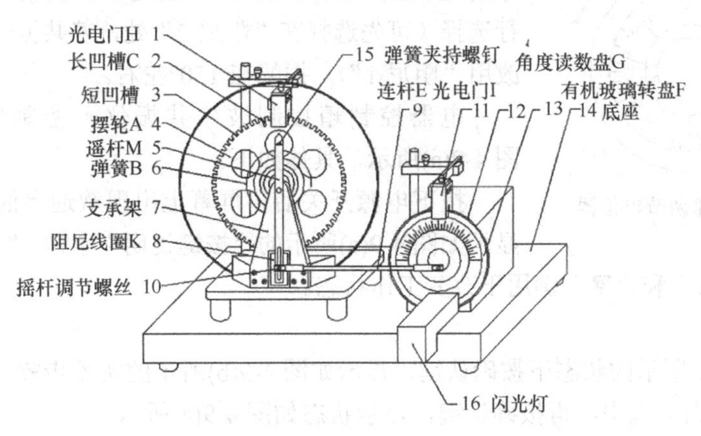

图 4-6　振动仪

受迫振动的摆轮与强迫力矩的相位差是借助小型闪光灯来测量的。闪光灯受光电门 H 的控制，每当摆轮上的长凹槽 C 通过平衡位置时，光电门 H 接收光，引起闪光灯闪光，这一现象称为“频闪”现象。稳定状态下在闪光灯的照射下可看到有机玻璃转盘 F 的指针好像一直“停止”在某个刻度处，可方便地直接读出，误差不大于 2°。相位差 φ 不等于角度读数盘 G 的读数 φ^*，而等于 φ^*的相反数，即 $\varphi=-\varphi^*$。因为当闪光灯闪光时，$\varphi_M=\varphi^*\pm90°$，$\varphi_2=\pm90°$，$\varphi=\varphi_2-\varphi_M=-\varphi^*$或 $180°-\varphi^*$（舍去，因为 φ^*位于第一、二象限，而 φ 位于第三、四象限），故 $\varphi=-\varphi^*$。

注意：闪光灯应搁置在底座上，切勿拿在手中直接照射刻度盘。为使闪光灯管不易损坏，采用按钮开关，仅在测量相位差时才按下按钮。

摆轮的振幅是利用光电门 H 测出摆轮 A 外圈上转过平衡位置的凹槽个数，并在控制箱的液晶显示屏幕上直接显示，精度为 1°。

波尔共振仪的电器控制箱的前面板如图 4-7 所示。电机转速调节旋钮是带有刻度的十圈电位器，调节此旋钮可精确地改变电机的转速（30～45r/min），从而改变强迫力矩的周期。当锁定开关处于如图 4-8 所示的位置时，电位器刻度锁定，要调节电机转速须将锁定开关置于该位置的另一边。当×0.1 挡旋转一圈时，×1 挡走一个数字。电位器刻度仅供实验时做参考，以便大致确定强迫力矩的某个周期值在十圈电位器上的相应位置。

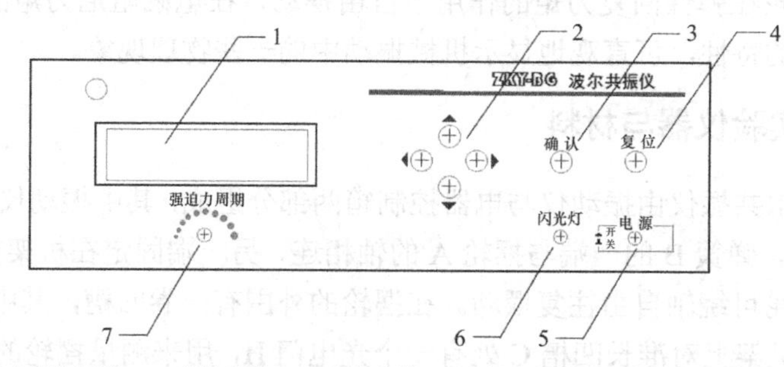

1—液晶显示屏幕；2—方向控制键；3—确认按键；4—复位按键；5—电源开关；6—闪光灯开关；7—强迫力周期调节电位器

图 4-7　电器控制箱的前面板

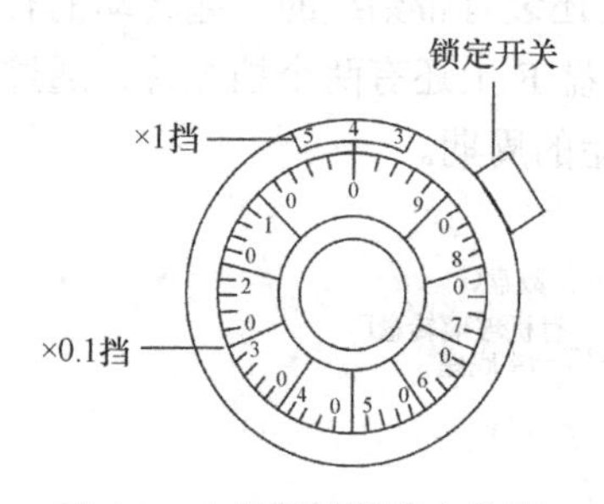

图 4-8　电机转速调节电位器

阻尼线圈内的直流电由恒流源提供，电流的大小可通过软件控制，以达到改变阻尼系数的目的。阻尼挡位分 3 挡，分别是“阻尼 1”“阻尼 2”“阻尼 3”，实验时根据不同情况进行选择（可先选择在“阻尼 2”处，若共振时振幅太小，则可改用“阻尼 1”），振幅在 150°左右。

电器控制箱控制波尔共振仪，控制软件操作界面如图 4-9(a)所示，具体如下。

按下电源开关后，屏幕上出现欢迎界面，几秒后屏幕上显示如图 4-9(a)所示的“按键说明”字样。“◀”和“▶”键用于选择项目，“▲”和“▼”键用于改变工作状态。

1）自由振动

在如图 4-9(a)所示的状态下按确认键，显示如图 4-9(b)所示的实验步骤，默认选中项为自由振动，字体反白为选中，再按确认键，显示状态如图 4-9(c)所示。

用手转动摆轮 160°左右，松开手后按“p”键或“q”键，测量状态由“关”变为“开”，电器控制箱开始记录实验数据，振幅的有效数值范围为 50°～160°（振幅小于 160°时测量开，小于 50°时测量自动关闭）。测量显示“关”时，数据已保存并发送到主机。

查询实验数据，可按“t”键或“u”键选中回查，再按确认键，显示状态如图 4-9(d)所示，表示第一次记录的振幅 θ=134°，对应的周期 T_0=1.442s，然后按“p”键或“q”键查看所有记录的数据，该数据为振幅 θ 与周期 T_0 的对应，回查完毕后按确认键，返回到如图 4-9(c)所示的状态。

2）阻尼振动

在如图 4-9(b)所示的状态下，按“▶”键选中阻尼振动，按确认键，显示状态如图 4-9(e)所示。有三个阻尼挡位，“阻尼 1”挡最小，应根据实验要求选择挡位，例如选择阻尼 2 挡，按确认键，显示状态如图 4-9(f)所示。

首先转动有机玻璃转盘 F 使其指针位于 0°位置，然后用手转动摆轮 160°左右，放开手后按“p”键或“q”键，测量状态由“关”变为“开”，电器控制箱开始记录实验数据，仪器记录 10 组数据后，测量自动关闭，此时振幅还在变化，但仪器已经停止记录实验数据。

阻尼振动的回查与自由振动类似。改变阻尼的挡位进行测量，重复上述操作步骤即可。

3）受迫振动

在做受迫振动前必须先做阻尼振动，否则实验无法进行。

仪器在如图 4-9(b)所示的状态下，选中受迫振动，按“确认”键，显示状态如图 4-9(g)所示，默认状态选中电机。按“▲”或“▼”键启动电机，保持周期为×1，待摆轮与电机的周期相等，特别是摆轮的振幅变化不大于 1°，表明摆轮和电机已经稳定［图 4-9(h)］，才能开始测量。

选中周期，按“▲”或“▼”键把周期由×1［图 4-9(g)］改为×10［图 4-9(i)］，目的是减小误差，若不改变周期，则测量无法打开。再选中测量，按“▲”或“▼”键测量打开并记录数据［图 4-9(i)］。显示测量关后，读取摆轮的振幅，并借助闪光灯观察有机玻璃转盘 F 上指针的位置，利用频闪现象测定摆轮的位移与强迫力矩之间的相位差。

调节电机转速调节旋钮，改变强迫力矩的频率 ω。电机转速的改变可根据 $\Delta\varphi$ 控制在 10°左右来确定，以便进行多次测量。

注意：每次改变了强迫力矩的周期后，都要等待振动系统重新稳定，然后才能开始测量。

测量完毕后，按“◀”或“▶”键选中返回，按确定键，返回到如图 4-9(b)所示的状态。

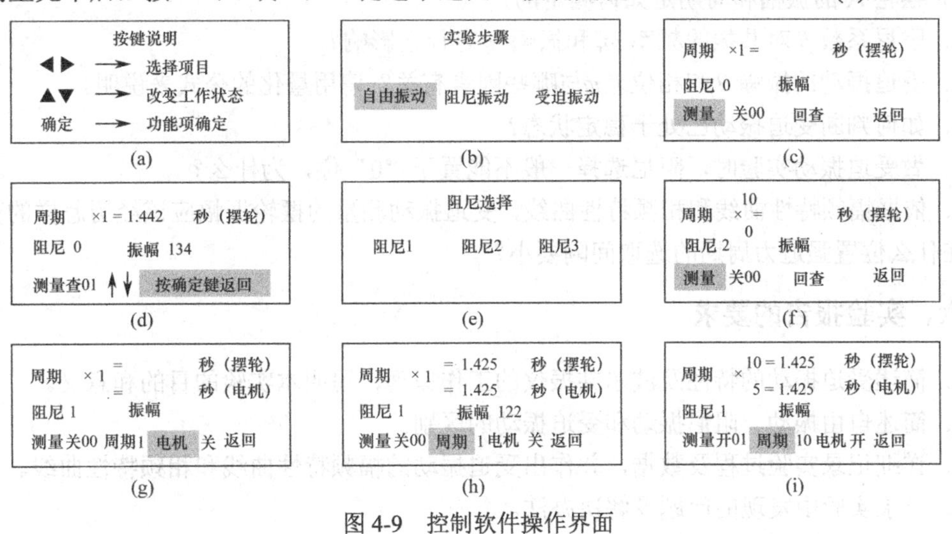

图 4-9　控制软件操作界面

4）关机

在如图 4-9(b)所示的状态下，按住复位键保持不动，几秒后仪器自动复位，此时所有的实验数据被清除，按下电源开关结束实验。

四、实验内容与步骤提示

1．实验准备

检查实验各装置间的连接是否正确，实验完毕后也不要拆线。

2．自由振动

测量摆轮振幅 θ 与系统固有周期 T_0 的对应关系（θ 为 50°～160°），并列表记录数据，重复测量 3 次。注意：应记录不同 T_0 对应的 θ，如(1.602s,150°)、(1.601s,145°)等。

3．阻尼振动下测量阻尼系数 β

根据实验测量情况选择阻尼的挡位，列表记录实验数据，实验过程中记录 10 组振幅数据，采用逐差法处理和计算 $\overline{T}$，进一步求得阻尼系数。改变阻尼的挡位，测出不同阻尼情况下的阻尼系数。

4．受迫振动下测量幅频特性和相频特性曲线

选择阻尼挡位，调节电机转速选择强迫力矩周期，列表记录强迫力矩周期电位器刻度盘值、电机周期（强迫力矩周期）T、相位差测量值 φ、振幅测量值 θ，以及自由振动下对应 θ 值的固有周期 T_0。利用记录的数据，计算特性曲线需要的数据，并以 ω/ω_r 为横轴，以$(\theta/\theta_r)^2$为纵轴，作幅频特性$(\theta/\theta_r)^2-\omega/\omega_r$曲线；以 ω/ω_r 为横轴，相位差 φ 为纵轴，作相频特性曲线。

利用幅频特性曲线计算阻尼系数，将结果与此阻尼振动下实验测定的阻尼系数值进行比较并讨论。

五、预习思考题

1．摆轮 A 的振幅和周期是如何测定的？

2．阻尼系数 β 对共振的频率 ω_r 和振幅 θ_r 有什么影响？

3．受迫振动的振幅 θ 和相位差 φ 与哪些因素有关？请用量化的公式来说明。

4．如何判断受迫振动已处于稳定状态?

5．做受迫振动实验时，阻尼选择一般不能置于“0”位，为什么？

6．依据幅频特性曲线和相频特性曲线，受迫振动测量的摆轮振幅应该经历怎样的变化规律？在什么位置强迫力周期的选取间隔要小？

六、实验报告的要求

1．简述受迫振动的特性及波尔共振仪的工作原理，写明本实验的目的和意义。

2．简述自由振动、阻尼振动和受迫振动的区别。

3．详细记录实验过程及数据，并作出受迫振动的幅频特性曲线和相频特性曲线。

4．记录实验中发现的问题及解决办法。

5．对实验中出现的问题及实验结果进行分析和讨论。

6．谈谈本实验的收获、体会，并提出改进意见。

七、参考文献

[1] 成都世纪中科仪器有限公司. ZKY-BG 型波尔共振仪实验指导及操作说明书.

[2] 唐亚明，葛松华，杨清雷. 设计性物理实验教程[M]. 北京：化学工业出版社，2015.

[3] 钟鼎. 大学物理实验[M]. 天津：天津大学出版社，2011.

[4] 丁慎训，张连芳. 物理实验教程[M]. 北京：清华大学出版社，2005.

[5] 朱华泽. 用波尔共振仪研究受迫振动特性[J]. 大学物理实验，2011，24（3）：57-60.

第五章 物质热物性测量研究

热过程是物质世界普遍存在的一种物理过程。在热过程中材料表现出的反映各种热力学特性的参数的总称就是材料的热物理性质，简称热物性。物质的热物性包括输运性质和热力学性质两大类。其中，物质的输运性质是指与能量和动量传递过程有关的热导率、热扩散率、黏度、热膨胀系数及热辐射性质（发射率、吸收率、反射率）等，比热和热焓等则属于热力学性质。18 世纪，人类就开始认识材料的热物性并进行研究。随着现代科学技术的发展，特别是 20 世纪 50 年代空间技术的推动，以及 70 年代能源危机出现后新能源、保温技术和节能材料迅速发展的迫切需要，人们对热物性的测试和研究在广度和深度上都取得了重大进展。于是，一门以研究和测试物质的宏观热物性，探索宏观热物性与物质微观结构之间关系的崭新学科分支——热物性学逐渐形成。

在科学技术与各学科相互交叉繁荣的今天，热物性学在航空航天、新材料的研究和开发、能源的有效利用、国防技术、微电子技术等高新技术领域及建筑节能、空调制冷、石油化工、生物工程、医学、冶金、电力等工业领域都有广阔的应用前景。例如，目前超大规模集成电路的“热障”瓶颈限制了高度集成化及性能，高导热性、绝缘的特种碳化硅则解决了这一难题，将极大地推动计算机技术的发展。有重大节能效益的远红外加热技术利用了物质表面的热辐射性质，隔热技术优化设计的关键参数是导热系数和比热，太阳能热利用中集热器和贮热器的热效率几乎与所有热物理直接有关，这些都推动了新能源技术的进步。

热物性数据不仅是衡量材料能否适应具体热过程工作需要的数量依据，而且是对特定热过程进行基础研究、分析计算和工程设计的关键参数，还是认识、了解和评价物质的最基本的物理性质之一。热物性学在工程热物理学、材料科学、计量测试学、物理力学、固体物理等科学领域的交叉中不断发展，使它的科学内涵日渐丰富，并逐步形成比较完整的学科体系。因此，就上述意义而言，热物性学还带有明显的基础科学的特点。综上所述，开展和加强热物性学的研究不仅有着明显的科学意义，而且在工程上有着十分重要的应用价值。

20 世纪 80 年代，热物性测试基本处于厘米至毫米尺度。近几十年，以信息、微电子、通信、计算机、新材料、新能源、空间技术和生物技术等为代表的新兴科学技术对人类的经济、科技和社会生活逐渐产生不可估量的影响。它们被越来越多地应用并推动微电子机械系统、纳米技术、微器件、低维和纳米材料的迅速发展，相应的热物性研究也开始进入微米和纳米尺度。热物性测试从传统方法研究进入了一个新阶段，基于纳米尺度低维材料和微器件的热物性测试新原理、新方法和新装置的研究应运而生。目前，已建立了分别适用于不同温度和状态以及不同物质的各种测试方法和装置，测试的温度范围已扩大到从接近热力学零度到 3300 ℃左右。以对三维材料热导率的测试为例，在它的两大类测试——稳态法和非稳态法中，目前已派生出数十种不同特点的测试方法。由这些方法再派生或发展的具体测试装置就更多了。在热物性测试技术的研究中，随着计算机、红外（包括热像仪）、激光、微电子技术、光声技术等新技术越来越广泛的应用，测试的准确度和精度不断提高，测试功能不断扩大，试样尺寸和体积明显减小，促使热物性测试技术向高速化、自动化、多功能化发展。

热物性测试研究领域的一个重要发展趋势，就是针对微米、纳米膜材料热导率、热扩散率、热膨胀系数和热辐射性质的测试新原理、新方法和新装置等的研究，研究新进展在国外文献已有大量报道，其中尤以热导率和热扩散率测试研究的报道最多。用稳态法直接测试热导率的方法有 3ω 法、微桥法、悬浮一维稳态法和光声法等，用非稳态法直接测试热扩散率，再计算出热导率的方法有激光闪光法、皮秒/飞秒激光泵浦–探测法、瞬态热丝加热法和交流量热计法等，测试热膨胀系数的方法主要有电容法、X 射线衍射法、激光干涉法、机械梁法、热机械分析法等。亚微米/纳米薄膜类别具有多样性、厚度差别可达几个量级、受底材及其与薄膜界面的影响等特点，相应地需要用不同的方法进行测试，薄膜热物性测试的难度很大，不同研究者的测试结果往往出现较大的差异，迄今尚无具有普遍适用性的测试方法和装置。

材料的热物性参数发展至今，固体材料热物性学的研究内容主要涵盖热物性测量方法和装置、变化规律和影响因素、微观结构和化学组分及工艺因素关系、热物性机制与物理模型、数据库的建立和应用研究这 5 个方面，如图 5-1 所示。

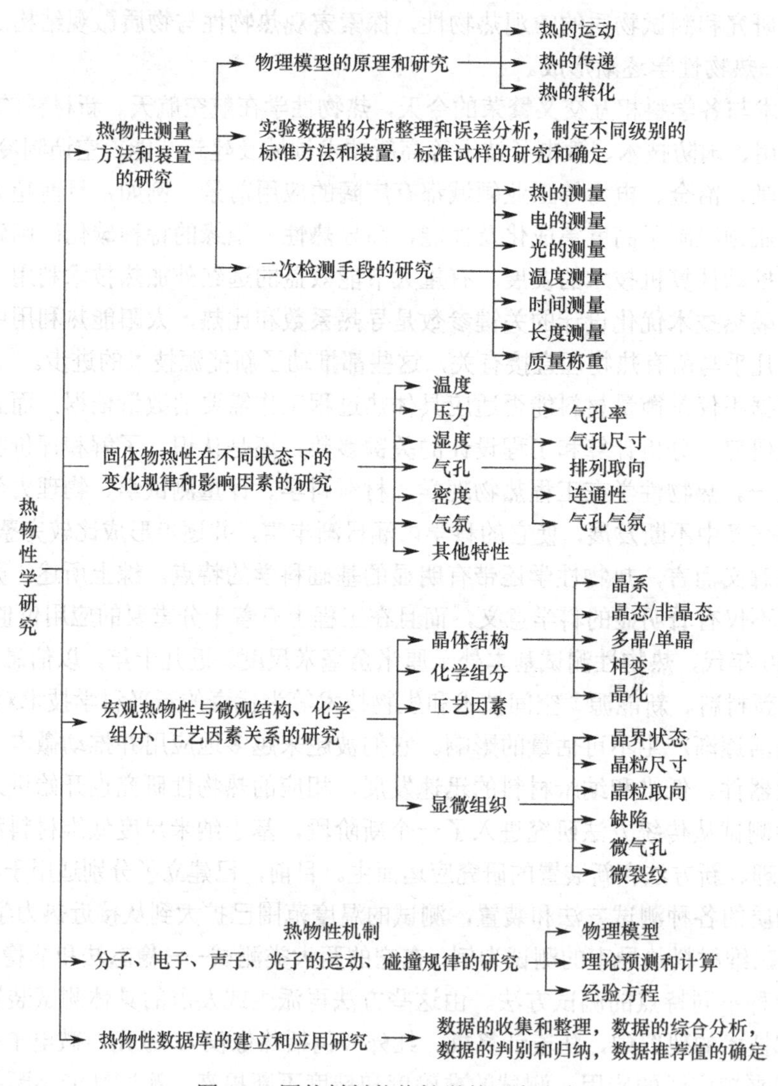

图 5-1　固体材料热物性学的研究内容

实验 4　固体导热系数的测量

热能的传递包括热传导、热对流和热辐射三种方式。其中，热传导可以衡量材料的绝热和导热性能。导热系数（又称热导率）是表征物体热传导性能的物理量，它是材料热物性的重要参数，对于材料的选择具有重要的指导意义。总之，导热系数的测量在热能工程、制冷技术、房屋采暖与空调、工业炉设计、工件加热和冷却、燃气轮机叶片、航天陶瓷瓦设计、集成电路板散热等技术领域中有着重要的应用意义。

迄今为止，已经发展了大量的导热测试方法和系统。然而，没有一种方法普适于所有领域，对于一些特定场合，也并非所有方法都适用。为了精确测量热传导系数，必须基于材料的导热范围与样品特征，选择正确的测试方法。对所有材料，只要能为式（5-1）（傅里叶导热方程式）的特解提供所需边界条件的仪器，就可测定导热系数

$$\frac{\partial}{\partial x}\left(\lambda_x\frac{\partial T}{\partial x}\right)+\frac{\partial}{\partial y}\left(\lambda_y\frac{\partial T}{\partial y}\right)+\frac{\partial}{\partial z}\left(\lambda_z\frac{\partial T}{\partial z}\right)=\rho c\frac{\partial T}{\partial t} \tag{5-1}$$

式中，ρ 为密度，c 为比热容，λ_x、λ_y、λ_z 分别为 x、y、z 方向上的导热系数。

对于导热系数的测定，概括起来就是建立一个导热过程的物理模型，并导出描述这一过程的微分方程，求在一定单值条件下方程的解，设法使实验满足这些条件，将测量结果代入方程的解，进而求得导热系数 λ。依据测量原理，导热系数的测量方法可分为稳态法和动态法。稳态法主要包括纵向热流法、径向热流法、直接电加热法、Frobes 棒法、热电法和热比热法。动态法主要包括周期热流法和瞬时热流法。使用傅里叶方程所描述的稳态条件适用于测量中低导热系数材料。动态法主要用于测量中高导热系数材料。

1．稳态法及准稳态法

保护热板法属于一种典型的稳态导热系数测试法。结构上，热源位于同一材料的两块样品中间。使用两块样品是为了获得向上与向下方向对称的热流，并使加热器的能量被测试样品完全吸收。测量过程中，精确设定输入热板上的能量。通过调整输入辅助加热器上的能量，可对热源与辅助板之间的测量温度和温度梯度进行调整。热板周围的保护加热器与样品的放置方式确保从热板到辅助加热器的热流是线性的、一维的。辅助加热器后是散热器，散热器和辅助加热器接触良好，确保热量的移除与改善控制。测量加到热板上的能量、温度梯度及两片样品的厚度，应用傅里叶（Fourier）方程便能够算出材料的导热系数。

用准稳态法测量不良导体的导热系数，首先建立一个一维无限大不良导体平板的导热模型：当试样横向尺寸超过其厚度的 6 倍时，近似认为传热只沿厚度方向进行。平板厚度为 $2R$，初始温度为θ_0，若在平板两侧同时施加均匀的指向中心面的热流密度 q_{c}，则平板不同厚度 x 处的温度$\theta(x,t)$将随加热时间 t 而变化（以试样中心为坐标原点）。此模型的数学描述为

$$\begin{cases}\dfrac{\partial\theta(x,t)}{\partial t}=a\dfrac{\partial^2\theta(x,t)}{\partial x^2}\\[2mm]\dfrac{\partial\theta(R,t)}{\partial x}=\dfrac{q_{\mathrm{c}}}{\lambda}\quad\dfrac{\partial\theta(0,t)}{\partial x}=0\\[2mm]\theta(x,0)=\theta_0\end{cases} \tag{5-2}$$

式中，$a=\lambda/\rho c$，λ 为材料的导热系数，ρ 为材料的密度，c 为材料的比热。

此方程的解为

$$\theta(x,t)=\theta_0+\frac{q_c}{\lambda}\left[\frac{a}{R}t+\frac{1}{2R}x^2-\frac{R}{6}+\frac{2R}{\pi^2}\sum_{n=1}^{\infty}\frac{(-1)^{n+1}}{n^2}\cos\frac{n\pi}{R}x\cdot e^{-\frac{an^2\pi^2}{R^2}t}\right] \tag{5-3}$$

由式（5-3）可知，随着加热时间的推移，样品不同厚度处的温度将发生变化。此外，式中的级数求和项由于指数衰减，会随加热时间的推移而逐渐变小，直至可以忽略。

定量分析表明，当 $at/R^2>0.5$ 时，上述级数求和项可以忽略。这时式（5-3）可变为

$$\theta(x,t)=\theta_0+\frac{q_c}{\lambda}\left(\frac{at}{R}+\frac{x^2}{2R}-\frac{R}{6}\right) \tag{5-4}$$

因此，可求出试件中心面（x=0）处和加热面（x=R）处的温度。它们都具有与加热时间呈线性关系的特征，温升速率同为 $aq_c/(\lambda R)$，此值是一个与材料导热性能和实验条件有关的常数，此时加热面和中心面间的温度差为

$$\Delta\theta=\theta(R,t)-\theta(0,t)=\frac{1}{2}\frac{q_c R}{\lambda} \tag{5-5}$$

由式（5-5）可以看出，加热面和中心面间的温度差$\Delta\theta$ 与加热时间 t 无关，保持恒定。系统各处的温度和时间之间是线性关系，温升速率也相同，称此种状态为准稳态。

当系统达到准稳态时，由式（5-5）得

$$\lambda=\frac{q_c R}{2\Delta\theta} \tag{5-6}$$

根据式（5-6），只要测量出进入准稳态后加热面和中心面间的温度差$\Delta\theta$，并由实验条件确定相关参量 q_c 和 R，就可以得到待测材料的导热系数 λ。

另外，在进入准稳态后，由比热的定义和能量守恒关系，可以得到

$$q_c=c\rho R\frac{d\theta}{dt} \tag{5-7}$$

比热为

$$c=\frac{q_c}{\rho R\dfrac{d\theta}{dt}} \tag{5-8}$$

式中，$d\theta/dt$ 为准稳态时试件中心面的温升速率（进入准稳态后各点的温升速率是相同的）。

2. 动态（瞬时）法

将一根细长的金属丝埋在温度均匀的试样中，给金属丝加端电压，其温升与试样的导热性能有关，从而可以测量试样的导热系数，称为瞬态热线法。此法包括十字热线法和平行热线法，平行热线法是一种先进的测量热导率的方法，测量范围广、精度高，是测量含碳耐火材料热导率的最佳选择。热线法适用于导热系数小于 2W/mK 的各向同性材料的导热系数测定。由于温度场关于线热源的轴线对称，因此可以用圆柱体导热微分方程来描述瞬态热源作用下此热源模型内的温度响应，即

$$\rho c\frac{\partial T(r,t)}{\partial t}=\lambda\left[\frac{\partial^2 T(r,t)}{\partial t^2}+\frac{1}{r}\cdot\frac{\partial T(r,t)}{\partial t}\right] \tag{5-9}$$

设单位长度热丝瞬时释放的热量为 q，则试样内的温度分布为

$$T(r,t)=\frac{q}{4\pi\lambda t}\mathrm{e}^{-\frac{r^2}{4at}} \tag{5-10}$$

若加热功率恒定，则

$$\frac{\partial T(r,t)}{\partial \ln t}=\frac{q}{4\pi\lambda}\mathrm{e}^{-\frac{r^2}{4at}} \tag{5-11}$$

对于金属丝（r=0），温度与时间满足如下关系

$$\frac{\partial T(r,t)}{\partial \ln t}=\frac{q}{4\pi\lambda} \tag{5-12}$$

由式（5-12）可知，T 与 $\ln t$ 呈线性关系。通过求线性段的斜率，就可计算出导热系数。

实验 4–1　准稳态法测量不良导体的导热系数和比热

测量不良导体的导热系数和比热大都用稳态法，要求温度和热流量均稳定，但在实验中实现这样的条件比较困难，因而导致测量的重复性、稳定性、一致性差，误差大。为了解决上述问题，此处采用了一种新方法——准稳态法，此法只要求温差恒定和温升速率恒定，而不必通过长时间的加热达到稳态，就可得到导热系数和比热。

一、实验目的和要求

1．了解准稳态法测量导热系数和比热的原理。
2．学习热电偶测温原理和使用方法。
3．用准稳态法测量不良导体的导热系数和比热。

二、主要的实验仪器与材料

ZKY-BRDR 型准稳态法比热·导热系数测定仪，待测橡胶、有机玻璃各两套（每套 4 个）。

实验仪主要包括主机和实验装置，还有一个保温杯用于保证热电偶的冷端温度恒定。主机前面板如图 5-2 所示，实验装置俯视图如图 5-3 所示。为了在加热器两侧得到相同的热阻，采用 4 个样品块的配置，实验样品（厚度 R=0.01m，有机玻璃密度为 1196kg/m^3，橡胶密度为

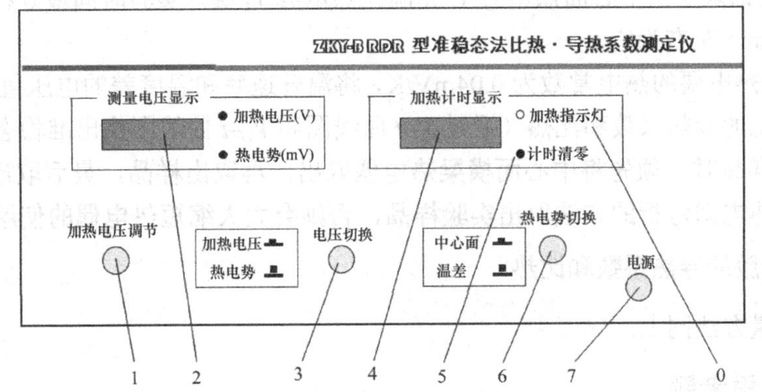

0—加热指示灯；1—加热电压调节；2—电压显示；3—电压切换；4—加热计时显示；5—清零；6—中心面热电势与中心面-加热面之间热电势切换；7—电源开关

图 5-2　主机前面板

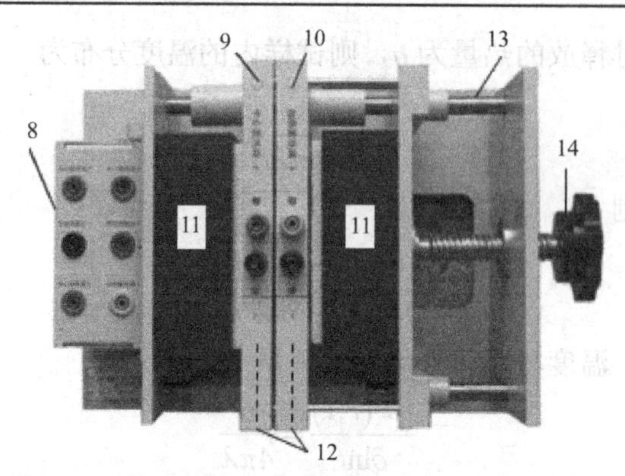

8—放大器；9—中心面横梁；10—加热面横梁；11—隔热层；12—加热器位置；13—锁定杆；14—螺杆旋钮

图 5-3 实验装置俯视图

1374kg/m³，面积 F=0.09m×0.09m）放置在加热器两侧。为了精确地确定加热面的热流密度 q_c，利用超薄型加热器作为热源，可认为热流密度为功率密度的一半，每个加热器的电阻 r=110Ω。

三、实验内容与步骤提示

1. 测量有机玻璃的导热系数和比热

连接好热电偶接线并检查。在保温杯中加入自来水，水的容量约在保温杯容量的 3/5 为宜。旋松螺杆旋钮，将 4 个有机玻璃样品放进样品架，旋动螺杆旋钮，压紧样品。

注意：中心面横梁与加热面横梁热电偶的位置不要放错，热电偶不要嵌入加热薄膜里。

检查各部分接线，同时检查后面板上的“加热控制”开关是否关闭。打开主机电源，仪器预热 10min 左右。先将“电压切换”按钮按到“加热电压”挡位，再由“加热电压调节”旋钮来调节所需要的电压（参考加热电压：18V，19V）。将测量电压显示调到“热电势”的“温差”挡位，如果显示温差的绝对值小于 0.004mV，就可以开始加热了，否则应等到显示温差降到小于 0.004mV 再加热（如果实验要求精度不高，显示温差在 0.010mV 左右也可以，但不能太大，以免降低实验的准确性）。

测定样品加热面-中心面的温度差 $\Delta\theta$ 和中心面的升温速率 $d\theta/dt$。打开“加热控制”开关，每隔 1min 列表记录一次中心面热电势 V 和温差热电势 V_t 值。实验时间最好在 25min 之内完成，一般在 15min 左右为宜。

若铜-康铜热电偶的热电常数为 0.04mV/K，将温升速率和温度差的电压值换算为温度值，并计算有机玻璃的导热系数和比热（通过 V–t 曲线图和 V_t–t 曲线图找出准稳态对应的数据）。

注意：取样品时，须先将中心面横梁热电偶取出，再取出样品，最后取出加热面横梁热电偶。严禁以热电偶弯折的方法取出实验样品，否则会大大缩短热电偶的使用寿命。

2. 测量橡胶的导热系数和比热

采取的测量方法同上。

四、预习思考题

1. 导热系数、比热的测量一般采用什么方法？本实验中，如何判断热传导达到了准稳态？

2．热电偶的测温原理是什么？热电偶有哪几种接线方法？
3．推导温升速率和温度差的温度值与电压值的关系。
4．若热流密度 q_c 为功率密度的一半，试给出 q_c 的具体表达式。
5．如何每隔 1min 准确地记录中心面热电势 V 和中心面-加热面温差热电势 V_t？
6．画出中心面横梁、加热面横梁、放大器和保温杯上各热电偶端口的接线图。

五、实验报告的要求

1．写明本实验的目的和意义。
2．简述准稳态法测量不良导体的导热系数和比热的原理，以及热电偶测温方法。
3．详细记录实验过程及数据，并通过作图法等处理数据。
4．对实验中出现的问题及实验结果进行分析和讨论。
5．谈谈本实验的收获、体会，并提出改进意见。

六、拓展

设计方案，研究不良导体的导热系数、比热与温度的关系。

七、参考文献

[1] 成都世纪中科仪器有限公司. ZKY-BRDR 型准稳态法比热・导热系数测定仪说明书/实验指导书.

实验 4–2　瞬态热线法测量导热系数

一、实验目的和要求

1．掌握瞬态热线法测量固体导热系数的方法。
2．熟练掌握热电偶的热电转换测温方法。
3．学习用 Origin 软件处理数据。

二、主要的实验仪器与材料

主要的实验仪器与材料包括：实验架，热线（ϕ0.2mm 的康铜电阻丝），安捷伦 34970A 数据采集器及热电偶（ϕ0.1mm 的 NiCr-NiSi 电偶丝），JWY-45 型晶体管直流稳压电源（输出变化值小于 0.5%），7151 型数字万用表，两块隔热的橡胶板垫块，待测的木块、大理石、玻璃和橡胶板。

实验装置示意图如图 5-4 所示。康铜电阻丝与 NiCr-NiSi 热电偶以“交叉热线”方式焊接。在待测试样的正中央挖出可埋热丝的沟槽，将热丝和热电偶均涂上绝缘材料，烘干后埋入沟槽。然后在试样架上依次放置垫块、待测物、热丝和热电偶、待测物及垫块。

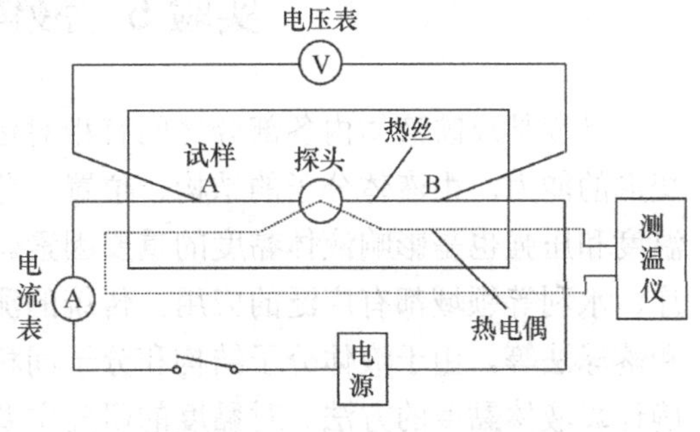

图 5-4　实验装置示意图

三、实验内容与步骤提示

放置好热丝后，按图 5-4 连接好线路。每隔 1min 安捷伦 34970A 数据采集器采集一次温度信号，共记 15 次。此外，还要测试通过热丝的电流和端电压。通过 Origin 软件对 $\ln t$–T 曲线进行线性拟合或用线性回归法求得斜率，最终通过计算得到导热系数 λ。

四、预习思考题

1．瞬态热线法还可用热线温升推导出被测介质的导热系数，Carslaw 给出了瞬态热线温升的计算公式，若热丝上单位长度的热流密度为 q，试推导待测样品导热系数的测量公式。

2．给出热流密度 q 的表达式。

3．用安捷伦 34970A 数据采集器测温时，如何校准温度?

五、实验报告的要求

1．写明本实验的目的和意义。

2．简述瞬态热线法测量不良导体的导热系数的原理。

3．详细记录实验过程及数据，并通过 Origin 软件作图法或线性回归法等处理数据。

4．从理论模型简化、高阶小量忽略、导线热容忽略、热线与周围介质间热阻等方面详细分析误差产生的原因。

5．谈谈本实验的收获、体会，并提出改进意见。

六、拓展

设计方案，考虑在热丝电阻随温度变化的情况下测量样品的导热系数。

七、参考文献

[1] 赵丽. 瞬态热线法测量导热系数及误差分析[J]. 计量与测试技术，2011，38（6）：13-14.

[2] 李丽新，刘秋菊，刘圣春，等. 利用瞬态热线法测量固体导热系数[J]. 计量学报，2006，27（1）：39-42.

[3] 任佳，蔡静. 导热系数测量方法及应用综述[J]. 计测技术，2018，38：46-49.

[4] 李保春，董有尔. 热线法在导热系数测量中的应用[J]. 物理测试，2005，23（4）：32-34.

实验 5　液体粘滞系数的测量

黏度是反映液体内各部分之间有相对运动时分子间所呈现的内摩擦力。它表征液体反抗变形的能力，由液体分子的结构、位置、分子间相互作用力及运动状态等参数决定。此外，温度和压强也是影响液体黏度的重要因素。对液体粘滞性的研究在流体力学、化学化工、医疗、水利等领域都有广泛的应用。传统的测量粘滞系数的方法有毛细管法、扭摆法、转筒法和落球法等。由于液体分子结构和分子间相互作用具有复杂性，因此目前还没有一种能够精确计算液体黏度的方法。对黏度的研究主要集中在实验测量和通过实验数据建立一些经验或半经验公式上。实验室中，对于黏度较小的水、乙醇等，常采用毛细管法，而对于黏度较大的蓖麻油、甘油等，常采用落球法。

1．落球法测定液体的黏度

依据斯托克斯定律，光滑的小球在无限广延的静止液体中运动，当液体的粘滞性较大、小球半径很小且在运动中不产生漩涡时，下落的小球受到重力、浮力和粘滞阻力这 3 个力的作用。如果小球的速度 v 很小，且液体可以看成在各方向上都是无限广阔的，则由流体力学的基本方程可以导出表示粘滞阻力的斯托克斯公式

$$F = 3\pi\eta vd \tag{5-13}$$

式中，d 为小球直径，η 为粘滞系数。

粘滞阻力与小球速度 v 成正比，小球在下落很短一段距离后，作用于小球的重力、浮力和粘滞阻力这 3 个力达到平衡，小球将以 v_0 匀速下落，此时有

$$\frac{1}{6}\pi d^3(\rho-\rho_0)g = 3\pi\eta v_0 d \tag{5-14}$$

式中，ρ 为小球密度，ρ_0 为液体密度。由式（5-14）可解出粘滞系数 η

$$\eta = \frac{(\rho-\rho_0)gd^2}{18v_0} \tag{5-15}$$

若小球在直径为 D 的玻璃管中下落，液体在各个方向无限广阔的条件不满足，此时粘滞阻力［式（5-13）］可加修正系数$(1+2.4d/D)(1+1.6d/H)$，则式（5-15）可修正为

$$\eta = \frac{(\rho-\rho_0)gd^2}{18v_0\left(1+2.4\dfrac{d}{D}\right)\left(1+1.6\dfrac{d}{H}\right)} \tag{5-16}$$

式中，D 为容器内径，H 为量筒内待测液体的总高度。

当小球的密度较大、直径不是太小而液体的黏度值又较小时，小球在液体中的平衡速度 v_0 会达到较大的值，奥西思-果尔斯公式反映了液体运动状态对斯托克斯公式的影响

$$F = 3\pi\eta vd\left(1+\frac{3}{16}Re-\frac{19}{1080}Re^2+\cdots\right) \tag{5-17}$$

式中，Re 为雷诺数，是表征液体运动状态的无量纲参数。

$$Re = \frac{v_0 d\rho_0}{\eta} \tag{5-18}$$

当 Re 小于 0.1 时，可认为式（5-13）、式（5-16）成立。当 $0.1<Re<1$ 时，应考虑式（5-17）中一级修正项的影响，当 $Re>1$ 时，还须考虑高次修正项的影响。

考虑式（5-17）中一级修正项的影响及玻璃管的影响后，黏度 η_1 可表示为

$$\eta_1 = \frac{(\rho-\rho_0)gd^2}{18v_0\left(1+2.4\dfrac{d}{D}\right)\left(1+\dfrac{3}{16}Re\right)} = \eta\frac{1}{1+\dfrac{3}{16}Re} \tag{5-19}$$

由于 $3Re/16$ 远小于 1，将 $1/(1+3Re/16)$按幂级数展开后近似为 $1-3Re/16$，因此式（5-19）又可表示为

$$\eta_1 = \eta - \frac{3}{16}v_0 d\rho_0 \tag{5-20}$$

2．基于泊肃叶公式的毛细管法测定液体的黏度

当不可压缩的牛顿液体以层流方式流过内径均匀的毛细管时，根据泊肃叶公式，流体在

水平管中稳定流动时的体积流量 Q 为

$$Q=\frac{\mathrm{d}V}{\mathrm{d}t}=\frac{\Delta p\pi r^4}{8\eta L} \tag{5-21}$$

对式（5-21）积分后，可得

$$\eta=-\frac{\rho gtr^4}{8R^2L\left(\ln y_2-\ln y_1\right)} \tag{5-22}$$

式中，t 为时间，V 为 t 时间内流过管道的液体体积，r 为毛细管的半径，Δp 为管两端的压强差，η 为粘滞系数，R 为容器的内径，L 为毛细管的长度，ρ 为液体密度，g 为重力加速度，y_1 为计时容器内液面初始高度，y_2 为 t 时间后的液面高度。

若令 $b=\rho gr^4/(8\eta R^2L)$，则式（5-22）可变换为

$$y_2=y_1\mathrm{e}^{-bt} \tag{5-23}$$

两边取对数，可得

$$\ln y_2=\ln y_1-bt \tag{5-24}$$

Δp 一般为时间函数，当恒为常数时，可得

$$\eta=\frac{\Delta p\pi r^4}{8QL} \tag{5-25}$$

3．基于材料热物性相关的液体粘滞系数测定方法

材料的热物性参数之间密切相关，如表面张力、动力黏度、溶质扩散系数、密度和热扩散系数等都存在定量的关系。对于黏度和表面张力，Egry 通过研究发现，它们满足下列关系

$$\mu=\frac{16}{15}\sqrt{\frac{M}{kT}}\cdot\sigma \tag{5-26}$$

式中，μ 为动力黏度，σ 为表面张力，T 为热力学温度，k 为玻尔兹曼常数（$k\approx1.38\times10^{-23}\mathrm{J/K}$），$M$ 为绝对原子量，可以表示为

$$M=x_\mathrm{A}M_\mathrm{A}+x_\mathrm{B}M_\mathrm{B} \tag{5-27}$$

这里 x_A 和 x_B 分别是 A 和 B 元素的摩尔分数，M_A 和 M_B 是绝对原子量。

通常，对液态金属而言，黏度对温度的依赖关系可以表示为

$$\eta=A\mathrm{e}^{\frac{E_\mu}{RT}} \tag{5-28}$$

式中，A 为黏度系数，E_μ 为粘流活化能，R 为普适气体常量（$R\approx8.314\mathrm{J}\cdot\mathrm{mol}^{-1}\cdot\mathrm{K}^{-1}$）。

依据测定的表面张力可以计算黏度随温度的变化关系。

实验 5–1　基于斯托克斯公式的落球法

一、实验目的和要求

1．掌握基于斯托克斯公式的落球法测量液体的粘滞系数。
2．了解斯托克斯公式的修正方法。
3．学习用作图外推法处理实验数据，得到无法实现条件或理想状态下的物理量。

二、主要的实验仪器与材料

主要的实验仪器与材料包括：变温黏度测量仪（图 5-5）、ZKY-PID 温控实验仪（图 5-6）、螺旋测微器、游标卡尺、钢板尺、电子天平、5 个不同直径的钢球（$\rho = 7.8\times10^3\text{kg/m}^3$）、磁铁、秒表、镊子、蓖麻油（$\rho_0 = 0.95\times10^3\text{kg/m}^3$）。

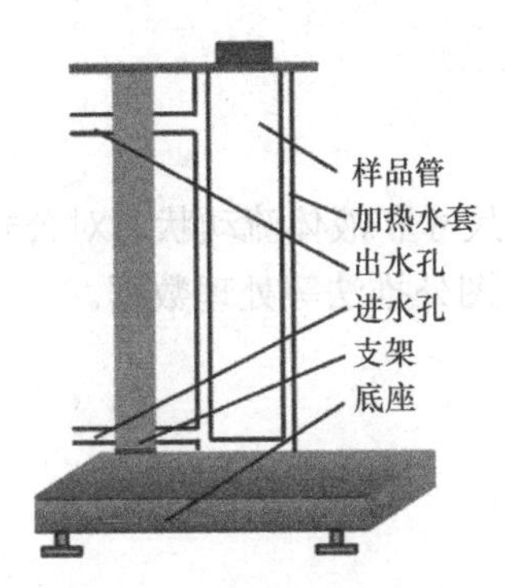

图 5-5　变温黏度测量仪

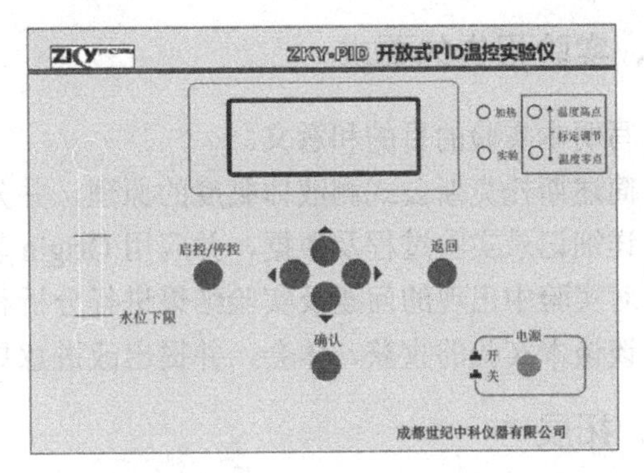

图 5-6　ZKY-PID 温控实验仪

三、实验内容与步骤提示

1. 钢球半径无限小的外推法测量蓖麻油的粘滞系数

调节变温黏度测量仪底脚的调节螺钉，使底座水平。检查仪器后面的水位管，将水箱中的水加到适当值，并通过温控实验仪设定温度参数。

用螺旋测微器测量钢球的直径 d（对 5 次测量取平均），用游标卡尺测容器的内径（对 5 次测量取平均），用钢板尺测量样品管上 A、B 刻线间的距离 h 和容器内待测液体总高度 H（对 5 次测量取平均），用电子天平测量各个小钢球的质量 m。

用镊子夹住不同直径的钢球沿样品管中心线轻轻放入液体，用秒表测量各个钢球做匀速运动后经一段距离 h 的时间 t，用理论公式计算粘滞系数 η，作 η–d 曲线，用 Origin 软件进行线性外推，纵截距为液体真实的粘滞系数。

注意：选择内刻线位置 A 时，应保证小球到此位置已经开始做匀速运动。液体应无气泡，小球表面清洁。小球应沿容器中心下落，观察小球通过标线时，视线应与标线保持水平。

2. 利用落球法理论修正公式测量蓖麻油的粘滞系数

将最小直径的钢球沿样品管中心线轻轻放入液体，用秒表测量经一段距离 h 的时间 t，利用修正公式计算液体的粘滞系数。

3. 液体运动状态对蓖麻油粘滞系数的影响

将不同直径的钢球分别沿样品管中心线放入液体，用秒表测量它们做匀速运动后经一段距离 h 的时间 t。用雷诺数作为判据，选取合适的公式来修正粘滞系数 η，并进行对比分析。

四、预习思考题

1. 什么是液体的粘滞性？粘滞系数与哪些因素有关？

2．说明落球法测量液体粘滞系数的基本原理和使用范围。

3．实验中，如何判断小球在做匀速运动？

4．小球下落时，若偏离中心，会对黏度测量结果造成怎样的影响？

5．玻璃管上下刻度线的位置是否可以选在液面处和管底处？

6．为了减小误差，测量各物理量时应注意什么？

五、实验报告的要求

1．写明本实验的目的和意义。

2．简述斯托克斯公式测液体黏度的原理，并分别给出尺寸和液体流动状态对公式修正。

3．详细记录实验过程及数据，并应用 Origin 软件的作图外推法等处理数据。

4．对实验中出现的问题及实验结果进行分析和讨论。

5．谈谈本实验的收获、体会，并提出改进意见。

六、拓展

1．通过横向和纵向“无限外延”的外推法测量蓖麻油的粘滞系数（提示：采用相同直径的小球，在不同的液体深度 H 下分别测量 4 个不同内径的圆柱形容器中小球下落高度 h 所用的时间 t。）

2．通过控温仪改变待测液体的温度，测量黏度随温度的变化规律。表 5-1 中，列出了部分温度下蓖麻油黏度的标准值，可将测量值与标准值进行比较，计算相对误差。

3．设计方案，更准确地测量小球通过位置 A、B 所用的时间 t。

表 5-1　部分温度下蓖麻油黏度的标准值

T/℃	η/（Pa・s）	T/℃	η/（Pa・s）	T/℃	η/（Pa・s）	T/℃	η/（Pa・s）
0	53.0	16	1.37	23	0.73	30	0.45
10	2.42	17	1.25	24	0.67	31	0.42
11	2.20	18	1.15	25	0.62	32	0.39
12	2.00	19	1.04	26	0.57	33	0.36
13	1.83	20	0.95	27	0.53	34	0.34
14	1.67	21	0.87	28	0.52	35	0.31
15	1.51	22	0.79	29	0.48	36	0.23

七、参考文献

[1] 陈用，郑仲森. 液体粘滞系数测量方法的改进[J]. 大学物理实验，2003，16（3）：6-8.

[2] 魏健宁，余剑敏，谢卫军. 大学物理实验（下册）——综合设计性实验[M]. 武汉：华中科技大学出版社，2011.

[3] 李平舟，武颖丽，吴兴林，等. 综合设计性物理实验[M]. 西安：西安电子科技大学出版社，2012.

实验 5-2　基于泊肃叶公式的毛细管法

一、实验目的和要求

1．深入学习液体在圆管内的流动规律。

2．熟练掌握用基于泊肃叶公式的毛细管法测量液体的粘滞系数。

3．学会用 Origin 软件进行线性拟合，准确地计算粘滞系数。

二、主要的实验仪器与材料

主要的实验仪器与材料包括：倒 T 形玻璃管、铁架台、烧杯、水银温度计、秒表等。

测量液体黏度的倒 T 形玻璃管装置示意图如图 5-7 所示。带刻度线的竖直容器部分管长 60cm，内直径为 25mm。水平管长 30cm，内直径为 16mm，其中心轴线距竖直管底端 3cm。毛细管长 15cm，内直径为 1.06mm。

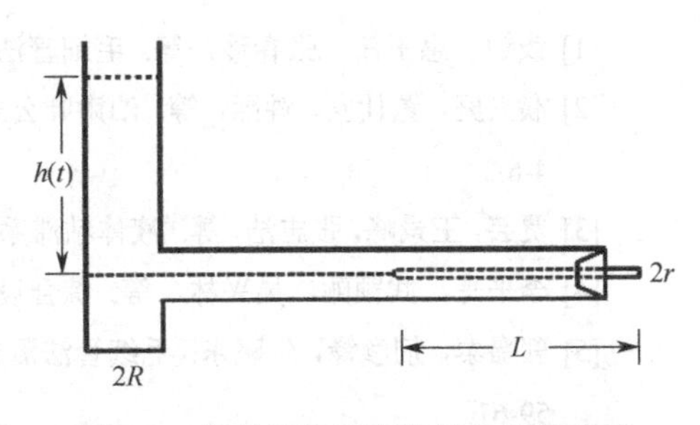

图 5-7　测量液体黏度的倒 T 形玻璃管装置示意图

三、实验内容与步骤提示

1．调整毛细管法测量液体黏度装置。将毛细管插入水平管口胶塞，倒 T 形管竖直固定在铁架台上，并保持毛细管水平。管中倒入适量水。

2．记录 t_0=0 时的初始高度 y_1，以及液面下降至设定刻度 y_2 所对应的时间 t，同等条件下重复测量 3 次取平均值，用式（5-22）计算水的粘滞系数。此外，用 Origin 软件线性拟合 $\ln y_2-t$ 曲线，计算水的粘滞系数，并比较结果的差异。

四、预习思考题

1．什么是泊肃叶定律？基于泊肃叶公式，如何设计实验可得到液体的粘滞系数？设计出一种合理的方案。

2．毛细管的端压强差 Δp 的具体表达式是什么？

3．推导液面高度 y 与时间 t 的函数关系。

4．泊肃叶公式成立的条件之一是在毛细管中流体做层流。当计时初始高度 y_1=50cm 时，计算毛细管中水的雷诺数，大致确定毛细管中层流的临界内径。

五、实验报告的要求

1．写明本实验的目的和意义。

2．简述基于泊肃叶公式的毛细管法测液体粘滞系数的原理。

3．详细记录实验过程及数据，并通过 Origin 软件线性拟合处理数据。

4．对实验中出现的问题及实验结果进行分析和讨论。

5．谈谈本实验的收获、体会，并提出改进意见。

六、拓展

1．利用虹吸原理制作一个毛细管法的测量装置，设计方案测量液体的粘滞系数。

2．制作一个实验装置，保证 Δp 恒定的条件下，通过测流量 Q 来计算液体的黏度。

七、参考文献

[1] 钱钧，惠王伟，张春玲，等. 毛细管法测量液体黏度实验再设计[J]. 物理实验，2012，32（6）：1-4.

[2] 濮兴庭，董仕安，钟熙，等. 泊肃叶公式测定液体粘滞系数的新方法[J]. 实验室科学，2015，18（6）：4-6.

[3] 贾芸，王景峰，张志浩，等. 液体粘滞系数测量实验中的几点思考[J]. 教育进展，2019，9（2）：133-136.

[4] 李平舟，武颖丽，吴兴林，等. 综合设计性物理实验[M]. 西安：西安电子科技大学出版社，2012.

[5] 郭嘉泰，荆彦锋，牛晓东. 毛细管法测定液体黏度实验问题的讨论[J]. 大学物理实验，2018，31（1）：59-61.

实验 5-3 基于液体热物性参数相关性测定粘滞系数

将一个洁净的毛细管插入无限广延的液体中，如果该液体与毛细管不润湿（如水银），液面将呈附加压力为正的凸球面，且毛细管中的液面低于容器中的液面；如果该液体与毛细管润湿，则液面呈附加压力为负的凹球面，管中的液面高于容器中的液面。以水为例，毛细管中的表面张力 F 沿着凹球面的作切线，如图 5-8 所示。图中 θ 为接触角，表面张力 F 与周长 $2\pi r$ 满足方程：$F=\sigma 2\pi r$，其中 σ 为表面张力系数，r 为毛细管的半径。平衡状态下，F 的垂直分量应与高度为 h 的液柱重力平衡，即

$$F\cos\theta=\sigma 2\pi r^2/R=\rho g\pi r^2 h \tag{5-29}$$

可得

$$\sigma=\rho g h R/2 \tag{5-30}$$

若 $\theta=0$，则有 $R=r$，式（5-30）可变换为

$$\sigma=\rho g h r/2 \tag{5-31}$$

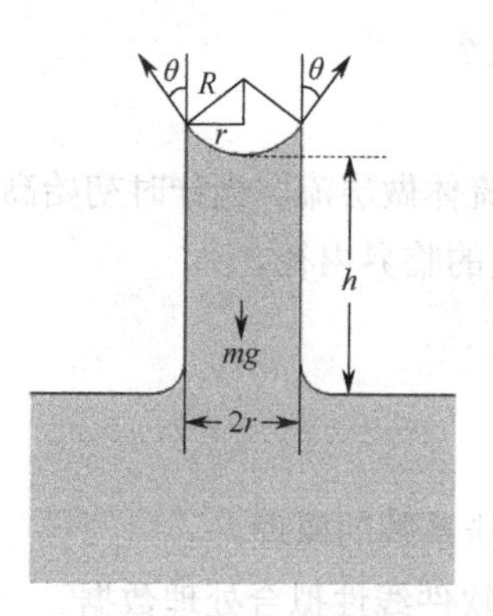

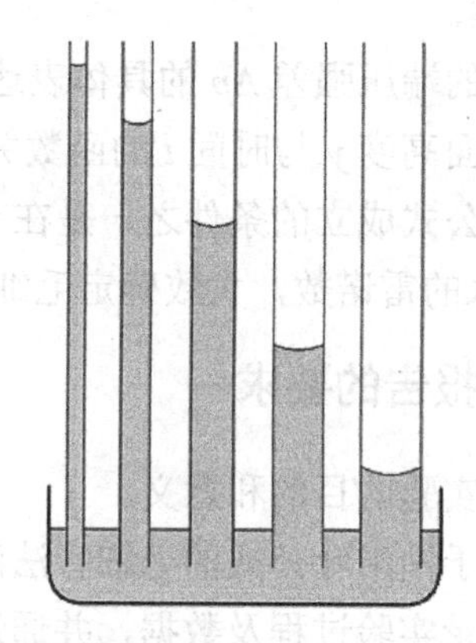

图 5-8 水中的毛细管润湿现象

由于在式（5-29）～式（5-31）的推导过程中忽略了液柱高度 h 以上管内液体的重力（约为 $\rho g\pi r^3/3$），因此需要对式（5-31）进行修正。修正后的公式变为

$$\sigma=\rho g\left(h+r/3\right)r/2 \tag{5-32}$$

值得注意的是，式（5-32）适用于毛细管外的水面是无限广延的情况。但实际上总有一个尺寸有限的盛水容器，容器中水的表面张力也会有影响，等效为下端面还受到一个方向向下的

数值较小的附加力f'。如外半径为r'的毛细管插在一个内半径为r''圆心容器的中心轴处，则

$$f' = 2\pi\sigma r^2 / (r'' - r') \tag{5-33}$$

因而实测的h值比理想的情况稍小，表面张力系数公式需要进一步修正为

$$\sigma = \rho g r / 2(h + r/3)\left[1 - r/(r'' - r')\right] \tag{5-34}$$

实验中，只要精确测出毛细管的内外径r、r'，以及液面的高度h和容器的内半径r''，就可算出表面张力系数σ。

一、实验目的和要求

1．学习毛细管法测量液体的表面张力系数的方法。

2．掌握测高仪、读数显微镜的使用方法。

3．利用表面张力与黏度的相关性，计算液体的粘滞系数。

二、主要的实验仪器与材料

主要的实验仪器与材料包括：JQC-1 型测高仪、读数显微镜、游标卡尺、毛细管、烧杯、铁架台、温度计、蒸馏水、洗涤液等。

三、实验内容与步骤提示

1．实验前的准备

毛细管经洗涤液清洗、蒸馏水冲洗，并用吸管清除毛细管内的水泡。然后，将一洁净并附有针尖的弯钩形玻璃棒和毛细管夹在一起，垂直放置于升降台上盛有蒸馏水的烧杯中心处，实验装置如图 5-9 所示。调节升降台螺旋，从水面下方观察针尖及水片所成的针尖的像，在针尖和其像刚刚接触时，表示针尖正在水面处。针尖到毛细管中凹面的高度差，即为所求的h值。

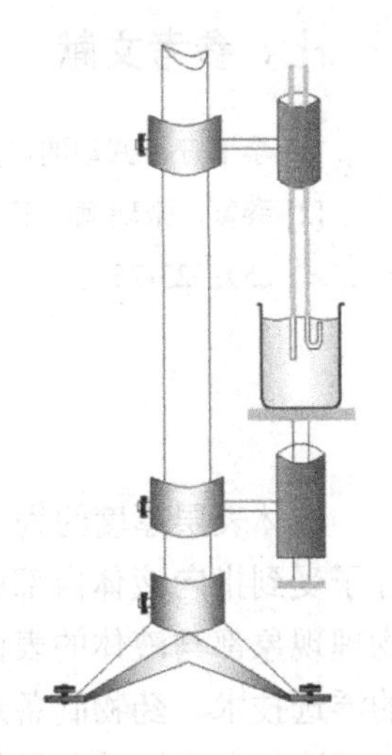

图 5-9　实验装置图

2．水的表面张力系数的测量及其粘滞系数计算

用测高仪测量毛细管中的液柱高度h。用温度计测出水的温度T。用读数显微镜测量毛细管的内外径r和r'，用游标卡尺测出烧杯内径r''。计算得到温度T时水的表面张力和在此温度下水的粘滞系数。

四、预习思考题

1．用毛细管法测表面张力的原理是什么？用此法测量时，需要做什么修正？

2．简述 JQC-1 型测高仪的调整和使用方法。

3．如何测量毛细管中液体与毛细管的接触角？

4．给出用静态毛细管法测量粘滞系数的公式。

5．如何清洗毛细管，并去除毛细管中的气泡？

6．水的表面张力系数的公认值为$\sigma=(75.6-0.14t)\times10^{-3}$（N/m），计算温度为$t$时水的表面张力系数的理论值，并与测量值进行比较。

五、实验报告的要求

1．写明本实验的目的和意义。
2．简述静态毛细管法测量表面张力及黏度的原理。
3．简要介绍实验所用实验装置。
4．详细记录实验过程及数据，对实验中出现的问题及实验结果进行分析和讨论。
5．总结本实验，并提出改进意见。

六、拓展

1．设计方案，准确确定液体液面的位置，精确地测量毛细管中液柱上升的高度。
2．设计实验，通过液体黏度与其他热物性参数的关系，测量液体的粘滞系数。

七、参考文献

[1] 李平舟，武颖丽，吴兴林，等. 综合设计性物理实验[M]. 西安：西安电子科技大学出版社，2012.
[2] 秦颖，张瑞斌，王茂仁. 毛细管法测量表面张力系数测量精度的提高[J]. 实验科学与技术，2013，11（5）：23-25.

实验 6　液体表面张力的测量

液体表层厚度约为 10^{-10}m 内的分子与液体内部的分子相比，具有不同的能量。液体表面分子受到指向液体内部的作用力，使液体表面收缩，这种力称为表面张力。许多涉及液体的物理现象都与液体的表面性质有关，例如，润湿现象、毛细现象、泡沫的形成、工业生产中的浮选技术、药物制备过程及生物工程领域中动植物体内液体的运动与平衡等问题。因此，了解液体表面性质和现象，掌握测定液体表面张力系数的方法具有重要实际意义。

1．拉脱法测量原理

拉脱法测定液体表面张力系数是基于液体与固体接触时的表面现象提出的。表面张力系数 σ 与液体的种类、纯度、温度和它接触的气体有关。实验表明，温度越高，σ 值越小；含杂质越多，σ 值越小。只要上述条件确定，σ 值就是一个常数。

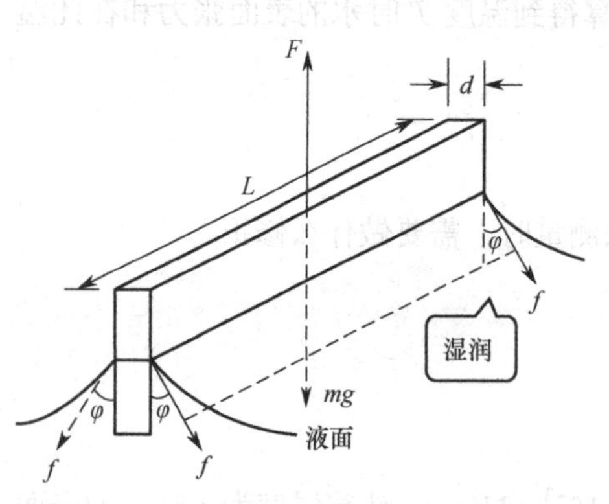

图 5-10　金属框上液体表面张力示意图

浸入水中的门框型金属丝在提起过程中，金属丝上的液面如图 5-10 所示。随着金属框提升，接触角 φ 逐渐减小而趋近零，当液膜达到破裂的临界值时，金属框所受的拉力与表面张力 f 满足如下关系

$$F=\left(m+m_0\right)g+2f \tag{5-35}$$

式中，m 为黏附在框上的液膜质量，m_0 为线框质量。

因为表面张力与接触面的周界长度成正比，所以有

$$f=\sigma(L+d) \tag{5-36}$$

式中，σ 为表面张力系数，L 为金属丝的宽度，d 为金属框的直径。

将式（5-36）代入式（5-35），可得

$$\sigma=\frac{F-(m+m_0)g}{2(L+d)} \tag{5-37}$$

一般 m 较小，可忽略，且 $L \gg d$，因此式（5-37）可近似表达为

$$\sigma=\frac{F-m_0 g}{2L} \tag{5-38}$$

式（5-38）也适用于 Wilhelmy 吊片法测水的表面张力系数。

吊环法测液体的表面张力系数，是将金属环浸入液体中，金属环在提升过程中，接触角 φ 逐渐减小而趋近零。若忽略黏附在吊环上液体的质量，则拉脱瞬间吊环受到的力 F 为

$$F=m_0 g+\pi(D_1+D_2)\sigma \tag{5-39}$$

式中，D_1、D_2 分别为吊环的外、内径；m_0 为吊环的质量。

由此可得液体表面张力系数的测量公式为

$$\sigma=\frac{F-m_0 g}{\pi(D_1+D_2)} \tag{5-40}$$

实验中，只要精确测出吊环的外、内径 D_1、D_2，以及液膜达到破裂的临界值时吊环受到的表面张力 $F-m_0g$，就可算出表面张力系数 σ。

2．饱和高度法测量原理

当液滴置于水平光滑的固体表面时，会发生铺展。液体在固体表面铺开的能力称为液体对固体的润湿性，在液滴达到平衡后，各个作用力和接触角满足杨氏方程。通常用接触角 θ 来表征润湿性的强弱，接触角越小，固体的润湿性越好。比如 θ=0°，液体完全润湿固体表面；0°＜θ＜90°，液体可润湿固体；90°＜θ＜180°，液体不能润湿固体；θ=180°，完全不润湿。

在固体表面，随着液滴体积的增大，液滴的高度会逐渐增大到一个饱和值（重力会限制高度增加）。研究表明，无论是在亲液表面还是疏液表面，液滴的表面张力与饱和/最大高度都有如下关系

$$\sigma=\frac{\rho g {H_{\max}}^2}{4\sin^2\left(\dfrac{\theta}{2}\right)} \tag{5-41}$$

式中，σ 为表面张力系数，ρ 为液体密度，g 为重力加速度，$H_{\max}$ 为液滴最大高度，θ 为接触角。

只要测得液体密度、液滴最大高度、接触角，就可由式(5-41)计算出表面张力系数。

若液滴在水平固体表面不润湿，则其形状由液体的静压力与毛细管附加力平衡决定，液滴形状示意图如图 5-11 所示。图中 z 为以液滴顶点 O 为原点时，表面上任意一点 P 的垂直坐标，ϕ 为 P 点水平坐标轴与过 P 点的 PO' 与对称轴的夹角。液滴的表面张力系数满足如下关系

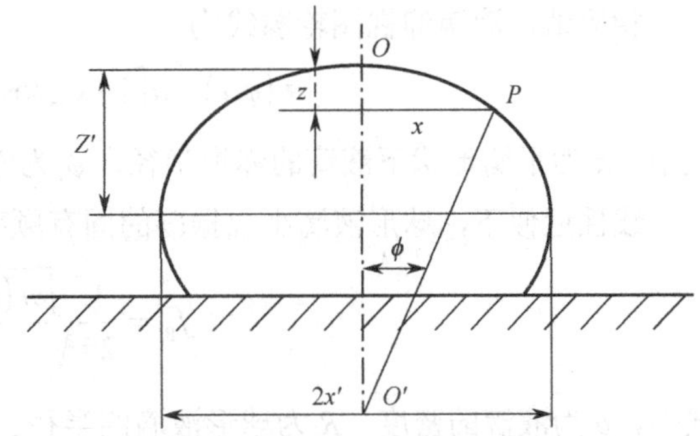

图 5-11　水平固体表面的液滴形状示意图

$$\sigma=\frac{\left(\rho_{\mathrm{A}}-\rho_{\mathrm{B}}\right)gb^{2}}{\beta} \tag{5-42}$$

式中，ρ_A为液滴密度，ρ_B为气体密度，b为液滴顶点O处的曲率半径，β为形状校正因子。

3．基于声悬浮液滴扇谐振荡特性的非接触法原理

声悬浮下液滴的振荡可通过球谐函数$Y_{lm}(\theta,\varphi)$的叠加来描述，每个球谐函数对应一个振荡模态。根据球谐函数的不同，模态包括轴对称振荡（m=0）、田谐振荡（$l\neq m\neq 0$）和扇谐振荡（$l=m\neq 0$）。由于液滴几乎不可压缩，因此对应于液滴体积变化的l=0模态，在实验中难以观察到。l=1模态反映液滴整体平移，与液滴形状无关。可见液滴的最低阶形态振荡为l=2的模态。液滴的振荡频率随着阶数l的增大而增大，在频率测量绝对误差相同的情况下，更高阶的液滴振荡有利于减小实验的绝对误差。

由于实验中，声悬浮的2阶和3阶振荡最容易，因此以3阶振荡为例进行讨论。3阶液滴的各种振荡模态与扇谐振荡的仰视图如图5-12所示。这些图形都是由球谐函数与液滴初始形状的叠加得到的，可用以下方程表示

$$r(\theta,\varphi,t)=r_0\left[1+c_{lm}Y_{lm}(\theta,\varphi)\cos\omega_{lm}t\right] \tag{5-43}$$

式中，r_0为静态液滴的赤道半径，c_{lm}为液滴的振荡幅度，t为时间，ω_{lm}为振荡频率。

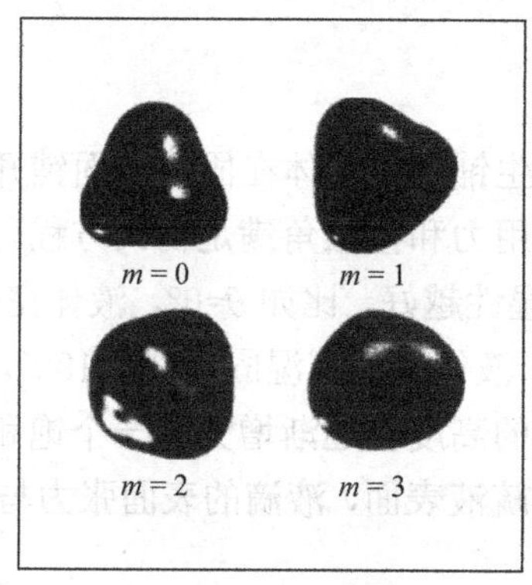

(a) $l=3$，$m\leqslant 3$，理论结果

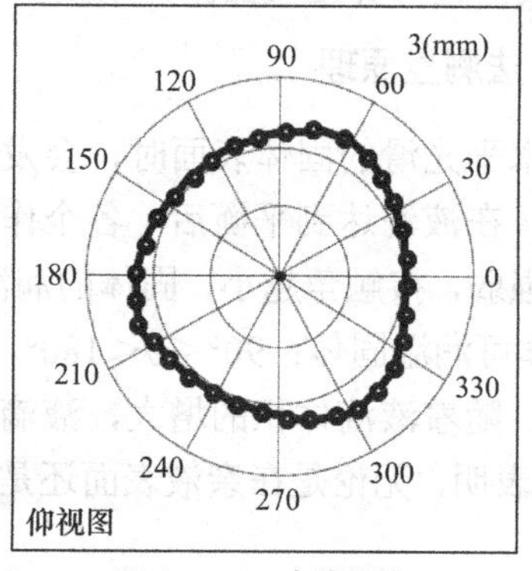

(b) $l=m=3$，实验结果

图5-12 3阶液滴的各种振荡模态与扇谐振荡的仰视图

3阶扇谐振荡模态下，液滴表面演化可表示为

$$r(\theta,\varphi,t)=r_0(\theta)\left[1+c_{33}Y_{33}(\theta,\varphi)\right]\cos\omega_3 t \tag{5-44}$$

相应地，液滴仰视图轮廓线为

$$r(\varphi,t)=a\left[1+c_{33}\cos(\omega_3 t)\cos(3\varphi+\phi_3)\right] \tag{5-45}$$

式中，a为平衡形状下液滴的赤道半径，ϕ_3为液滴的空间取向。

线性近似下，球形液滴小幅振荡的固有频率由Rayleigh方程给出

$$f_{\mathrm{R}}=\frac{1}{2\pi}\sqrt{\frac{\sigma l(l-2)(l+2)}{\rho R^{3}}} \tag{5-46}$$

式中，ρ为液滴的密度，R为球形液滴的半径。

对于l相同、m不同的振荡模态，其固有频率相等，即同阶振荡的固有频率是简并的。

由于液滴的振荡频率随赤道半径的增大而减小，需对 Rayleigh 方程进行修正，采用液滴的赤道半径 a 代替 R，并增加待定的修正系数 γ。修正公式为

$$f=\frac{1}{2\pi}\gamma\sqrt{\frac{\sigma l(l-2)(l+2)}{\rho a^{3}}} \tag{5-47}$$

利用式（5-47）对 f–a 关系进行拟合，可得修正系数 γ。修正后的 Rayleigh 方程能够较好地描述振荡频率。

另外，假设液滴为无旋不可压缩流体，Lamb 对球形液滴的小幅振荡的衰减进行分析，发现液滴的振幅随时间呈指数衰减，衰减系数为

$$\tau=\frac{\rho R^{2}}{\mu l(l-2)(l+2)} \tag{5-48}$$

式中，μ 为液体的动力黏度，R 为液滴等体积球的半径。通过拟合的 τ–R 关系，可求得 μ。

实验 6–1　拉脱法

一、实验目的和要求

1．掌握硅压阻式力敏传感器的结构、原理和用法。
2．观察拉脱法的物理过程和物理现象，并用物理学基本概念和定律进行分析。
3．掌握用片状吊环拉脱法测量水的表面张力系数。

二、主要的实验仪器与材料

主要的实验仪器与材料包括：FD-NST-I 型液体表面张力测定装置（图 5-13）、砝码盘、砝码、圆环形吊片、数字电压表、温度计、游标卡尺等。

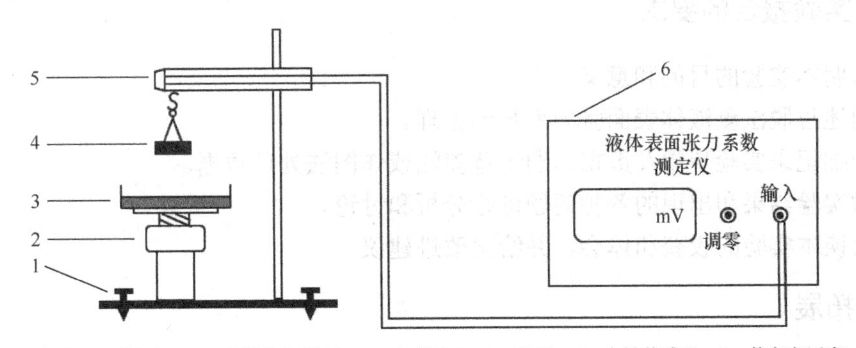

1—底座及调节螺钉；2—升降调节螺钉；3—玻璃器皿；4—吊环；5—力敏传感器；6—数字电压表

图 5-13　液体表面张力测定装置

硅压阻式力敏传感器由弹性梁和贴在梁上的传感器芯片组成，其中芯片由 4 个硅扩散电阻集成一个非平衡电桥。当外界压力作用于金属梁时，在压力的作用下，电桥失去平衡，此时将有电压信号输出，电压输出增量 ΔU 与力输出增量 ΔF 成正比，这两个量的比为硅压阻式力敏传感器的灵敏度 K，单位为 mV/N。

三、实验内容与步骤提示

1. 传感器的定标

仪器预热 15min。挂上砝码盘，记录电压表的初读数，每加一个砝码，读取相应的电压读数，直至加完 7 个砝码（上行测量）。待砝码加完后再依次取下，同时记录相应读数（下行测量）。用逐差法求出传感器的灵敏度 K 或用 Origin 软件作 U–F 图以求解 K。

2. 吊环法测量液体的表面张力系数

清洗玻璃器皿和吊环，在玻璃器皿中注入纯水，测量吊环的内、外径。将吊环挂在小钩上，调节升降螺母，使其浸入液体中，反方向调节升降螺母，液面降低，可以观察到吊环和液面形成环形液膜，液面下降到临界值，液面将断裂。测出液膜拉断前瞬间电压表的读数 U_1 和液面拉断后电压表的读数 U_2。计算纯水的表面张力系数，并计算不确定度。

四、预习思考题

1. 什么是表面张力？什么是表面张力系数？

2. 简述拉脱法的原理，并分析误差的来源。

3. 实验中，如何对力敏传感器定标？画出力敏传感芯片电路图，给出具体的水表面张力系数的测量公式。

4. 为什么金属吊片的表面需要清洗？测量圆环形吊片的内、外径应在清洗前还是清洗后？为什么？

5. 采用金属框架的拉脱法有什么弊端？分析测量的水的表面张力系数偏小的原因，并采取措施进行误差修正。

6. 拉脱法采用金属吊片应注意什么事项？推导表面张力系数的测量公式。

五、实验报告的要求

1. 写明本实验的目的和意义。
2. 简述拉脱法测液体表面张力系数的原理。
3. 详细记录实验步骤及数据，通过逐差法或作图法处理数据。
4. 对实验结果和出现的各种问题进行分析和讨论。
5. 谈谈本实验的收获和体会，并给出改进建议。

六、拓展

1. 设计实验，考察吊环的直径、厚薄及容器内径和容器内液体的深度对表面张力的影响，得出最佳的实验条件。

2. 设计实验，研究溶液（如酒精的水溶液）的表面张力与其浓度的关系。

3. 设计实验，研究固体水溶液的表面张力与浓度的关系。

4. 分别采用金属丝制成的吊环、吊片和片状吊环的拉脱法测量表面张力，比较测量结果，分析不同拉脱法误差的来源。

七、参考文献

[1] 李平舟，武颖丽，吴兴林，等. 综合设计性物理实验[M]. 西安：西安电子科技大学出版社，2012.
[2] 沈元华. 设计性研究性物理实验教程[M]. 上海：复旦大学出版社，2004.
[3] 胡平亚. 大学物理实验教程——综合性设计性研究性物理实验[M]. 长沙：湖南师范大学出版社，2008.
[4] 鲁佩，朱瑜. 用吊环和 Π 型金属框拉膜测量液体表面张力系数的讨论[J]. 大学物理实验，2013，26（4）：30-32.

实验 6–2 饱和高度法

一、实验目的和要求

1. 了解液滴在固体表面的润湿性、座滴法中液滴的形状特征和液滴平衡的杨氏方程。
2. 掌握液滴与固体表面接触角的测量方法。
3. 学会用饱和高度法测量液体的表面张力。

二、主要的实验仪器与材料

主要的实验仪器与材料包括：饱和高度法测液体表面张力系数实验装置（图 5-14）、比色皿、水平光滑金属基底、手动微量进样器、高速 CCD（Charge Coupled Device，电荷耦合器件）相机、计算机、游标卡尺、Image Pro Plus 6.0 图像处理软件等。

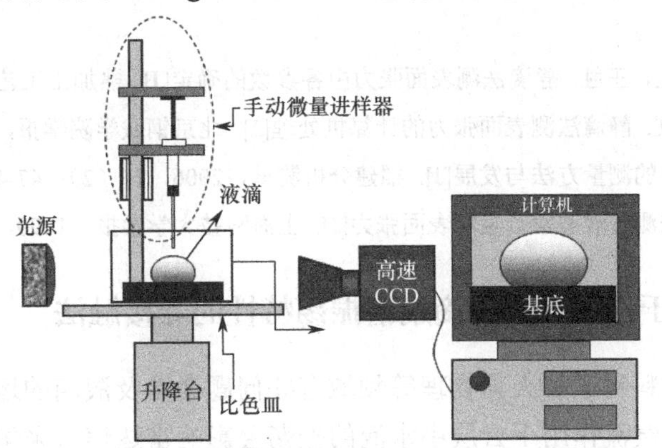

图 5-14 饱和高度法测液体表面张力系数实验装置

三、实验内容与步骤提示

1. 液滴高度与其体积的关系

升降台调整到 CCD 采集液滴轮廓图的最佳高度，通过手动微量进样器改变液滴的体积，测量液滴高度 H 与体积 V 的对应关系，通过 H–V 关系图确定液滴高度最大时的临界 V_c 值。

2. 饱和高度法测量水的表面张力系数

通过手动微量进样器确保液滴体积大于 V_c，对 CCD 采集到的液滴二维图形，用软件处理图形边界，并测量接触角 θ。高度可利用图片中液滴和参照物的比例与参照物实际尺寸（游标卡尺值）计算得出。

四、预习思考题

1．如何判断液体对固体的润湿性？列举几种接触角的测量方法。
2．如何用 Image Pro Plus 6.0 软件处理图像边界，并较精确地测量接触角 θ？
3．实验中，如何得到游标卡尺的尺寸和图像比例的对应关系？

五、实验报告的要求

1．写明本实验的目的和意义。
2．简述饱和高度法测液体表面张力系数的原理。
3．详细记录实验步骤及数据，通过软件处理图形及部分数据。
4．对实验结果和出现的各种问题进行分析和讨论。
5．谈谈本实验的收获和体会，并给出改进建议。

六、拓展

1．设计方案，根据液滴在固体表面的形状计算液滴的表面张力。
2．设计方案，测量水的表面张力与温度的关系。

七、参考文献

[1] 陈安涛，张胜全，王胜. 静滴法测表面张力中各参数的确定[J]. 热加工工艺，2013，42（14）：43-45.
[2] 王碧燕，毛裕文. 静滴法测表面张力的计算机处理[J]. 北京钢铁学院学报，1986，3：76-83.
[3] 臧红霞. 接触角的测量方法与发展[J]. 福建分析测试，2006，15（2）：47-48.
[4] 郭燕明. 座滴法测定液态汞合金的表面张力[J]. 上海科技大学学报，1990，2：35-42.

实验 6-3　基于超声悬浮液滴扇谐振荡特性的非接触法

在大气科学、材料科学和天体物理等领域有些问题会涉及液滴的运动，对其运动规律的研究具有重要意义。气流作用下云层中水滴的振荡会影响雷达信号采集。液滴雾化是粉末冶金和制药过程中的重要环节。液滴振荡和衰减特征与液体的表面张力和黏度密切相关，可用于这些性质的非接触式测量。

一、实验目的和要求

1．了解超声悬浮液滴振荡的轴对称和非轴对称两种模式。
2．掌握用高速摄像和数字图像分析相结合的方法，获取超声悬浮液滴振荡模式、频率、衰减系数、旋转速率等参数。
3．学会利用自由液滴的非轴对称振荡特征测量表面张力。

二、主要的实验仪器与材料

主要的实验仪器与材料包括：超声悬浮装置（图 5-15）、高速 CCD 相机、MATLAB 软件、Origin 软件等。

将发射端与反射端的间距调整到 2 波节模式的谐振状态，发射端压电超声换能器的输入电压满足如下关系

$$V = V_0\left(1+\eta\cos\omega_{\mathrm{m}}t\right)\cos\omega_{\mathrm{ac}}t$$

式中，V_0 为不加调制时换能器的输入电压，η 为相对调制幅度，ω_{m} 和 ω_{ac} 分别为调制频率和超声频率。

选择悬浮声压（163～165dB）和较小的调制幅度（η=0.1）是为了液滴的稳定悬浮。将输入电压的 ω_{m} 调节至特定值时，可以激发水滴的非轴对称大幅振荡。对于同一液滴，液滴非轴对称振荡的阶数 l 越大，对应的调制频率越高。

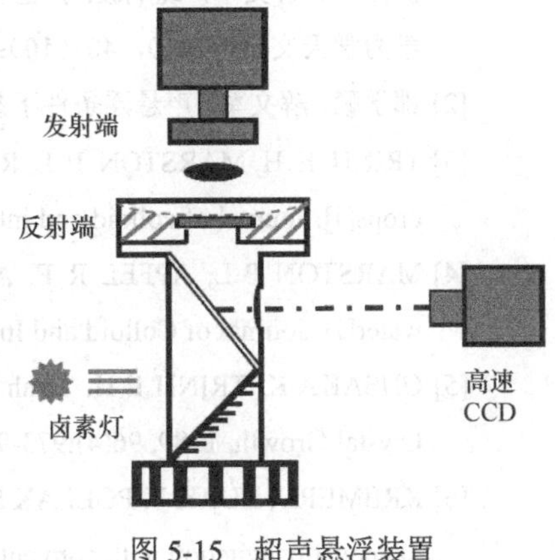

图 5-15 超声悬浮装置

三、实验内容与步骤提示

通过注射器将待测的水滴注入悬浮位置，调节调制频率激发液滴的 3 阶扇谐振荡，利用高速 CCD 相机记录水滴的振荡过程，通过数字图像处理得到水滴的赤道半径和振荡频率。重复几个液滴的振荡过程，计算水滴的平均表面张力系数。

四、预习思考题

1. 超声悬浮的原理是什么？
2. 如何实现超声悬浮液滴的轴对称振荡和非轴对称振荡？它们分别有哪些特点？
3. 超声悬浮中液滴的稳定悬浮需要什么条件？
4. 简述 MATLAB 软件对液滴仰视图进行数字图像处理的过程。
5. 怎么样通过高速 CCD 相机连续拍摄的照片得到液滴的振荡频率？

五、实验报告的要求

1. 写明本实验的目的和意义。
2. 简述超声悬浮的原理，以及利用非轴对称扇谐振荡模态测量液体表面张力的原理。
3. 详细记录实验步骤及数据，给出用软件进行图像处理和数据拟合处理的过程。
4. 对实验结果和出现的各种问题进行分析和讨论。
5. 谈谈本实验的收获和体会。

六、拓展

1. 设计超声悬浮方案，通过液滴的谐振振荡模态或变形液滴弛豫过程与黏度相关性测量液体的粘滞系数。
2. 设计实验，研究乳浊液（如牛奶的水溶液）的表面张力与溶液中乳液浓度的关系。
3. 设计超声悬浮方案，通过液滴的振荡规律测量液滴的表面张力。

4．设计方案，利用超声悬浮测量声速。

七、参考文献

[1] 沈昌乐，解文军，魏炳波. 声悬浮液滴扇谐振荡的数字图像分析与表面张力测定[J]. 中国科学：物理学力学天文学，2010，40（10）：1240-1246.

[2] 邵学鹏，解文军. 声悬浮条件下黏性液滴的扇谐振荡规律研究[J]. 物理学报，2012，61（13）：224-229.

[3] TRINH E H, MARSTON P L, ROBEY J L. Acoustic measurement of the surface tension of levitated drops[J]. Journal of colloid and interface science, 1988, 124(1):95-103.

[4] MARSTON P L, APFEL R E. Acoustically forced shape oscillation of hydrocarbon drops levitated in water[J]. Journal of Colloid and Interface Science, 1979, 68(2):280-286.

[5] OHSAKA K, TRINH E H. Trinh. Melting and solidification of acoustically levitated drops[J]. Journal of Crystal Growth, 1989, 96(4):973-978.

[6] KREMER J, BÜRK V, POLLAK S, et al. Viscosity of squalane under carbon dioxide pressure-Comparison of acoustic levitation with conventional methods[J]. Journal of Supercritical Fluids, 2018, 141:252-259.

[7] 黄学东，俞嘉隆，乔卫平. 运用声悬浮现象测量声速的演示实验[J]. 大学物理，2005，24（11）：42-44.

实验 7　金属及半导体电阻率的测量研究

电阻率是材料的重要热物性参数之一，反映了材料导电性能的好坏。在电力系统的导线和电器某些零部件选取等方面，电阻率的大小是主要考虑的因素。对于半导体，单晶材料的电阻率与半导体器件的性能有着十分密切的关系，如晶体管的击穿电压等参数与硅单晶的电阻率直接相关。电阻率的测量方法有很多，如涡流无损检测法、两探针法、三探针法、四探针法及扩展电阻法等。下面介绍两种常用的开尔文电桥法和四探针法的测量原理。

1．开尔文电桥法的工作原理

采用惠斯通单电桥测量电阻时，测量准确度可达 0.5%（电阻值的测量范围为 $10\sim10^6\Omega$）。但在测量低值电阻（小于 1Ω）时，由于存在导线电阻和连接点的接触电阻（数量级为 $10^{-4}\sim10^{-2}\Omega$），因此惠斯通电桥的测量误差将显著增大，甚至无法测量。为了消除导线电阻和接触电阻的影响，待测电阻 R_x 及比较臂的标准电阻 R_s 都用四端钮接法代替了两端钮接法（图 5-16）。并在单电桥的基础上增加两个桥臂电阻 R_3、R_4，这就构成了开尔文电桥电路（图 5-17）。

开尔文电桥的等效电路如图 5-18 所示。当调节各电阻使电桥平衡时，流过 R_1 和 R_2、R_3 和 R_4 及 R_x 和 R_0 的电流分别相等，流过电流计的电流为零。电桥平衡时，下述关系式成立

$$I_1\left(r_1+R_1\right)=R_xI_3+\left(R_3+r_3\right)I_2$$

$$I_1\left(r_2+R_2\right)=R_sI_3+\left(R_4+r_4\right)I_2$$

$$I_2\left(R_3+R_4+r_3+r_4\right)=\left(I_3-I_2\right)r$$

通常情况下，R_1、R_2、R_3 和 R_4 均远大于 r_1、r_2、r_3 和 r_4，且满足 $R_xI_3\gg r_3I_2$，$R_sI_3\gg r_4I_2$，则得到

$$I_1R_1=R_xI_3+R_3I_2\text{，}\quad I_1R_2=R_sI_3+R_4I_2$$

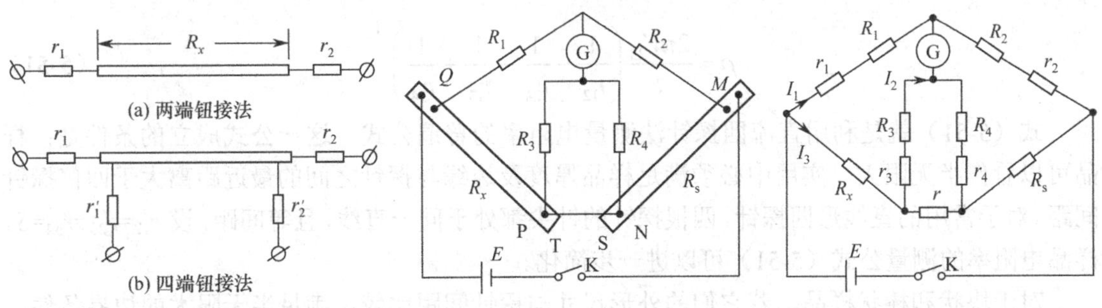

图 5-16　不同钮接法的等效电路图　　图 5-17　开尔文电桥电路　　图 5-18　开尔文电桥的等效电路

解上述方程组可得

$$R_x = \frac{R_1 R_s}{R_2} + \frac{rR_4\left(\frac{R_1}{R_2} - \frac{R_3}{R_4}\right)}{r + R_3 + R_4}$$

用开尔文电桥设计时，设法使 4 个桥臂电阻满足如下关系式

$$R_1 / R_2 = R_3 / R_4$$

则有

$$R_x = \frac{R_1 R_s}{R_2} \tag{5-49}$$

式中，R_1/R_2（或 R_3/R_4）称为电桥桥臂比（或称为倍率）。由式（5-49）可知，待测电阻 R_x 等于桥臂比与比较臂电阻 R_s 的乘积。

开尔文电桥的优点在于：（1）R_x 和 R_s 都采用了四端钮接法，转移附加电阻（导线电阻和接触电阻）的相对位置到电源回路，不再与低电阻 R_x 和 R_s 串联，消除了它们对测量的影响；（2）桥臂电阻远大于相应的附加电阻，从而忽略了桥臂中的附加电阻影响；（3）R_x 和 R_s 采用足够粗的导线连接，使得附加电阻 r 很小。电桥平衡时，电流 I_1 和 I_2 必然比 I_3 小得多，使附加电阻 r_1、r_2、r_3 和 r_4 上的电压降与 4 个桥臂电阻及 R_x 和 R_s 上的电压降相比小得多，因而可以忽略不计。

2．四探针法测电阻率原理

半无穷大样品点电流源的电力线等位面是以点电流为中心的半球面，可理论推导出半无穷大均匀样品上离点电流源距离为 r 的点的电位 $\varPsi(r)$ 与探针流过的电流 I 和样品电阻率 ρ 的关系式，如下

$$\varPsi(r) = \frac{\rho I}{2\pi r} \tag{5-50}$$

若四探针以任意位置置于样品中央，电流 I 从探针 1 流入，从探针 4 流出，由式（5-50）可知，探针 2 和探针 3 的电位为

$$\varPsi_2 = \frac{\rho I}{2\pi}\left(\frac{1}{r_{12}} - \frac{1}{r_{24}}\right), \quad \varPsi_3 = \frac{\rho I}{2\pi}\left(\frac{1}{r_{13}} - \frac{1}{r_{34}}\right)$$

式中，下标中 2、3 分别代表探针，r_{12}、r_{13}、r_{24} 和 r_{34} 表示下标指示的探针间的距离。

依据探针 2、探针 3 间的电位差 V_{23} 可求得样品的电阻率为

$$\rho=\frac{2\pi V_{23}}{I}\left(\frac{1}{r_{12}}-\frac{1}{r_{24}}-\frac{1}{r_{13}}+\frac{1}{r_{34}}\right)^{-1} \tag{5-51}$$

式（5-51）就是利用直流四探针法测量电阻率的普遍公式。这一公式成立的条件是：样品可以看作半无限大，实用中必须满足样品厚度及边缘与探针之间的最近距离大于四倍探针间距。对于常用的直线形四探针，四根探针的针尖都处于同一直线，且等间距，设 $r_{12}=r_{23}=r_{34}=S$，样品电阻率的测量公式（5-51）可以进一步简化。

对于块状和棒状样品，若它们的外形尺寸与探针间距比较，满足半无限大的边界条件，则电阻率值可直接由式（5-51）求出。

如果被测样品不能看作半无穷大（如薄膜样品），而是厚度、横向尺寸一定，利用四探针法测量电阻率时，就需要对式（5-51）进行修正。理论分析表明，需在式中引入与样品尺寸及所处条件有关的修正系数 B_0，此时

$$\rho=\frac{2\pi S}{B_0}\frac{V_{23}}{I} \tag{5-52}$$

修正系数一般有 4 种情况。（1）样品为片状单晶，四探针针尖所连成的直线与样品的一个边界平行，距离为 L，除样品厚度 d 及该边界外，其余边界均为无穷远，样品周围被绝缘介质包围［图 5-19(a)］。B_0 与 d、L 的关系可通过查表得到。（2）极薄样品，即样品厚度 d 比探针间距小得多（$d/S<0.5$），而横向尺寸为无穷大的样品。在等间距直线形四探针情况下，探针 1 和探针 4 之间的等位面近似为圆柱面，可以推导出极薄样品的电阻率：$\rho=(\pi/\ln 2)dV_{23}/I=(4.5324dV_{23})/I$。对于极薄样品，在等间距探针情况下，探针间距和测量结果无关，电阻率和被测样品的厚度 d 成正比。（3）样品为片状单晶，四探针针尖所连成的直线与样品的一个边界垂直，探针与该边界的最近距离为 L，除样品厚度及该边界外，其余边界为无穷远，样品周围被绝缘介质包围［图 5-19(b)］。B_0 与 d、L 的关系也可通过查表得到。（4）当片状样品不满足极薄样品的条件时，即除样品厚度外，样品尺寸相对探针间距为无穷大，四探针垂直于样品表面测试，或垂直于样品侧面测试［图 5-19(c)］，仍须按式（5-52）计算电阻率，修正系数不同于情况（1）和情况（3），但仍可查表得到。

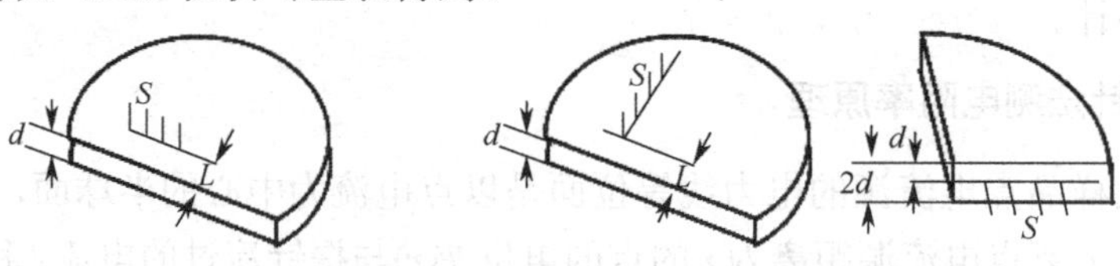

(a) 片状单晶与四探针相对位置情况（1） (b) 片状单晶与四探针相对位置情况（3）

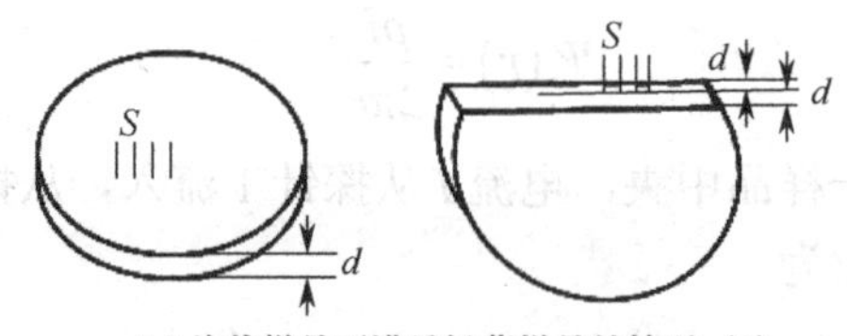

(c) 片状样品不满足极薄样品的情况（4）

图 5-19 不同样品与四探针相对位置

半导体工艺中普遍采用四探针法测量扩散层的薄层电阻。由于 PN 结的隔离作用，扩散层下的衬底可视为绝缘层，对于扩散层厚度（结深 X_j）远小于探针间距 S 而横向尺寸无限大的

样品，可视为极薄样品，其电阻率用极薄样品的电阻率公式求得。实际工作中，直接测量扩散层的薄层电阻，又称方块电阻 R_s，其定义就是表面为正方形的半导体薄层在电流方向呈现的电阻，利用电阻率的定义公式测得极薄样品电阻率，就可求得 R_s。实际的扩散片一般不很大，不满足无穷大平面的要求，薄片表面形状可能为圆形或长方形，实际的扩散片又有单面扩散与双面扩散之分。因此，需对极薄样品计算的方块电阻 R_s 乘以修正系数 B_0，B_0 的大小与薄层的几何尺寸、形状和扩散类型（单面扩散或双面扩散）都有关。

实验 7–1　开尔文电桥法测量金属电阻率

电阻率是表征导体材料性质的一个重要物理量。测量导体的电阻率一般采用间接测量法，即通过导体的电阻、长度及其横截面积的函数关系计算得到。电桥是常用的测量电阻的方法之一。双臂电桥简称双电桥，又名开尔文电桥，它是惠斯通电桥的改进和发展，可以消除（或减小）附加电阻对测量的影响，是测量低于 1Ω 的低电阻及电阻率的主要仪器。

一、实验目的和要求

1．了解四端钮接法的意义及开尔文电桥的结构。
2．学习用开尔文电桥测低值电阻的原理和方法。
3．掌握用开尔文电桥测量金属丝的电阻，并计算其电阻率。

二、主要的实验仪器与材料

主要的实验仪器与材料包括：QJ-19 型单双臂电桥、复射式灵敏电流计、标准电阻、直流电源、滑线变阻器、游标卡尺、米尺、单刀单掷开关、双刀双掷开关、铜棒、铝棒、不锈钢棒等。

QJ-19 型开尔文电桥模式测量原理如图 5-20 所示。QJ-19 型单双臂电桥是两用电桥，其面板及双桥连接方法如图 5-21 所示。R_1 和 R_2 相当于图 5-18 中的 R_2 和 R_4，R 是比例臂电阻，相当于 R_1 和 R_3，上、下两个电阻箱做同轴同步调节（保证图 5-18 中的 R_1=R_3），实验时取 R_1=R_2（保证图 5-18 中的 R_2=R_4），依据式（5-49）计算待测电阻 R_x。

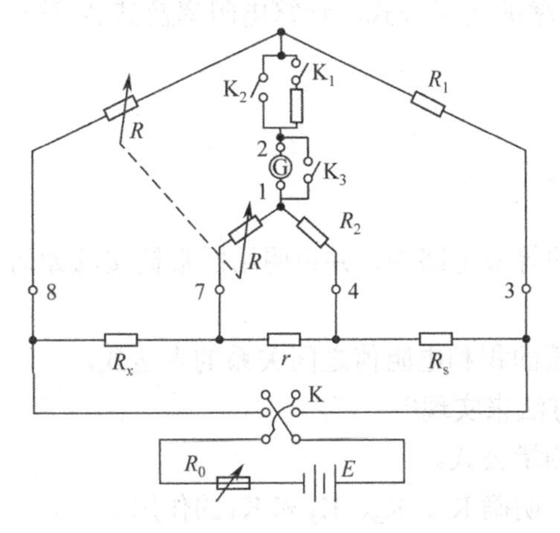

图 5-20　QJ-19 型开尔文电桥模式测量原理

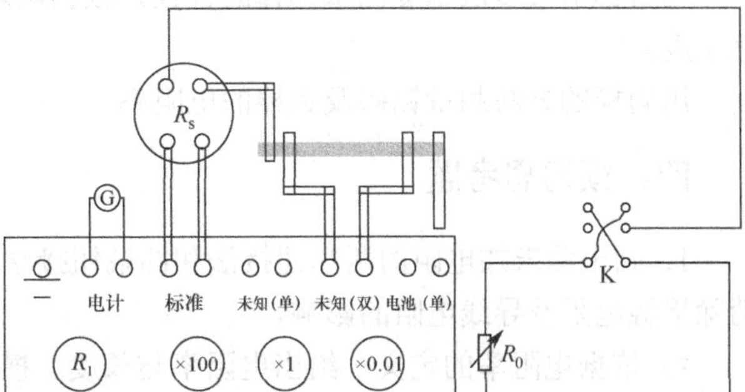

图 5-21　QJ-19 型开尔文电桥面板及双桥连接方法

测量低电阻时，还应该考虑热电动势的影响，在实验中通过异号法来消除。

R采取同轴同步调节，由5个十进盘电阻组成，分别为×100Ω、×10Ω、×1Ω、×0.1Ω和×0.01Ω。开尔文电桥模式时R_1和标准电阻R_s应根据R_x的大小来选择，必须保证R的5个旋钮都用上。配置原则见表5-2。

表5-2 标准电阻R_s和比率臂电阻R_1的选择 单位：Ω

R_x	R_s	R_1
10～100	10	100
1～10	1	100
0.1～1	0.1	100
0.01～0.1	0.01	100
0.001～0.01	0.001	100
0.0001～0.001	0.001	1000
0.00001～0.0001	0.001	1000

三、实验内容与步骤提示

1. 选择合适的电桥灵敏度

连接好测量电路，灵敏电流计置“直接”挡，初测待测电阻R_x。通过改变稳流源的电流输出，细调时当R的×0.01旋钮的步进值能较明显地改变电桥平衡状态时，说明灵敏度合适。

注意：电流不可太大，不能超过稳流源的最大输出值，也不能超过标准电阻和滑线变阻器的额定值。

2. 测量不同棒材的电阻率

将待测铜棒插入未知四端电阻盒中，在合适的灵敏度下，通过“粗调”“细调”使电桥达到平衡，记录平衡时的R_1、R_2、R和R_s，将电流反向，重新调电桥平衡，记录数据。反复改变电流方向，多次重复测量。计算R_x，改变接入电路铜棒的长度，测量此时的R_x。

用游标卡尺多次重复测量铜棒的直径，根据电阻率的定义公式，计算电阻率及其A类不确定度。

用同样的方法测量铝棒及钢棒的电阻率。

四、预习思考题

1. 画出测未知电阻的两端钮接法和四端钮接法的等效电路图，并说明用四端钮接法如何消除接触电阻及导线电阻的影响。
2. 依据电阻率的定义，给出电阻率与长度、横截面积和电阻值之间关系的表达式。
3. 给出式（5-49）成立的条件，一般通过什么方法来实现？
4. 推导出QJ-19型开尔文电桥测量未知电阻的测量公式。
5. 通过查阅QJ-19型单双臂电桥的使用说明书，明确K_1、K_2、K_3和K_4的作用。
6. 在实验中如何消除热电势对待测电阻的影响？

五、实验报告的要求

1．写明本实验的目的和意义。

2．简述开尔文电桥的工作原理及用异号法消除热电势。

3．详细记录实验过程及数据，计算电阻的电阻率的A类不确定度，并完整表示实验结果。

4．对实验中出现的问题及实验结果进行分析和讨论。

5．谈谈本实验的收获、体会，并提出改进意见。

六、拓展

设计测量原理、方法，测定金属电阻的温度系数 α（提示：金属电阻率随温度的变化关系为 $\rho=\rho_0(1+\alpha t)$，ρ 和 ρ_0 分别为温度 t 和0时的电阻率。）

七、参考文献

[1] 王爱军，唐军杰，吕志清，等. 应用性与设计性物理实验[M]. 北京：中国石化出版社，2019.

[2] 侯建平. 大学物理实验[M]. 北京：国防工业出版社，2018.

实验 7-2　四探针法测量半导体的电阻率

半导体技术是当前最重要的技术之一，用半导体制成的各种器件有着极其广泛的应用。不同的半导体器件对半导体材料的电学特性参数的要求不同。这些电学特性参数包括电阻率、载流子浓度、载流子迁移率等，其中电阻率是最直接、最重要的参数之一。

四探针法具有设备简单、操作方便、精确度高等优点，已发展成为目前应用最广泛的一种电阻率测试技术。此外，在半导体器件生产中广泛使用四探针法测量扩散层薄层电阻以判断扩散层质量是否符合设计要求。通过四探针法测试半导体电导率实验的学习，能使学生更好地理解与掌握“半导体物理学”“微电子学”“电子科学与技术”等相关知识。

一、实验目的和要求

1．掌握四探针法测量电阻率和薄层电阻的原理及测量方法。

2．针对不同几何尺寸的样品，掌握四探针修正方法。

3．了解影响电阻率测量的各种因素及改进措施。

4．学习用Excel软件处理数据。

二、主要的实验仪器与材料

主要的实验仪器与材料包括：四探针头（针尖的曲率半径为25～50μm、间距为1mm、探针与被测样品间的压力为20N）、直流恒流源、电流表、电位差计、温度计、千分尺、读数显微镜、Excel软件、3个不同尺寸的硅单晶片、单面扩散和双面扩散的样品各一个等。

单晶断面电阻率不均匀度 E 的计算公式为

$$E=\frac{\Delta\rho}{\rho}\times100\%\approx\frac{\rho_{\max}-\rho_{\min}}{0.5\left(\rho_{\max}+\rho_{\min}\right)}\times100\% \tag{5-53}$$

式中，ρ_{max}为所测 10 个点中电阻率的最大值，ρ_{min}为所测点中电阻率的最小值，ρ为断面测量点电阻率的平均值，$\Delta\rho=\rho_{max}-\rho_{min}$。

不同电阻率样品测试的电流值见表 5-3。

表 5-3 不同电阻率样品测试的电流值

电阻率/Ω·m	0.01	0.01～1	1～30	30～1000	1000～3000
电流/mA	＜100	＜10	＜1	＜0.1	＜0.01

三、实验内容与步骤提示

1. 硅单晶片的电阻率、方块电阻值测定

画出直线形四探针的电路图，并按要求连接好线路。单晶硅样品表面经砂纸打磨、清洗、晾干后，用四探针法测量某电流时探针 2 和探针 3 之间的电位 V_{23}，记录电流和电压。相同电流强度、正反向各测一次。用千分尺及读数显微镜测量样品的几何尺寸，决定是否需要修正。

3 个样品各测量 10 个不同点，用 Excel 计算（修正）电阻率、方块电阻、标准差及单晶断面电阻率不均匀度，画出电阻率的波动图。

2. 电流大小对电阻率的影响

测量 3 个样品电流不同而测量点相同的情况下的 V_{23} 并记录，计算（修正）同点电流不同时的电阻率及方块电阻值，并对结果进行分析讨论。

3. 测量单面扩散和双面扩散样品的薄层电阻

分别测量单面扩散和双面扩散样品中心点的 V_{23}，记录电流和电压。相同电流强度、正反向各测一次，计算（修正）扩散情况不同的薄膜电阻。

四、预习思考题

1. 推导出直线形四探针法测量半无限大样品电阻率的表达式。
2. 分析电阻率误差的来源，有无修正系数的电阻率测量公式区别及适用条件分别是什么？
3. 若只用两根探针既作电流探针又作电压探针，能否准确测量样品电阻率？为什么？
4. 为什么测量单晶样品电阻率时要求测试平面为毛面，而测试扩散片扩散层薄膜电阻时测试面可为镜面？
5. 能否用四探针测量 n/p 外延片外延层的电阻率？能否用四探针法测量 n/n+外延片及 p/p+外延片外延层的电阻率？
6. 推导满足极薄样品的方块电阻测量公式，方块电阻的修正系数与哪些因素有关？
7. 电流太小会对电阻率有何影响？电流太大，又会如何影响测量？本实验选择的电流值应如何确定？

五、实验报告的要求

1. 写明本实验的目的和意义。
2. 简述直线形四探针法测量电阻率的原理及薄层电阻的测量方法。

3．详细记录实验过程及数据，并通过 Excel 软件等处理数据。

4．对实验中出现的问题及实验结果进行分析和讨论。

5．谈谈本实验的收获、体会，并提出改进意见。

六、拓展

1．设计方案，用四探针法测量各向异性半导体的电阻率。

2．制作简易的热探针，并用热探针判断半导体材料的导电类型。

3．用阳极氧化剥层法及四探针法求扩散层中的杂质浓度分布（提示：$\rho(x')=1/[N_e(x')q\mu(N_e(x'))]$，式中 x' 表示扩散层内某点离表面的垂直距离，有效杂质分布为 $N_e(x')$，载流子的迁移率为 $\mu(N_e(x'))$）。

七、参考文献

[1] 唐亚明，葛松华，杨清雷. 设计性物理实验教程[M]. 北京：化学工业出版社，2015.

[2] 宿昌厚. 用四探针法测量矩形半导体电阻率时的修正函数[J]. 物理学报，1963，19（6）：370-383.

[3] 宿昌厚，鲁效明. 论四探针法测试半导体电阻率时的厚度修正[J]. 计量技术，2005，8：5-7.

[4] 宿昌厚，鲁效明. 双电测组合四探针法测试半导体电阻率测准条件[J]. 计量技术，2004，3：7-9，27.

[5] 张永瑞. 电子测量技术基础[M]. 西安：西安电子科技大学出版社，2016.

[6] 孙以材. 半导体测试技术[M]. 北京：冶金工业出版社，1984.

[7] 孙恒慧，包宗明. 半导体物理实验[M]. 北京：高等教育出版社，1985.

[8] 谢孟贤，刘国雄. 半导体工艺原理[M]. 北京：国防工业出版社，1980.

[9] 屈盛，刘祖明，廖华，等. 晶体硅扩散层有效杂质的浓度分布[J]. 太阳能学报，2006，27（3）：295-299.

第六章　电子元件和电路的特性与应用研究

实验 8　电学元件及 RLC 电路的特性与应用研究

电子技术是 19 世纪末和 20 世纪初开始发展起来的新兴技术，20 世纪发展得最迅速，应用最广泛，成为近代科学技术发展的一个重要标志。电子元件作为电子电路的基本元件，其发展史实际上就是电子工业的发展史。因此，了解和掌握常用电子元件及其组合电路的基本特性是必不可少的。

1．电子元件及其性质

电阻器是一种限流元件，其主要物理特征是把电能转化为热能。对信号来说，交流与直流信号都可以通过电阻，电阻在电路中通常起分压、分流、限流、偏置等作用。电容器是存储电量和电能（电势能）的元件，具有通高频、阻低频，通交流、阻直流的特性，被广泛应用于隔直、耦合、旁路、滤波、调谐回路、能量转换、控制电路等方面。电感器是能够把电能转化为磁能而存储起来的元件，它具有阻止交流电通过而让直流电顺利通过的特性，在电路中主要起滤波、振荡、延迟、陷波等作用，还有筛选信号、过滤噪声、稳定电流及抑制电磁波干扰等作用。二极管最重要的特性是 PN 结的单向导电性。二极管的种类有很多，按照所用的半导体材料，可分为锗二极管（Ge 管）和硅二极管（Si 管）。根据其不同用途，二极管可分为检波二极管、整流二极管、稳压二极管、开关二极管、隔离二极管、肖特基二极管、发光二极管、硅功率开关二极管、旋转二极管等。

电容的主要参数如下。①标称电容量，为标在电容器上的电容量。②额定电压，为在最低环境温度和额定环境温度下可连续加在电容器的最高直流电压。③绝缘电阻，为加在电容上的直流电压与漏电电流的比。④损耗，是在电场作用下在单位时间内因发热而消耗的能量，损耗与频率范围、介质、电导、电容金属部分的电阻等有关。⑤频率特性，随着频率的上升，一般电容器的电容量呈现下降的规律。当电容工作在谐振频率以下时，表现为容性；当超过其谐振频率时，表现为感性，所以一定要避免电容工作于谐振频率之上。

电感的主要参数如下。①电感量，也称自感系数，它表示电感器产生自感应的能力。②允许偏差，是指电感器上标称的电感量与实际电感的允许误差值。一般用于振荡或滤波等电路中的电感器的精度要求较高，允许偏差为±（0.2%～0.5%）；而用于耦合、高频阻流等线圈的精度要求不高，允许偏差为±（10%～15%）。③品质因数也称 Q 值或优值，是衡量电感器质量的主要参数。它是指电感器在某个频率的交流电压下工作时，所呈现的感抗与其等效损耗电阻之比。电感器的 Q 值越高，其损耗越小、效率越高。电感器品质因数的高低与线圈导线的直流电阻、线圈骨架的介质损耗及铁芯、屏蔽罩等引起的损耗等有关。④分布电容，是指线圈的匝与匝之间、线圈与磁芯之间、线圈与地之间、线圈与金属之间都存在的电容。电感器的分布电容越小，其稳定性越好。分布电容能使等效耗能电阻变大、品质因数变大。⑤额定电流，是指电感器在允许的工作环境下能承受的最大电流值。若工作电流超过额定电流，则电感器就会因发热而使性能参数发生改变，甚至还会因过流而被烧毁。

二极管的性能可用伏安特性来描述，其伏安特性曲线如图 6-1 所示。根据理论推导，通过二极管的电流 i_D 与二极管两端的电压 u_D 满足如下表达式

$$i_D = I_S(e^{u_D/U_T} - 1) \tag{6-1}$$

式中，I_S 为反向饱和电流，$U_T = kT/q$ 称为温度的电压当量，k 为玻尔兹曼常数，q 为电子电荷量，T 为热力学温度。对于室温（相当于 T=300K），则有 U_T=26mV。

当 $u_D > 0$，且 $u_D \gg U_T$ 时，$i_D \approx I_S e^{u_D/U_T}$；当 $u_D < 0$，且 $|u_D| \gg U_T$ 时，$i_D \approx -I_S \approx 0$。

正向伏安特性曲线处于图 6-1 的第一象限，当对二极管施加正向偏置电压时，二极管中有正向电流通过（多数载流子导电）。当 $0 < u_D < U_{on}$ 时，正向电流几乎为零，U_{on} 称为死区电压或开启电压，死区电压与二极管的材料有关（硅管是 0.5V，锗管是 0.1V）。当 $u_D > U_{on}$，且 u_D 较小时，随着电压的升高，正向电流将迅速增大，电流与电压的关系基本上是一条指数曲线；当 $u_D > U_{on}$，且 u_D 较大时，正向电流增长得很快，且正向电压随正向电流增长而增长得很慢，可以认为基本不变，将这个电压称为导通电压。硅二极管的正向导通电压为 0.7～0.8V，锗二极管的正向导通电压为 0.3～0.4V。

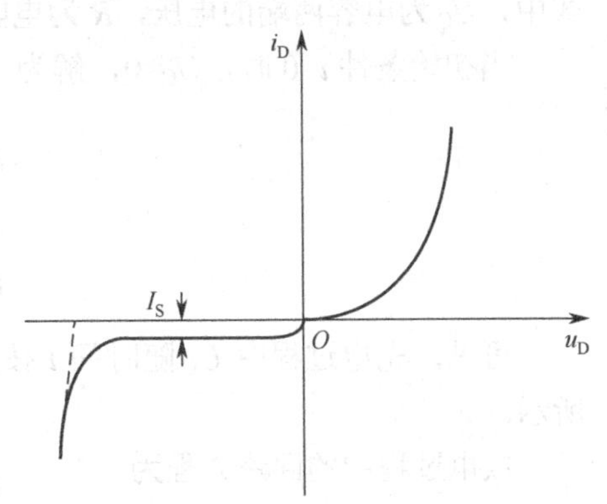

图 6-1　二极管的伏安特性曲线

反向伏安特性曲线处于图 6-1 的第三象限。当 $-U_{BR} < u_D < 0$ 时，反向电流很小，且基本不随反向电压的变化而变化，此时的反向电流也称反向饱和电流 I_S，U_{BR} 称为反向击穿电压。当 $-u_D \geqslant U_{BR}$ 时，反向电流急剧增大。击穿电压低于 4V 的击穿主要是齐纳击穿；击穿电压大于 6V 的击穿为雪崩击穿；当击穿电压介于 4～6V 时，两种击穿都可能发生，也可能同时发生。击穿后，当反向电流在很大范围内变化时，二极管两端的电压几乎不变，击穿后的反向特性有稳压性。此外，二极管发生反向击穿时，如果回路中的限流电阻能将反向电流限制在允许的范围内，则二极管不会被损坏。反向电压降低后，二极管仍可以恢复到原来的状态。所以在二极管反向特性测试电路中，应串联限流电阻，防止反向电流过大而损坏二极管。在反向区，硅二极管和锗二极管的特性有所不同。硅二极管的反向击穿特性比较硬、比较陡，反向饱和电流很小；锗二极管的反向击穿特性比较软，过渡比较圆滑，反向饱和电流较大。

温度升高时，二极管的正向伏安特性曲线左移，正向压降减小，温度每升高 1℃，正向压降降低 2～2.5mV。二极管的反向饱和电流也与温度有关，温度每升高 10℃左右，反向饱和电流将增大为原来的 2 倍。击穿电压也受温度的影响，当击穿电压小于 4V 时，有负的温度系数；当击穿电压大于 6V 时，有正的温度系数；当击穿电压为 4～6V 时，温度系数较小。

二极管的主要参数如下。①二极管正向压降 U_f，在正常使用的电流范围内，二极管能够导通的正向最低电压。②最大整流电流 i_f，本质上反向电流是由少数载流子的漂移运动形成的，同时少数载流子是由本征激发产生的（当温度升高时，本征激发加强，漂移运动的载流子数量增加），二极管制成后，其数值取决于温度，而几乎与外加电压无关。在一定温度 T 下，由于热激发而产生的少数载流子的数量是一定的，电流值趋于恒定，因此这时的电流就是反向

饱和电流。④反向击穿电压 U_{BR}。⑤最高允许反向工作电压 U_R。⑥最高工作频率 f_m。

2．RC、RL、RLC 串联电路暂态过程

在 RC 串联电路中，暂态过程是电容器的充、放电过程。若信号源为方波信号（上半个周期内方波电压为+E，下半个周期内方波电压为 0），在电压为 E 的上半个周期内，对电容充电；在电压为 0 的下半个周期内，电容和电阻组成放电回路。电容的充电回路方程如下

$$RC\frac{\mathrm{d}U_C}{\mathrm{d}t}+U_C=E \tag{6-2}$$

式中，U_C 为电容两端的电压，R 为电阻值，C 为电容值，t 为放电时间。

当初始条件 t=0 时，U_C=0，解为

$$\begin{aligned}U_C&=E\left(1-\mathrm{e}^{-\frac{t}{RC}}\right)\\U_R&=iR=E\mathrm{e}^{-\frac{t}{RC}}\end{aligned} \tag{6-3}$$

可见，充电过程中 U_C 随时间 t 按指数规律增长，U_R 随时间 t 按指数规律衰减，如图 6-2 所示。

放电过程中的回路方程为

$$RC\frac{\mathrm{d}U_C}{\mathrm{d}t}+U_C=0 \tag{6-4}$$

当初始条件 t=0 时，U_C=E，解为

$$\begin{aligned}U_C&=E\mathrm{e}^{-\frac{t}{RC}}\\U_R&=iR=-E\mathrm{e}^{-\frac{t}{RC}}\end{aligned} \tag{6-5}$$

可见，放电过程中 U_C 和 U_R 都随时间按指数规律衰减，图 6-2 给出了相应的变化曲线。

充、放电方程解中的 $RC=\tau$ 具有时间的量纲，称为时间常数，表征暂态过程进行的快慢。τ 值越大，则 U_C 变化得越慢，如图 6-3 所示，其中 $\tau_1<\tau_2<\tau_3$。与时间常数 τ 相关的另一个较易测定的特征值称为半衰期 $T_{1/2}$，即当 $U_C(t)$ 下降到初值（或上升到终值）的一半时所需的时间。$T_{1/2}$ 与 τ 之间满足 $T_{1/2}=\tau\ln 2$。

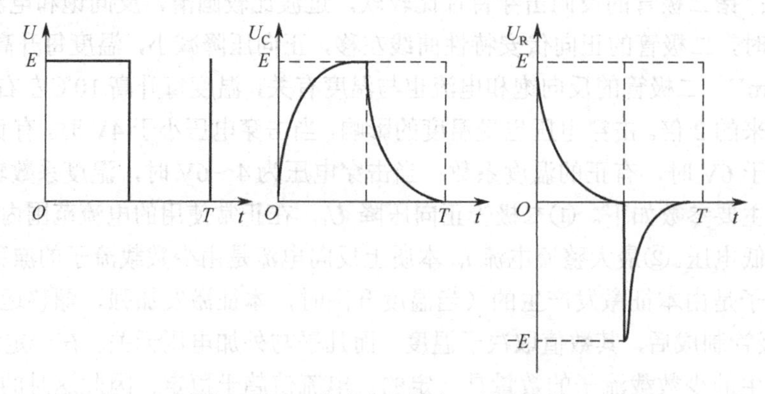

图 6-2　RC 串联电路的充、放电曲线

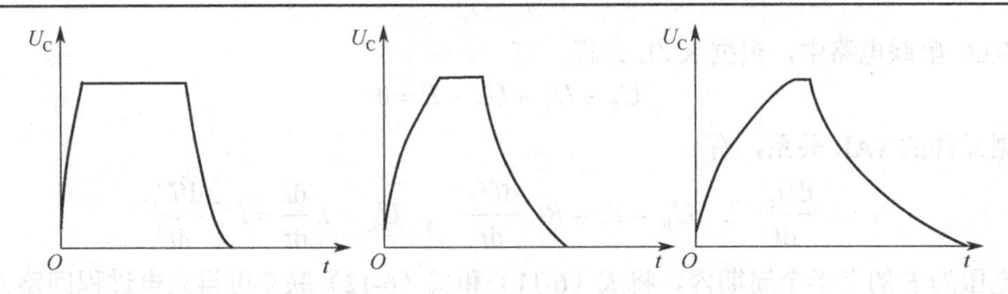

图 6-3　不同 τ 值的 U_C 变化示意图

RL 串联电路由于电感 L 的自感作用，回路中的电流不能瞬间突变。在电压为 E 的半个周期内，回路方程为

$$L\frac{\mathrm{d}i}{\mathrm{d}t}+iR=E \tag{6-6}$$

由初始条件 t=0 时 i=0，解为

$$i=\frac{E}{R}\left(1-\mathrm{e}^{-tR/L}\right) \tag{6-7}$$

可见，回路电流 i 随时间按指数规律逐渐增大到稳定值 E/R，图 6-4 给出了相应的 U_C 和 U_R 随时间的变化曲线。

在电压为 E 的半个周期内，回路方程为

$$L\frac{\mathrm{d}i}{\mathrm{d}t}+iR=0 \tag{6-8}$$

当初始条件 t=0 时，i=E/R，解为

$$i=\frac{E}{R}\left(1-\mathrm{e}^{-tR/L}\right) \tag{6-9}$$

可见，回路电流 i 随时间按指数规律从 E/R 逐渐衰减到 0，相应的 U_C 和 U_R 随时间的变化曲线如图 6-4 所示。

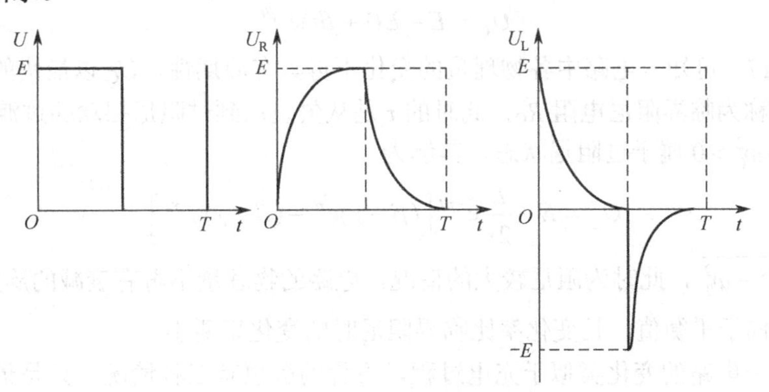

图 6-4　RL 串联电路暂态过程曲线

与 RC 串联电路进行类似分析，可得 RL 串联电路的时间常数 τ 和半衰期 $T_{1/2}$，分别为

$$\tau=\frac{L}{R},\quad T_{1/2}=0.693\tau=0.693\frac{L}{R} \tag{6-10}$$

RLC 串联电路中，电阻是耗散元件，可将电能转化成热能。可以预见，电阻在 RLC 串联电路中主要起阻尼作用。

在 RLC 串联电路中，根据 KVL 方程，有

$$U_{\mathrm{R}}+U_{\mathrm{L}}+U_{\mathrm{C}}-E=0 \tag{6-11}$$

根据元件的 VAR 关系，有

$$i=C\frac{\mathrm{d}U_{\mathrm{C}}}{\mathrm{d}t}\quad,\quad U_{\mathrm{R}}=Ri=RC\frac{\mathrm{d}U_{\mathrm{C}}}{\mathrm{d}t}\quad,\quad U_{\mathrm{L}}=L\frac{\mathrm{d}i}{\mathrm{d}t}=LC\frac{\mathrm{d}^2U_{\mathrm{C}}}{\mathrm{d}t^2} \tag{6-12}$$

在电压为 E 的上半个周期内，将式（6-11）和式（6-12）联立可得充电过程回路方程，为

$$LC\frac{\mathrm{d}^2U_{\mathrm{C}}}{\mathrm{d}t^2}+RC\frac{\mathrm{d}U_{\mathrm{C}}}{\mathrm{d}t}+U_{\mathrm{C}}=E \tag{6-13}$$

等式两边同除以 LC，并令

$$\beta=\frac{R}{2L}\quad \omega_0=\frac{1}{\sqrt{LC}} \tag{6-14}$$

则式（6-15）可转化为

$$\frac{\mathrm{d}^2U_{\mathrm{C}}}{\mathrm{d}t^2}+2\beta\frac{\mathrm{d}U_{\mathrm{C}}}{\mathrm{d}t}+\omega_0^2U_{\mathrm{C}}=\omega_0^2E \tag{6-15}$$

式（6-15）为阻尼振荡方程，β 为阻尼系数，ω_0 为电路的固有频率。

当初始条件 t=0 时，U_{C}=0，$\mathrm{d}U_{\mathrm{C}}/\mathrm{d}t$=0，式（6-15）解的最终形式取决于 β 和 ω_0 的相对大小。下面就三种情况给出结果。

（1）$\beta^2-\omega_0^2<0$ 属于欠阻尼状态，其解为

$$U_{\mathrm{C}}=E-E\mathrm{e}^{-\beta t}\left(\cos\omega t+\frac{\beta}{\omega}\sin\omega t\right) \tag{6-16}$$

式中，$\omega=\sqrt{\omega_0^2-\beta^2}$，时间常数 τ=1/β=2L/R。由式（6-16）可知，电路中的物理量按正弦律呈衰减振荡状态。τ 决定了振幅衰减的快慢，τ 越小，振幅衰减得越快。

（2）$\beta^2-\omega_0^2=0$ 属于临界阻尼状态，其解为

$$U_{\mathrm{C}}=E-E(1+\beta t)\mathrm{e}^{-\beta t} \tag{6-17}$$

由式（6-17）可知，电路中各物理量的变化不再具有周期性，U_{C} 以最快的速度趋于 E。此时的电阻值称为临界阻尼电阻 R_{C}，此时的 τ 是从欠阻尼到过阻尼振动的过渡分界。

（3）$\beta^2-\omega_0^2>0$ 属于过阻尼状态，其解为

$$U_{\mathrm{C}}=E-\frac{E}{2r}\mathrm{e}^{-\beta t}\left[(\beta+\gamma)\mathrm{e}^{\gamma t}-(\beta-\gamma)\mathrm{e}^{-\gamma t}\right] \tag{6-18}$$

式中，$\gamma=\sqrt{\beta^2-\omega_0^2}$，此时为阻尼较大的情况，电路的物理量不再有衰减的周期性变化规律，而是缓慢地趋向于平衡值，且变化率比临界阻尼时的变化率要小。

放电过程中电路的变化类似于充电过程，方程的解也有三种情况，只是最后趋向的平衡位置不同。电路充、放电过程的 U_{C} 变化曲线如图 6-5 所示。

以上讨论的充、放电条件是加阶跃波且源内阻为 0。实验中，用源内阻很小的方波代替上述条件，需要方波的周期远大于电路的时间常数。

3. RC、RL、RLC 串联电路稳态过程

当把正弦交流电 U_{i} 输入 RC 或 RL 串联电路时，电容或电阻两端输出电压的幅度及相位都将随 U_{i} 的频率而变化。只要测得不同输入频率下的各元件的电压量值，就可以得到幅频和

相频的关系，如下

$$\varphi = \arctan\frac{U_L}{U_R} = \arctan\frac{\omega L}{R} \tag{6-19}$$

$$\varphi = \arctan\frac{-U_C}{U_R} = \arctan\left(-\frac{1}{\omega CR}\right) \tag{6-20}$$

图 6-6 为 RLC 串联电路图，电路的总阻抗和相位差可通过矢量图的方法计算，各分电压与电流的相位差为

$$\varphi_R = 0,\ \varphi_L = \frac{\pi}{2},\ \varphi_C = -\frac{\pi}{2} \tag{6-21}$$

各元件的电压有效值为

$$U_R = IZ = IR,\ U_L = IZ_L = I\omega L,\ U_C = IZ_C = I/\omega C \tag{6-22}$$

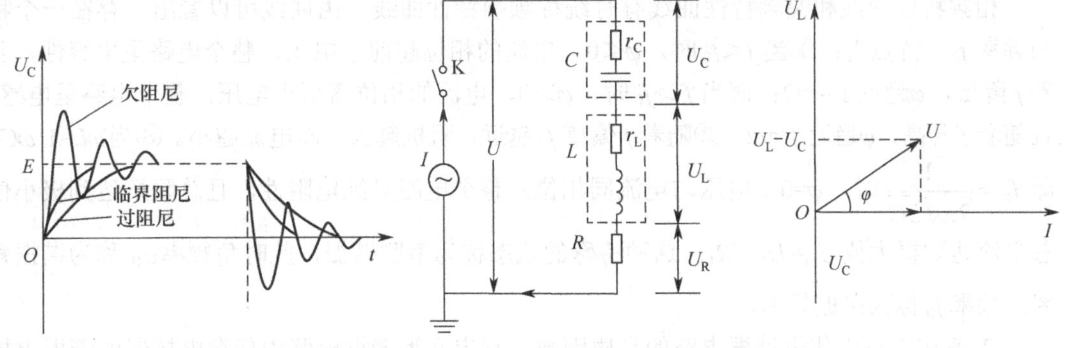

图 6-5　RLC 串联电路三种阻尼状态下的曲线　　　　图 6-6　RLC 串联电路图

总电压为

$$U = \sqrt{U_R^2 + (U_L - U_C)^2} \tag{6-23}$$

电路总阻抗为

$$Z = \sqrt{R^2 + \left(\omega L - \frac{1}{\omega C}\right)^2} \tag{6-24}$$

信号电压与电流的相位差为

$$\varphi = \arctan\frac{U_L - U_C}{U_R} = \arctan\frac{\omega L - \dfrac{1}{\omega C}}{R}$$

$$f = \left[\tan\varphi + \sqrt{(\tan\varphi)^2 + \frac{4L}{R^2 C}}\right] \div \frac{4\pi L}{R} \tag{6-25}$$

交流信号源在电路中产生的电流 I 不仅与电路中的电阻 R 有关，还与电路中线圈的感抗 $Z_L=2\pi fL$、电容的容抗 $Z_C=1/2\pi fC$ 有关。回路中的电流 I 与电路两端总电压 U 之间的关系为

$$I = \frac{U}{Z} = \frac{U}{\sqrt{R^2 + (\omega L - 1/\omega C)^2}} \tag{6-26}$$

式中，$\omega=2\pi f$ 为角频率，f 为频率。总阻抗 Z、电流 I、电压 U 与电流 I 之间的相位差φ都是 f 的函数，其随频率的变化关系如图 6-7 所示。图 6-7(a)的$|Z|-f$ 曲线称为阻抗特性曲线；图 6-7(b)

的φ–f曲线称为相频特性曲线；图 6-7(c)的 I–f 曲线称为幅频特性曲线，要求满足总电压 U 保持不变的条件。

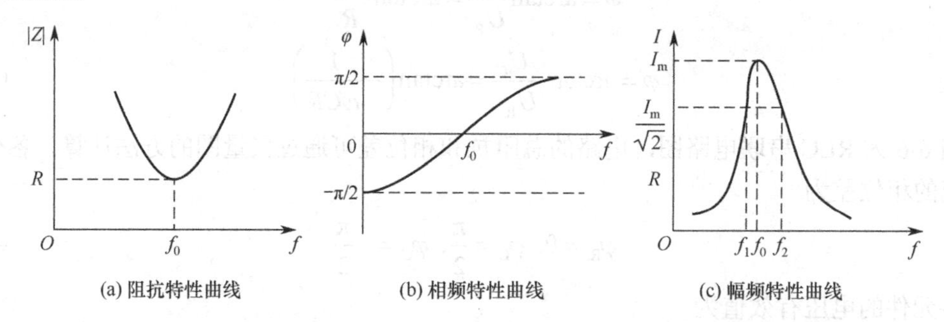

(a) 阻抗特性曲线　(b) 相频特性曲线　(c) 幅频特性曲线

图 6-7　RLC 串联电路的总阻抗、电流、电压与电流之间的相位差φ与 f 的关系

相频特性曲线和幅频特性曲线有时统称频响特性曲线。由曲线可以看出，存在一个特殊的频率 f_0，特点为：①当 $f<f_0$ 时，$\varphi<0$，电流的相位超前于电压，整个电路呈电容性，且随着 f 降低，φ趋近于$-\pi/2$；而当 $f>f_0$ 时，$\varphi>0$，电流的相位落后于电压，整个电路呈电感性，且随着 f 升高，φ趋近于$\pi/2$。②随着 f 偏离 f_0 越远，阻抗越大，而电流越小。③当$\omega L-1/\omega C=0$，即 $f_0=\dfrac{1}{2\pi\sqrt{LC}}$ 时，$\varphi=0$，电压与电流同相位，整个电路呈纯电阻性，且总阻抗达到极小值、总电流达到极大值 $I_m=U_{R_1}/R_1$。这种特殊的状态称为串联谐振，此时角频率ω_0 称为谐振角频率，频率 f_0 称为谐振频率。

Q 值在电路中代表谐振电路的品质因数，它定义为谐振电路中任意电抗器的谐振电抗与总电阻的比值，即

$$Q=\frac{\omega_0 L}{R}=\frac{1}{R\omega_0 C}=\frac{1}{R}\sqrt{\frac{L}{C}} \tag{6-27}$$

式中，$R=R_1+r_C+r_L+R_2$，r_C 为电容的直流损耗电阻，r_L 为电感的直流损耗电阻，R_2 为“铁耗”“铜耗”所反映的电阻大小。由式（6-27）可知，一旦电路参数 L、C、R 确定，电路的 Q 值也就确定了。该式指明了提高 Q 值的三种途径，它还反映了谐振时电路中储能与耗能之比。Q 值越大，谐振电路存储的能量与一个周期内电路损耗的能量的比值就越大，该谐振电路的质量就越好。

Q 由电路的固有特性决定，是标志和衡量谐振电路性能优劣的重要参量。串联谐振电路的 Q 值具有两个方面的意义。

（1）频率选择性。从 RLC 串联电路的幅频特性曲线（谐振曲线）可以看出，当正弦波的频率 f 达到 f_0 时，电路的电流达到最大值 I_m。在谐振曲线上电流值为 $I_m/\sqrt{2}$ 的两个频率点 f_1 和 f_2 称为半功率点，$\Delta f=f_2-f_1$ 的值称为谐振曲线的频带宽度。用 Q 值还能表征电路选频性能的优劣

$$Q=\frac{f_0}{f_2-f_1} \tag{6-28}$$

Q 值越大，即 RLC 串联电路的频带宽度越窄，谐振曲线就越尖锐，频率选择性越好。因此谐振电路在无线电技术中的重要应用就是选择信号。

（2）电压分配特性。通常，电容的直流损耗电阻 r_C 非常小，电感的直流损耗电阻 $r_L{}^2\ll(\omega L)^2$。谐振时电阻、电感、电容上的电压分别为

$$U_{R_1} = I_m \cdot R_1 = \frac{U}{R} \cdot R_1 \tag{6-29}$$

$$U_C = I_m Z_C = I_m \sqrt{r_C^2 + \left(-\frac{1}{\omega_0 C}\right)^2} \approx \frac{U}{R} \cdot \frac{1}{\omega_0 C} = QU \tag{6-30}$$

$$U_L = I_m Z_L = I_m \sqrt{r_L^2 + (\omega_0 L)^2} \approx \frac{U}{R} \cdot \omega_0 L = QU \tag{6-31}$$

谐振时，电容 C 或电感 L 上的电压相等且是总电压 U 的 Q 倍。即使 U 较小，谐振时电感和电容的端电压也会很大，因此，串联谐振也称电压谐振。利用电压谐振，在某些传感器、信息接收中，可显著提高灵敏度或效率。实验时需考虑元件在谐振情况下的耐压性能。

实验 8–1　二极管的伏安特性及应用

电路中有各种元器件，如电阻、二极管和三极管等。人们常需要了解这些元件的伏安特性，以便正确地选择或使用。本实验要求利用伏安法测量二极管的伏安特性曲线，了解二极管的单向导电性，同时了解测量伏安特性电路中可能产生的系统误差以及学习如何减小这种系统误差。另外，还可用示波器观察整流的输出波形，了解二极管的整流作用。

一、实验目的和要求

1．了解二极管的特性及主要参数。

2．掌握二极管伏安特性的测量方法，并给出它的特性参数。

3．了解二极管的整流和稳压作用。

二、主要的实验仪器与材料

主要的实验仪器与材料包括：直流稳压电源、两个数字万用表（二极管挡、电压挡、电流挡可用）、电阻箱、待测二极管（检波二极管 2AP1/2AP2、稳压二极管 2CW56）、TDS1001B 型示波器、电位器（25W、50Ω；25W、10Ω）、电容器、信号发生器、面包板。

三、实验内容与步骤提示

1．利用数字万用表判断二极管的好坏

将量程开关置于二极管挡，红表笔端接二极管正极，黑表笔端接二极管负极（二极管加正向偏压），此时本表显示值为二极管正向压降的近似值（此时流过二极管的电流约为 1mA）；当二极管反接时，则显示过量程“1”，可判断该二极管正常工作。

2．普通二极管伏安特性测试

利用伏安法测量 2AP 型二极管的正向伏安特性。设计实验方案，画出电路图（提示：根据正向偏置电压下二极管电阻的大小选择电流的内接或外接，电路中要串联限流电阻箱 R_0）。在面包板上搭建电路，固定电源电压约为 4V，电阻箱 R_0 为最大值，调节电阻箱阻值使万用表电流挡的电流不超过二极管允许通过的最大电流（约为 19mA），记录此时二极管端电压示数 U_0。增大电阻箱 R_0 阻值，使二极管端电压从 U_0 逐渐减小到接近 0V，取合适的电流间隔记录

25～30 组数据。作出二极管的正向伏安特性曲线，求得该二极管的死区电压和正向导通电压。

测量 2AP 型二极管的反向伏安特性。设计实验方案，画出电路图（提示：首先选择电流的内接或外接，电路中要串联限流电阻箱 R_0）。在面包板上搭建电路，固定电源电压为 30V，电阻箱阻值为最大值，调节电阻箱阻值使通过二极管的电流约为 19mA，记录电压表的示数 U_1。调节电阻箱阻值或电源电压，使二极管端电压从 U_1 逐渐减小到约 0V，记录 10～15 组数据。作出二极管的反向伏安特性曲线，求得该二极管的反向饱和电流和反向击穿电压。

注意：正向电流不要超过 20mA，反向电压不要超过 30V。

3．稳压二极管反向伏安特性测试

2CW56 属于硅半导体稳压二极管，当两端施加反向偏置电压时，电阻值很大，而反向电流极小（据手册资料称其值不大于 0.5μA）。随着反向偏置电压增大到 7～8.8V，出现反向击穿产生雪崩效应，其电流迅速增大。当对线路中的“雪崩”产生的电流进行有效限流，电流有少许变化时，此时二极管两端的电压仍然是稳定的。一般应用时，还在二极管两端并联电容器，其在电路中起对稳压二极管的噪声进行平滑滤波的作用。

利用二段分压电路测量稳压二极管的反向伏安特性。画出电路图，并在面包板上搭建电路。初始状态时，电源电压为零，两个变阻器都处于中间位置。增大电源电压，使二极管两端电压约为 7.5V。调节电位器，当通过二极管的电流有一个较小的读数（如 0.5～1.0mA）时，将对应的电压值作为稳压二极管的击穿电压 U_{BR}，并将 U_{BR} 作为电流表内接法测量的最后一组数据及外接法测量的第一组数据。调节电位器使二极管的端电压从 U_{BR} 开始，每减小 0.01～0.20V 测量对应的电流，测量 8 组数据。二极管的端电压从 U_{BR} 开始，每增大 0.01V 测量一次电流，也测量 8 组数据，作出稳压二极管的反向伏安特性曲线。

4．观察半波整流和全波整流的输出波形

半波整流利用二极管的单向导电性，只有半个周期内有电流流过负载，另外半个周期被二极管所阻，没有电流。在输入为标准正弦波的情况下，输出获得正弦波的正半部分，负半部分则被损失，半波整流电路及输出波形如图 6-8 所示。电路中电阻箱 R_L=1kΩ，用示波器观察并记录 R_L 两端的输出电压 u_o。若示波器上观察到的输出信号与预期不符，请给出原因。

全波整流即桥式整流，利用 4 个二极管，两两对接。输入正弦波的正半部分时两只管导通，得到正的输出；输入正弦波的负半部分时，另两只管导通。由于这两只管是反接的，因此输出得到的还是正弦波的正半部分。桥式整流对输入正弦波的利用效率是半波整流的约两倍。电路和输出波形如图 6-9 所示。电路中电阻箱 R_L =1kΩ，用示波器观察并记录 R_L 两端的输出电压 u_o。若示波器上观察到的输出信号与预期不符，请给出原因。

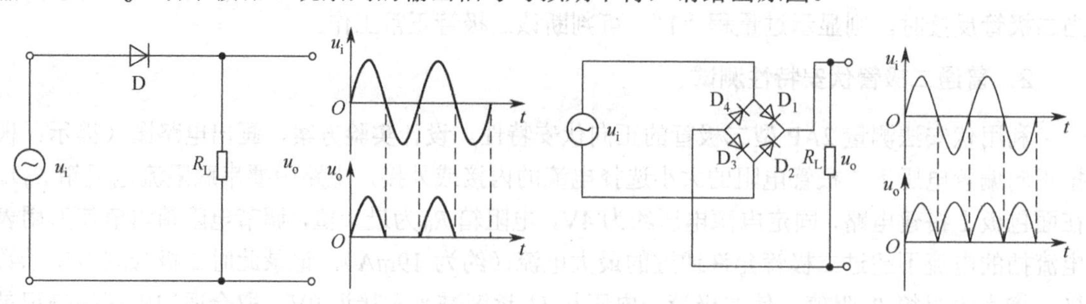

图 6-8　半波整流电路及输出波形　　　　图 6-9　全波整流电路及输出波形

四、预习思考题

1. 画出二极管伏安特性曲线示意图，并说明二极管有什么样的特性。

2. 如何用一个数字万用表判断二极管是否能正常工作？用二极管测量的正向导通电压与实际比较，偏大还是偏小？为什么？

3. 画出伏安法测量二极管伏安特性的电路图，为了减小系统误差，正向和反向伏安特性测量时电流表采用内接还是外接？并给出解释。

4. 画出基于双电位器的二段分压结构测量稳压二极管反向伏安特性的电路图。

5. 研究稳压二极管的反向伏安特性时，为什么分段采用电流表内接和外接电路？

6. 画出半波整流的电路图，当输入信号为正弦波时，请画出输出信号波形。

7. 画出全波整流的电路图，当输入信号为正弦波时，请画出输出信号波形。

五、实验报告的要求

1. 写明本实验的目的和意义。

2. 简述二极管的特性及主要参数。

3. 详细记录实验过程，用作图法处理数据，并测量二极管的一些参数。

4. 对实验中出现的问题及实验结果进行分析和讨论。

5. 谈谈本实验的收获、体会，并提出改进意见。

六、拓展

1. 用示波器显示二极管的伏安特性曲线。

2. 改进伏安法电流表内接和外接电路图，对二极管正向和反向伏安特性进行修正。

七、参考文献

[1] 李平舟，武颖丽，吴兴林，等. 综合设计性物理实验[M]. 西安：西安电子科技大学出版社，2012.

[2] 赵黎，王丰. 大学物理实验[M]. 北京：北京大学出版社，2018.

[3] 王新生，张银阁. 用伏安法测绘二极管伏安特性的研究[J]. 大学物理实验，2000，13（3）：41-43.

实验 8-2　基于电子元件和 RC 串联电路特性的暗盒实验

暗盒是判定电子元件实验中使用的密封元件盒，盒里的元件可能是干电池、电容器和半导体二极管等，各元件连接在接线端或插座上。不同元件具有不同的电学特性，一般首先依据现象判断元件的类型和位置，其次确定元件的数值。

一、实验目的和要求

要求设计实验方案和检测步骤，判定盒内元件，并测量部分元件及其特性，其目的如下。

1. 学习依据不同类型的电子元件特性对元件进行判别。

2. 进一步熟悉指针式万用表和数字万用表等电学仪表的使用。

3. 利用提供的仪器自行设计方案，培养学生独立解决问题的能力。

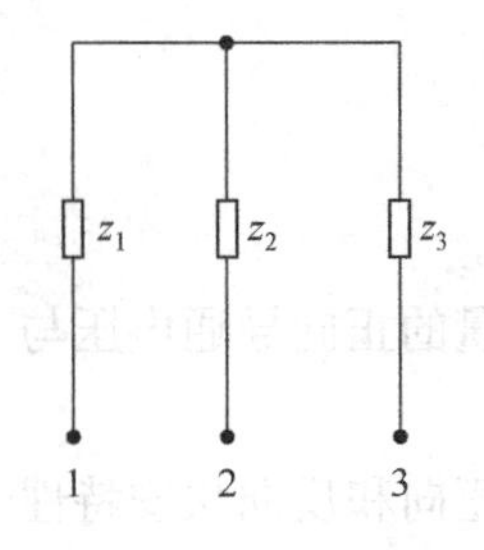

图 6-10 暗盒元件连接

二、主要的实验仪器与材料

主要的实验仪器与材料包括：暗盒、指针式万用表、数字万用表（电压挡可用）、直流稳压电源，100kΩ定值电阻、电阻箱、滑线变阻器、秒表（手机功能）、单刀双掷开关、单刀开关、导线若干。

暗盒内有三个未知电子元件 z_1、z_2 和 z_3，暗盒元件连接如图 6-10 所示。暗盒有三个接线端 1、2 和 3，属于电子元件星形连接方式。

三、实验内容与步骤提示

首先判定暗盒中的元件类型。若有电池，则要判定正、负极，并测量电动势；若有二极管，则除了判定其正、负极，还要做出其正向伏安特性曲线，测量其正向导通阈值电压；若有电容或电阻，则测出其数值。

1. 拟定步骤，用指针式万用表判定电子元件

首先，用指针式万用表的直流电压挡判断有无电源，然后用万用表的欧姆挡检测电阻、电容和二极管。详细记录检测的现象及数据，并写出判定的依据。

注意：指针式万用表的黑表笔为正端。每次检测电容前应先用一根导线短路不同的接线端。

2. 设计实验，用数字万用表测量二极管的正向伏安特性和电阻的阻值

设计实验方案，画出电路图，拟定操作步骤。作出二极管的正向伏安特性曲线，并求出二极管的正向导通阈值电压 U_D 和电阻的阻值 R。

3. 基于 RC 串联电路的半衰期测量电容

设计实验方案，画出电路图，拟定操作步骤。多次测量 RC 串联电路的半衰期，求平均值，进而确定电容值 C。

四、预习思考题

1. 若电池与指针式万用表的直流电压挡串联，万用表的指针有怎样的偏转？根据偏转情况是否可以判断电池的电极？

2. 用指针式万用表的欧姆挡检测电阻，当红、黑表笔棒交换时，指针是否有不同的偏转结果？

3. 用指针式万用表的欧姆挡检测二极管，万用表的指针在交换红、黑表笔棒前、后的偏转是否相同（提示：正向和反向电阻差别很大）？

4. 若用指针式万用表的欧姆挡检测电容，万用表的指针如何偏转？交换红、黑表笔棒是否会对指针偏转有影响（提示：利用电容充放电特性）？

5. 查阅相关资料，给出万用表欧姆挡的电路示意图。

6. 二极管电阻随正向偏压的增大有怎样的变化规律？

7. 理论推导 RC 串联电路的半衰期 t 与时间常数 τ 的关系式。

五、实验报告的要求

1. 根据提供的仪器特点，提出判断暗盒元件的思路和实验方案。
2. 介绍实验电路的构成、特点、原理和实验步骤。
3. 根据设计方案，详细记录实验过程及数据处理，计算部分元件的数值。
4. 对实验中出现的问题及实验结果进行分析和讨论。
5. 谈谈本实验的收获、体会，并提出改进意见。

六、参考文献

[1] 侯建平. 大学物理实验[M]. 北京：国防工业出版社，2018.

[2] 胡平亚. 大学物理实验教程——综合性设计性研究性物理实验[M]. 长沙：湖南师范大学出版社，2008.

[3] 李平舟，武颖丽，吴兴林，等. 综合设计性物理实验[M]. 西安：西安电子科技大学出版社，2012.

[4] 吕斯骅. 全国中学生物理竞赛实验指导书[M]. 北京：北京大学出版社，2006.

[5] 蒋明灿. 一个典型的电学“黑盒子”实验的分析与研究[J]. 遵义师范学院学报，2013，15（1）：110-113.

实验 8-3 RLC 串联电路的谐振

交流电路中反映某个元件上电压 $U(t)$ 和电流 $I(t)$ 的关系需要元件的阻抗和两者的相位差。对于电容元件，容抗 $X_C=1/2\pi fC$，相位差为 $-\pi/2$；对于电感，感抗 $X_L=2\pi fL$，相位差为 $\pi/2$。通常，电容、电感都有一定的直流电阻，阻抗大小由直流电阻和相应的容抗、感抗矢量叠加求得。

根据电容、电感阻抗的频率特性，电容有隔直流、通交流、高频短路的作用（隔直通交），电感有阻高频、通低频的作用（通直隔交），电容和电感表现出相反的性质。电学实验中，用正弦信号激励电感、电容和电阻组成的串联电路，在一定条件下会产生谐振现象。谐振时电路的阻抗、电压与电流以及它们之间的相位差、电路与外界之间的能量交换等均处于某种特殊状态，因而在实际中有许多应用，如电子技术中电磁波接收器常常用串联谐振电路作为调谐电路，接收某个频率的电磁波信号，收音机就是其中一例。在人类活动的空间中存在各种不同频率的电磁波，无线电接收器若要对某种频率信号进行选择性接收，则必须采用电感和电容组成的 LC 回路来“守门”，一组一定值的 L、C 组成的输入回路，只让一种特定频率的电磁波进入接收器的后继电路，而其他频率的电磁波都被拒之“门外”。LC 回路不但成了无线电发射和接收电路中不可缺少的部分，而且在其他电子技术领域也得到了广泛的应用。

一、实验目的和要求

1. 观察 RLC 串联电路的谐振现象，了解串联谐振的特点。
2. 掌握 RLC 串联电路谐振的特征参量、幅频特性、相频特性等测量方法。
3. 了解电路品质因数 Q 的物理意义和提高 RLC 串联电路的品质因数的途径。

二、主要的实验仪器与材料

主要的实验仪器与材料包括：TDS1001B 示波器、信号发生器、电容箱、电感箱、电阻箱、单刀开关、导线若干。

三、实验内容与步骤提示

1. 线路连接

实验测量电路如图 6-11 所示。示波器通道 CH1 测量 R_1 两端电压 U_{R_1}，CH2 通道接信号源输出电压 U。对于 RLC 串联电路，为了减小电阻 R_1 上的功耗，R_1 取值应小于 30Ω，本实验选取 R_1=20Ω，L=20.0mH，C=0.500μF。信号发生器输出正弦波，峰-峰值电压 U_{PP}=4.0V。

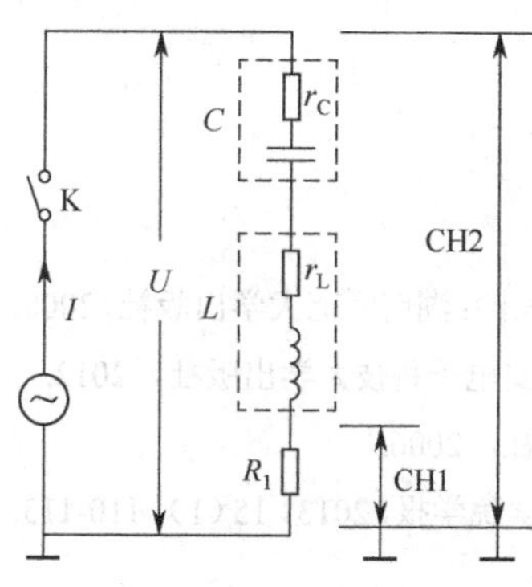

图 6-11　RLC 串联谐振电路图

注意：信号发生器、CH1 通道和 CH2 通道的正、负极要接正确。

2. RLC 串联电路谐振频率的测量

由理论公式计算给定 L、C 值下的理论谐振频率 f_0。依据相频特性，用相位法测量 RLC 电路的谐振频率 f_0'。示波器置 X-Y 工作模式，CH1 输入的 U_{R_1} 信号（电流信号）与 CH2 输入的电压信号 U 垂直合成莉萨如图形。当信号发生器输出的正弦波频率等于 RLC 电路谐振频率 f_0' 时，U 和 I 同相位，莉萨如图形为直线（或依据阻抗特性，通过观察 U_{R_1} 和 U 的变化，确定谐振频率 f_0'）。

3. 测量 RLC 串联电路的幅频特性

在示波器 Y-t 模式下，同时显示出 CH1 通道的 U_{R_1} 信号与 CH2 通道的电压信号 U。在上述测量谐振频率 f_0' 两侧微调，当 U_{R_1} 达到最大值时，记下 f_0''、$U_{R_1 m}$ 和 U 的大小。在 f_0'' 两侧合理取值，测量 U_{R_1} 与 f 的对应关系数据 11 组，作出 I–f 关系图线。从曲线图中求半功率点频率 f_1、f_2。用式（6-27）和式（6-28）分别求 Q 值并进行比较。

注意：由于信号源具有一定的内阻，其输出端电压 U 随负载阻抗的变化而变化。因此，测量幅频特性曲线时，每选好一个频率都必须调节信号源输出电压使 U 在整个测量过程中不变，通常以谐振时的 U 为参考值。在 f_1～f_2 范围内，频率间隔小，比如 50Hz，包含 f_0'' 点；$f>f_1$ 及 $f<f_2$，频率间隔适中，比如 100Hz；偏离 f_1、f_2 越多，频率间隔越大。

4. 测量 RLC 串联电路的相频特性

利用示波器的双踪显示功能测量电路的相频特性。调节信号发生器输出的正弦波频率 f，U_{R_1} 和 U 波形在水平方向发生相对移动，当两个波形的峰峰对齐时，相位差为零。当 $f < f_0''$ 时，U 的相位落后于 U_{R_1} 相位，且随 f 降低，相位差趋近$-\pi/2$。当 $f > f_0''$ 时，U 的相位超前于 U_{R_1} 的相位，且随着 f 的升高，相位差趋近$\pi/2$。测量 U_{R_1} 与 f 的对应关系数据 11 组，作出 I–f 关系图线。测量 φ 与 f 的对应关系数据 11 组，作出 φ–f 关系图线。

5. 测量 RLC 串联电路的品质因数 Q

从幅频特性曲线求得 f_1、f_2 和 f_0''，用式（6-28）计算 Q 值 Q_1。在忽略电容和电感的损耗电阻情况下，用式（6-27）计算 Q 值 Q_2。若考虑电容和电感的损耗电阻，画出等效电路图，建立相应的物理模型，重新计算 Q 值 Q_3。将图 6-11 中的 R_1、C 位置互换，此时示波器 CH1

测量的是 U_C，CH2 测量的是总电压 U。电路谐振时，U_C 值最大。在式（6-30）成立的条件下，计算 Q 值 Q_4。比较 Q_1、Q_2、Q_3 和 Q_4 大小，并分析原因。

改变电阻 R_1 大小，观测电路谐振特性的变化。比如，R_1 分别为 50Ω、100Ω和 150Ω时，调节信号发生器的输出频率使电路谐振，在 U 不变的情况下，测出并记录谐振频率 f_0''、总电压 U 及 C 上的最大电压 U_{Cmax}。分析 f_0'' 和 Q 随电阻 R_1 的变化规律。

注意：当电容和电感的损耗电阻 R_C、R_L 不可忽略时，根据谐振时 U_{R_1} 和 U 的值，可求出损耗电阻 R_L 与 R_C 的总值。

四、预习思考题

1．画出图 6-11 的等效电路图，写出总阻抗 Z、电流 I、电压与电流之间相位差 φ 和谐振频率 f_0 的表达式。

2．当信号发生器输出频率高于或低于电路的谐振频率 f_0 时，RLC 串联电路分别呈现什么性质（电容性还是电感性）？如何判断？

3．品质因数 Q 为什么可以用来表征电路选频性能和电压分配特性？

4．若 R_1=20Ω，L=20.0mH，C=0.500μF，理论计算电路的谐振频率 f_0 和品质因数 Q。

5．若 $R=R_1+r_C+r_L$，通过实验测量谐振时的 U_{R_1} 和 U，写出 R 的测量公式。

6．测量幅频特性曲线时，为什么要保持 U 不变，且如何操作？要测得完整的谐振曲线，该如何设定数字信号发生器的频率调节范围？

7．改变频率时，为什么谐振回路的输入电压 U 会改变？为什么信号发生器的输出指示峰-峰值电压 U_{PP} 与电压表测量得到的 U 值有较大的差别？

8．频率改变时，U_{R_1} 和 U 具有什么样的现象才可以判断频率已调节至实际谐振频率？为什么谐振时 U_{R_1} 和 U 不相等？

9．为什么本实验 RLC 串联电路的幅频特性曲线在谐振点两侧的曲线并不对称？

五、实验报告的要求

1．写明本实验的目的和意义。

2．简述 RLC 串联电路的谐振特性。

3．详细记录实验过程及数据处理，作出 RLC 串联电路的幅频特性曲线和相频特性曲线，分析用不同方法得到的品质因数 Q 不同的原因。

4．对实验中出现的问题及实验结果进行分析和讨论。

5．谈谈本实验的收获、体会，并提出改进意见。

六、拓展

改变信号发生器频率，记录不同频率时的 U_{R_1} 和 U，作 U_{R_1}/U–f 曲线，并从图中求出半功率点频率 f_1、f_2 和谐振频率 f_0。计算 Q，并与 I–f 曲线图求得的 Q 进行比较。

七、参考文献

[1] 沈元华，陆申龙. 基础物理实验[M]. 北京：高等教育出版社，2003.

[2] 贾起民，郑永令，陈暨耀. 电磁学[M]. 北京：高等教育出版社，2010.
[3] 赵凯华，陈熙谋. 电磁学（上册）[M]. 北京：人民教育出版社，1985.
[4] 陈秉乾，王稼军. 电磁学[M]. 北京：北京大学出版社，2012.
[5] 凌佩玲，等. 普通物理实验[M]. 上海：上海科学技术文献出版社，1989.
[6] 吕斯骅，段家忯，张朝晖. 基础物理实验[M]. 北京：北京大学出版社，2013.
[7] 侯建平. 大学物理实验[M]. 北京：国防工业出版社，2018.

实验 8–4 RLC 串联电路的暂态过程

在接通或断开直流电源的短暂时间内，电路从一种状态过渡到另一种状态，这个过程称为暂态过程。暂态过程是在生产中常出现的一种现象，比如，在发电、供电设备开关操作过程中，某些部分可能出现比稳态大数十倍的电压或电流，从而严重威胁人员和电子设备的安全。另外，暂态过程在电子学，特别是在脉冲技术中有着广泛的应用。

一、实验目的和要求

1．研究 RC 串联电路的暂态过程，学习电容的充电、放电规律。

2．研究 RL 串联电路的暂态过程，认识电感的电磁感应特性和振荡回路特性。

3．研究 RLC 串联电路的暂态过程，理解电磁阻尼运动规律，并掌握阻尼振荡的时间常数及临界电阻的测量方法。

4．加深对 R、L 和 C 在电路中作用的认识。

二、主要的实验仪器与材料

主要的实验仪器与材料包括：TDS1001B 示波器、信号发生器、电容箱、电感箱、电阻箱、单刀开关、导线若干。

三、实验内容与步骤提示

1．RC 串联电路的暂态过程

实验测量电路如图 6-12 所示。示波器 CH1 测量 R 两端电压 U_R，示波器 CH2 测量信号源输出电压 U。本实验选取方波频率 f=500Hz，C=0.1μF。通过改变电阻 R 的阻值大小，观察 R 和 C 上的电压，调出电容充电饱和与不饱和的波形。在两个驱动方波周期内作出方波 U_C–t、U_R–t 曲线，并分别解释 U_C 和 U_R 的变化规律，测量时间常数 τ，并与理论值比较，分析误差并提出修正方法。τ 的测量一般有三种方法：一种方法是利用它的定义，即 U_C 从 0～0.63E 或 E 从 E～0.37E 所用的时间；另一种方法是利用 RC 串联电路的半衰期 $T_{1/2}$ 与 τ 的关系式；还有一种方法是对充电或放电方程取对数，用线性回归法求 τ。前两种方法都基于 U_C-t 曲线，后一种方法思路是把指数关系转换为易处理的线性关系。

注意：一般认为当方波的周期 $T>10\tau$ 时，能显示充电饱和的暂态过程。

2．RL 串联电路的暂态过程

实验测量电路如图 6-13 所示。示波器 CH1 测量 R 两端电压 U_R，示波器 CH2 测量信号源

输出电压 U。本实验选取方波频率 f=500Hz，L=10mH。通过改变电阻 R 的阻值大小，观察 R 和 L 的两端电压，调出电流饱和与不饱和时的波形。在两个驱动方波周期内作出方波 U_L-t、U_R-t 曲线，从上述三种方法中任选一种计算时间常数 τ，并与理论值进行比较，分析误差并提出修正方法。

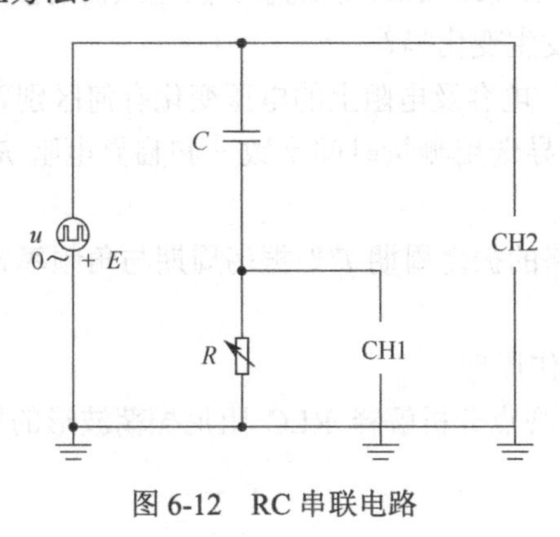

图 6-12　RC 串联电路

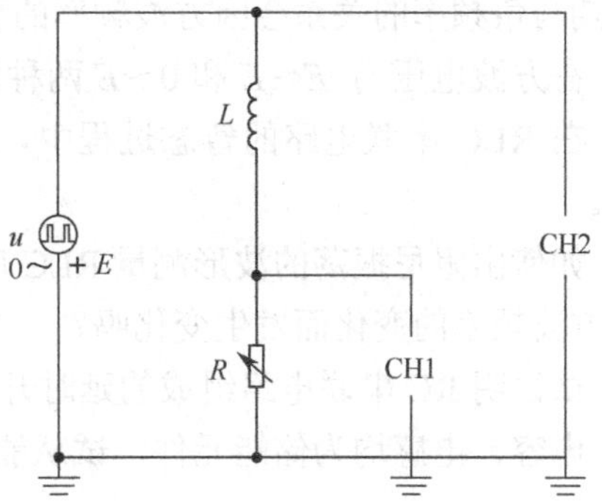

图 6-13　RL 串联电路

3. RLC 串联电路的暂态过程

实验测量电路如图 6-14 所示。示波器 CH2 测量 C 两端电压 U_C。本实验选取初始参数：方波频率 f=500Hz，L=10mH，C=0.01μF。电阻 R 从零由小到大改变，观察三种阻尼状态。需要适当调节方波发生器的频率，使示波器上出现完整的阻尼振荡波形。作出三种阻尼状态的 U_C-t 曲线，并记录三种状态分别对应的元件参量。测量欠阻尼状态振荡周期 T'、时间常数 τ 和临界电阻 R_C。在示波器上显示欠阻尼状态波形，测量 n 个周期的时间 T_n，求出 T'。τ 的测量从以下方法中任选一种，与理论值比较，分析误差并提出修正方法：测量峰值时的 U_C 和 t 对应关系，作 $\ln(U_C/E)-t$ 直线，利用线性回归法求 τ；测量任意峰值 t_1 时的 U_{C1} 和 t_1，相隔 nT 再测一组 $t_2=t_1+nT$ 和 U_{C2}，利用公式 $\tau=nT\ln[(E-U_{C1})/(E-U_{C2})]$ 求 τ。R_C 的测量从以下方法中任选一种，与理论值比较，分析误差并提出修正方法：左右逼近法；利用欠阻尼运动规律，在 $t=T/2$ 时，振幅不能被示波器分辨作为临界阻尼的判断标准；先从理论上计算临界阻尼时电容器充电到稳定电源电压的时间 t_0，然后改变 R 使 U_C 在 t_0 时稳定，对应的 R 即为临界电阻；测量欠阻尼状态下相邻两振幅之比 K，若 $\lambda=\ln K$，则有 $\dfrac{\lambda}{\sqrt{4\pi^2+\lambda^2}}=\dfrac{R_{箱}}{R_0}+\dfrac{R_{线路}}{R_0}$，用线性回归法求得方程斜率，可得临界电阻 R_0。用回路中电容、电感的损耗电阻对测量的临界电阻进行修正。把临界阻尼电流表示成傅里叶积分，由截止频率和采样定量使积分式离散化，分别测量每个频率下的损耗电阻，再用各种频率下的损耗电阻求得临界阻尼状态下的总损耗电阻。

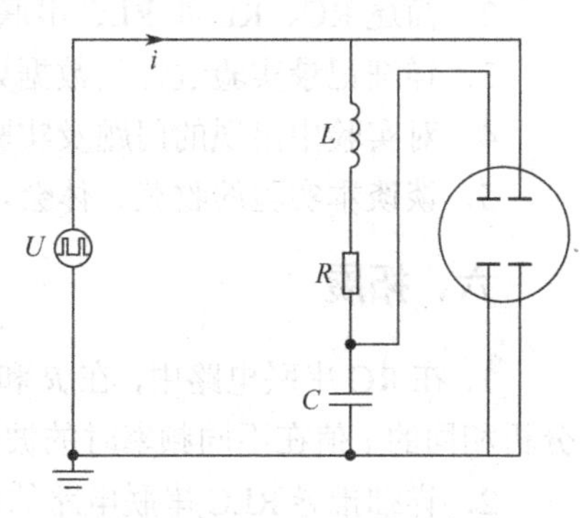

图 6-14　RLC 串联电路

四、预习思考题

1．在 RC 暂态过程中，固定方波的频率，改变电阻的阻值，为什么会有不同的波形？若改变方波的频率，会得到类似的波形吗？

2．在 RC、RL 串联电路中，当 C 或 L 的损耗电阻不能忽略时，能否用本实验测量电路的时间常数？

3．在 RLC 串联电路中，若方波发生器的频率很高或很低，能观察到阻尼振荡的波形吗？振荡周期与角频率的关系会因方波频率的变化而发生变化吗？

4．在方波电压为$-E$～E和 0～E 两种情况下，电容及电阻上的电压变化有何区别？

5．在 RLC 串联电路的暂态过程中，理论推导选用测量时间常数 τ 和临界电阻 R_0 方法的公式。

6．如何由阻尼振荡的波形测量 RLC 串联电路的振荡周期 T'？振荡周期与角频率 ω 的关系会因方波频率的变化而发生变化吗？

7．试说明 RC 串联电路组成的延时开关的工作原理。

8．电容、电感均为储能元件，试从能量转换观点分析解释 RLC 阻尼振荡波形的原理和特点。

五、实验报告的要求

1．写明本实验的目的和意义。

2．简述 RC、RL 和 RLC 串联电路暂态过程的特点。

3．详细记录实验过程及数据处理，分别用作图法、线性回归法等求得各种物理量。

4．对实验中出现的问题及实验结果进行分析和讨论。

5．谈谈本实验的收获、体会，并提出改进意见。

六、拓展

1. 在 RC 串联电路中，在 R 和 C 不变的条件下，仅改变方波频率，观察波形的变化情况，分析相同的 τ 值在不同频率时的波形变化情况。

2．详细推导 RLC 串联电路的暂态过程中的时间常数 τ 和临界电阻 R_0 各测量方法的公式。

3．设计测量信号源内阻的实验方案，并详述。

七、参考文献

[1] 李平舟，武颖丽，吴兴林，等. 综合设计性物理实验[M]. 西安：西安电子科技大学出版社，2012.

[2] 李学慧. 大学物理实验[M]. 北京：高等教育出版社，2006.

[3] 蔡旭红. 一种修正 RLC 串联电路暂态过程 τ 值的方法[J]. 大学物理，1999，18（3）：25-26.

[4] 王宗篪. RLC 串联电路暂态过程临界阻尼电阻的傅里叶分析[J]. 福建师范大学学报，2011，27（5）：43-48.

[5] 张明富. 正确测定 RLC 串联电路暂态过程的临界阻尼电阻[J]. 物理实验，1995，17（2）：86-87.

实验 8–5　基于 RLC 电路特性的暗盒实验

电学暗盒实验是目前较热门的电学基础实验，主要通过简单、合理、有序的测量，并根据逻辑推理，判断元件的性质、位置和量值。做好电学暗盒实验，首先要对电学基础元件，如电源、二极管、电阻、电容和电感等的特性有较深刻的认识；其次要熟练掌握常用的仪器（如信号发生器、示波器、指针或万用表和数字万用表等）的操作技能。

一、实验目的和要求

本实验在限定一定测试仪器仪表条件下，判断暗盒内 RLC 元件的位置及量值。若有电池，则判定其正、负极，并测量其电动势。若有二极管，则判定其正、负极，并测出二极管的正向导通压降。若为电阻、电容或电感元件，则要求测出其数值。自行设计合理的方案、自拟实验步骤，判定盒中元件类型，并写出判定的依据。实验目的如下。

1．熟练掌握信号发生器、示波器的使用。

2．学习依据不同类型电学元件特性对其进行判别。

3．认识 R、L、C 元件的交直流性质及其量值计算。

4．培养学生分析问题、逻辑推理及初步分析电路的能力。

二、主要的实验仪器与材料

主要的实验仪器与材料包括：TDS1001B 型示波器、信号发生器（输出正弦波）、电阻箱、电容箱、暗盒 2 个、单刀开关、导线等。

三、实验内容与步骤提示

1．用示波器检测暗盒常用电路

当用信号发生器、示波器判断检测暗盒元件及线路连接等有关实验时，一般常用电路如图 6-15 所示。信号发生器输出正弦波信号；取样电阻箱 R_0 取适当值（几百欧到 1kΩ，具体取值由实验现象确定）；示波器 CH1 通道测量取样电阻箱两端的电压；CH2 通道测量信号发生器的输出电压，调节信号发生器频率（几百赫到 1kHz）时注意保持输出电压不变；虚线框内的 i、j 表示黑盒子面板上的接线柱，实验观测中注意 i 端对应信号发生器输出正端，每次 i、j 接不同的接线柱，观测取样电阻箱两端的电压，即示波器 CH1 通道显示的波形。

2．判断暗盒 1 元件及连接方式，并测量各元件的数值

暗盒 1 如图 6-16 所示。有 4 个接线柱，每两个接线柱之间只连一个元件，接线柱编号标在盒子上。盒内三个元件可能是电池、电阻、电容、电感或半导体二极管，按一定方式连接。

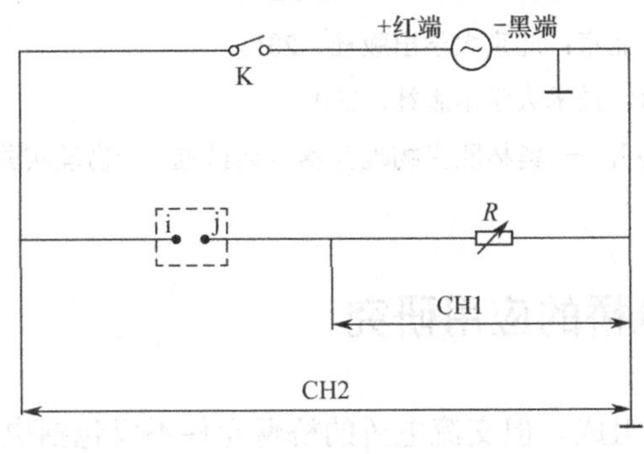

图 6-15　示波器测试电路

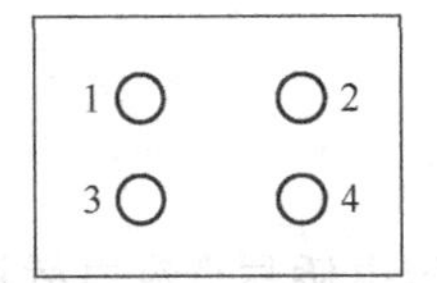

图 6-16　暗盒 1

设计合理的方案和检测步骤，对暗盒进行测试，判断暗盒元件类型及连接方式，写出测试的现象及具体数据，并写出判定的依据。按图6-16所示的接线柱位置作出正确的电路图。理论推导各元件数值的计算公式，设计测试方法并求得各物理量。

3．判断暗盒2元件，并测量各元件的数值

暗盒2含有三个电磁学元件（电阻R、电容C、电感L），形成三角形连接方式，三个元件分别连接暗盒面板上的1、2、3号接线柱，其中接线柱1、2间元件为Z_1，2、3间元件为Z_2，1、3间元件为Z_3。

设计合理的方案和检测步骤，判定Z_1、Z_2和Z_3分别为何种元件，详细记录检测的现象及数据，并写出判定的依据。设计测量方法，画出电路图，给出计算公式，测量三个元件的数值。

四、预习思考题

1．若测试线路如图6-15所示，信号发生器输出正弦波信号幅度为A_0、频率为f，则对于电阻、电容、电感和二极管，CH1通道波形、幅度A与A_0的关系、A随f的变化规律各有什么特点？

2．如何用示波器判断元件中有没有电池？

3．简述RLC串联谐振特点及相应的CH1通道波形特点。

4．简述LC并联谐振特点及相应的CH1通道波形特点。

5．若示波器中看不到明显的LC谐振现象，则是什么原因引起的？

6．测试中，若信号发生器发出短路警示，则是什么原因引起的？

五、实验报告的要求

1．根据提供的仪器特点，提出判断暗盒元件性质和位置的思路与方案。

2．介绍实验电路的构成、特点、原理和实验步骤。

3．根据设计方案，详细记录实验过程及数据处理，对各元件的数值进行计算。

4．对实验中出现的问题及实验结果进行分析和讨论。

5．谈谈本实验的收获、体会，并提出改进意见。

六、参考文献

[1] 胡平亚. 大学物理实验教程——综合性设计性研究性物理实验[M]. 长沙：湖南师范大学出版社，2008.

[2] 轩植华. “黑盒子”实验中的电容器[J]. 物理实验，2001，21（4）：36-38.

[3] 吕斯骅，段家柢，张朝晖. 基础物理实验[M]. 北京：北京大学出版社，2013.

[4] 杜义林. 大学物理实验教程[M]. 合肥：中国科学技术大学出版社，2002.

[5] 章俊杰，等. 电磁学黑匣子实验的设计与解答Ⅱ——奥林匹克物理竞赛培训试题二. 物理实验[J]，2003，23（7）：28-31.

实验9　交流电桥的应用研究

交流电桥与直流电桥相似，也由4个桥臂组成。但交流电桥的桥臂元件不仅包括电阻，还包括电容、电感或互感等。由于交流电桥的桥臂特性变化繁多，交流电桥除用于精确测量交流电阻、电感、电容外，还可用于测量材料的介电常数、电容器的介质损耗、两线圈间的互感系数和耦合系数、磁性材料的磁导率及液体的电导率等。当电桥的平衡条件与频率有关时，可用于测量交流电频率等。交流电桥在自动测量和自动控制电路中有着广泛的应用。

常用的交流电桥电路有西林电桥、电容比较电桥、麦克斯韦-维恩电桥和海氏电桥。交流电桥因测量任务的不同而有不同的形式，但只要掌握了它们的基本原理和测量方法，对各种形式的交流电桥就都比较容易掌握。

1．交流电桥及其平衡条件

交流电桥的原理电路如图 6-17 所示。图中 E 为交流电源，D 为交流平衡指示器，通常可用耳机或由电子线路构成的指示器（如电子管或晶体管毫伏表、示波器等）。

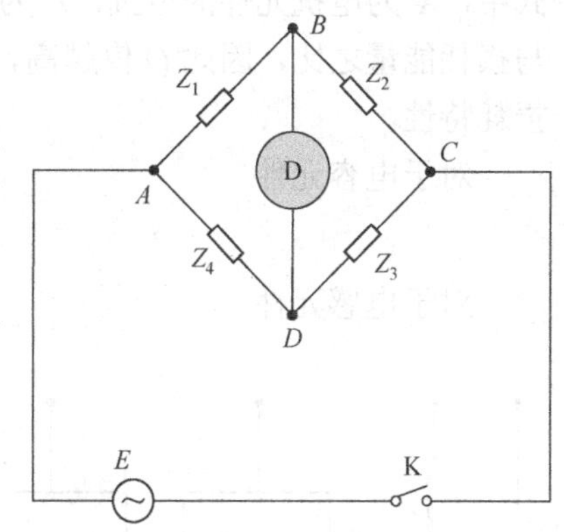

图 6-17　交流电桥的原理电路

电桥平衡时，B、D 两点等电位，没有电流通过桥路上的示零器，由此得到交流电桥的平衡条件

$$Z_1Z_3 = Z_2Z_4 \tag{6-32}$$

可知，桥路相对两臂的复阻抗乘积相等。将式（6-32）中的各量以指数形式表示，则有

$$\frac{|Z_1|\mathrm{e}^{\mathrm{j}\phi_1}}{|Z_2|\mathrm{e}^{\mathrm{j}\phi_2}} = \frac{|Z_4|\mathrm{e}^{\mathrm{j}\phi_4}}{|Z_3|\mathrm{e}^{\mathrm{j}\phi_3}}$$

即

$$\begin{cases} \dfrac{|Z_1|}{|Z_2|} = \dfrac{|Z_4|}{|Z_3|} \\ \phi_1 - \phi_2 = \phi_4 - \phi_3 \end{cases} \tag{6-33}$$

式中，$|Z|$ 为复阻抗 Z 的模，φ 为幅角。可见，当交流电桥平衡时，除复阻抗模平衡外，还必须满足复阻抗辐角的平衡，这就是交流电桥与直流电桥的不同之处。因此交流电桥必须按照一定的方式配置桥臂阻抗，如果用任意不同性质的 4 个阻抗组成一个电桥，则电桥不一定平衡。

按照不同的功用，4 个桥臂上可以配置不同的交流元件，但必须注意：对于电容，在相位关系上，电压落后于电流 $\pi/2$，即 $\varphi=-\pi/2$；对于电感，在相位关系上，电压比电流超前 $\pi/2$，即 $\varphi=\pi/2$；对于电阻，$\varphi=0$。由此可见，这些元件在桥臂上的配置必须满足平衡条件规定的相位关系，即桥臂上配置什么样的元件并不是任意的。当电桥相邻两臂为纯电阻时，其他两臂必须同为电感或电容；当电桥的对边两臂为纯电阻时，另一对边两臂必定为电容或电感，否则电桥不能平衡，这就是交流电桥的配置原则。

2．电抗元件的损耗系数 *D* 和品质因数 *Q*

实际的电容或电感在电路中常有一定的能量损耗（欧姆损耗和介质损耗），因此它们的端电压和通过电流之间的相位差 φ 并不是理想的 $-\pi/2$ 或 $\pi/2$。理想电容或电感的平均功率 $\overline{P}=UI\cos\varphi=0$，表明电容、电感中能量的转化是可逆的。然而对于实际的电容或电感 $\overline{P}\neq 0$（$0<\cos\varphi<1$），即在电容、电感的能量转化过程中发生损耗。

若相位差 φ 的余角为 δ，则电路中的损耗系数 D 和品质因数 Q 可定义为

$$Q = 1/D = 1/\tan\delta = P_{无用}/P_{有用} \tag{6-34}$$

式中，$P_{有用}$为电压与电流平行分量的乘积，对平均功率有贡献；$P_{无用}$为电压与电流垂直分量的乘积，对平均功率无贡献。

进一步可以推导得

$$Q = 1/D = X/r_x \tag{6-35}$$

式中，X为电抗元件的电抗，r_x为元件的有功电阻。品质因数Q可以理解为电路中存储能量与损耗能量之比，因此Q值越高，损耗系数越低，损耗就越小。一般用Q来统一表征元件的损耗特性。

对于电容元件

$$Q_C = 1/r_C\omega C_x \tag{6-36}$$

对于电感元件

$$Q_L = \omega L_x / r_L \tag{6-37}$$

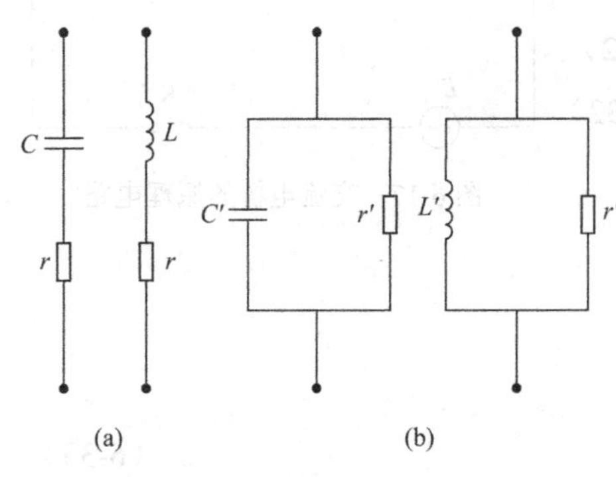

图 6-18 电容、电感的等效电路

式中，ω为电源的角频率，C_x为待测电容值，L_x为待测电容值，r_C为电容的直流电阻，r_L为电感的直流电阻。可见，电容或电感的损耗系数或品质因数与电源的角频率ω有关。若ω、r_C、C_x或r_L、L_x已知，则可以确定元件的损耗系数和品质因数。

实际电容、电感可用两种等效电路表示，如图 6-18 所示。图 6-18（a）为串联式，图 6-18（b）为并联式。同一元件的两种等效电路并不相等，仅在损耗不大时才相等。

对电感和低损耗电容采用串联式等效电路，电感和电容的Q值分别为

$$Q_L = \omega L_x / r_L,\ Q_C = 1/r_C\omega C_x \tag{6-38}$$

对高损耗电容，则采用并联式等效电路，电容的Q值为

$$Q_C = r_C\omega C_x \tag{6-39}$$

3. 测量实际电容、实际电感的桥路

（1）西林电桥

西林电桥电路图如图 6-19 所示。图中C_x为被测电容，R_x为其损耗电阻，R_2、R_3为可变电阻，C_4为标准电容（云母或空气电容），C_3为可变标准电容，其中R_3为主调节量，C_3为次调节量。在测量时，可以通过调节R_3和C_3使电桥达到平衡。这是一种测量电容的常用电桥，特别适用于测量高质量、绝缘性能好的电容。

由桥路平衡条件不难得出

$$C_x = R_3C_4/R_2 \tag{6-40}$$

$$R_x = C_3R_2/C_4 \tag{6-41}$$

被测电容的损耗系数为

$$D = \omega R_3C_3 \tag{6-42}$$

（2）串联电容比较电桥

当电容损耗较低时，实际电容可等效为一个纯电容 C_x 和损耗电阻 R_x 的串联。串联电容比较电桥电路图如图 6-20 所示，R_2、R_3 及 R_4 为可变电阻，C_2 为标准电容或可变标准电容箱。其中，R_3 为主调节量；R_2 为次调节量。

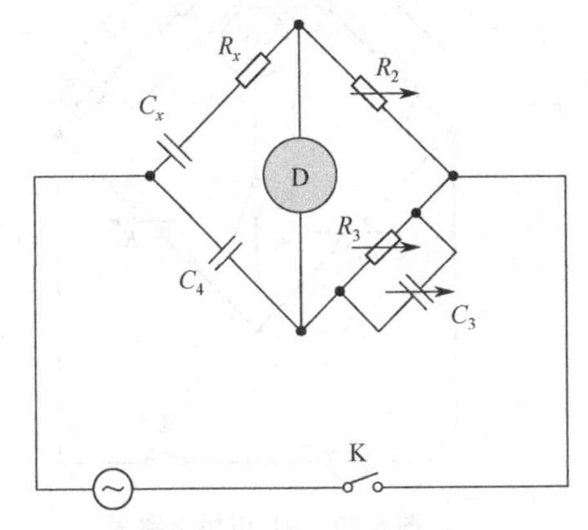

图 6-19　西林电桥电路图

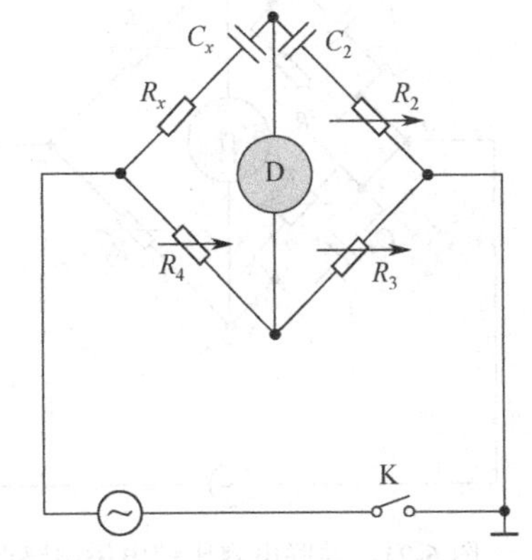

图 6-20　串联电容比较电桥电路图

由桥路平衡条件，可得

$$C_x = R_3C_2 / R_4 \tag{6-43}$$

$$R_x = R_4R_2 / R_3 \tag{6-44}$$

被测电容的损耗系数为

$$D = \omega R_2C_2 \tag{6-45}$$

比较电桥适用于测量具有一定损耗的电容，虽测量绝缘材料时的性能不如西林电桥，但结构简单，且两组电容间基本不存在磁场耦合，干扰较小。

（3）并联电容比较电桥

当电容损耗高时，实际电容可等效为一个纯电容 C_x 和损耗电阻 R_x 的并联。并联电容比较电桥电路图如图 6-21 所示，R_2、R_3 及 R_4 为可变纯电阻，C_4 为标准电容或可变标准电容箱。

由桥路平衡条件，可得

$$C_x = R_3C_4 / R_2 \tag{6-46}$$

$$R_x = R_4R_2 / R_3 \tag{6-47}$$

被测电容的损耗系数为

$$D = 1 / (\omega R_4C_4) \tag{6-48}$$

（4）实际电感电桥（RL 电桥）

对于实际电感，可看作由理想电感 L_x 和一个损耗电阻 r_{L} 串联构成，RL 电桥电路图如图 6-22 所示。R_0、R_1 及 R_2 为可变纯电阻，$r_{\mathrm{L_0}}$ 是标准电感 L_0 的损耗电阻，在低频时可看作标准电感的直流电阻。

由桥路平衡条件，可得

$$L_x = R_1L_0 / R_2 \tag{6-49}$$

$$r_{\mathrm{L}} = R_1\left(R_0 + r_{\mathrm{L_0}}\right) / R_2 \tag{6-50}$$

被测电感的损耗系数为

$$D = \omega L_0 / \left(R_0 + r_{L_0}\right) \tag{6-51}$$

此电桥中有两个电感组件，相互之间会产生互感影响，其测量准确度较差。

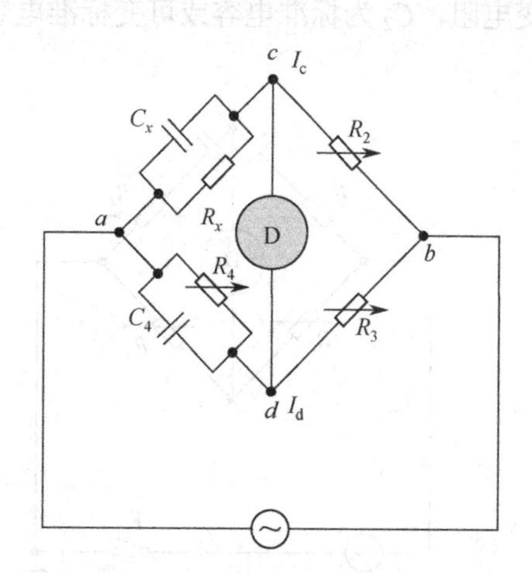

图 6-21　并联电容比较电桥电路图

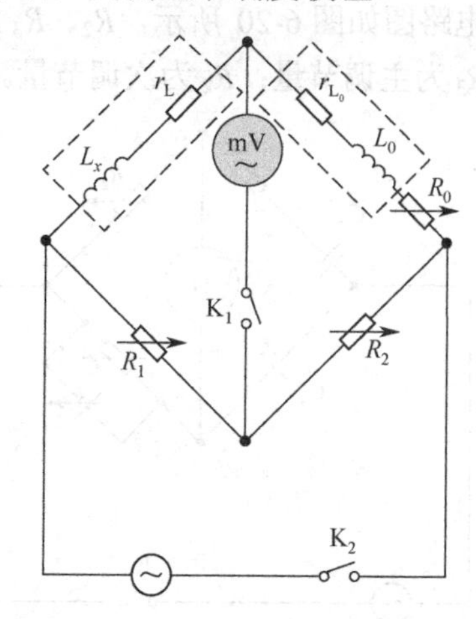

图 6-22　RL 电桥电路图

（5）麦克斯韦-维恩电桥

麦克斯韦-维恩电桥电路图如图 6-23 所示。L_x 为待测电感，R_x 为其等效电阻，R_2、R_3 及 R_4 为电阻箱，C_3 为标准电容或可变标准电容箱。其中，C_3 为主调节量，R_3 为次调节量。测量时可通过调节 R_3 和 C_3 使桥路达到平衡，这是测量不含铁芯电感的通用桥路。

由桥路平衡条件，可得

$$L_x = R_2 R_4 C_3 \tag{6-52}$$

$$R_x = R_2 R_4 / R_3 \tag{6-53}$$

电感的品质因数 Q 为

$$Q = \omega R_3 C_3 \tag{6-54}$$

（6）海氏（Hay's）电桥

海氏电桥电路图如图 6-24 所示。L_x 为待测电感，R_x 为其等效电阻，R_2、R_3 及 R_4 为电阻箱，C_3 为标准电容或可变标准电容箱。其中，C_3 为主调节量，R_3 为次调节量。此桥路适用于测量含铁芯的电感（具有直流偏置时的电感）。

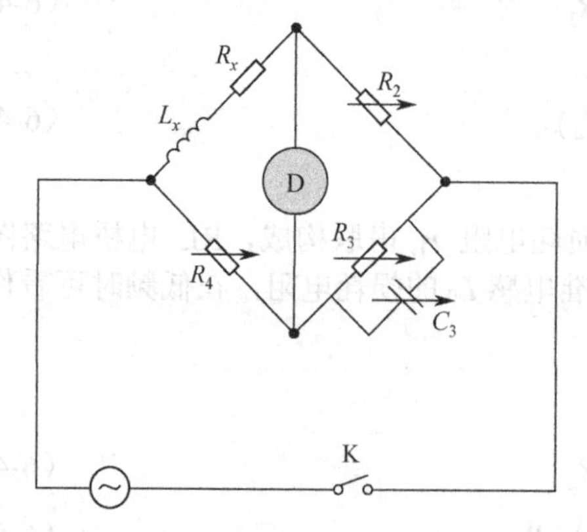

图 6-23　麦克斯韦-维恩电桥电路图

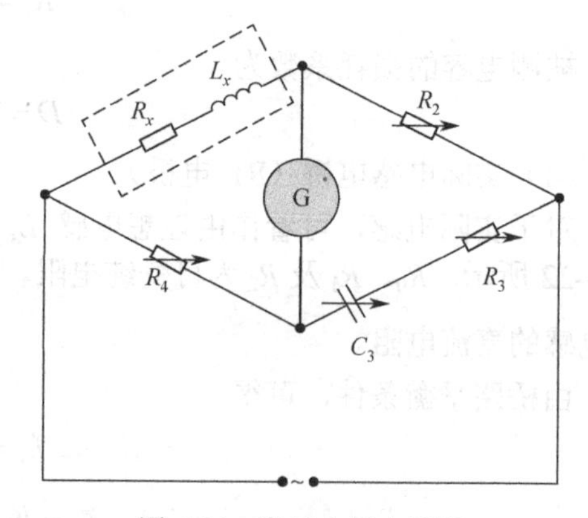

图 6-24　海氏电桥电路图

由桥路平衡条件，可得

$$L_x = (R_2R_4C_3)/(1+\omega^2R_3{}^2C_3{}^2) \tag{6-55}$$

$$R_x = \omega^2C_3{}^2R_2R_3R_4/(1+\omega^2R_3{}^2C_3{}^2) \tag{6-56}$$

由式（6-55）、式（6-56）可知，桥路平衡条件与所用电源的频率有关，这就要求电源频率测量准确。当被测线圈的品质因数相当高时，如 $Q>10$，上述平衡条件可简化为

$$L_x \approx R_2R_4C_3 \tag{6-57}$$

而被测电感的品质因数为

$$Q = 1/\omega R_3C_3 \tag{6-58}$$

4. 交流电桥平衡调节原则

由于交流电桥总有两个平衡条件需要同时满足，因此在各臂的参量中要有两个以上参量是可以调节的，只有被调节参量同时达到平衡所需数值，示零器才能在零点，这必然给调节带来一定难度。在调节初始，先固定其中的一个参量，调节改变其他参量，使示零器指示为最小；然后固定该量，调节改变其他参量，再使示零器获得一个新的最小值。如此逐次逼近，最终当示零器无法再小（不一定是零）时，交流电桥就达到了平衡。为了调整方便、快速，并保证结果有足够的精度，常采取以下步骤。

（1）根据实验条件选定可调参数，将反映被测量 C_x（或 L_x）的物理量作为主可调参数，反映元件损耗 Q 的物理量作为次可调参数。

（2）根据待测元件的粗测值（或标称值），将各臂参量预置于某一数值。作为次可调的元件给一个合适的初值。若次可调元件与其他元件所在桥臂的连接方式是串联，可置零值；若是并联，则可置最大值。若次可调元件所在桥臂无其他元件，则当该量处在平衡条件的分子位置时，置零；若处于分母位置，则置最大。对于固定参数，可根据 C_x（或 L_x）的测定公式，由被测量的粗测值和主调参数的数量级初步确定其比值后，再取合适值。

（3）确定各元件初始参量后，依据先调主调量使示零器最小、再调次调量使示零器最小的原则，多次反复直至电桥达到最终平衡。

实验 9-1　交流电桥测量电容、电感

测量电容、电感及它们损耗的电桥种类较多，但实际上常用的类型并不多，主要是因为：（1）桥臂尽量不采用标准电感，由于制造工艺等不同，标准电容的准确度要高于电感，并且标准电容不易受外磁场的影响。因此常用的交流电桥，除被测物理量外，其他三个臂都采用电容和电阻。（2）尽量使平衡条件与电源频率无关，使被测量只取决于桥臂参数，而不受电源电压或频率的影响，这样才能发挥电桥的优点。有些电桥桥路的平衡条件与频率有关，电源的频率可能影响测量的准确性。（3）在调节电桥平衡的过程中需要反复调节，才能使辐角关系和辐模关系同时得到满足。通常将电桥趋于平衡的快慢程度称为交流电桥的收敛性。收敛性越好，电桥趋于平衡越快；收敛性差，则电桥不易平衡或平衡过程需较长时间。电桥的收敛性取决于桥臂阻抗的性质及调节参数的选择，所以收敛性差的电桥因为调解困难也不常用。

一、实验目的和要求

1．学习交流电桥的测量原理。

2．了解交流电桥的特点，掌握其调节和测量方法。

3．学会用不同的方法测量电容、电感。

二、主要的实验仪器与材料

主要的实验仪器与材料包括：信号发生器、晶体管毫伏计、电阻箱、标准电容、标准电感、待测电容、待测电感、单刀开关、导线。

三、实验内容与步骤提示

1．测量未知电容（约 0.5μF）的大小、损耗电阻及品质因数

搭建电容比较电桥，在信号发生器频率为 1kHz、峰-峰值电压 U_{PP} 为 4V 的条件下，选择各元件合适的初始参数，调节电桥平衡，重复测量三次，记录定值电阻 R_4，以及每次平衡时的 R_2、R_3 和毫伏表的最小示数 U_0。

2．测量未知电感（约 20mH）的大小、损耗电阻及品质因数

（1）搭建实际电感电桥，选择信号发生器频率约为 1kHz，峰-峰值电压 U_{PP} 为 4V。合理估计各元件的初始参数，逐次逼近调节电桥平衡，重复测量三次，记录每次平衡时的 R_0、R_1、R_2 和毫伏表的最小示数 U_0。

（2）搭建麦克斯韦-维恩电桥，选择信号发生器频率约为 1kHz，峰-峰值电压 U_{PP} 为 4V。合理估计各元件的初始参数，分别调节 R_2 和 R_3 使电桥逐次逼近平衡，重复测量三次。记录 R_4 和 C_3，以及每次平衡时的 R_2、R_3 和毫伏表的最小示数 U_0。

（3）比较两种电桥的测量结果，并给出差异的原因。

注意：（1）交流实验仪器，多具有金属屏蔽外壳和接地端，使用时要注意接地端的连接。（2）将初始示零器的量程置最大，调节过程中可逐步减小量程以提高灵敏度。由于受各种干扰的影响，示零器最终只能趋于最小。

四、预习思考题

1．交流电桥和直流电桥的平衡条件有何区别？

2．衡量电容或电感优劣的是什么参数？如何定义？

3．为什么在交流电桥中至少选两个可调量？分别给出实际电容比较电桥、西林电桥、实际电感电桥和麦克斯韦-维恩电桥的主调节量与次调节量。

4．为什么不同电桥平衡时毫伏表能达到的最小值不同？市电引起的感应点位是多少？

5．麦克斯韦-维恩电桥中，若将 R 和 C 组成的并联桥臂改成串联式，电桥是否还能平衡？试推导说明。若能，哪种形式的电桥更适合测量高 Q 值电感？

五、实验报告的要求

1．写明本实验的目的和意义。

2．简述交流电桥平衡条件、几种常用电桥的特点。

3．详细记录实验过程及数据处理，计算电容值、电感值及它们的损耗电阻和品质因数。

4．对实验中出现的问题及实验结果进行分析和讨论。

5．谈谈本实验的收获、体会，并提出改进意见。

六、拓展

1．用西林电桥和海氏电桥分别测量电容和电感，比较两种方法的特点。

2．用相同方法测量不同频率时的电容、电感及它们的损耗电阻，并说明频率对这些物理量的影响规律。

七、参考文献

[1] 侯建平. 大学物理实验[M]. 北京：国防工业出版社，2018.

[2] 曾贻伟，龚德纯，王书颖，等. 普通物理实验教程[M]. 北京：北京师范大学出版社，1989.

[3] 李平舟，武颖丽，吴兴林，等. 综合设计性物理实验[M]. 西安：西安电子科技大学出版社，2012.

[4] 张瑞斌，秦颖，李敬安，等. 用于指导交流电桥实验调零的矢量数学模型[J]. 物理实验，2010，30（6）：42-45.

[5] 段正荣，王利娅，祝昆，等. 交流电桥灵敏特性设计性物理实验探究[J]. 物理通报，2020，39（11）：80-84.

[6] 赵凯华，陈熙谋. 电磁学（下册）[M]. 北京：高等教育出版社，1985.

[7] 焦丽凤，浦炜. 交流电桥实验减小平衡指示的研究[J]. 物理实验，2000，20（2）：39-40.

[8] 贾玉润. 王公治，凌佩玲. 大学物理实验[M]. 上海：复旦大学出版社，1987.

实验 9–2　交流电桥测量铁磁材料居里温度

铁磁材料由铁磁性突变为顺磁性的相变温度称为居里温度。基于铁磁材料在居里温度附近的磁特性突变，相关人员开发了磁性温敏开关、热敏固态继电器、过热监视器等器件，其被广泛应用于对电子仪器及家用电器等温度的控制与监测。因此，测定铁磁材料的居里温度不仅对磁材料、磁性器件的研究和研制，而且对工程技术的应用都具有十分重要的意义。

铁磁材料一般根据磁滞回线的宽窄不同，分为硬磁材料和软磁材料。它有两个显著特点：（1）铁磁质的磁导率比顺磁质和抗磁质高 10^9 数量级以上，且随磁场而变化；（2）磁化过程有磁滞现象，因而磁化规律很复杂。

微观上，铁磁质中相邻电子之间存在一种很强的“交换耦合”作用，自旋磁矩能在一个个微小区域内自发地整齐排列起来而形成自发磁化小区域，称为磁畴。无外磁场时各磁畴的磁化方向杂乱无章，对外不显示磁性。外磁场中自发磁化方向和外磁场方向成小角度的磁畴，其体积随着外加磁场的增大而增大并使磁畴的磁化方向进一步转向外磁场方向。另一些自发磁化方向和外磁场方向成大角度的磁畴，其体积则逐渐减小，这时铁磁质对外呈现宏观磁性。当外磁场增大到一定程度时，所有磁畴都沿外磁场排列好，介质的磁化就达到饱和。

磁介质的磁化规律可用磁感应强度 B、磁化强度 M 和磁场强度 H 来描述，满足以下关系：

$$B=\mu_0(H+M)=(\chi_m+1)\mu_0 H=\mu_r\mu_0 H=\mu H \tag{6-59}$$

式中，$\mu_0=4\pi\times10^{-7}$H/m 为真空磁导率；χ_m为磁化率；μ_r为相对磁导率，是一个无量纲的系数；μ为绝对磁导率。

对于顺磁性介质，磁化率$\chi_m>0$，μ_r略大于 1；对于抗磁性介质，$\chi_m<0$（一般χ_m的绝对值为 $10^{-5}\sim10^{-4}$），μ_r略小于 1；而铁磁性介质的$\chi_m\gg1$，所以，$\mu_r\gg1$。

对于非铁磁性介质，H和B之间满足线性关系：$B=\mu H$，而铁磁性介质的μ、B与H之间有着复杂的非线性关系。一般情况下，铁磁质内部存在自发的磁化强度，温度越低，自发磁化强度越大。图 6-25 是典型的磁化曲线（$B-H$曲线）和$\mu-H$曲线，它反映了铁磁质的共同磁化特点：随着H的增大，开始时B缓慢地增大，此时μ值较小；而后便随H的增大B急剧增大，μ也迅速增大；最后随着H的增大，B趋向于饱和，而此时的μ值在到达最大值后又急剧减小。磁导率μ还是温度的函数，当温度升高到某个值时，铁磁质由铁磁状态转变成顺磁状态，在曲线突变点所对应的温度就是居里温度T_C，如图 6-26 所示。

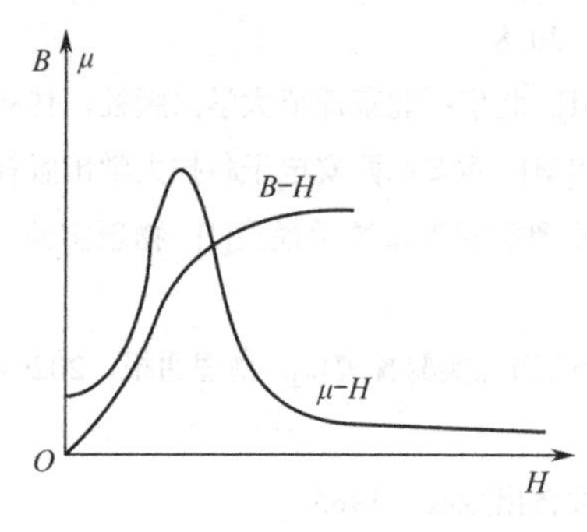

图 6-25　磁化曲线和μ–H曲线

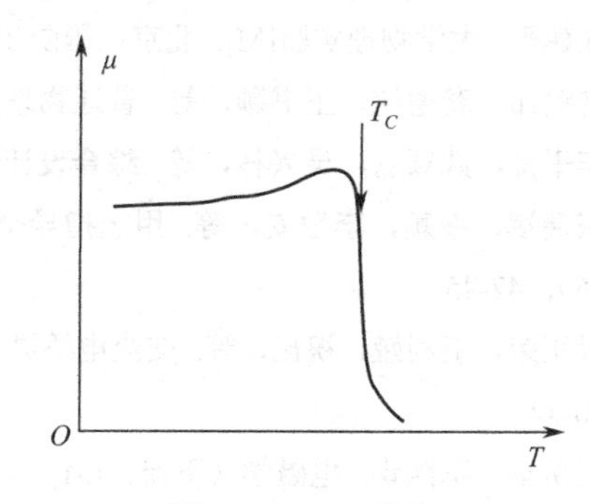

图 6-26　μ–T曲线

动态磁滞回线法、感应法、交流电桥平衡法、动态电阻法和霍普金森效应法等都是测量居里温度的常用方法。本实验利用交流电桥平衡法来测量软磁铁氧体的居里温度，加深对磁性材料基本特性的认识。

一、实验目的和要求

1．了解铁磁物质由铁磁性转变为顺磁性的微观机制。

2．利用交流电桥平衡法测定铁磁材料样品的居里温度。

3．学会用 Origin 软件处理数据。

二、主要的实验仪器与材料

主要的实验仪器与材料包括：FD-FMCT-A 铁磁材料居里温度测试实验仪、软磁铁氧体材料。

FD-FMCT-A 铁磁材料居里温度测试实验仪如图 6-27 所示，主要包括电桥交流信号源实验主机、电桥桥路输出信号指示与采集实验主机、交流电桥实验箱三部分。

电桥交流信号源实验主机面板说明如下。①“数字频率计”：显示信号发生器的输出频率；②“信号发生器”：输出，正弦波信号输出端；③“频率调节”：调节正弦波频率，右旋增大；④“幅度调节”：调节正弦波信号的幅度，右旋增大。

信号采集与显示系统实验主机面板说明如下。“样品温度”和“电桥输出”分别将样品温度信号和电桥输出交流电压通过连接线接入信号采集系统；“串口输出”通过串口连接线与计算机相连。

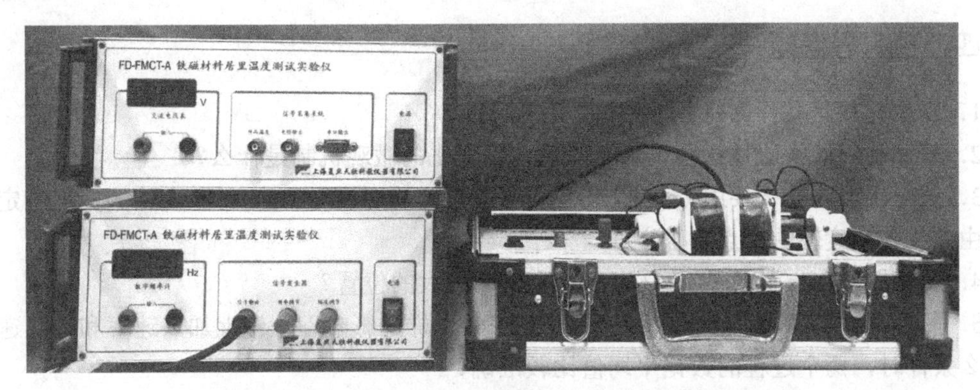

图 6-27　FD-FMCT-A 铁磁材料居里温度测试实验仪

交流电桥实验箱面板说明如下。交流电桥部分包括两个线圈、固定电阻及可调电阻 R_1、R_2，“接交流电压表”与主机“电桥输出”相连，“接信号源”与信号发生器“输出”端相连。加热控制部分模块：“加热开关”控制加热器是否加热；“温度输出”与实验主机中的“样品温度”连接；“加热速率调节”控制加热器的加热速率，右旋增大加热速率。

三、实验内容与步骤提示

1．仪器调节到使用状态

首先按要求将两个实验主机和实验箱正确相连，并连接好实验箱面板上的交流电桥，然后将实验主机和计算机连接。

2．调节交流电桥平衡

信号发生器幅值输出适中，频率在 500Hz 以上，调节交流电桥上的电位器 R_1、R_2 使电桥尽量平衡，交流电压表显示最小值。移动电感线圈露出样品槽，将待测铁氧体样品放入线圈中心的加热棒中。均匀涂上导热脂，然后将电感线圈移动至固定位置，使铁氧体样品处于电感线圈中心，此时电桥不平衡，记录交流电压表的示数。

3．手动测量 U–T 关系

打开加热器开关，选择合适的加热速率，温度每升高 5℃，记录相应的电压表读数。当电压表的读数在每 5℃变化较大时，每隔 1℃左右记下电压表的读数，直到将加热器的温度升高到 95℃为止。

利用自然降温，记录与升温时对应温度的电压表读数值。根据记录的数据作升温和降温的 U–T 图，基于 Origin 软件采用最大斜率切线外推法计算样品的居里温度。

4．计算机实时测量 U–T 关系

启动铁磁材料居里温度实验软件，分别改变加热速率和信号发生器的频率，实时采集测试样品的 U–T 曲线。在实时采集的图线上合理取点，列表记录有关数据，作出 U–T 曲线，采用最大斜率切线外推法计算样品的居里温度，分析、讨论加热速率和频率对结果的影响。

注意：（1）温度在80℃以上时，小心烫伤；（2）铁氧体样品上涂的导热脂不要过多，防止电感线圈移动困难。

四、预习思考题

1．铁磁材料具有什么特性？

2．铁磁材料的铁磁性在居里温度附近急剧变化的微观机制是什么？

3．居里温度为什么要由 U–T 曲线上斜率最大处的切线与 U=0 时温度轴的交点确定，而不是由曲线与温度轴的交点来确定？

4．如何用 Origin 软件找到 U–T 曲线上斜率最大的位置？

5．不同加热速率会对居里温度的测量带来什么样的影响？理论上加热速率和降温速率满足什么条件时，两个过程的数据平均值比较准确？

6．测得的 U–T 曲线为什么与横坐标没有交点？

7．本实验是否可以用非平衡交流电桥测量居里温度？请说明原因。

五、实验报告的要求

1．写明本实验的目的和意义。

2．简述铁磁材料的铁磁性特点及微观机制，以及交流电桥测居里温度的原理。

3．详细记录实验过程，作出 U–T 图线，采用最大斜率切线外推法计算样品的居里温度。

4．对实验中出现的问题及实验结果进行分析和讨论。

5．谈谈本实验的收获、体会，并提出改进意见。

六、拓展

自搭海氏电桥，设计方案，测量铁磁材料的居里温度。

七、参考文献

[1] 上海复旦天欣科教仪器有限公司. FD-FMCT-A 铁磁材料居里温度测试实验仪仪器使用指导.

[2] 胡平亚. 大学物理实验教程——综合性设计性研究性物理实验[M]. 长沙：湖南师范大学出版社，2008.

[3] 李平舟，武颖丽，吴兴林，等. 综合设计性物理实验[M]. 西安：西安电子科技大学出版社，2012.

[4] 赵凯华，陈熙谋. 电磁学（下册）[M]. 北京：高等教育出版社，2011.

[5] 何春娟，汪六九，王昊，等. 铁磁材料热磁特性的微观解释及居里温度的确定[J]. 大学物理实验，2018，31（5）：1-4.

第七章　光的特性与应用研究

实验 10　基于分光计的几何光学和光衍射的特性与应用研究

分光计是精确测定光线偏转角的仪器，可以产生平行光，是光学实验中常用的实验仪器。由于光学中的许多物理量（如波长、折射率和色散率等）都可以直接或间接地用光线的偏转角来表示，因此可以用分光计来测量。分光计的基本光学结构又是许多光学仪器（如棱镜光谱仪、光栅光谱仪、分光光度计和单色仪等）的基础。对分光计的基本结构、调整方法和应用进行学习，将对其他光学仪器的调整和使用具有指导作用。

1．最小偏向角测量固体折射率

基于折射定律的最小偏向角法通过测量光线的有关角度，求出折射率。用此法测量固体折射率时，需把待测固体加工成规则的三棱镜。最小偏向角法测量三棱镜折射率的光路如图 7-1 所示。平行光以入射角 i_1 射到光学面 AB 上，经折射后以 i_2 角从另一个光学面 AC 射出，入射光与出射光的夹角 δ 称为偏向角，δ 值随入射角而变化。可以证明，当 $i_1=i_2$ 时（此时三棱镜的内部光线平行于底面 BC，入射光与出射光的光路对称），偏向角 δ 具有极小值，称为棱镜的最小偏向角，用 $\delta_{\min}$ 表示。它与棱镜顶角 A 及折射率 n 有如下关系

$$n=\frac{\sin\dfrac{A+\delta_{\min}}{2}}{\sin\dfrac{A}{2}} \tag{7-1}$$

可见，只要用分光计测出 A 和 $\delta_{\min}$，就可用式（7-1）求出三棱镜材料的折射率 n。

棱镜作为一种常用的分光元件，还可以将入射复色光分成按波长排列的光谱特性，即发生色散。由于折射率 n 与光的波长 λ 有关，因此通过三棱镜可以测出不同波长光对应的折射率。

2．掠入射法（又称极限法）测量三棱镜的折射率

当某波长的光线从空气中斜入射到折射率为 n 的介质时，在分界面便发生折射现象。若入射角为 i，折射角为 φ，根据折射定律，可得

$$n=\frac{\sin i}{\sin\varphi} \tag{7-2}$$

当 i=90°时，$\varphi=\varphi_0$（φ_0 为临界角）。通常把入射角为 90°的入射光叫作掠入射光。只要测出临界角 φ_0，就可确定物体的折射率 n。

设入射光沿 AC 面掠射入棱镜，经过两次折射，从 AB 面射出，如图 7-2 所示。由折射定律和几何关系得

$$n=\sqrt{1+\left(\frac{\cos A+\sin\theta_0}{\sin A}\right)^2} \tag{7-3}$$

可见，只要测出 θ_0 及三棱镜顶角 A，就可由式（7-3）求得折射率 n。

实验中，将光源 S（钠光灯）置于棱镜 AC 边的延长线上，中间加一块毛玻璃，这样光源 S 发出的光经毛玻璃向各个方向散射，形成扩展面光源。毛玻璃散射的光从不同的方向照射 AC 面，故总可以获得以 90°入射的掠入射光，此光线经过棱镜的两次折射后，由 AB 面以 θ_0 角射出。当扩展光源的光线从各个方向射向 AC 面时，凡入射角 i 小于 90°时的光线，其出射角必大于 θ_0；大于 90°的光线则不能进入棱镜。由此可见，θ_0 是所有照射到 AC 面上光线的最小出射角，称 θ_0 为极限角。这样，若用眼睛或将望远镜对着从 AB 面出射光线的方向进行观察，可看到由 i 小于 90°的光产生的各种方向的出射光，其出射角大于 θ_0，形成亮视场；而 i 大于 90°的光被挡住，在出射角小于 θ_0 的方向没有光线射出，形成暗视场。显然，该明、暗视场的分界线就是极限角 θ_0 的方位。用分光计测出 AB 面法线及 θ_0 的方位，便可得到 θ_0，再测出顶角 A，代入式（7-3）就可求出 n。这种用扩展光源掠入射棱镜以寻求折射极限方位的方法，称为折射极限法。

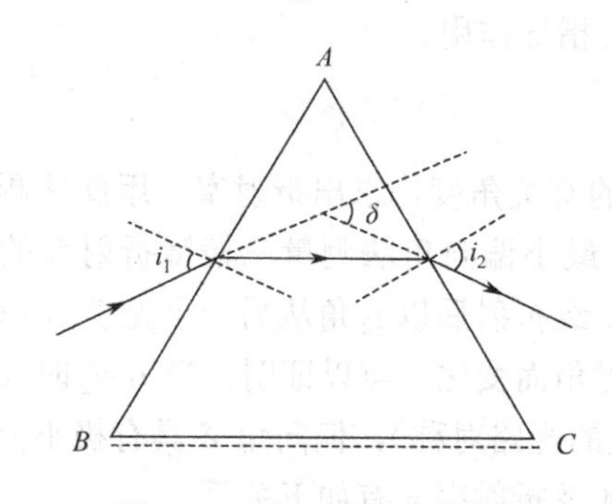

图 7-1　光在三棱镜中的折射

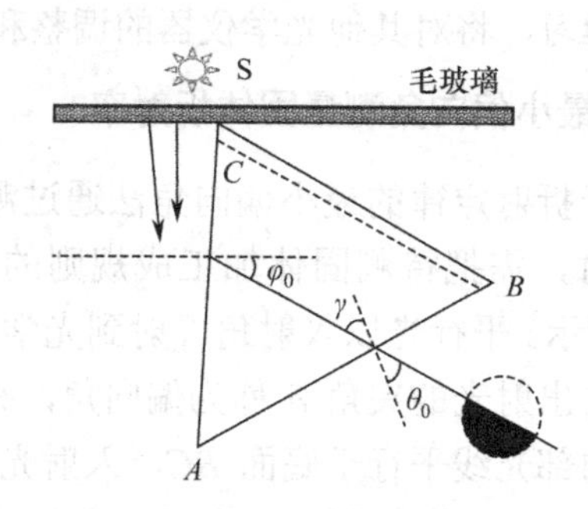

图 7-2　掠入射法测折射率

3．单缝的夫琅禾费衍射

如图 7-3 所示，一束单色平行光以 i 角入射到宽度为 a 的单缝上，入射光波经单缝后发生衍射。若将不同方向上的衍射光线用汇聚透镜汇聚在其焦平面上，则会形成与单缝平行的、明暗相间的条纹。条纹位置为

$$a(\sin\theta \pm \sin i) = k\lambda \qquad (k = \pm 1, \pm 2, \pm 3, \cdots；暗纹) \tag{7-4}$$

注意：k=0 对应亮条纹。

$$a(\sin\theta \pm \sin i) = (2k+1)\lambda/2 \qquad (k = 0, \pm 1, \pm 2, \pm 3, \cdots；亮纹) \tag{7-5}$$

式中，θ为衍射角，k 为衍射级次。

当光线垂直入射时，i=0，则暗条纹位置为

$$a\sin\theta = k\lambda, \quad k = \pm 1, \pm 2, \pm 3, \cdots \tag{7-6}$$

夫琅禾费单缝衍射的特点是在中央有一特别明亮的亮条纹，两侧对称排列着一些强度较小的亮条纹，而相邻的亮条纹之间有一暗条纹。若以相邻暗条纹之间的间隔作为亮条纹的宽度，则两侧的亮条纹宽度相等，而中央亮条纹的宽度为其他亮条纹的两倍。

4．光栅衍射

任何具有空间周期性的衍射屏都可以叫作衍射光栅，通常光栅分为透射光栅和反射光栅两种，它相当于一组平行、等距、匀排的狭缝，衍射光栅常被用来精确地测定光波的波长及

进行光谱分析。若用 a 表示透光狭缝的宽度，用 b 表示相邻狭缝不透光部分的宽度，则 $d=(a+b)$ 称为光栅常数，它表示相邻狭缝间的距离，是描述光栅特性的重要参数。本实验所用的一维平面透射光栅是用全息照相技术在感光玻璃片上制成的，就犹如在玻璃片上刻有大量等间距的平行刻痕。

如图 7-4 所示，光栅方程为

$$d(\sin\theta \pm \sin i) = k\lambda \tag{7-7}$$

式中，θ 为衍射角，$k=0,\pm1,\pm2,\pm3,\cdots$，称为衍射级次。

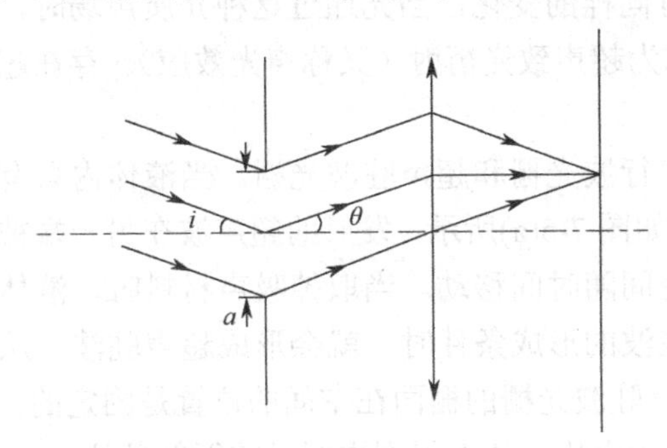

图 7-3　单缝衍射

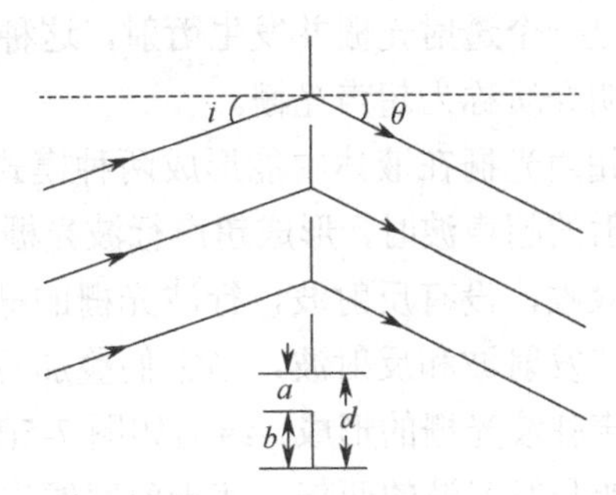

图 7-4　光栅衍射

当光线垂直入射时，$i=0$，则光栅方程为

$$d\sin\theta = k\lambda \tag{7-8}$$

+号表示入射光与衍射光在光栅平面法线的同侧，−号表示入射光与衍射光在法线的异侧。如果用汇聚透镜把这些衍射后的平行光汇聚起来，则在透镜的焦平面上将出现亮线，称为谱线。在 $\theta=0$ 的方向上观察到中央极强，称为零级谱线，其他级次的谱线对称地分布在零级谱线的两侧。如果光源中包含几种不同波长的光，由于同一级谱线对不同波长的光有不同的衍射角 θ，因此在不同的地方形成彩色光线，称为光谱。在光栅常数 d 已知的情况下，测出各种波长的谱线与 k 级相应的衍射角 θ，即可由光栅方程计算出各谱线的波长。反之，在 λ 已知的情况下，测出 k 级衍射角 θ，即可由光栅方程计算出光栅常数 d。

当光线垂直于光栅平面入射时，对于相同 k 级衍射光左右两侧的衍射角 θ 是相等的，为了提高测量精度，一般是测量零级谱线左右两侧各对应级次衍射光线的夹角 2θ。

从光栅方程（7-8）可知，衍射角 θ 是波长的函数，这说明光栅有色散作用。对光栅方程（7-8）中的 λ 和 θ 求微分，得

$$k\mathrm{d}\lambda = (d\cos\theta)\mathrm{d}\theta$$

$$令\ D = \frac{\mathrm{d}\theta}{\mathrm{d}\lambda} = \frac{k}{d\cos\theta}\ （弧度/nm） \tag{7-9}$$

其中，D 称为光栅的角色散率，是光栅元件的重要参数，在数值上等于波长差为一个单位时两同级单色光所分开的角间距。从式（7-9）可知，光栅的角色散率具有以下特点：光栅常数 d 越小，角色散率越大；光谱的级次 k 越高，角色散率越大；当衍射角 θ 很小时，角色散率 D 可看作一个常数，故光栅光谱为匀排光谱。

分辨率 R 也是描述光栅特性的一个重要参数，定义为

$$R= \bar{\lambda}/\Delta\lambda \tag{7-10}$$

式中，$\Delta\lambda$ 为能被极限分辨谱线的波长差，$\bar{\lambda}$ 为这两条谱线的平均波长。依据瑞利判据可有

$$R = kN \tag{7-11}$$

式中，N 为光栅上受到光照的狭缝总数目，$N=L/d$；L 为光栅上受到光照部分的宽度（分光计为平行光管的通光孔径，一般 L=22mm）。

5. 超声光栅的产生

当超声波在介质中传播时，介质产生周期性变化的弹性应力或应变，导致介质密度呈疏密交替的周期性变化，相应的介质折射率也有同样的变化。当光通过这种介质声场时，相当于通过一个透射光栅并发生衍射，这种现象称为超声致光衍射（又称声光效应）。存在超声场的透明介质称为超声光栅。

超声光栅在液体中能形成两种模式：超声行波光栅和超声驻波光栅。当液体内只有换能器发射的超声波时，形成超声行波光栅，结构如图 7-5(a)所示，发射的超声波在另一端被吸声材料吸收，没有反射波，行波光栅的栅面在空间随时间移动。当取掉吸声材料时，液体中同时存在发射波和反射波，当它们叠加且满足驻波的形成条件时，就会形成超声驻波，从而引起超声驻波光栅的形成，结构如图 7-5(b)所示，驻波光栅的栅面在空间的位置是固定的。驻波的振幅是发射波的两倍，使折射率发生更显著的变化，从而得到更明显的衍射条纹。

对于超声行波光栅，其折射率的周期性分布以声速 V_s 向前推进，并可表示为

$$n(Z,t) = n_0 + \Delta n(Z,t)$$
$$\Delta n(Z,t) = \Delta n \sin(K_s Z - \omega_s t) \tag{7-12}$$

式中，Z 为超声波传播方向上的坐标，n_0 为不存在超声场时液体的折射率，ω_s 为超声波的角频率，λ_s 为超声波在介质中的波长，$K_s=2\pi/\lambda_s$。可见折射率增量 $\Delta n(Z,t)$ 按正弦规律变化。

对于超声驻波光栅，设发射波和反射波的方程分别为

$$\begin{cases} a_1(Z,t) = A\sin 2\pi\left(\dfrac{t}{T_s} - \dfrac{Z}{\lambda_s}\right) \\ a_2(Z,t) = A\sin 2\pi\left(\dfrac{t}{T_s} + \dfrac{Z}{\lambda_s}\right) \end{cases} \tag{7-13}$$

二者叠加，$a(Z,t) = a_1(Z,t) + a_2(Z,t)$，得

$$a(Z,t) = 2A\cos 2\pi\frac{Z}{\lambda_s}\sin 2\pi\frac{t}{T_s} \tag{7-14}$$

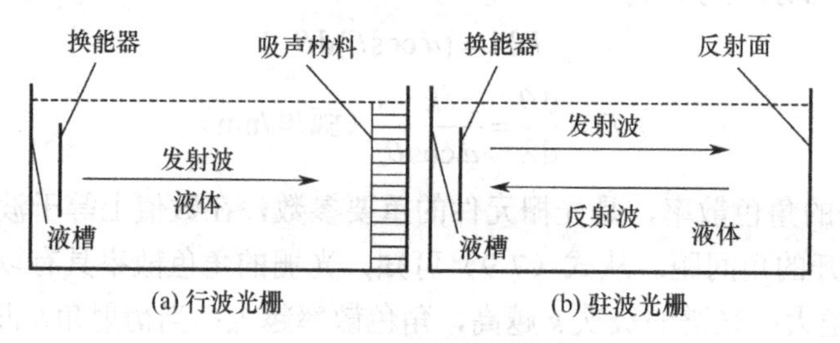

图 7-5　两种模式的超声光栅

式（7-14）说明叠加的结果产生了一个新的声波，振幅为 $2A\cos(2\pi t/T_s)$，即在 Z 方向上各点振幅是不同的，呈周期性变化，波长为λ_s（原来的声波波长），它不随时间变化，位相 $2\pi t/T_s$

是时间的函数，但不随空间变化，这就是超声驻波的特征。

计算表明，相应的折射率变化可表示为

$$\Delta n(Z,t)=2\Delta n\sin K_{s}Z\cdot\cos\omega_{s}t \tag{7-15}$$

可以看出，不同时刻$\Delta n(Z,t)$的分布是不同的，也就是说对于空间任意一点，折射率随时间而变化，变化的周期是T_s，并且对应Z轴上某些点的折射率可以达到极大值或极小值。对于同一时刻，Z轴上的折射率也呈周期性分布，其相应的波长是λ_s。总之，超声驻波光栅的光栅常数就是超声波的波长。

6. 超声光栅衍射

布里渊于 1923 年首次提出声波对光作用会产生衍射效应。随着激光技术的发展，声光相互作用已经成为控制光的强度、传播方向等最实用的方法之一，其中声光衍射技术得到最广泛的应用。当光线垂直于超声波的传播方向穿过超声场时，由于光的波速是声波的 10^5 倍，因此介质在空间的分布可以被认为是静止的。由于折射率随空间周期性分布，因此光通过介质层会引起相位变化，使光波的波阵面由平面变成褶皱面（图 7-6）。各点的相位可由下式给出

$$\varphi=\phi_0+\Delta\phi=\frac{\omega n_0 L}{c}-\frac{aL\Delta n}{c}\sin\left(\frac{2\pi}{\lambda_s}z\right) \tag{7-16}$$

式中，L为声波宽度，c为光速，ω为光波角频率。

可见有超声波的液体可以看作一个相位光栅，因此，当光束通过时会产生光栅效应，从而形成超声光栅。

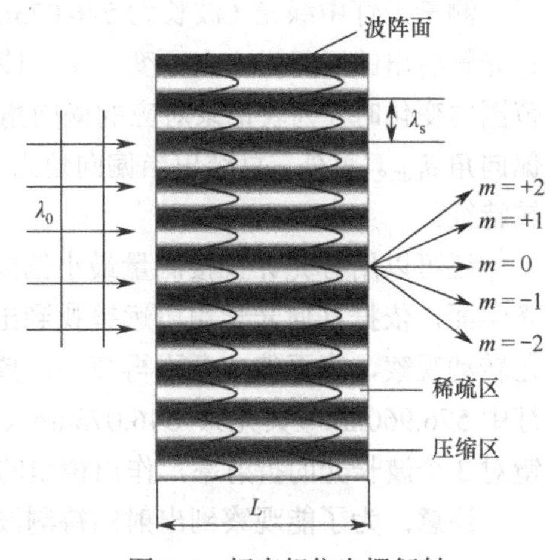

图 7-6　超声相位光栅衍射

声光衍射可以分为拉曼-奈斯（Raman-Nath）衍射和布拉格衍射两类。

当光波方向垂直于声波方向时，超声频率较低，且在介质中传播的距离L较小，即$L\ll\lambda_s^2/(2\pi\lambda)$，式中$\lambda$为真空中光波的波长，就会产生对称于零级的多级衍射，即为拉曼-奈斯衍射。这种衍射类似于平面光栅衍射。满足下式的衍射光均在衍射角θ_m的方向上产生极大光强

$$\sin\theta_m=\pm m\lambda/\lambda_s\ (m=0,\pm1,\pm2,\cdots) \tag{7-17}$$

当光波方向不垂直于声波方向时，在介质中的传播距离较大，声波频率较高，即$L\gg\lambda_s^2/(2\pi\lambda)$时，就会产生布拉格衍射，声光介质相当于一个体光栅，其衍射光强只集中在满足布拉格公式的一级衍射方向，且±1 不能同时存在。布拉格衍射的效率较高，因此常被用于光偏转、光调制等技术中。

实验 10-1　折射率的测量

折射率是反映介质材料光学性质的一个重要参数。根据介质的形态（气体、液体和固体）、形状、折射率的大小及对测量精度的要求，折射率可以用不同的方法和仪器来测定。折射率与材料的电磁性质密切相关，也与入射光的波长有关（色散现象）。本实验中的最小偏向角法和掠入射法利用几何光学原理测量固体的折射率。

一、实验目的和要求

1．巩固分光计的调节和使用方法。

2．掌握用最小偏向角法测定固体折射率的原理和方法，了解色散规律。

3．掌握用掠入射法测定棱镜折射率的原理与方法。

二、主要的实验仪器与材料

主要的实验仪器与材料包括：FGY-01 型分光计、汞灯、钠灯、三棱镜（横截面为等边三角形）、毛玻璃片。

三、实验内容与步骤提示

1．将分光计调整到使用状态

调节分光计使望远镜聚焦无穷远，平行光管射出平行光，光线平面、载物台平面都与旋转主轴垂直。

2．最小偏向角法测量三棱镜折射率

测量汞灯中绿光（波长为 546.073nm）偏向角和入射角的关系，确定最小偏向角。保持平行光管射出的平行光方向不变，将三棱镜置于载物台上，转动载物台，当入射角 i_1 在 0°～90° 范围内变化时，列表记录对应的偏向角 δ，作出 δ–i_1 的关系曲线，用 Origin 软件拟合，求最小偏向角 $\delta_{\min}$。另外，总结出当偏向角为 $\delta_{\min}$ 时，出射绿光随着载物台顺时针或逆时针转动的偏转特征。

还可以用分光计直接测量最小偏向角。将棱镜置于载物台上，平行光入射到棱镜的一个光学面，依据几何光学用望远镜找到出射光。随后转动载物台，使偏向角变小，望远镜也随之转动观察，直至偏向角不再变小，望远镜与入射光的夹角就是最小偏向角。测量棱镜对汞灯中 576.960nm（黄光）、546.073nm（绿光）、435.833nm（紫光）3 个波长光的 $\delta_{\min}$。计算棱镜对 3 个波长光的折射率，作出棱镜的折射率与波长的关系曲线，即色散曲线。

注意：为了能观察到出射的待测波长光，望远镜要一直随着出射光的偏转而移动。

3．掠入射法测量三棱镜折射率

按图 7-2 调节好棱镜与钠光灯的位置（使其等高），再在钠光灯与三棱镜之间放置一块毛玻璃片。用望远镜找出明暗视场分界线，读出分界线的方位角 α、α'。用自准直法测出三棱镜光学面 AB 法线的方位角 β、β'，则极限角

$$\theta_0 = \frac{1}{2}\left[\left|\beta-\alpha\right|+\left|\beta'-\alpha'\right|\right]$$

再由式（7-3）可求出棱镜玻璃折射率 n。

注意：此次测量的固体折射率是相对钠黄光（λ=589.3nm）而言的。

四、预习思考题

1．画出平行光管及产生的平行光（三束入射平行光的入射角分别为大于、等于、小于最

小偏向角对应的入射角）、载物台及其上放置的三棱镜、出射光及望远镜的几何光路图，拟定最小偏向角的测量方法。

2．若入射平行光方向不变，将三棱镜置于载物台上，当某一波长的光偏向角减小时，在分光计上出射光应向什么方向移动（与出射光夹角大的方向还是小的方向）？当偏向角满足最小偏向角时，无论载物台是顺时针还是逆时针转动，出射光都有什么样的移动规律？

3．基于偏向角的定义，偏向角在分光计上，通过望远镜对出射光的追随移动，可以很容易确定射光的方位角位置。如何确定入射光的方位角位置，从而求得最小偏向角，并画出光路图？

4．依据入射光和出射光对称的特征，以入射光线为对称轴，在对称轴的左右分别找到最小偏向角的方位角位置，确定最小偏向角的测量方法，并给出测量公式，画出光路图。

5．在分光计上用掠入射法测折射率时，对望远镜的调节有何要求？为什么？

五、实验报告的要求

1．写明本实验的目的和意义。

2．简述最小偏向角法和掠入射法测量三棱镜的折射率的原理。

3．详细记录实验过程及数据，按要求处理两种不同测折射率方法的数据。

4．对实验中出现的问题及实验结果进行分析和讨论。

5．谈谈本实验的收获、体会，并提出改进意见。

六、拓展

1．利用空心棱镜测出蒸馏水对某种特定波长的折射率。

2．设计方案，用掠入射法测量液体的折射率，并推导折射率的测量方式。

3．实验中只提供一个直角棱镜作为测量棱镜，且直接由光源照射毛玻璃片、待测液体、测量棱镜所组成的液体折射率测量系统，请推导相应的测量公式，并测出液体的折射率。

4．用掠入射法测量一个固体等厚薄片的折射率。设计实验方案，拟定操作步骤，并推导折射率的计算公式。

七、参考文献

[1] 侯建平. 大学物理实验[M]. 北京：国防工业出版社，2018.

[2] 李平舟，武颖丽，吴兴林，等. 综合设计性物理实验[M]. 西安：西安电子科技大学出版社，2012.

[3] 张雄. 分光仪上的综合与设计性物理实验[M]. 北京：科学出版社，2009.

[4] 徐崇. 用掠入射法测量透明介质折射率的探讨[J]. 大学物理实验，2009，22（1）：9-13.

实验 10-2　单缝和光栅衍射的应用研究

一、实验目的和要求

1．掌握单缝的夫琅禾费衍射和光栅衍射的衍射条纹特征。

2．观察单缝的夫琅禾费衍射，学会测量单缝的宽度。

3．观察光栅衍射现象，学会测定光栅常数、光栅角色散率。

二、主要的实验仪器与材料

主要的实验仪器与材料包括：FGY-01 型分光计、汞灯、钠灯、三棱镜、双平面镜、单缝、光栅、读数显微镜。

三、实验内容与步骤提示

1．将分光计调节到使用状态

调节分光计使望远镜聚焦无穷远，平行光管射出平行光，光线平面、载物台平面都与旋转主轴垂直。

2．利用单缝的夫琅禾费衍射测量缝宽 *a*（钠灯光源）

将待测狭缝放置在载物台上，将狭缝平面调节至垂直于平行光管光轴，并与载物台转轴平行。望远镜分划板的竖线对准平行光管中的狭缝，若载物台三个支撑螺钉的位置点分别为 B_1、B_2和 B_3，则放置待测狭缝平面时通过一个位置点（如 B_3），垂直于另外两个位置点的连线（如 B_1和 B_2）。转动载物台，使得光栅平面反射回来的绿十字与十字分划板的上十字中心重合。若光栅刻线与载物台转轴不平行，则可微调螺钉 B_3进行校正。

调节狭缝宽度，能观察到清晰的衍射条纹，且钠光双黄线分开，可测出某波长黄光的 $k=\pm1$ 级衍射角。计算单缝的宽度 a，然后用读数显微镜测量单缝宽度，并进行比较。

3．利用光栅衍射测量光栅参数和光波波长（汞灯光源）

调节光栅平面垂直于平行光管光轴，并与载物台转轴平行，光栅在载物台上的位置及调节方法与狭缝的相同。调节平行光管狭缝的宽度，使汞灯中的黄双线分开。

重复测量波长为 546.07nm 的绿光谱线的衍射角 θ，求出光栅常数 d 的平均值。

测量汞灯两条黄光谱线（λ_1=576.96nm 和 λ_2=579.07nm）、蓝紫光（λ=435.84nm）、紫光（λ=404.66nm）这 4 条谱线的 $k=\pm1$ 级或 $k=\pm2$ 级衍射角 θ，用测得的 d 值计算它们的波长，计算各条谱线附近的角色散率 D 和分辨率 R。

四、预习思考题

1．光栅光谱与棱镜光谱有哪些不同？

2．若光栅具有刻痕的表面背对望远镜，则对衍射角测量结果是否有影响？

3．光栅位置没有位于载物台中央，是否会引入附加误差？

4．若入射光方向与光栅平面不垂直，会引起怎样的系统误差？应如何操作才能得到正确的结果？推导出测量公式（提示：用最小偏向角法测量）。

5．若光栅刻痕与仪器转轴不平行，将出现什么现象？对测量结果有何影响？

6．衍射角可用+k 级与−k 级条纹夹角测量，也可用 0 级与+k 级之间的夹角测量，从测量精度考虑，哪种方法更精确？请说明原因。

7．当用氦–氖激光垂直入射到 100 条/mm 的光栅上时，最多能看到几级条纹？实际能看到几级条纹？请说明原因。

五、实验报告的要求

1．写明本实验的目的和意义。

2．简述单缝和光栅衍射条纹的特点、测量衍射角的原理，以及单缝和光栅特性参数的测量方法。

3．详细记录实验过程及数据，计算单缝和光栅的特性参数、光波的波长。

4．对实验中出现的问题及实验结果进行分析和讨论。

5．谈谈本实验的收获、体会，并提出改进意见。

六、拓展

1．利用分光计，光栅采用最小偏向角法测定钠黄光的波长。试说明测量原理，推导测量公式，并拟定操作步骤。

2．若光源为氦–氖激光器，还提供硅光电池（或光电二极管）、电阻箱、万用表，设计实验测量衍射光强的相对强度分布。

七、参考文献

[1] 侯建平. 大学物理实验[M]. 北京：国防工业出版社，2018.

[2] 李平舟，武颖丽，吴兴林，等. 综合设计性物理实验[M]. 西安：西安电子科技大学出版社，2012.

[3] 张雄. 分光仪上的综合与设计性物理实验[M]. 北京：科学出版社，2009.

[4] 苏亚凤，李普选，徐忠锋，等. 斜入射条件下光栅衍射现象的分析[J]. 大学物理，2001，20（7）：18-21，25.

[5] 张贵银. 光线斜入射对光栅常量测量的影响[J]. 大学物理实验，2005，18（1）：11-12.

实验 10–3　超声光栅衍射与液体中声速的测定

超声波是一种振动频率超过 20000Hz 的机械压力波。不同于电磁波传播，声波的传播需要介质。当声波在气体、液体介质中传播时，由于气体与液体的切变弹性模量 G=0，因此这时声波只能以纵波的形式存在；当声波在固体中传播时，由于 $G\neq 0$，因此在固体中的声波可能是声纵波，也可能是声横波、声表面波等。笼统地说声波是纵波是错误的。

声波是能量传播的一种形式。它既是信息的载体，又可以作为能量应用。超声在介质中传播时，主要有机械效应、空化效应、热效应和化学效应。基于超声效应，超声波在医学、军事、工业、农业上已得到了广泛应用，如超声探伤、测厚等超声检验，超声焊接、粉碎等超声处理，超声波清洗，医学超声波检查，超声波制药等。可以预料，超声波的科学应用在 21 世纪将得到飞速发展。

声波在液体介质中传播时，会引起介质密度的疏密交替变化，并形成一个类似于透射光栅的液体声场。当超声波强度足够大时，介质分子间的平均距离会超过使液体介质保持不变的临界分子距离，液体介质就会发生断裂，形成微泡，称为超声波的空化作用。

一、实验目的和要求

1. 了解超声光栅的产生及超声光栅衍射的原理。
2. 观察声光衍射现象。
3. 学会一种利用超声光栅衍射测量超声波在液体中的传播速度的方法。

二、主要的实验仪器与材料

主要的实验仪器与材料包括：WGS-I 型超声光栅声速仪、FGY-01 型分光计、高压汞灯。

WGS-I 型超声光栅声速仪的实验装置如图 7-7 所示。可见，声速仪由超声信号源、液体槽（超声池）、高频信号连接线、11MHz 左右共振频率的锆钛酸铅陶瓷片组成。将超声池置于载物台上，使其通光侧面与平行光管垂直。当汞灯照射到平行光管狭缝时，经物镜变为平行光，垂直入射到超声池时，经超声光栅衍射，出射光经望远镜物镜（f=170mm）汇聚在物镜的后焦面上，由测微目镜可以观测超声光栅产生的衍射条纹。

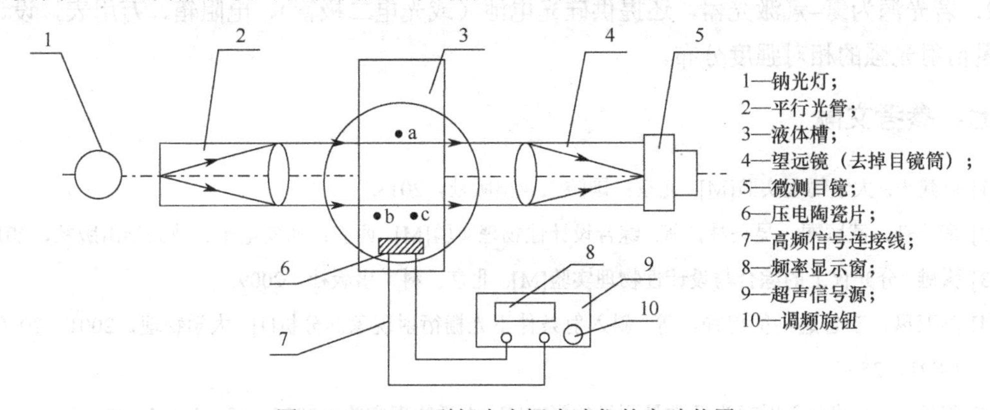

图 7-7 WGS-I 型超声光栅声速仪的实验装置

三、实验内容与步骤提示

1. 将分光计调整到使用状态

调节分光计使望远镜聚焦无穷远，平行光管出射平行光（狭缝宽度在 0.5～1mm 范围内），光线平面、载物台平面都与旋转主轴垂直。

2. 采用超声拉曼–奈斯衍射测量水中的声速

将超声池放在载物台上（放置时注意通光面和三个支撑螺钉的位置关系），用自准直法调节通光面，使其垂直于望远镜和平行光管的光轴。

在超声池中加入清水，以液面高出陶瓷片 1cm 为宜，观察衍射条纹的强度和条纹数（一般应观察到±3 级以上的衍射谱线），调出超声信号源的共振频率。

记录紫光、绿光、黄光衍射条纹位置读数，以及超声波频率和温度。当光的波长λ已知时，利用分光计测出衍射角θ_m，进而可测出超声波的波长λ_s。结合超声波的频率f_s，则可求出超声波在该液体中的传播速度。将实验结果与理论值（见表 7-1）相比较，分析产生误差的原因。

注意：（1）在陶瓷片放入有液体的超声池前，禁止开启信号源。（2）为保证仪器正常使

用，实验时间不宜过长，以免振荡线路过热，在超声信号源电源上设置了定时选择开关。开启超声信号源电源前，先选择定时时间。定时时间可选四挡，分别为 60min、90min、120min 及不选定时。拨定时选择开关 1 号键向右边，定时关闭，即不选定时；反向则定时打开。在定时打开的基础上，2 号键向左边时，定时选定为 60min；2 号键向右边、3 号键向左边时，定时选定为 90min；2 号、3 号键向右边，4 号键向左边时，定时选定为 120min。（3）一般共振频率为 11MHz 左右，WSG-I 超声光栅声速仪给出 9.5～12MHz 可调范围。在稳定共振时，数字频率计显示的频率值应是稳定的，最多末尾有 1～2 个单位数的变动。

四、预习思考题

1．超声光栅与平面衍射光栅有何异同？

2．若超声波的频率 f_s 可由超声信号源面板显示窗口直接读出，结合拉曼–奈斯衍射方程，试推导超声波在液体中的传播速度。

3．实验中，如何调节使平行光管中的平行光垂直于声波的方向？

4．由驻波理论可知，相邻波节或波腹间的距离都为半波长，为什么超声光栅的光栅常数等于超声波的波长？

5．实验时可以观察到，当超声频率升高时，同级衍射条纹的衍射角增大，反之则减小，为什么？

6．若在超声池两个互相垂直方向上放置超声换能器，会得到一个什么样的超声光栅？

五、实验报告的要求

1．写明本实验的目的和意义。

2．简述超声光栅产生的原理和超声光栅衍射测量声速的方法。

3．详细记录实验过程及数据，计算超声波在清水中的传播速度。

4．对实验中出现的问题及实验结果进行分析和讨论。

5．谈谈本实验的收获、体会，并提出改进意见。

六、拓展

将分光计目镜用测微目镜代替，已知分光计物镜的焦距为 f，试通过测量条纹间距 x，求得该液体中超声的声速，并推导出测量公式。

七、参考文献

[1] 浙江浙光科技有限公司. WGS-I 型超声光栅声速仪说明书.

[2] 姚雪，樊玉勤，王伟，等. “声光衍射与液体中声速的测定”实验改进探析[J]. 大学物理实验，2014，27（4）：42-44.

[3] 丁冠阳，唐军杰，王爱军. 超声光栅测声速实验方法的探索[J]. 大学物理实验，2014，27（6）：64-66.

[4] 吴世春，彭华. 超声光栅的原理与制作[J]. 大学物理实验，2012，25（2）：10-12.

附录 A

表 7-1　声波在下列物质中的传播速度（20℃纯净介质）

液　体	t_0/℃	V_0/（m/s）	A/［m/(s·K)］
苯胺	20	1656	−4.6
丙酮	20	1192	−5.5
苯	20	1326	−5.2
海水	17	1510～1550	—
普通水	25	1497	2.5
甘油	20	1923	−1.8
煤油	34	1295	—
甲醇	20	1123	−3.3
乙醇	20	1180	−3.6

表中 A 为温度系数，对于其他温度 t 的速度可近似用公式 $V_t=V_0+A(t-t_0)$计算。

实验 10–4　发光二极管的特性与应用研究

发光二极管是一种注入式电致发光的半导体器件（LED），由Ⅲ～Ⅳ族化合物组成，其核心是 PN 结，除具有一般半导体二极管的特性外，在一定条件下还具有发光特性。当给发光二极管加上正向电压时，PN 结附近的电子和空穴复合，产生自发辐射的荧光。电子和空穴复合时释放出的能量大小依赖于半导体材料中电子和空穴所处的状态，释放出的能量越多，发出的光的波长越短。常用的是发红光、绿光或黄光的二极管。

发光二极管可分为普通单色发光二极管、高亮度发光二极管、变色发光二极管、红外发光二极管和负阻发光二极管等。光通量、发光效率、发光强度、光强分布、波长是发光二极管的几个重要的光学参数。目前，随着发光二极管高亮度化和多色化的进展，发光二极管已被广泛地应用于照明和显示屏领域。

一、实验目的和要求

1．了解发光二极管 PN 结的电致发光原理，理解正向阈值电压和禁带宽度两个特征参量。

2．学会测量发光二极管的正向伏安特性，估算正向导通阈值电压等电学参量。

3．掌握发光二极管的光谱特性，学会测量光谱范围的方法。

二、主要的实验仪器与材料

主要的实验仪器与材料包括：直流稳压电源（输出 8.2V）、FGY-01 型分光计、汞灯、发光二极管、滑线变阻器（2A、50Ω）、定值电阻（100Ω）、定值电阻（约 50Ω）、数字万用表（限用电压挡）、光栅、单刀双掷开关、单刀开关、导线若干。

对于发光二极管，峰值波长 λ 与发光区域的半导体材料禁带宽度 E_g 满足：$\lambda \approx hc/E_g \approx hc/eU_D$，其中 h 为普朗克常数，c 为光速，U_D 为正向导通电压。峰值波长光谱中发光强度或辐射功率最大时对应的波长由半导体材料的带隙宽度或发光中心的能级位置决定。在相对光谱能量分布曲线上，两个半极大值强度对应的波长差称为半波宽，它标志着光谱纯度，也可以用来衡量半导体材料中对发光有贡献的能量状态离散度。LED 的发光光谱的半宽度一般为30～100nm。普通发光二极管的正向饱和压降为1.6～2.1V，正向工作电流为5～20mA。一般在电流为20mA的情况下，红光、黄光、绿光的二极管电压为1.8～2.5V，而蓝光、白光、翠绿光的二极管电压为3～4.0V。

三、实验内容与步骤提示

1. 测量发光二极管的正向伏安特性

设计测量方案，并画出电路图，说明各相关元件的作用及取值（提示：滑线变阻器采用分压接法来改变发光二极管的端电压，某一定值电阻起保护二极管和测量电流的作用）。

使通过二极管的电流从0mA逐渐增大到正常工作电流20mA，取合适的电流间隔，列表记录25～30组数据，作出二极管的正向伏安特性曲线，求出正向导通阈值电压和正常工作电压，估算其禁带宽度和峰值波长。

注意：为保护发光二极管，电路中应串接一个定值电阻，设计电路使发光二极管的两端电压不要超过正常工作电压。

2. 测量发光二极管的光谱范围

将分光计调节到使用状态，保证光栅平面垂直于平行光管光轴，并与载物台转轴平行。通过衍射条纹测出发光二极管的光谱范围，并定性说明实验结果误差的主要来源（提示：以已知的汞灯某一特定波长定标）。

四、预习思考题

1. 发光二极管发光的原理是什么？给出禁带宽度和正向导通电压的关系式。
2. 发光二极管的伏安特性和光谱特性分别有哪些特征参量？如何测量？
3. 设计合适的电路来测量发光二极管的正向伏安特性。
4. 若汞灯绿光的波长为546.1nm，试通过光栅衍射给出二极管光谱范围的测量方法。

五、实验报告的要求

1. 阐明本实验的目的和意义。
2. 简述发光二极管电致发光的原理及其伏安特性、光电特性。
3. 简述正向伏安特性和光谱范围测量的设计方案及拟定步骤。
4. 设计表格，详细记录实验数据，通过作图法等对数据进行处理。
5. 对实验结果进行分析和讨论。
6. 谈谈本实验的收获和体会。

六、拓展

1. 提供光照度计或硅光电池与光功率计组合，在上述实验的基础上，测量发光二极管的光谱特性和光强分布特性，测量峰值波长、半波宽、半值角和视角。

2. 提供一台控温仪，设计实验，研究温度对发光二极管光电特性的影响规律。

七、参考文献

[1] 蒋芸，鲍丽莎，曹正东. 发光二极管的特性研究[J]. 实验室研究与探索，2007，26（6）：30-33.

[2] 李秀梅，吴群勇，肖韶荣. 发光二极管的光电特性测试实验[J]. 物理实验，2013，33（12）：1-4，8.

[3] 王庆媛，刘来第. 2007年全国高等学校物理基础课程教育学术研讨会论文集[M]. 北京：清华大学出版社，2007.

[4] 王劲，梁秉文. 大功率发光二极管光电特性及温度影响研究[J]. 光学仪器，2007，29（2）：46-49.

[5] 杨胡江，王鑫，谢仪伦，等. 发光二极管点光特性及其应用[J]. 物理实验，2013，33（1）：43-46.

实验 11　光的偏振特性与应用研究

实验 11-1　光的偏振特性与调控研究

光的干涉和衍射揭示了光的波动性，而光的偏振性证实了光波是横波。对光偏振性质的研究使人们对光的传播（反射、折射、吸收和散射等）规律有了新的认识。特别是近年来基于光的偏振特性开发的各种偏振光元件、偏振光仪器和偏振光技术在现代科学技术中发挥了极其重要的作用，在光调制器、光开关、光学计量、应力分析、光信息处理、光通信、激光和光电子学器件等方面都有着广泛的应用。本实验将对光偏振现象的基本性质进行观察、分析和研究，并通过特定器件进行调控。

一、实验目的和要求

1．观察光的偏振现象，加深对光偏振基本规律的认识。
2．了解和掌握 1/4 波片、1/2 波片对偏振光的调控作用。
3．验证马吕斯定律。
4．学习产生和鉴别偏振光的方法。

二、基础理论及启示

1．偏振光的基本概念

振动方向对于传播方向的不对称性叫作偏振，它是横波区别于纵波的一个最明显的标志，只有横波才有偏振现象。光波是一种电磁波，它的电矢量 $\boldsymbol{E}$ 和磁矢量 $\boldsymbol{H}$ 相互垂直，且都垂直于光的传播方向 $\boldsymbol{k}$，通常用电矢量代表光矢量，并将光矢量和光的传播方向所构成的平面称为光的振动面。按光矢量的不同振动状态，可以把光的偏振态分为 5 种：如果光矢量沿着一个固定的方向振动，称为线偏振光或平面偏振光；如果在垂直于光传播方向的平面内光矢量的方向是任意的，且各个方向的振幅都相等，则称为自然光；如果有的方向振幅较大，有的方向振幅较小，则称为部分偏振光；如果光矢量的大小和方向随时间周期性变化，且在垂直于光传播方向的平面内光矢量末端的轨迹是圆或椭圆，则分别称为圆偏振光或椭圆偏振光。

2．偏振光的调控

（1）线偏振光的产生

①反射和多次折射起偏。根据布儒斯特定律，当自然光以 $i_b=\arctan n$ 从空气或真空入射到折射率为 n 的介质表面上时，反射光为完全的线偏振光，振动方向垂直于入射面，而透射光为部分偏振光。i_b 称为布儒斯特角。如果自然光以 i_b 入射到一叠平行玻璃片堆上，则经过多次反射和折射，最后从玻璃片堆透射出来的光也接近线偏振光。

②晶体各向异性双折射起偏。当自然光入射到各向异性晶体时，在界面折入晶体内部的折射光常分为传播方向不同、偏振方向垂直的两束折射光线，这种现象称为晶体的双折射现象。其中一束折射光线满足折射定律，称为寻常光，简称 o 光；另一束折射光线不满足折射定律，称为非寻常光，简称 e 光。如图 7-8 所示为方解石晶体的双折射现象及尼科尔棱镜。尼科尔棱镜由加拿大树胶将两块方解石棱镜粘合而成，自然光入射到棱镜端面后，由于双折射现象分成 o 光和 e 光，o 光以 77°入射到加拿大树胶上，因入射角超过临界角度，故发生全反射，而 e 光射到树胶上不发生全反射，从棱镜的另一端射出。然而，当入射光沿着晶体的光轴传播时，不会产生双折射现象。在方解石、石英和红宝石等晶体内只有一个光轴方向，因此称为单轴晶体。然而云母、硫黄等晶体有两个光轴方向，称为双轴晶体。

③具有二向色性晶体制成的偏振片起偏。有些晶体对不同方向的光振动具有不同的吸收本领，这种选择吸收性称为二向色性，如天然的电气石晶体、硫酸碘奎宁晶体等。偏振片就是利用这些有机化合物晶体的二向色性制成的，当自然光通过这种偏振片时，光矢量的垂直于偏振片透振方向的分量几乎被完全吸收，而平行于透振方向的分量几乎完全通过。因此，透射光基本上为线偏振光。

（2）波片在偏振光中的作用

波片是从单轴双折射晶体上平行于光轴方向切下的薄片。一束线偏振光垂直入射到波片后，会被分解为振动方向与光轴方向平行的 e 光和与光轴方向垂直的 o 光两部分，如图 7-9 所示。这两种光在晶体内虽然传播方向一致，但是传播速度不相同。由于石英晶体是正晶体，它的 o 光比 e 光的传播速度快，沿光轴方向振动的光（e 光）传播速度慢，故光轴称为慢轴；对于用方解石等负晶体制成的波片，光轴是快轴。e 光和 o 光传播速度的不同导致通过波片后的两光产生固定的相位差 $\delta=[2\pi(n_e-n_o)]l/\lambda$，式中 λ 为入射光的波长，l 为波片的厚度，n_e 和 n_o 分别为 e 光和 o 光的主折射率。因此，可以通过控制波片的厚度来调整 e 光和 o 光的光程差（相位差）。

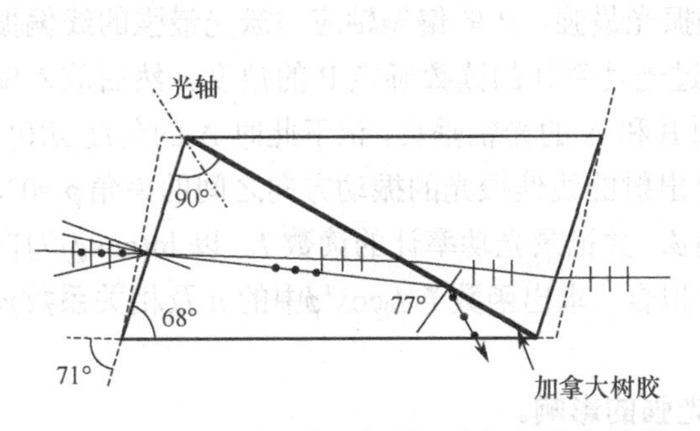

图 7-8　方解石晶体的双折射现象及尼科尔棱镜

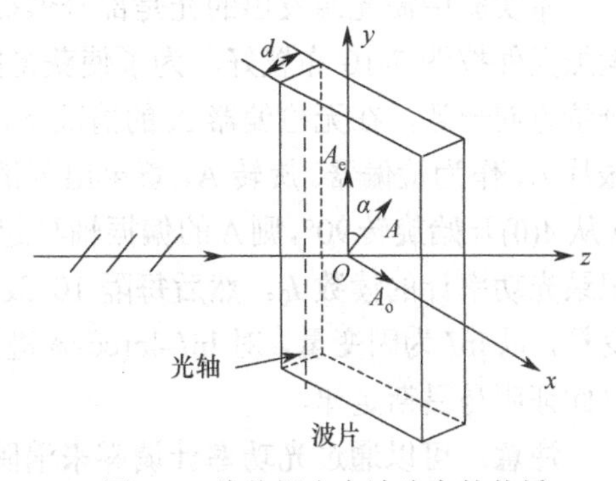

图 7-9　线偏振光在波片中的传播

对于某单色光，能产生相位差 $\delta=(2k+1)\pi/2$ 的波片，称为此单色光的 1/4 波片；能产生 $\delta=(2k+1)\pi$ 的波片，称为 1/2 波片；能产生 $\delta=2k\pi$ 的波片，称为全波片。线偏振光经全波片后仍为振动方向相同的线偏振光。经 1/2 波片后，从波片出射的光仍为线偏振光，但振动平面相对入射光旋转了 2θ 角，即出射光和入射光的电矢量关于光轴对称。经 1/4 波片后，从波片出射的光一般为椭圆偏振光；然而若夹角 θ 为 0 或 $\pi/2$，则出射光仍为线偏振光且振动方向不变；若夹角 θ 为 $\pi/4$，则出射光仍为圆偏振光。

3. 马吕斯定律和旋光现象

按照马吕斯定律，强度为 I_m 的线偏振光通过检偏器后，透射光强 $I=I_0\cos2\phi$。式中，ϕ为入射光振动方向与检偏器偏振轴之间的夹角，I_0 为入射光振动方向与检偏器偏振轴平行时的透射光强，$I_0<I_m$（偏振片有吸收、反射）。显然，当以光线的传播方向为轴旋转检偏器时，透射光强 I 将发生周期性变化。当ϕ=0°时，透射光强最大；当ϕ=90°时，透射光强最小（消光状态），接近全暗；当 0°<ϕ< 90°时，透射强度 I 介于最大值和最小值之间。因此，根据透射光强变化的情况，可以区别线偏振光、自然光（圆偏振光）和部分偏振光（椭圆偏振光）。

偏振光通过某些晶体或物质的溶液时，其振动面以光的传播方向为轴线发生旋转的现象，称为旋光现象。具有旋光性的晶体或溶液称为旋光物质。最早发现石英晶体有这种现象，后来又发现在糖溶液、松节油、硫化汞、氯化钠等液体中和其他一些晶体中都有此现象。有的旋光物质使偏振光的振动面顺时针方向旋转，称为右旋物质，反之称为左旋物质。实验证明，光振动面旋转的角度 φ 与其所通过旋光物质的厚度 d 成正比，即 $\varphi=ad$，对溶液来说，旋转角又正比于溶液浓度 c，即 $\varphi=acd$，以上两式中，a 为旋光率，它与旋光物质的性质、入射光的波长、温度等有关。测出给定溶液的 φ 和 a，根据已知的薄片厚度 d 就可确定溶液浓度 c。用旋光效应测定溶液的浓度既可靠又迅速，此方法在工业上得到广泛应用。

三、主要的实验仪器与材料

主要的实验仪器与材料包括：半导体激光器（波长为 650nm，配有 3V 专用直流电源）、两个偏振片、两个 1/4 波片、一个 1/2 波片、带光电接收器的数字式光功率计、光具座。

四、实验内容与步骤提示

1. 验证马吕斯定律

本实验中激光源发出的光是部分偏振光，在光源后面加一个偏振片 P，作为起偏器。将各偏振元件按图 7-10 布置好，为了使获得的线偏振光最强，P 的偏振轴应与激光最强的线偏振分量方向一致，在无检偏器 A 的情况下，可通过光功率计的读数确定 P 的角度。然后放入偏振片 A，作为检偏器。旋转 A，直至出现消光，则 P 和 A 的光轴垂直，记下此时 A 的角度 $A(0)$。A 从 $A(0)$开始旋转 90°，则 A 的偏振轴与起偏器 P 出射的线偏振光的振动方向之间的夹角ϕ=0°，记录光功率计的读数 I_0。然后每隔 10°改变夹角ϕ，并记录光功率计的读数 I。以 $\ln(\cos\phi)$为自变量，以 $\ln I$ 为因变量，对 $\ln I$–$\ln(\cos\phi)$进行直线拟合，求出函数 $I=I_0\cos^n\phi$中的 n 及相关系数γ，以此证明马吕斯定律。

注意：可以通过光功率计调零来消除环境光强的影响。

2. 1/2 波片的调控作用

在图 7-10 的 P 和 A 之间插入 1/2 波片，当 A 处于 $A(0)$时，将 1/2 波片旋转 360°，能出现几次消光？给出原因。

插入 1/2 波片后，若将 A 旋转 360°，又能出现几次消光？给出原因。

在 1/2 波片的光轴与 P 的偏振轴平行或垂直时，它们之间的夹角 θ 记为 0°。改变波片的光轴，当 θ 分别为 0°、15°、30°、45°、60°、75°和 90°时，将 A 按相同的方向旋转到消光位置，记录相应的角度 θ'，解释实验结果，并由此了解 1/2 波片的作用。

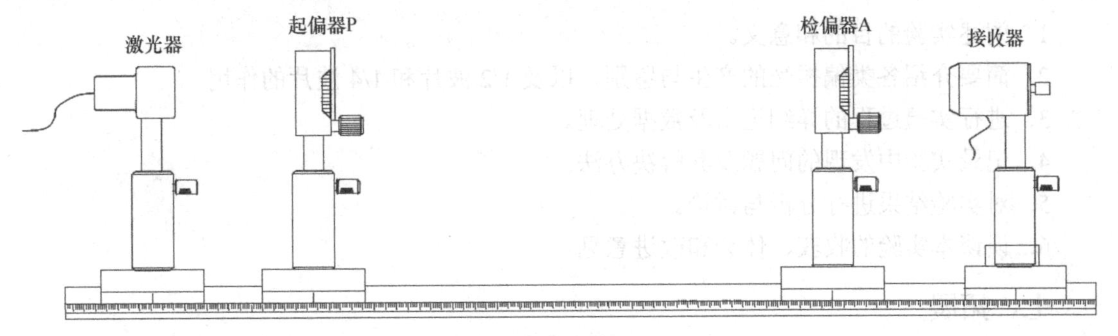

图 7-10 实验光路图

3. 1/4 波片的调控作用

在图 7-10 的 P 和 A 之间插入 1/4 波片 C，当 A 处于 $A(0)$时，旋转 1/4 波片 C，直至出现消光现象，这时 1/4 波片的光轴与起偏器 P 的偏振轴平行或垂直，记下 1/4 波片的角度 $C(0)$，此时它们之间的夹角 θ 记为 0°。旋转波片，以改变其光轴与 P 的偏振轴之间的夹角 θ，当 θ 分别为 0°、15°、30°、45°、60°、75°和 90°时，将检偏器 A 缓慢旋转 360°，通过光功率计观察光强的变化情况，记录光强二次最大值和最小值以及相应的检偏器 A 的角度。观察最大光强和最小光强之间检偏器 A 是否转过约 90°，并比较最大光强和最小光强，由此说明线偏振光通过 1/4 波片后出射光的偏振态。

③在 1/4 波片 C 和检偏器 A 分别处于 $A(0)$和 $C(0)$角度时，在 C 和 A 之间再插入一个 1/4 波片 C′。设计方案使 C 和 C′构成一个 1/2 波片。

4. 圆偏振光和椭圆偏振光通过检偏器后的光强分布

在图 7-10 的 P 和 A 之间插入一个 1/4 波片，在 P、A 的偏振轴与波片的光轴平行的基础上，旋转波片使其光轴与 P 的偏振轴之间的夹角 θ 分别为 15°和 45°，旋转 A（改变 φ），每隔 15°记录一次光功率计的读数，在极坐标纸上作光强 $d\text{–}\varphi$ 关系图。

5. 线偏振光、圆偏振光、椭圆偏振光和部分偏振光的产生与鉴别

请设计一个实验，借助两个 1/4 波片与一个偏振片产生和区分线偏振光、圆偏振光、椭圆偏振光和部分偏振光。

五、预习思考题

1. 如何产生线偏振光、椭圆偏振光和圆偏振光？

2．如何用一个偏振片和一个1/4波片鉴别线偏振光、圆偏光、椭圆偏振光、部分偏振光和自然光？

3．1/2波片和1/4波片对线偏振光具有怎样的调控作用？

4．实验中若有背景光影响，如何消除？

5．在摄影中，旋转偏光镜可减弱反光，使拍摄的水中物体更清晰，试分析其原理。

6．纵波能产生偏振现象吗？光波是横波的依据是什么？

六、实验报告的要求

1．阐述实验的目的和意义。

2．简要介绍各类偏振光的产生与鉴别，以及1/2波片和1/4波片的作用。

3．进行实验过程的详细记录及数据处理。

4．记录实验中发现的问题及其解决办法。

5．对实验结果进行分析与讨论。

6．谈谈本实验的收获、体会和改进意见。

七、拓展

1．设计实验，利用布儒斯特定律测定玻璃的折射率。

2．假设蔗糖溶液的旋光率已知，设计实验，利用旋光性质测量蔗糖溶液的浓度。

八、参考文献

[1] 侯建平. 大学物理实验[M]. 北京：国防工业出版社，2018.

[2] 李平舟，武颖丽，吴兴林，等. 综合设计性物理实验[M]. 西安：西安电子科技大学出版社，2012.

[3] 魏健宁，余剑敏，谢卫军. 大学物理实验（下册）——综合设计性实验[M]. 武汉：华中科技大学出版社，2011.

实验11–2 液晶电光的特性与应用研究

液晶是介于液体与晶体之间的一种物质状态，既有流体的流动性、黏度和形变等机械性质，又有晶体的热、光、电和磁等物理性质。液晶与液体、晶体之间的区别是：流体是各向同性的，分子取向无序；液晶分子有取向序，但无位置序；晶体既有取向序，又有位置序。液晶因产生的条件不同而被分为热致液晶和溶致液晶，分别由加热、加入溶剂形成液晶相的两种情形。热致液晶又包括向列相液晶、近晶相液晶、胆甾相液晶三种。其中，向列相液晶是液晶显示器件的主要材料。

1888年，奥地利植物学家Reinitzer在做有机物溶解实验时，在一定的温度范围内观察到液晶。1961年，美国RCA公司的Heimeier发现了液晶的一系列电光效应，并制成了显示器件。目前，液晶在物理、化学、电子和生命科学等诸多领域有着广泛的应用，如光导液晶光阀、光调制器、液晶显示器件、各种传感器、微量毒气监测、夜视仿生等，尤其是液晶显示器独占了电子表、手机和便携式计算机等领域。其中，很多都是利用液晶光电效应原理制成的。因此，从物理教学角度掌握液晶光电效应是非常有意义的。

一、实验目的和要求

1．掌握液晶光开关的基本工作原理，测量液晶光开关的电光特性曲线。

2．测量驱动电压周期变化时液晶光开关的时间响应曲线。

3．了解液晶光开关的工作条件，测量液晶显示的视角特性。

4．学习液晶光开关构成图像矩阵的方法，掌握这种矩阵组成的液晶显示器构成文字和图形的显示模式，了解一般液晶显示器件的工作原理。

二、基础理论及启示

1．液晶电光效应

液晶分子的形状如棍状，长度为十几埃，直径为4～6Å，液晶层厚度一般为5～8μm，其在介电常数、折射率和电导率上具有各向异性。在外加电场的作用下，正性或负性液晶取向发生变化，它们的光学特性也随之变化，这就是液晶的电光效应。

液晶的电光效应种类繁多，主要有动态散射（DS）型、扭曲向列（TN）型、超扭曲向列（STN）型、有源矩阵液晶显示（TFT）型和电控双折射（ECB）型等。其中，TFT 型主要用于液晶电视、笔记本计算机等；STN 型主要用于手机屏幕等；TN 型主要用于电子表、计算器、仪器仪表和家用电器等，是目前应用最普遍的液晶显示器件之一。TN 型液晶显示器的原理比较简单，是 STN 型、TFT 型等显示方式的基础。

2．扭曲向列型液晶电光效应

液晶的种类有很多，已有一万多种液晶材料，其中常用的液晶显示材料就有上千种，这里仅介绍常用的 TN（扭曲向列）型液晶结构、工作原理和电光效应。

TN 型液晶盒上下玻璃板的内表面涂覆透明电极，在它们之间夹有正性向列相液晶，电极的表面预先做了定向处理（可用软绒布朝一个方向摩擦，也可在电极表面涂取向剂），使液晶分子按一定方向排列，且上、下电极上的定向方向相互垂直。上、下电极之间的液晶分子受范德瓦尔斯力的作用，趋向平行排列。然而由于上、下电极上液晶的定向方向相互垂直，因此从俯视方向看，液晶分子的排列从上电极的沿−45°方向排列逐步地、均匀地扭曲到下电极的沿+45°方向排列，扭曲了90°，称为扭曲向列型液晶。

液晶显示主要基于光开关，如图 7-11 所示。取两片偏振片附在上、下两块玻璃的外表面，其偏振方向与液晶表面分子取向相同，即上、下偏振片的偏振方向垂直。不加电压时，入射光经过偏振片 P_1 后只剩下平行于透光轴的线偏振光，经过液晶盒后偏振方向随液晶分子轴旋转了90°。有光通过偏振片 P_2，施加电压后，液晶相对透过率（以不加电场时的透过率为100%）与外加电压的关系，即液晶光开关的电光特性曲线如图 7-12 所示。透过率为10%时的驱动电压称为关断电压（U_{th}），标志着液晶电光效应有可观察反应的开始（或称启辉），U_{th} 小是电光效应好的一个重要指标。透过率为90%时的驱动电压称为阈值电压（U_r），标志着获得最大对比度所需的外加电压，U_r 小则表示获得良好的显示效果，且功耗较低，对显示寿命有利。对比度 $D_r=I_{max}/I_{min}$，其中 I_{max} 和 I_{min} 分别为液晶透光强度的最大值和最小值，对比度越高，显示效果越好。陡度 $\beta= U_r/U_{th}$，陡度越大，即阈值电压与关断电压的差值越小，由液晶开关单元构成的显示器件允许的驱动路数就越多。TN 型液晶最多允许 16 路驱动，故常用于数码显示。在计算机、电视机等需要高分辨率的显示器件中，常采用 STN（超扭曲向列）型液晶，以改善电光特性曲线的陡度，增加驱动路数。施加足够电压（一般为 1～2V）后，除基片附近的液晶分子被基片“锚定”外，其他液晶分子趋于平行于电场方向排列，液晶 90°旋光性消失，偏振光保持原来的偏振方向到达下电极，与 P_2 正交，因而光被关断，称为常白模式，如图 7-11 的右图所示。若 P_1 和 P_2 的透光轴相互平行，则构成常黑模式。

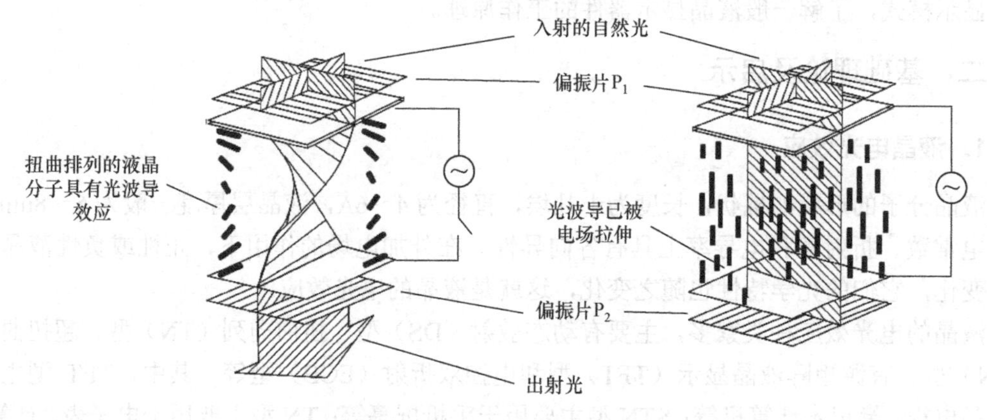

图 7-11　液晶光开关的工作原理

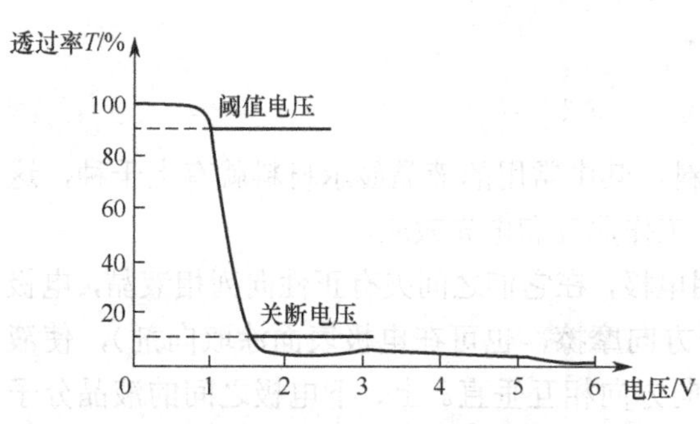

图 7-12　液晶光开关的电光特性曲线

液晶对变化的外界电场的响应速度是液晶产品一个十分重要的参数。一般来说，液晶的响应速度是比较低的，这是因为在电压的作用下液晶的分子排序发生了改变，这种重新排序需要一定时间，即液晶光开关的时间响应特性，如图 7-13 所示。上升沿时间 τ_r 和下降沿时间 τ_d 用来描述液晶对外界驱动电压的响应速度，液晶的响应时间越短，显示动态图像的效果越好，这是液晶显示器的重要指标。早期的液晶显示器在这方面逊色于其他显示器，现在通过结构方面的技术改进，已取得很好的效果。

对比度定义为光开关打开和关断时透射光强度的比，对比度越高，显示效果越好，当对比度大于 5 时，可以获得满意的图像；若对比度小于 2，则图像模糊不清。但是，视角不同，对比度也随之变化，因此表示对比度与视角关系的液晶光开关的视角特性值得关注。图 7-14 表示了某种液晶的视角特性的理论计算结果。图中，用与原点的距离表示垂直视角（入射光线方向与液晶屏法线方向的夹角）的大小，3 个同心圆分别表示垂直视角为 30°、60°和 90°。90°同心圆外面标注的数字表示水平视角（入射光线在液晶屏上的投影与 0°、方向之间的夹角）的大小。图 7-14 中的闭合曲线为不同对比度时的等对比度曲线。由图 7-14 可以看出，液晶的对比度与垂直视角和水平视角都有关，而且具有非对称性。若把具有图 7-14 所示视角特性的液晶开关逆时针旋转，以 220°方向向下，并由多个显示开关组成液晶显示屏；则该液晶显示屏的左右视角特性对称，在左、右和俯视 3 个方向，垂直视角接近 60°时对比度为 5，观看效果较好。在仰视方向对比度随着垂直视角的增大迅速降低，观看效果差。

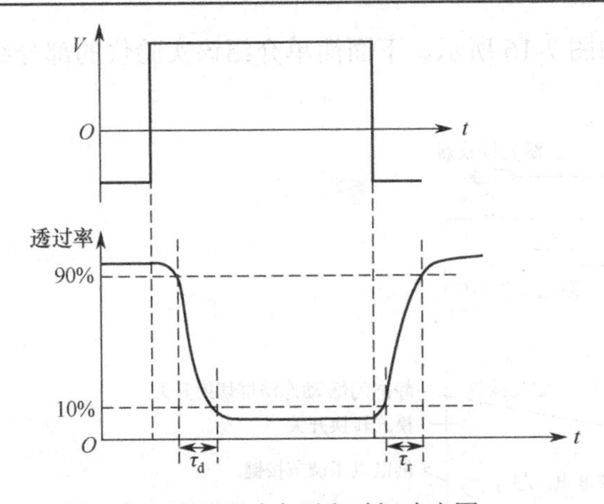

图 7-13　液晶驱动电压和时间响应图

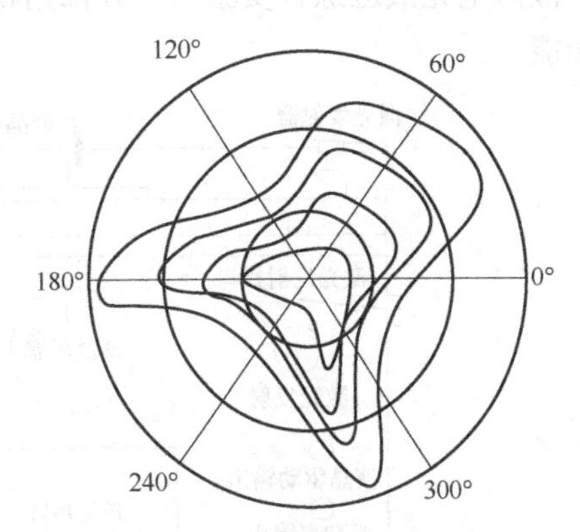

图 7-14　液晶的视角特性的理论计算结果

3．液晶光开关构成图像显示矩阵的方法

矩阵显示方式是把图 7-15(a)所示的横条形状的透明电极制在一块玻璃片上，叫作行驱动电极，简称行电极（常用 X_i 表示），而把竖条形状的电极制在另一块玻璃片上，叫作列驱动电极，简称列电极（常用 S_i 表示）。将这两块玻璃片面对面组合起来，把液晶灌注在这两块玻璃之间构成液晶盒。为了画面简洁，通常将横条形状和竖条形状的 ITO 电极抽象为横线和竖线，分别代表扫描电极和信号电极，如图 7-15(b)所示。矩阵型显示器的工作方式为扫描方式。显示原理可依以下的简化说明做介绍。欲显示图 7-15(b)的那些有方块的像素，首先在第 *A* 行加上高电平，其余行加上低电平，同时在列电极的对应电极 c、d 上加上低电平，于是第 *A* 行的那些带有方块的像素就被显示出来了；然后在第 *B* 行加上高电平，其余行加上低电平，同时在列电极的对应电极 b、e 上加上低电平，于是第 *B* 行的那些带有方块的像素被显示出来了；接着是第 *C* 行、第 *D* 行……以此类推，最后显示一整场的图像。这种工作方式称为扫描方式。

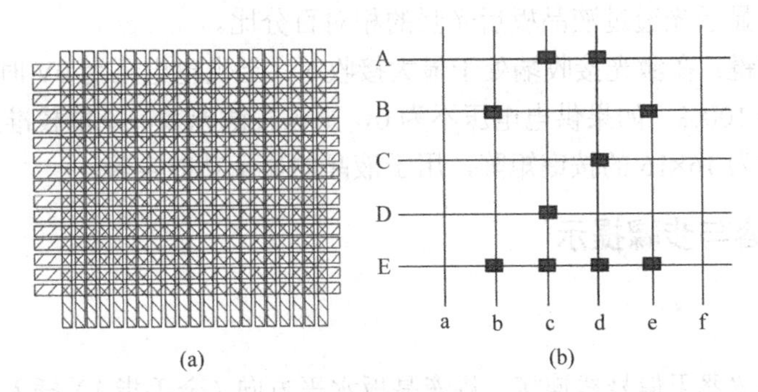

图 7-15　液晶光开关组成的矩阵式图形显示器

这种分时间扫描每一行的方式是平板显示器的共同的寻址方式，依据这种方式，可以让每个液晶光开关按照其上的电压的幅值让外界光关断或通过，从而显示出任意文字、图形和图像。

三、主要的实验仪器与材料

主要的实验仪器与材料包括：ZKY-LCDEO-2 液晶电光效应综合实验仪、泰克 TDS1001B 示波器。

液晶电光效应综合实验仪的外部结构如图 7-16 所示。下面简单介绍该实验仪的部分结构的功能。

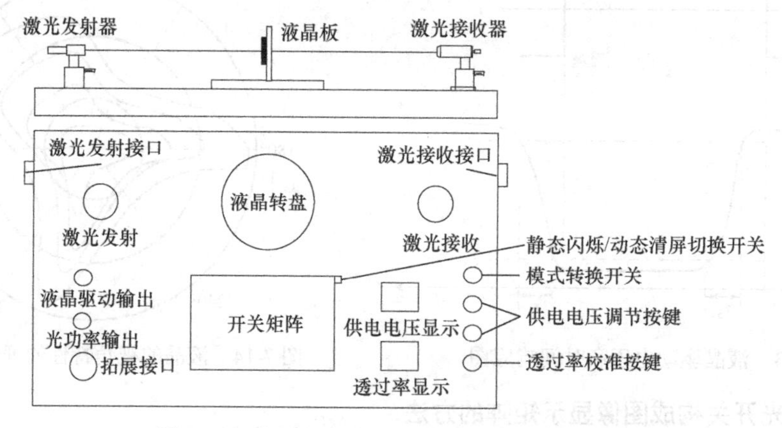

图 7-16 液晶电光效应综合实验仪的外部结构

模式转换开关：切换液晶的静态和动态（图像显示）两种工作模式。在静态时，所有的液晶单元所加电压相同，在（动态）图像显示时，每个单元所加的电压由开关矩阵控制。同时，当开关处于静态时打开激光发射器，当开关处于动态时关闭激光发射器。

静态闪烁/动态清屏切换开关：当仪器工作在静态时，此开关可以切换到闪烁和静止两种方式；当仪器工作在动态时，此开关可以清除液晶屏幕因按动开关矩阵而产生的斑点。

供电电压显示：显示加在液晶板上的电压，范围为 0～7.60V。

供电电压调节按键：改变加在液晶板上的电压，调节范围为 0～7.60V。其中，单击“+”按键（或“–”按键）可以增大（或减小）0.01V。一直按住“+”按键（或“–”按键）2s 以上可以快速增大（或减小）供电电压，但当电压大于或小于一定范围时，需要单击按键才可以改变电压。

透过率显示：显示光透过液晶板后光强的相对百分比。

透过率校准按键：在激光接收端处于最大接收时（当供电电压为 0V 时），按住该键 3s 可以将透过率校准为 100%；如果供电电压不为 0，则该按键无效，不能校准透过率。

开关矩阵：此为 16×16 的按键矩阵，用于液晶的显示功能实验。

四、实验内容与步骤提示

1．实验准备

将实验仪与示波器用信号线连接。将液晶板水平方向（金手指 1）插入转盘上的插槽，液晶凸起面必须正对激光发射方向。打开电源开关，使激光器预热 10～20min。调整接收器的位置，在静态 0V 供电电压条件下，透过率显示最大。再将透过率显示校准为 100%，开始实验。

2．液晶光开关电光特性测量

静态模式下将透过率显示校准为 100%，电压从 0V 到 6V 逐次变化，并记录相应的透过率，依据液晶电光曲线示意图确定电压变化的疏密，重复 3 次。绘制电光特性曲线，求出关断电压 U_{th}、阈值电压 U_r 和陡度 β。

3．液晶时间响应特性测量

静态模式下透过率显示调到 100%，然后将液晶供电电压调到实测的阈值电压，在静态闪烁状态下，用示波器观察并记录驱动电压和透过率与时间的对应关系，绘制光开关时间响应特性曲线，求得液晶的上升时间 τ_r 和下降时间 τ_d。

4．液晶光开关视角特性的测量

（1）水平方向视角特性的测量。将液晶板水平方向插入插槽，当静态模式下供电电压为 0V 时，透过率显示调到 100%，按照角度变化范围-85°～+85°调节液晶屏与入射激光的角度，每隔 5°测量光强透过率最大值 T_{max}。然后将供电电压置于实测的阈值电压，再次调节液晶屏角度，测量光强透过率最小值 T_{min}，并计算其对比度。以角度为横坐标，以透过率为纵坐标，绘制水平方向 T_{max} 和 T_{min} 随入射光的入射角变化的曲线。

（2）垂直方向视角特性的测量。将液晶板垂直方向插入插槽，重新通电，按照与水平方向视角特性的测量相同的方法和步骤，测量垂直方向的视角特性。并按照水平方向的角度变化记录光强透过率。绘制垂直方向 T_{max} 和 T_{min} 随入射角变化的曲线。

5．液晶显示器显示原理

将模式转换开关置于动态（图像显示）模式，液晶供电电压调到 5V 左右。此时矩阵开关板上的每个按键位置都对应一个液晶光开关像素。初始时各像素都处于开通状态，按一次矩阵开光板上的某个按键，可改变相应液晶像素的通断状态，所以可以利用点阵输入关断（或点亮）对应的像素，使暗像素（或点亮像素）组合成一个字符或文字，以此体会液晶显示器件组成图像和文字的工作原理。矩阵开关板右上角的按键为清屏键，用于清除已输入显示屏上的图形。

实验完成后，关闭电源开关，取下液晶板妥善保存。

注意：更换液晶板方向时，务必在断开总电源后再进行插取，否则将会损坏液晶板。

五、预习思考题

1．查阅相关资料，了解液晶的特性与分类，以及其他材料在显示器件中的应用情况和各自的优缺点。

2．如何确定本实验所用的 TN 型液晶是常白模式还是常黑模式？

3．简述阈值电压和关断电压的物理意义及应用。

4．液晶光开关的视角特性有何意义？

六、实验报告的要求

1．写明本实验的目的和意义。

2．简述液晶光开关的光电特性、视角特性和时间响应特性测量的原理。

3．详细记录实验过程及数据，通过作图法求得各特性参数。

4．对实验中出现的问题及实验结果进行分析和讨论。

5．谈谈本实验的收获、体会，并提出改进意见。

七、拓展

1．了解液晶的电控双折射效应。

2．单纯向列相液晶光开关的响应时间短，如何改变液晶状态使开和关都能保存一段时间？

八、参考文献

[1] 成都世纪中科仪器有限公司. ZKY-LCDEO-2 液晶电光效应综合实验仪实验指导及操作说明书.

[2] 魏健宁，余剑敏，谢卫军. 大学物理实验（下册）——综合设计性实验[M]. 武汉：华中科技大学出版社，2011.

[3] 王爱军，唐军杰，吕志清，等. 应用性与设计性物理实验[M]. 北京：中国石化出版社，2019.

[4] 王殿元. 大学物理实验[M]. 北京：北京邮电大学出版社，2005.

[5] 王红理，张俊武，黄丽清，等. 综合与近代物理实验[M]. 西安：西安交通大学出版社，2015.

实验 12 光干涉测量技术的应用研究

实验 12–1 时间相干性在迈克耳孙干涉仪中的应用

迈克耳孙干涉仪是典型的分振幅双光束干涉的高精密光学仪器，在此仪器上进行的著名的“以太”漂移实验结果为狭义相对论的基本假设提供了实验依据。此外，还测量了光谱精细结构和利用光波波长标定了标准米原器，在近代物理学发展和计量技术中起了重大作用。

目前，迈克耳孙干涉仪仍有重要的应用价值，此干涉仪及其改进型可以非常精确地测量光的波长、折射率和与长度相关的物理量，在当今的引力波探测中，迈克耳孙干涉仪以及其他种类的干涉仪都得到了相当广泛的应用，激光干涉引力波天文台等激光干涉引力波探测器、激光干涉空间天线和一些寻找太阳系外行星的探测器部分是基于迈克耳孙干涉仪的思想设计的。此干涉仪在延迟干涉仪（即光学差分相移键控解调器）的制造中也有应用，这种解调器可以在波分复用网络中将相位调制转换成振幅调制。标准的迈克耳孙干涉仪的其中一条干涉臂上的平面镜还可以被替换为一个 Gires-Tournois 干涉仪或 Gires-Tournois 标准具，从而构成非线性迈克耳孙干涉仪，用来制作光纤通信中的光学梳状滤波器。

一、实验目的和要求

1．了解迈克耳孙干涉仪的结构及干涉原理，掌握调节和使用方法。

2．认识等倾、等厚干涉条纹随光程差的变化规律，并据此测量微小长度和折射率。

3．掌握光源的时间相干性，透彻理解光的波动本性。

二、基础理论及启示

迈克耳孙干涉仪中两束相干光的光程可以通过调节干涉臂长度以及改变介质的折射率改变，从而能够形成不同的干涉图样。干涉条纹是等光程差的轨迹，因此要分析某种干涉产生的图样，须求出相干光的光程差位置分布的函数。

1. 面光源等倾干涉条纹的形成和特点

当镜面 M_1、M'_2 严格平行且相距为 d 时，面光源上某点发出一束光以倾角 φ 入射，经 M_1、M'_2 反射后产生(1)、(2)两束平行光，它们在无穷远处相遇而干涉（也可以用一透镜，使其汇聚于焦平面上而干涉），如图 7-17 所示。

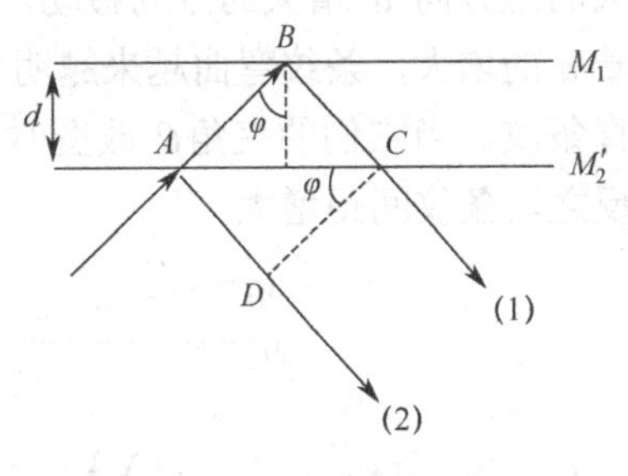

图 7-17　等倾干涉示意图

可以看出，(1)、(2)两束光的光程差为

$$\Delta L = AB + BC - AD = 2d\cos\varphi \qquad (7\text{-}18)$$

当 $\Delta L = K\lambda$ 时形成明纹，当 $\Delta L = \left(K + \dfrac{1}{2}\right)\lambda$ 时形成暗纹。

以相同立体倾角 φ 入射的光线，干涉情况相同，形成同级圆环状条纹。不同倾角入射光形成不同级次的同心圆环条纹，因此称为等倾干涉。当 φ=0，即两束光分别垂直镜面入射时，光程差最大（$\Delta L = 2d$），表明中心条纹的级次最高，越向外级次越低。φ 越大，相邻的明（暗）纹间距越小，因此等倾条纹为内疏外密。如图 7-18 所示，当 d 减小时，圆心处吞入条纹，且视场中条纹变少变疏；当 d=0 时，视场中各处的明暗程度相同。

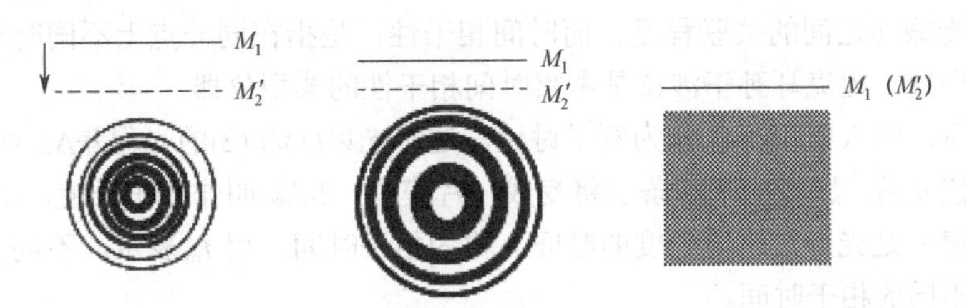

图 7-18　不同 d 时，面光源等倾干涉条纹

2. 面光源等厚干涉条纹的形成和特点

当镜面 M_1、M'_2 不严格垂直时，M_1 与 M'_2 有一个微小的夹角 θ，使得 M_1 与 M'_2 之间形成楔形空气薄层。面光源上一点 S 所发出的不同方向的两束光(1)、(2)经 M_1 与 M'_2 反射后在 M_1 附近相遇，产生等厚干涉条纹，如图 7-19 所示。由于 θ 很小，因此两束光的光程差（ΔL）可近似用式（7-19）表示

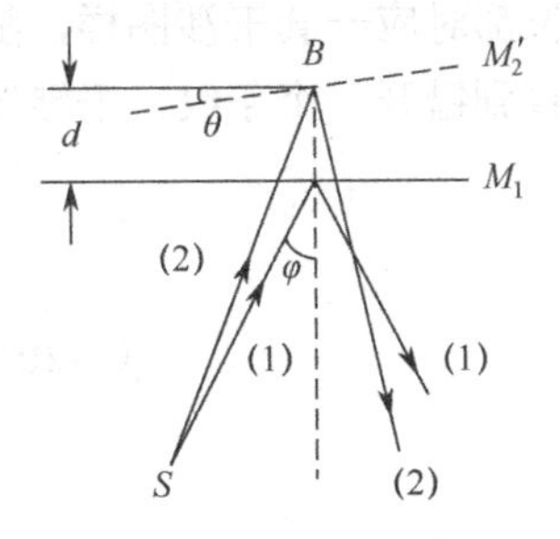

图 7-19　等厚干涉示意图

$$\begin{aligned}\Delta L &= 2d\cos\varphi \\ &= 2d\left(1 - 2\sin^2\frac{\varphi}{2}\right) \\ &\approx 2d\left(1 - \frac{\varphi^2}{2}\right) \\ &= 2d - d\varphi^2\end{aligned} \qquad (7\text{-}19)$$

式中，d 为观察点 B 处的厚度，φ 为入射角。

在 M_1 与 M'_2 相交处，d=0，即 ΔL 为零，形成直线干涉条纹，称为中央直条纹。在两镜面交线附近，入射角 φ 很小，上式中的第二项 $d\theta^2$ 可以忽略，光程差主要由 d 决定，即 $\Delta L = 2d$。在同一厚度 d 处，光程差相等，形成与中央条纹平行的直条纹。在远离相交线处，d 值逐渐增大，入射角 φ 的变化对光程差的影响不可忽略，条纹逐渐变成弧线。由于同一级干涉条纹对

应相同的光程差，因此需要增大 d 来补偿因 θ 增大而引起的 $d\theta^2$ 项的影响，此时干涉条纹在 θ 增大的地方向 d 增大的方向移动，以致干涉条纹弯曲成弧形，且弯曲的方向凸向中央条纹。随着 d 的增大，条纹弯曲越来越明显，如图 7-20 所示。M_1 与 M'_2 相交处，观察到的是等间距的直条纹。当它们的夹角 θ 改变时，中央直条纹间距也将发生变化，θ 增大，条纹间距减小；反之，条纹间距增大。

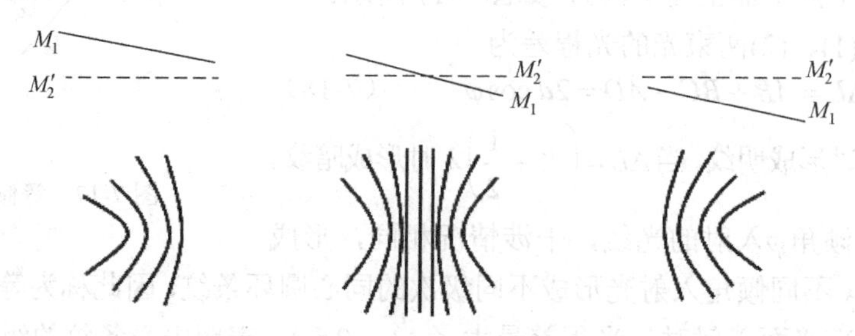

图 7-20　不同 d 时，面光源等厚干涉条纹

3. 光源的时间相干性

光源的相干性可用空间相干性和时间相干性描述。所谓空间相干性，是指同一时刻在不同点上到达的光振动之间的关联程度；而时间相干性，是指在同一点上不同时刻到达的光振动之间的关联程度。迈克耳孙干涉仪是考察时间相干性的典型仪器。

为简单起见，以入射角 $\varphi=0$ 作为例子讨论，这时光束(1)和(2)的光程差 $\Delta L=2d$，当 d 从 0 增大到某个数值 d' 后，原有的干涉条纹将变成一片模糊，$2d'$ 就叫作相干长度，用 L_m 表示，相干长度除以光速 c 是光走过这段长度的时间，称为相干时间，用 t_m 表示。不同的光源有不同的相干长度和不同的相干时间。

为什么光源存在一定的相干长度和相干时间呢？有两种解释，一种解释是：实际光源发出的光波不是无穷长的波列，当波列的长度比相干长度小时，光束(2)已全部通过干涉区的被观察点，而光束(1)尚未到达该点，因此它们相遇不了，从而不能形成干涉。相干长度表征了该光源发出的光波波列的长度。另一种解释是：实际光源发出的单色光波不是绝对的单色光，而有一个波长范围，假定光波的中心波长为 λ_0，谱线宽度为 $\Delta\lambda$，即光波实际上是由波长为（$\lambda_0-\Delta\lambda/2$）到（$\lambda_0+\Delta\lambda/2$）之间所有的波组成的，干涉时，每个波长都对应一套干涉图样，随着 d 的增大，（$\lambda_0-\Delta\lambda/2$）和（$\lambda_0+\Delta\lambda/2$）两套干涉条纹逐渐错开，直到错开一个条纹，干涉图样消失。

若

$$L_m = k\left(\lambda_0 + \frac{\Delta\lambda}{2}\right) = (k+1)\left(\lambda_0 - \frac{\Delta\lambda}{2}\right) \tag{7-20}$$

则

$$k \approx \frac{\lambda_0}{\Delta\lambda},\quad L_m \approx \frac{\lambda_0^2}{\Delta\lambda} \tag{7-21}$$

由此可见，光源的单色性越好，$\Delta\lambda$ 越小，相干长度就越长。所以上面的两种解释是完全一致的，相应地，相干时间

$$t_m = \frac{\lambda_0^2}{C\Delta\lambda} \tag{7-22}$$

对于实验室常用的光源，平均波长、谱线宽度及对应的相干长度如表 7-2 所示。

表 7-2　实验室常用光源的平均波长、谱线宽度和对应的相干长度

光　源	平均波长 λ/nm	谱线宽度 $\Delta\lambda$/nm	相干长度 L_m/m
He–Ne 激光	633	10^{-4}～10^{-3}	$>10^2$
钠光灯	589	0.6	$<10^{-2}$
高压汞灯	546	1	$<10^{-4}$
白光	550	300	$<10^{-6}$

三、主要的实验仪器与材料

主要的实验仪器与材料包括：迈克耳孙干涉仪，钠灯、汞灯和白炽灯光源，平行透明玻璃片（厚度 h=1.430mm），毛玻璃，各种颜色的滤光片，千分尺等。

四、实验内容与步骤提示

1. 观察白光干涉现象，利用白光干涉测量平行玻璃片的折射率

白光是复色光，其相干长度非常小（见表 7-2），干涉现象出现在 $\Delta L\approx0$ 处。利用等倾干涉条纹或等厚干涉条纹的特点，可以确定 $\Delta L=0$ 的位置。若在分束镜 G_1 和动镜 M_1 之间插入待测玻璃片，由于玻璃的折射率 n 大于空气的折射率，因此该路光程增大 $\Delta L=(n-1)h$，破坏了白光干涉。朝减小该路光程方向移动 M_1，当移动的距离恰好抵消增大的光程时，$\Delta d=(d_1-d_2)=(n-1)h$，白光干涉条纹会再次出现。由于在干涉仪上直接调出白光干涉条纹的难度很大，因此需要用钠灯或汞灯的干涉条纹辅助调节白光的干涉。

（1）钠灯辅助等厚干涉法

调整底脚螺钉，使导轨水平。旋转粗调手轮，使 M_1G_1 和 M_2G_1 基本相等。将钠光以 45° 照射在 G_1 上，眼睛直接向 M_1 正对看去，通过调节 M_1、M_2 背面的三个螺钉使钠灯在 M_1 的两个像重合。在钠灯与 G_1 之间置入毛玻璃，可观察到钠光的干涉条纹，并调节背面螺钉形成等厚干涉条纹。若干涉条纹太细，则需要进一步调节 M_1 和背面螺钉，直到出现满意的干涉条纹。旋转粗调鼓轮移动 M_1，观察干涉条纹从弯曲变直再反向弯曲。确定钠光干涉 $\Delta L=0$ 时 M_1 的位置 d_0，移动 M_1 使其位置读数略大于 d_0。用白炽灯代替钠灯，旋转微调鼓轮，朝 d_0 方向（光程差减小）移动 M_1，直到视场中出现白光干涉条纹，进一步使零级干涉条纹（彩色直条纹）出现在视场中央，此时 d=0，记下 M_1 的位置读数 d_1。插入玻璃片后，同方向（光程差减小）调节微调鼓轮，再次调节出圆环形干涉条纹，分别记录条纹出现和消失时的位置 $d_2(a)$ 和 $d_2(b)$。加波片后 d=0 的位置 d_2 为 $d_2(b)-d_2(a)$，由此可以得到玻璃片的折射率。

注意：迈克耳孙干涉仪是精密仪器，在调节和使用中：①严禁用手触摸及擦拭各镜面，以保持光洁；②调节螺钉及旋转鼓轮时，一定要轻、慢，绝不能强扭硬扳；③反射镜背后的螺钉不可旋得太紧，用来防止镜面的变形；螺钉初始在中间位置，以便能在两个方向上调节；实验完毕，必须放松镜面背后的调节螺钉，以免镜面变形；④在测量时，转动手轮只能缓慢地沿一个方向前进（或后退），否则会引起较大的空回误差。

（2）钠灯辅助等倾干涉法

依据等倾干涉条纹随光程差的变化规律，自行设计实验方案，得到玻璃片的折射率。

2．测量汞灯某条谱线的相干长度，估测各种滤光片的单色性

（1）测量相干长度方法一：首先根据白光干涉条纹的特点确定中央零级暗条纹位置 d_1。然后用汞灯代替白炽灯，在汞灯前放一块滤光片（其中心波长与汞灯的某条谱线相同，以绿滤光片为例），移动 M_1，空气薄层厚度 d 增大，于是原来的零级条纹依次被一级、二级等条纹取代，若 K 级条纹在该位置出现时条纹不能分辨，则 K 即为绿光能够分辨的最高干涉级，相干长度为 $L=K\lambda$。另外，根据等倾干涉条纹中心处随光程差的吞吐规律可以测量该光的平均波长。依据相干光长度，计算谱线宽度，并估测该滤光片的单色性。

（2）测量相干长度方法二：根据白光干涉条纹的特点确定 $d=0$ 的位置 d_1，一直增大 d 到干涉条纹消失，根据相干长度的定义测得绿光的相干长度。

五、预习思考题

1．同一点光源在不同方向发出的光相遇时，是否相干？同一光源的不同点发出的光相遇时，能否相干？并说明原因。

2．什么是时间相干性？能否用相干时间或相干长度衡量？相干时间与相干长度之间是否存在某种关系？若有，则具体表达式是什么？光源单色性与时间相干性存在什么关系？

3．白光是复色光，它的时间相干性如何？干涉条纹具有什么特点？

4．等倾干涉条纹和等厚干涉条纹是怎样形成的？它们各有什么特点？

5．用白光干涉测量薄玻璃片的依据是什么？

6．若在测量过程中，反向旋转粗调鼓轮或细调鼓轮，则会对测量结果带来什么影响？

六、实验报告的要求

1．写明本实验的目的和意义。

2．简述用干涉仪测波片折射率和相干长度的原理。

3．详细记录实验过程及数据处理，计算不确定度，完整表示实验结果。

4．对实验中出现的问题及实验结果进行分析和讨论。

5．谈谈本实验的收获、体会，并提出改进意见。

七、拓展

1．在动镜前插入波片后，理论分析白光的干涉条纹为什么是圆环形的。

2．是否可以通过玻璃片的转动测量其折射率？请说明原因。

八、参考文献

[1] 侯建平. 大学物理实验[M]. 北京：国防工业出版社，2018.

[2] 胡平亚. 大学物理实验教程——综合性设计性研究性物理实验[M]. 长沙：湖南师范大学出版社，2008.

[3] 李平舟，武颖丽，吴兴林，等. 综合设计性物理实验[M]. 西安：西安电子科技大学出版社，2012.

[4] 沈元华. 设计性研究性物理实验教程[M]. 上海：复旦大学出版社，2004.

[5] 栾兰，闪辉. 迈克耳孙干涉仪测平行玻片折射率实验的进一步研究[J]. 大学物理，2000，19（11）：20-23.

实验 12-2　等厚干涉的典型应用——牛顿环干涉、劈尖干涉

当两束相干光相遇时，在交叠区域内，某些位置的光强大于分光强之和，而某些位置的光强则小于分光强之和，导致光强在空间形成一定的强弱分布，并显示稳定的干涉图样，这就是光的干涉现象。它是光的波动性最直接、最有力的实验证据。在日常生活中也会观察到光的干涉现象，比如五颜六色的肥皂泡、油膜上的多彩图样等。更重要的是，光的干涉在科研、生产和生活中有着广泛的应用，比如测量光波的波长，测定微小长度及变化、厚度和角度，检验光学器件的表面质量（如球面度、平整度和光洁度等），研究机械零件的内应力分布等。

光学测量常用的是分振幅式等厚测量技术。本实验的牛顿环测定平凸透镜的曲率半径和劈尖干涉测量薄片的厚度都属于等厚干涉应用的实例。

一、实验目的和要求

1．观察牛顿环和劈尖的等厚干涉现象。
2．学习用等厚干涉法测球面曲率半径及微小厚度的方法。
3．掌握读数显微镜的使用方法。
4．进一步掌握用逐差法处理数据。

二、基础理论及启示

1．牛顿环干涉

在一块平板光学玻璃上放一块曲率半径 R 很大的平凸透镜，将构成一个上表面为球面、下表面为平面的空气薄层，如图 7-21 所示。空气薄层厚度由触点向外逐渐增大。当用单色平行光束垂直照向平凸透镜时，被空气薄层上下表面反射，获得两束相干光，在凸镜的凸面附近相遇发生干涉，干涉图样是以接触点为中心的一系列明暗交替的同心圆环（中心是暗斑），且同一圆环对应的薄膜厚度 e 相同，如图 7-22 所示。由图可知，中心暗斑附近的同心圆较稀疏，离中心越远，同心圆越密。这种干涉条纹是牛顿当年在制作天文望远镜时，偶然将一个望远镜物镜放在平板玻璃上发现的，故称牛顿环。

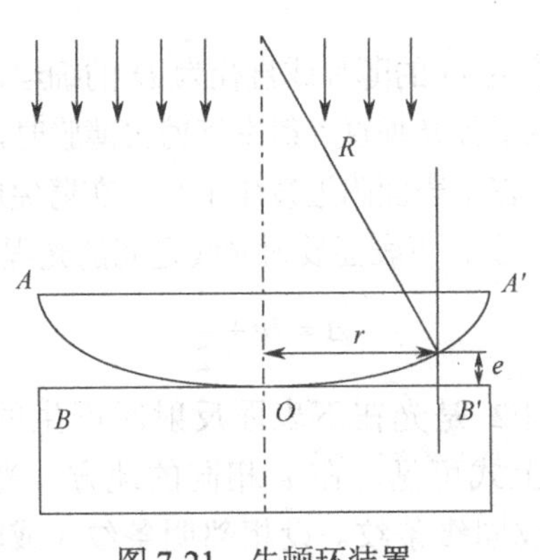

图 7-21　牛顿环装置

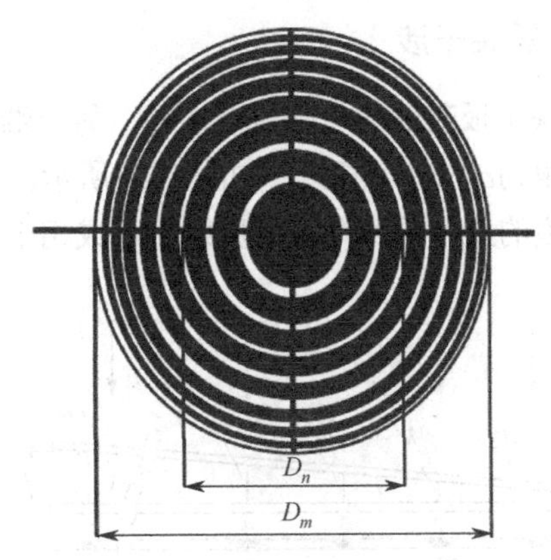

图 7-22　牛顿环等厚干涉条纹

由光学的知识可知，上、下两个表面反射光的光程差为

$$\Delta = e + \frac{\lambda}{2} \tag{7-23}$$

式中，$\lambda/2$ 是光从光密媒质反射回光疏媒质时产生的半波损失。

若 r 为环形干涉条纹的半径，由图 7-21 中的几何关系可知

$$R^2 = (R-e)^2 + r^2 = R^2 - 2Re + e^2 + r^2 \tag{7-24}$$

因 $R \gg e$，故 e^2 可略去，得

$$e = \frac{r^2}{2R} \tag{7-25}$$

根据干涉条件，将式（7-25）代入式（7-23），则有

$$\Delta = \frac{r^2}{R} + \frac{\lambda}{2} = k\lambda \quad (k=1,2,3,\cdots；为明环) \tag{7-26}$$

$$\Delta = \frac{r^2}{R} + \frac{\lambda}{2} = (2k+1)\frac{\lambda}{2} \quad (k=0,1,2,\cdots；为暗环) \tag{7-27}$$

式中，k 为干涉条纹的级数，λ为入射光的波长。可见，同一明环（或暗环）对应的空气厚度处处相同。因此，牛顿环是一种典型的等厚干涉条纹。只要测得第 k 级暗环或明环的半径 r，就可确定球面透镜的曲率半径 R；相反，当 R 已知时，即可计算出入射光的波长λ。

由于组成牛顿环装置的凸面和平面不可能是理想的点接触，或者平面与凸面空气间隙层中有了尘埃，使级数 k 很难确定，r_k 也就难以测定，因此，在实际测量中，可以通过测量两个暗环半径（或直径）的平方差来计算 R，这样能准确确定干涉级次 k。

设第 $k+m$ 级暗环和第 $k+n$ 级暗环的半径分别为 r_m 和 r_n，相应直径为 D_m、D_n，由式（7-25）可得

$$R = \frac{r_m^2 - r_n^2}{(m-n)\lambda} = \frac{D_m^2 - D_n^2}{4(m-n)\lambda} \tag{7-28}$$

它表明 R 与 k 和尘埃引起的附加厚度都无关。可见，在实验中不必确定暗纹的级数和环心，只要用显微镜测出环数差为（$m-n$）的两环的直径 D_m 和 D_n，在已知λ的情况下，就可用式（7-28）测定平凸透镜的曲率半径 R。由上式可知，参与运算的是直径的平方差，考虑到直径的平方差等于弦的平方差，这给测量带来了极大的方便。

2. 劈尖干涉

两块平板玻璃的一端自然接触，另一端夹一块厚度为 D 的薄片或直径为 D 的细丝，则形成一个交角为α的空气劈尖，如图 7-23 所示。当一束单色平行光垂直入射空气劈尖薄膜时，这一光线被薄膜的上、下两个表面反射，形成相干的两束光，在上表面附近发生干涉。在劈尖厚度为 e 的地方，上、下表面反射光线之间的光程差为

$$\Delta = 2e + \frac{\lambda}{2} \tag{7-29}$$

式中，$\lambda/2$ 是光在下表面反射时产生的半波损失。从上式可见，在 e 相同的地方，光程差相等，形成同级条纹。设相邻明条纹（或暗条纹）所在处的厚度为 e_1、e_2，它们的光程差应等于一个波长，即

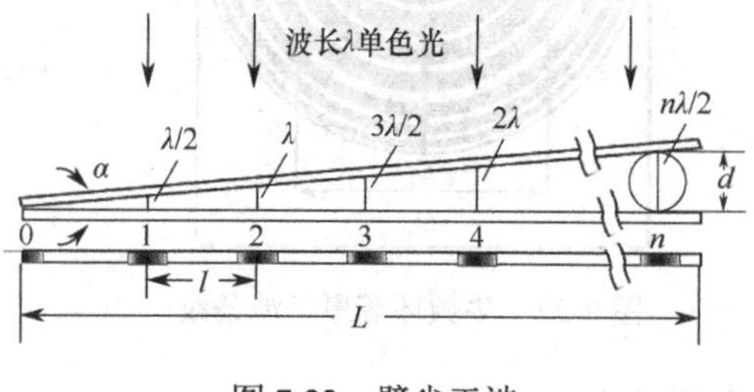

图 7-23 劈尖干涉

$$\left(2e_1+\frac{\lambda}{2}\right)-\left(2e_2+\frac{\lambda}{2}\right)=\lambda \tag{7-30}$$

$$e_1-e_2=\frac{\lambda}{2} \tag{7-31}$$

式（7-31）说明，劈尖干涉形成的是一系列等间距且平行于交角棱的明暗相间的直条纹，在e=0处，$\delta=\lambda/2$产生暗条纹。两个相邻条纹对应的空气层厚度差为$\lambda/2$，则第m级条纹对应的空气层厚度为m（$\lambda/2$）。若交线到波片出的劈尖面上共有N条干涉条纹，则薄片厚度（或金属丝直径）D为

$$D=N\frac{\lambda}{2} \tag{7-32}$$

在光源的λ已知的条件下，测得N值，就可以计算出薄片厚度（或金属丝直径）。设相邻两条纹的间距为l，交角棱到薄片的距离为L，则

$$\alpha\approx\tan\alpha=\frac{\lambda}{2l}=\frac{D}{L}\ （\alpha\text{非常小}） \tag{7-33}$$

推导出薄片厚度（或金属丝直径）为

$$D=l\alpha=\frac{L\lambda}{2l} \tag{7-34}$$

由式（7-34）可知，若已知光源的λ，测得L及相邻相条纹的间距，就可以确定薄片厚度（或金属丝直径）。

若将图7-23中下面的一块平板玻璃换成一块表面平整度待检的玻璃片，一端稍加力，就会使两接触面间出现一个劈尖。如果待检平面是一个理想平面，则干涉条纹将为互相平行的直条纹。若被检平面与理想平面有任何光波长数量级的差别，则都将引起干涉条纹的弯曲，且由条纹的弯曲方向与程度可判定被检表面在该处的局部偏差情况。

三、主要的实验仪器与材料

主要的实验仪器与材料包括：钠灯、牛顿环、劈尖、读数显微镜（在其物镜一端有一块45°半透半反镜）、玻璃片。

四、实验内容与步骤提示

1．利用牛顿环测凸透镜的曲率半径

（1）将各仪器及装置调节到使用状态。①在自然光下调节牛顿环上的三个压紧螺钉，使牛顿环在透镜正中，无畸变，且中心处的暗斑较小。但应注意：螺钉不能拧得过紧，以免透镜变形而损坏牛顿环装置。②打开钠灯，预热15min左右，直到正常发光。③转动测微鼓轮使显微镜筒处于读数主尺的中间位置，调节目镜使分划板上的十字叉丝清晰，并转动整个目镜使十字叉丝的竖线与显微镜移动方向（读数主尺）垂直。

（2）调出清晰的牛顿环。将牛顿环装置置于显微镜筒的正下方，钠光灯中心正对读数显微镜上的45°分光镜，并转动分光镜使显微镜的视场最亮。调节物镜调焦手轮，使镜筒由最低位置缓慢向上提升，并在目镜中观察，直到待测物完全清晰，且与十字叉丝无视差，再移动牛顿环装置，使干涉条纹中心与十字叉丝中心重合，且待测边缘与十字叉丝竖线平行。

注意：在干涉条纹的调焦过程中，一定要使镜筒由最低位置自下而上缓慢移动，以免45°分光镜压坏牛顿环装置。

（3）遵循先定性观察再定量测量的原则测定牛顿环的直径。①旋转读数鼓轮，朝一个方向移动显微镜，从第1条暗纹数到第30级暗纹，然后反向使十字叉丝竖线与第30级暗纹重合，读取相应的读数，接着顺次测出第29、28、……直至第11级暗纹。然后，越过环心，从另一侧的第11级暗环测至第30级暗纹，列表记录数据。②用逐差法处理数据，算出直径平方差的平均值及其A类不确定度，计算平凸透镜的曲率半径，并完整表示测量结果。

注意：为了避免测微鼓轮“空转”而引起的测量误差，正式测量时必须使测微鼓轮向一个方向转动，中途不可倒转。

2．利用劈尖干涉测薄纸片厚度

（1）依据牛顿环装置调节方法，自行调出清晰的劈尖干涉条纹。

（2）测量薄片厚度，使直线条纹与十字叉丝竖线平行，且把叉丝移动到靠近任意劈尖边沿的一侧，把叉丝对准任意一级暗纹（或明纹）作为基准条数“0”，记下相应位置，然后分别测出第10、20、…、90级暗纹（或明纹）的位置，列表记录数据。用逐差法处理数据，求条纹间距的平均值l。用直尺测出L（三次测量），计算薄片厚度d，完整表示测量结果。

3．设计实验，用劈尖干涉检测一块平板玻璃的平整度

用手机记录照片，并根据干涉条纹的弯曲情况说明平板玻璃的凹凸情况。

五、预习思考题

1．若实验中遇到下列情况：牛顿环中心是亮斑而非暗斑；测环直径时，叉丝交点没有通过环心，则测量的是弦而非直径，是否会对实验结果有影响？并详细说明。

2．读数显微镜测量的是牛顿环直径还是经显微镜放大的像的直径？改变显微镜放大倍数，对测量结果有无影响？

3．由于牛顿环的暗条纹（或明条纹）都为圆环，为了准确测量干涉环的直径，采用什么样的操作可以消除干涉条纹厚度的影响？可以根据十字叉丝与干涉环的几何关系来示意。

4．若薄片厚度增大，劈尖干涉条纹将向什么方向移动？条纹间距如何变化？

5．牛顿环的透射干涉条纹和反射干涉条纹有什么区别？

六、实验报告的要求

1．写明本实验的目的和意义。

2．简述应用等厚干涉测量透镜的曲率半径及薄片厚度的原理。

3．详细记录实验过程及数据处理，计算不确定度，完整表示实验结果。

4．对实验中的问题及实验结果进行分析和讨论。

5．谈谈本实验的收获、体会，并提出改进意见。

七、拓展

1．用牛顿环测量单色光在空气中或水中的波长，若已知单色光在空气中的速率，则利用牛顿环测出它在水中的速率。

2. 理论推导出牛顿环或劈尖测量液体的折射率的公式。

3. 利用劈尖干涉测量微小角度。

八、参考文献

[1] 李平舟，武颖丽，吴兴林，等. 综合设计性物理实验[M]. 西安：西安电子科技大学出版社，2012.

[2] 周希尚，杨之昌. 牛顿环实验综述[J]. 物理实验，1993，13（2）：66-67.

[3] 郭天葵，周述苍，张战士. 牛顿环干涉实验问题探究[J]. 大学物理实验，2014，27（2）：59-61.

实验 12–3　干涉仪的研究及应用

光学干涉测量技术和干涉仪在光学测量中占有重要地位。干涉测量技术是以光波干涉原理为基础进行测量的技术，通过参考光和包含被测物体信息的测量光之间的干涉，形成特定的干涉图样，再经过现代数字图像处理技术等分析、处理、获取被测量的有关信息。

与一般光学成像测量技术相比，干涉测量具有大量程、高灵敏度和高精度等特点。激光技术的出现，推动了干涉测量在量程、分辨率、抗干涉能力和测量精度等方面的显著进步。近年来，随着数字图像处理技术、传感器技术和计算机技术等的发展，干涉测量这种以光波长作为测量尺度和基准的技术得到更广泛的应用，比如位移、长度、角度、面形、折射率及振动等测量。在光学材料特性参数测试方面，材料折射率的精度可达 10^{-6}，材料光学均匀性精度可达 10^{-7}。在光学元件特征参数方面，用球面干涉仪测曲率半径的精度达 1μm，球面面形精度为 $\lambda/100$，角度精度可达 0.05″以上。在光学薄膜测厚方面，精度可达 0.1nm。在光学系统成像质量检验方面，可测定光学系统的波像差，精度可达 $\lambda/20$，并可利用后续的处理解算出成像系统的点扩散函数、中心点亮度、光学传递函数及各种单色像差。

实现干涉测量的仪器称为干涉仪。干涉仪按光波分光方式，可分为分振幅型和分波阵面型；按相干光束的传播途径，可分为共程干涉和非共程干涉；按用途不同，可分为静态干涉和动态干涉；等等。在测量技术中，常用的干涉仪有迈克耳孙干涉仪、马赫–曾德尔干涉仪、泰曼–格林干涉仪、斐索干涉仪、萨格奈克干涉仪等。根据使用环境和要求的不同，往往采用不同的光路结构。本实验主要搭建 3 种较为常见的光路结构，组成迈克耳孙干涉仪、马赫–曾德尔干涉仪、萨格奈克干涉仪，以熟悉它们的结构和特点。

一、实验目的和要求

1. 了解三种干涉仪的原理和结构。

2. 组装并调节组合干涉仪，观察干涉条纹。

3. 学会调节两束光的干涉，研究空气折射率与压强的关系。

二、基础理论及启示

1. 迈克耳孙干涉仪

迈克耳孙干涉仪是 1881 年美国物理学家迈克耳孙和莫雷合作，为研究“以太”漂移而设计制造出来的精密光学仪器。迈克耳孙干涉仪的基本光路结构如图 7-24 所示，从光源发出的一束光被分束镜分成光强近似相等的两束相干光。透射光射在反射镜 M_1 上，另一束从半反膜处

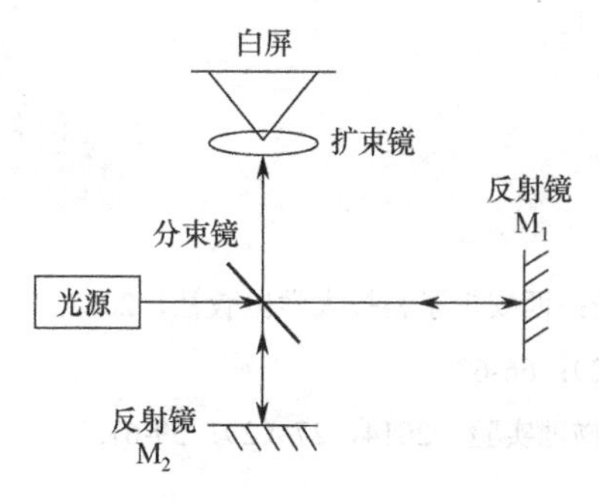

图 7-24 迈克耳孙干涉仪的基本光路结构

反射的光射在反射镜 M_2 上，M_1 和 M_2 分别将这两束光沿原路反射回来，在分束镜上重合后射入扩束镜，投影在白屏上，如果将光路调整得合适，将在白屏上看到一系列明暗相间的干涉条纹。这些干涉条纹会随着反射镜的移动或光路中介质折射率的变化而移动，且非常敏感，只要光程差变化半个波长，干涉条纹就移动一个周期，而光波长一般都在微米量级，因此它具有很高的灵敏度和分辨率。

作为一种传统的分振幅型干涉仪，人们利用它来讨论光的时间相干性，测量微小位移、光的波长、透明介质或者气体的折射率、薄膜的厚度等。激光问世以后，迈克耳孙干涉仪又充满了新的活力，在现代激光光谱学领域有着重要的应用，傅里叶红外吸收光谱仪、干涉成像光谱技术、光学相干层析成像系统，都是以迈克耳孙干涉仪作为核心器件的。

2. 马赫–曾德尔干涉仪

马赫–曾德尔干涉仪的光路结构如图 7-25 所示，从光源发出的一束光经分束镜 1 分为两束相干光。一束透射光落在反射镜 M_1 上，另一束反射光落在反射镜 M_2 上，M_1 和 M_2 分别将这两束光反射至分束镜 2 上，并使这两束光重合，进入扩束镜。如果调整得合适，可在扩束镜后的白屏上看到一系列明暗相间的干涉条纹。与迈克耳孙干涉仪明显不同，两束相干光只会分别行经一次此干涉仪的两条严格分隔的路径。

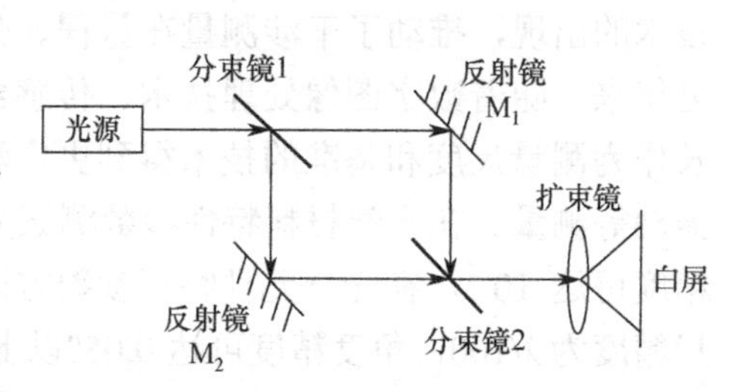

图 7-25 马赫–曾德尔干涉仪的光路结构

马赫–曾德尔干涉仪除用于测量透明物质折射率的变化外，常被用作传感器、光滤波器和光调制器，广泛应用于干涉测量、光通信等领域。在光纤传感器中，由于不带有纤端反射镜，克服了迈克耳孙干涉仪回波干扰的缺点，因而在光纤传感技术领域得到了比迈克耳孙干涉仪更广泛的应用。此外它还适用于研究量子力学和气体密度迅速变化的状态，如量子纠缠、风洞实验中的空气涡流和爆炸过程的冲击波等。

3. 萨格奈克干涉仪

萨格奈克干涉仪的光路结构如图 7-26 所示，光路由一个分束镜和 3 个反射镜（M_1、M_2、M_3）组成，它的光路比较特殊，光源发出的一束光分解为两束，它们在同一个环路内沿相反方向传播一周后汇合，然后在接收屏上产生干涉。由于两束光的传播路径严格重合，因此任何实际样品的影响都同时作用在两个光束上，且大多数情况下作用相互抵消，我们观察不到干涉条纹的变化。然而，当环路平面内有旋转角速度时，屏幕上的干涉条纹将会发生移动，即出现萨格奈克效应。此干涉仪中的条纹移动数与干涉仪的角速度和环路所围面积的积成正比。目前，广泛应用于航空、航天领域的激光陀螺、光纤陀螺就基于该原理设计而成。

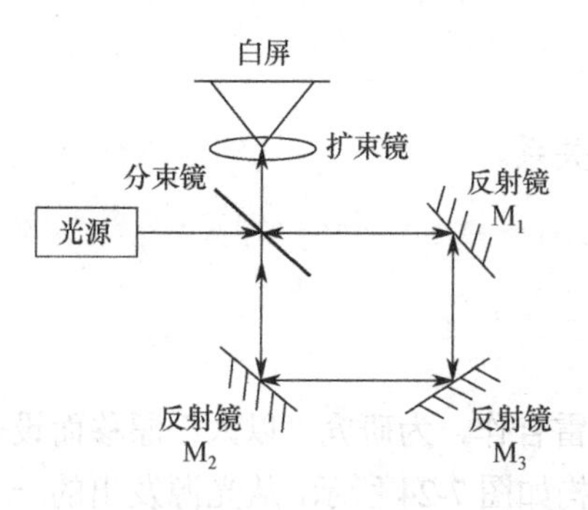

图 7-26 萨格奈克干涉仪的光路结构

4. 气体折射率与压强的关系

已知温度一定时，气体折射率 n 与压强 P 有线性关系

$$n-1=cP\text{（}c\text{ 为常数）} \tag{7-35}$$

设当压强为大气压 P_0 时折射率为 n_0，由上式有

$$\frac{P}{n-1}=\frac{P_0}{n_0-1} \tag{7-36}$$

将长度为 L 的空气室放入迈克耳孙干涉仪的一条光路中，当空气压强从 P 变化到 P_0 时，其折射率从 n 变化到 n_0，导致两路光束之间光程差发生变化，从而引起干涉条纹发生变化。设干涉条纹的变化数为 m，则光程差的变化为

$$2|n-n_0|L=m\lambda \tag{7-37}$$

由式（7-36）和式（7-37）可得大气压 P_0 下空气折射率 n_0 的表达式为

$$n_0=1+m\frac{\lambda P_0}{2L|P-P_0|} \tag{7-38}$$

由式（7-38）可知，只要测出管内压强由 P 变化到 P_0 时干涉条纹的变化数 m，即可由式（7-38）计算出大气压 P_0 下的空气折射率 n_0。从式（7-38）可以看出，实验中只要多次测量干涉条纹的变化数为 m 时管内压强的变化$\Delta P=P-P_0$，取其平均值代入式（7-38），就可计算出 P_0 下的空气折射率 n_0。

同样，由式（7-36）和式（7-37）可得压强 P 下空气折射率 n 的表达式

$$n=1+m\frac{\lambda P}{2L|P-P_0|} \tag{7-39}$$

借助式（7-39）可研究空气折射率与压强的关系。

对于马赫–曾德尔干涉仪，式（7-37）～式（7-39）分别转化为

$$|n-n_0|L=m\lambda \tag{7-40}$$

$$n_0=1+m\frac{\lambda P_0}{L|P-P_0|} \tag{7-41}$$

$$n=1+m\frac{\lambda P}{L|P-P_0|} \tag{7-42}$$

同理，由式（7-41）可计算 P_0 下的空气折射率 n_0，通过式（7-42）可研究空气折射率与压强的关系。

三、主要的实验仪器与材料

主要的实验仪器与材料包括：光学实验平台（400mm×600mm）1 个、二维可调半导体激光器（635nm，3mW）1 套、二维可调分束镜 2 个、二维可调反射镜 3 个、二维可调扩束镜 1 个、白屏 1 个、空气室（腔长 100mm）+压强计 1 套、带开关的磁性表座 9 个。

四、实验内容与步骤提示

1. 利用迈克耳孙干涉仪测量 n_0 和 $n(P)$

在光学实验平台上，按图 7-24 所示的光路结构用 1 : 1 的分束镜搭建迈克耳孙干涉仪，并

调整出粗细适当的干涉条纹。将空气室放入光路中，用橡胶压气球对气室加压，由于气体的折射率依赖于气体的压强，因此必将使有空气室的光路光程发生变化，进而引起干涉条纹发生变化。记录不同干涉条纹的变化数 m（可以通过干涉条纹经过白屏上的某个固定点来计数）和空气室中的空气压强 P(压强计的读数是空气室中的空气压强 P 与大气压 P_0 的差 $\Delta P=P-P_0$)之间的关系。实验完成后，拧松气阀帽，将空气放净。利用式（7-38）计算出 n_0，并与 P_0 下空气折射率的理论值进行对比。利用式（7-39）计算 P 取不同的值时所对应的折射率，进一步绘制空气折射率与压强的关系曲线。

2．利用马赫–曾德尔干涉仪测量 n_0 和 $n(P)$

在光学实验平台上，搭建马赫–曾德尔干涉仪。观察到粗细适当的条纹后，重复实验内容 1 的测量。利用式（7-41）计算出 n_0，并与 P_0 下空气折射率的理论值进行对比。利用式（7-42）式计算 P 取不同的值对应的折射率，进一步绘制空气折射率与压强的关系曲线。

3．观察空气压强 P 对萨格奈克干涉仪中干涉条纹的影响

搭建萨格奈克干涉仪，观察不同的压强 P 是否对萨格奈克干涉仪中的干涉条纹产生影响。

4．比较三种干涉仪的测量结果

通过作图法比较三种干涉仪中干涉条纹变化数与压强的关系，结合各种干涉仪的特点，分析产生不同变化规律的原因。

注意：①为了得到粗细合适的干涉条纹，应使重新拟合的两束光尽量重合，两束光之间的夹角越小，干涉条纹越粗，反之越细。在调整光路时，应首先使两束光落在同一个水平面内，可以借助固定在磁性表座上带小孔的白屏，通过观察两束光各点的高度是否相同来确定，然后通过使两束光汇集于同一点来保证水平方向的夹角尽量小。②尽量避免有反射光进入激光器，否则将引起激光器工作不稳定，严禁触摸光学元件的表面。③压强计不可超量程使用，以免被损坏。④对干涉条纹计数时不要接触光学实验平台，以免引起条纹的抖动。⑤实验完成后，将空气放净。

五、预习思考题

1．迈克耳孙干涉仪和马赫–曾德尔干涉仪的区别是什么？各有什么特点？

2．依据迈克耳孙干涉仪的光路特点，各元件在理想放置条件下，激光要回到激光器出射孔。怎么调节光路，能最大限度地使两束相干光近似重合？

3．马赫–曾德尔干涉仪中两束光的方向分别受哪个分束镜或反射镜的控制？若两束光在分束镜 2 中心重合，则如何最简洁地调节使两束光重合？

4．萨格奈克效应是如何产生的？

六、实验报告的要求

1．写明本实验的目的和意义。

2．简述用各干涉仪测空气折射率的原理。

3．详细记录实验过程及进行数据处理。

4．记录实验中发现的问题及解决办法。

5．按要求，通过作图法等处理数据，并分析误差产生的原因。

6．谈谈本实验的收获、体会，并提出改进意见。

七、拓展

1．设计实验，用马赫–曾德尔干涉仪测量液体的折射率。

2．设计实验，用迈克耳孙干涉仪测量铜丝的热膨胀系数。

八、参考文献

[1] 王爱军，唐军杰，吕志清，等. 应用性与设计性物理实验[M]. 北京：中国石化出版社，2019.

[2] 沙定国，林家明，张旭升. 光学测试技术[M]. 北京：北京理工大学出版社，2010.

[3] 何茂刚，何欣欣，张颖，等. 马赫–曾德尔干涉法测量液体折射率的改进[J]. 热科学与技术，2017，16（2）：96-101.

[4] 侯俊江，崔景闯，林峰，等. 用迈克耳孙干涉仪测量金属的线膨胀系数[J]. 大学物理实验，2016，29（6）：81-82.

[5] 赵建林，李恩普，杨德兴，等. 一种测量透明液体折射率的干涉折射计[J]. 西安航空技术高等专科学校学报，2000，18（1）：1-3.

实验 12–4　压电陶瓷的特性及振动的干涉测量

压电效应在 20 世纪 40 年代已经发展成为物理学的一个重要分支。具有压电效应的压电材料是实现机械能与电能相互转化和耦合的一类重要的功能材料，包括压电单晶、压电陶瓷、压电薄膜和压电高分子等。目前，压电材料的发展极为迅速，其应用越来越广泛，已经深入电子技术、光学、超声、精密机械和引燃引爆等各个领域。压电陶瓷是市场上最主要的压电材料之一，常用的压电陶瓷有钛酸钡系、锆钛酸铅二元系及在二元系中添加第三种 ABO_3（A 表示二价金属离子，B 表示四价金属离子或几种离子总和为正四价）型化合物，如由 $Pb(Mn_{1/3}Nb_{2/3})O_3$ 和 $Pb(Co_{1/3}Nb_{2/3})O_3$ 等组成的三元系。如果在三元系上再加入第四种或更多的化合物，可组成四元系或多元系压电陶瓷。此外，还有一种偏铌酸盐系压电陶瓷，如偏铌酸钾钠（$Na_{0.5}\cdot K_{0.5}\cdot NbO_3$）和偏铌酸锶钡（$Ba_x\cdot Sr_{1-x}\cdot Nb_2O_5$）等，它们不含有毒的铅，对环境保护有利。

压电陶瓷具有压电性、介电性及弹性性质，其中压电性是最重要的特性。在电场的作用下其几何尺寸会发生微小变化，每伏·厘米的变化量通常在 Å 量级，可以制作理想纳米级微位移驱动器。压电陶瓷驱动器具有体积小、位移分辨率高、响应快、功耗小、无噪声及不受磁场干扰等优点，在生物医学、精密光学、微机械电子技术等超微小尺寸的操控领域中得到广泛应用。压电陶瓷的压电特性的测量研究对探索材料的压电机制、开发新型材料，以及改进和充分利用现有材料都具有十分重要的意义。本实验采用激光干涉的方法，对压电陶瓷的压电常数、迟滞特性和动态位移响应特性进行了研究，因而对压电陶瓷的压电特性及微小位移量的测量方法和手段有了比较深入的了解与认识。

一、实验目的和要求

1．了解压电功能材料的压电特性、迟滞特性和动态位移响应特性。

2．熟练掌握用迈克耳孙干涉法测量微小长度及位移量。

3．测量压电陶瓷的压电常数及非线性迟滞曲线。

4．观察研究压电陶瓷振动的频率响应特性。

二、基础理论及启示

1．压电陶瓷的压电特性

压电陶瓷的压电特性包括正压电性和逆压电性。正压电性是指某些电介质在机械外力作用下，电介质内部正、负电荷中心发生相对位移而引起极化，从而导致电介质两端表面内出现符号相反的束缚电荷。在外力不太大的情况下，其电荷密度与外力成正比，遵循公式

$$\boldsymbol{\delta} = \boldsymbol{dT} \tag{7-43}$$

式中，$\boldsymbol{\delta}$ 为面电荷密度，$\boldsymbol{d}$ 为压电应变常数，$\boldsymbol{T}$ 为伸缩应力。

反之，当给具有压电性的电介质加上外电场时，电介质内部正、负电荷中心发生相对位移而被极化，由此位移导致电介质发生形变，这种效应称为逆压电性。当电场不是很强时，形变与外电场呈线性关系，遵循公式

$$\boldsymbol{x} = \boldsymbol{d}_{\mathrm{t}}\boldsymbol{E} \tag{7-44}$$

式中，$\boldsymbol{d}_{\mathrm{t}}$ 为逆压电应变常数，即 $\boldsymbol{d}$ 的转置矩阵；$\boldsymbol{E}$ 为外加电场；$\boldsymbol{x}$ 为应变。

压电效应的强弱反映了晶体的弹性性能与介电性能之间的耦合程度，用机电耦合系数 K_{31} 表示，遵循公式

$$d_{31} = K_{31}\sqrt{S_{11}\varepsilon_{33}} \tag{7-45}$$

式中，d_{31} 为压电常数，ε_{33} 为介电常数，S_{11} 为柔顺系数。

利用正压电效应或者逆压电效应测量压电陶瓷的压电常数的方法有很多，目前常用的一种测量 d_{31} 的方法就是通过动态线路传输法测出压电陶瓷的共振频率和反共振频率，确定弹性柔顺系数 S_{11} 和机电耦合系数 K_{31}，用电桥测出在机械自由状态下的电容，确定介电常数 ε_{33}，由式（7-45）便可算出压电常数。但测量过程中用的仪器多，测量工序复杂，同时这种间接测量和计算也容易带来一些不应出现的误差。

由式（7-45）推导出 d_{31} 的定义表达式为

$$d_{31} = \frac{\partial S_1}{\partial E_3} = \frac{\dfrac{\Delta l_1}{l_1}}{E_3} = \frac{\dfrac{\Delta l_1}{l_1} l_3}{E_3 l_3} = \frac{\Delta l_1 l_3}{V_3 l_1} \tag{7-46}$$

式中，l_3 为极化方向的厚度，l_1 为垂直于极化方向的长度。

若能测量出外加电场后压电陶瓷的微小位移，则压电常数就可依据定义式而获得。

2．压电陶瓷的迟滞特性

压电陶瓷的迟滞特性是指升降电压时电压-位移特性曲线不同，存在着回差，即压电陶瓷升压曲线和降压曲线之间存在位移差，称为迟滞现象。压电陶瓷的迟滞环是不对称的，即上升轨迹和下降轨迹之间没有对称轴。这是由外界机械偏置使压电陶瓷产生固有的极化，而该固有的极化叠加在外电场引起的极化上造成的。为了有效地减小迟滞，在要求速度较高的场合常采用的方法是从 PZT 内部解决，即采取极化处理，可以改善电压-位移特性。

一般认为压电陶瓷在电场作用下同时具有电致伸缩效应、逆压电效应和铁电效应，3 种效应的位移机制及对位移的贡献不同。其中，电致伸缩效应对位移的贡献微弱，可不计，而逆压电效应是线性的，所以压电陶瓷的迟滞与非线性主要由铁电效应引起。一般在电压较高时才考虑非线性的迟滞曲线。压电陶瓷的驱动电压幅值、驱动电压频率、驱动循环次数和晶片厚度都是非线性迟滞特性的影响因素。

3. 压电陶瓷的动态位移响应特性

近年来，压电陶瓷在光盘驱动器、计算机硬盘驱动器、光通信器件等动态控制方面的应用越来越广泛，特别是在一些动作速度较快的场合，这就要求它还应有位移响应快、频谱平坦的特点，因此对压电陶瓷的动态位移响应特性的研究也越来越受到重视。测量压电陶瓷的动态位移响应特性通常是根据多普勒效应用单激光束进行测试的。比较压电陶瓷在不同频率下的动态位移特性和静态位移特性，如果其动态位移峰值和静态位移峰值一致，则说明其动态位移量不随频率变化，压电陶瓷的位移能随电场的变化而产生位移。

4. 激光干涉法研究压电陶瓷原理

整个实验过程在迈克耳孙干涉仪上进行，压电陶瓷干涉测量示意图如图 7-27 所示。其特点是当反射镜移动半个波长时，光程差改变一个波长，干涉条纹移动一条，因此，可以根据干涉条纹的移动确定反射镜的位移量或压电陶瓷的伸缩量。

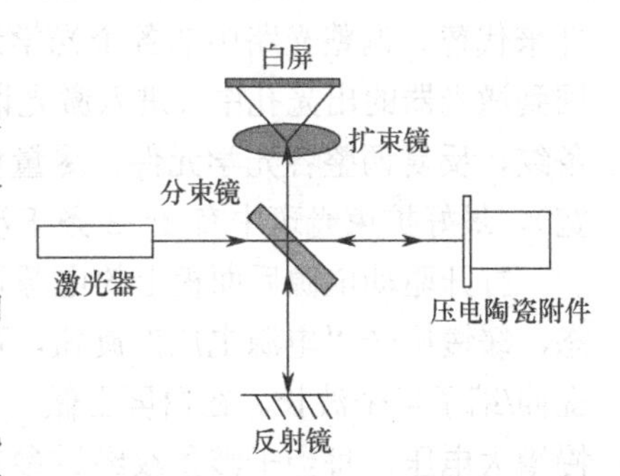

图 7-27 压电陶瓷干涉测量示意图

在研究压电陶瓷的振动及动态位移响应特性时，压电陶瓷在三角波驱动电压的作用下做受迫振动，振动周期等于三角波驱动电压的周期 T（可以从示波器上读出来），振幅为反射镜在 $T/2$ 内路程的一半。只要知道干涉条纹信号波形与驱动电压信号波形的半个周期相对应的完整波形数，就可以知道压电陶瓷做受迫振动的振幅，因为一个完整波形表示干涉条纹移动了一条，反射镜移动了半个波长。压电陶瓷在某点的振动速度可以用包含该点的某时间段（可以取为干涉条纹信号波形上包含该点的半个完整波形）内的平均速度来代替。由于在半个完整波形所对应的时间（可以从示波器上读出来）内干涉条纹移动了半条，反射镜移动了 1/4 个波长，因此可以近似求出压电陶瓷在该点的振动速度。以半个周期为例：如图 7-28 所示，在半个驱动电压的周期内，下面的波形中一共大约有 3.5 个完整波形，表示反射镜移动了 $3.5\times(\lambda/2)$的距离，而半个周期内反射镜移动的路程是振幅的 2 倍，所以压电陶瓷振动的振幅为 $3.5\times(\lambda/2)/2$。从波形中取包含该点的半个完整波形，读出半个完整波形所对应的时间 t。由于在半个完整波形所对应的时间内，反射镜移动了 $\lambda/4$，因此反射镜在这个微小位移内的平均速率为$(\lambda/4)/t$。

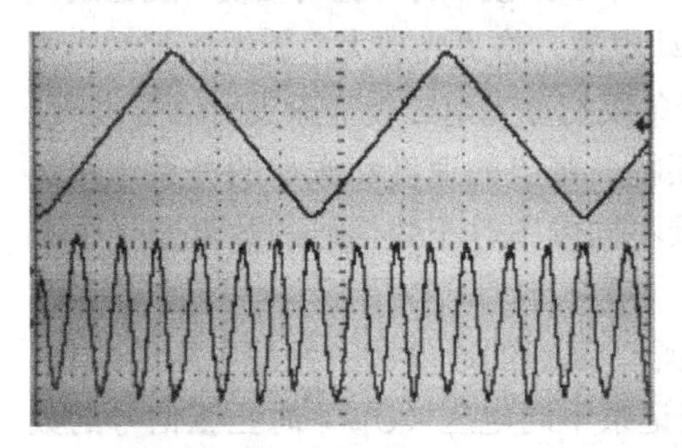
图 7-28 驱动电压及光电探头接收信号波形

三、主要的实验仪器与材料

主要的实验仪器与材料包括：光学隔振平台 600mm×400mm×50mm 1 个、半导体激光器

（650nm，4mW）+二维调整架 1 套、分束镜 1 套、反射镜 1 套、压电陶瓷附件 1 套、二维可调扩束镜 1 套、白屏 1 个、驱动电源 1 套、光电探头 1 套、磁性开关表座 7 个、信号线 2 根、示波器（双踪，20MHz）1 台。

本实验采用的压电陶瓷为管状（长 40mm、厚 1mm），在内、外壁上分别镀有电极，以施加电压，在管的一端安装反射镜，在迈克耳孙干涉仪中可以作为一个反射臂。

四、实验内容与步骤提示

1．测量压电陶瓷的压电常数

将驱动电源分别与光电探头、压电陶瓷附件和示波器相连。其中，压电陶瓷附件接驱动电压插口，示波器 CH1 接驱动电压波形插口（此接口的信号已衰减约 1/10），光电探头接光电探头插口，示波器 CH2 接光电探头波形插口。

按图 7-27 在光学隔振平台上搭建一套迈克耳孙干涉仪，其中的一个反射镜用压电陶瓷附件来代替。调整光路中的各个光学元件，使两束反射光通过分束镜合并后尽量重合，且不要回到激光器的出光孔中（进入激光谐振腔的激光会使激光器工作不稳定）。观察白屏上的干涉条纹，反复调整各光学元件，尽量使干涉条纹变宽（两束光基本重合后，夹角越小，条纹越宽），最好扩束光斑中有 2～3 条干涉条纹。

打开驱动电源后面板上的电源开关，将前面板上的波形开关置于左侧的“—”（直流）状态，缓慢旋转“电源电压”旋钮，可发现条纹随之移动，每移动一条干涉条纹，代表压电陶瓷伸/缩了半个波长。在白屏上做一个参考点，将直流驱动电压降到最低，等条纹稳定后，缓慢增大电压，每当干涉条纹经过参考点时，记录相应的电压值。直流驱动电压达到最大后，再降压并记录相应的电压值。

根据以上数据，作出电压–位移特性曲线，求出平均压电常数。

2．压电陶瓷压电常数及位移的动态响应特性研究

取下白屏，换上光电探头，打开示波器，将示波器设置成双踪显示。将驱动电源前面板上的波形开关置于右侧的“～～”（交流）状态，这时示波器 CH1 通道会出现三角波形。调节示波器横坐标刻度系数，使示波器的液晶显示屏上出现 1～2 个三角波。将“驱动幅度”旋钮旋到适当，以不超过最大驱动幅度的 1/2 为宜，以免损伤驱动电源。将“光放大”旋钮旋到适当，这时 CH2 通道有一系列类似于正弦波的波形，此为干涉条纹扫过光电二极管探头的信号。

（1）测量相同电压下压电常数、压电陶瓷振动的振幅、某点的速度和频率的关系，用作图法处理数据。在相同的三角波驱动电压下，列表记录不同频率时正弦信号的数量及半个正弦波形对应的时间（t）。

（2）测量相同频率下压电常数、压电陶瓷振动的振幅、某点的速度和三角波电压的关系，用作图法处理数据。在相同的三角波驱动频率下，列表记录不同电压（U_{PP}）时正弦信号的数量及半个正弦波形对应的时间（t）。

3．压电陶瓷迟滞特性研究

在高精度的测量和控制等系统中需要精确知道不同电压范围内的压电常数 d_{31}，这就要求给出更小电压范围内的压电常数，以及需要给出一定电压范围内的位移–电压特性曲线，即迟

滞曲线。当驱动电压超过定值时，压电陶瓷两端的位移随施加的电压发生非线性变化。

在一定频率下，在确定的起点电压及伸长位移下，分别测量升压和降压过程中条纹移动数目与外加电压（U_{PP}）的关系，并记录。作出电压–位移特性曲线，并判断是否发生迟滞现象。

五、预习思考题

1．依据迈克耳孙干涉仪的光路特点，怎样进行光路调节能最大限度地使两束相干光近似重合？

2．压电陶瓷伸缩量大小与条纹移动级数有何关系？

3．运用压电常数 d_{31} 定义的理论公式，结合干涉法中压电陶瓷伸缩量与条纹移动数的关系，理论推导出直流驱动电压下压电常数与条纹移动数的关系。

4．若存在非线性迟滞特性，则怎样计算压电陶瓷的压电常数？

5．理论推导三角波驱动电压下压电常数与类正弦信号波的关系。

六、实验报告的要求

1．写明本实验的目的和意义。

2．简述激光干涉法测量压电常数、动态位移响应特性和迟滞特性的原理。

3．详细记录实验过程及数据处理。

4．记录实验中发现的问题及其解决办法。

5．用作图法处理数据，并对实验结果进行分析、研究和讨论，主要包括压电常数的影响因素及迟滞特性发生的条件。

6．谈谈本实验的收获、体会，并提出改进意见。

七、拓展

1．能否用马赫–曾德尔干涉仪测量压电陶瓷的压电常数及振动特性？并说明原因。

2．用干涉法测量压电陶瓷的动态频率响应特性。

八、参考文献

[1] 李书民，唐军. 应用迈克耳孙干涉仪研究压电陶瓷的特性[J]. 物理实验，2008，28（6）：42-43，46.

[2] 黄伟朝，虢淑芳. 利用迈克耳孙干涉仪测量压电陶瓷的压电常数[J]. 科研，2015，30：281-304.

[3] 吴寿强. 对压电陶瓷微振动干涉测量装置的研究[J]. 闽江学院学报，2006，27（5）：62-66.

[4] 王东，孙文斌. 光干涉法测量压电陶瓷压电特性[J]. 压电与声光，2011，33（6）：927-930，934.

[5] 易迎彦，周泽兵. 压电陶瓷压电特性的激光调制法测量研究[J]. 应用光学，2004，25（3）：27-32.

[6] 孙宝光，杨文艳，程文德. 直流驱动电压下的压电陶瓷特性研究[J]. 压电与声光，2015，37(4)：643-645.

[7] 江惠民，江群会. 迈克耳孙干涉仪在压电陶瓷材料中的应用[J]. 中国陶瓷，2002，38（5）：34-35.

[8] 王春雨. $PbZrTiO_3$ 压电陶瓷迟滞特性及控制研究[D]. 长春：长春理工大学，2009.

[9] 王爱军，唐军杰，吕志清，等. 应用性与设计性物理实验[M]. 北京：中国石化出版社，2019.

[10] 吴新民，陈进榜，朱日宏，等. 用干涉法测量压电陶瓷的动态频率响应特性[J]. 红外与激光工程，2002，31（3）：257-260.

[11] 范素华. 王培吉. 激光干涉法测压电陶瓷的压电常数 d_{31}[J]，应用光学，1997，18（4）：30-32.

第八章　传感器的特性与应用研究

实验 13　温度传感器的制作、特性与应用

实验 13–1　AD590 集成温度传感器的特性与应用研究

温度是一个重要的热学物理量，在科研和生产中起着至关重要的作用，比如物理学、化学与流体力学等学科研究都离不开对温度的测量和控制，许多工业、农业产品的质量和产量也与温度密切相关。温度测量离不开温度传感器，它们的种类很多，按原理和物理效应大致可分为电阻式传感器（铂电阻等）、PN 结式传感器（热敏二极管、集成温度传感器等）、热电式传感器（热电偶等）、辐射式传感器（光电高温计等）及其他（超声波温度传感器等）。人们一般根据精度要求、使用寿命及成本等条件来选择合适的传感器。

集成温度传感器是将温敏晶体管与相应的辅助电路集成在同一块芯片上的精密集成化传感器。该仪器具有由温度变化而引起的输出量的变化呈良好线性关系、互换性好、不需辅助电源、抗干扰能力强、精度高、互换性好和成本低等优点，因此在日常家电、科研和工业中得到广泛应用。集成温度传感器按输出量的不同，可分为电压型和电流型两大类。电压型集成温度传感器具有输出阻抗低、易于和控制电路接口等优点，灵敏度一般为 10mV/K，温度 0℃时输出为 0V，可用于温度监测等。电流型集成温度传感器的准确度更高，AD590 是典型的代表，目前该传感器常被用于 55～150℃范围内的温度检测、控制和热电偶的冷端补偿等。

一、实验目的和要求

1．了解 AD590 的基本特性和工作原理。
2．测量恒温时 AD590 的伏安特性，确定输出电流与温度呈线性关系的最小工作电压。
3．掌握 AD590 输出电流与温度关系的测量方法。
4．用 AD590 设计并组装数字式温度计，并做简单校准。

二、基础理论及启示

1．AD590 的功能及特性

AD590 为两端式集成温度传感器，其外形结构如图 8-1 所示，采用金属壳 3 脚封装，其中 1 脚为电源正端“+”，2 脚为电流输出端“–”，3 脚为管壳接地端，一般不用。AD590 的电路符号如图 8-2 所示。

AD590 的主要特性参数如下：①工作电压范围为 4～30V，且可承受 44V 正向电压和 20V 反向电压；②输出电阻为 710MΩ；③精度高，AD590 共有 I、J、K、L 和 M 五挡，其中精度

最高的 M 挡在 55～150℃范围内的非线性误差仅为±0.3℃；④在工作电压范围内，输出电流与温度满足线性关系 $I=Bt+A$，其中 I 为输出电流（单位：μA），t 为摄氏温度，A 为 0℃时的电流值（其值恰好与冰点的热力学温度 273.15K 相对应），斜率 B 为灵敏度（设计上要求 B=1μA/K，即温度升高或降低 1K，传感器的输出电流增大或减小 1μA）。

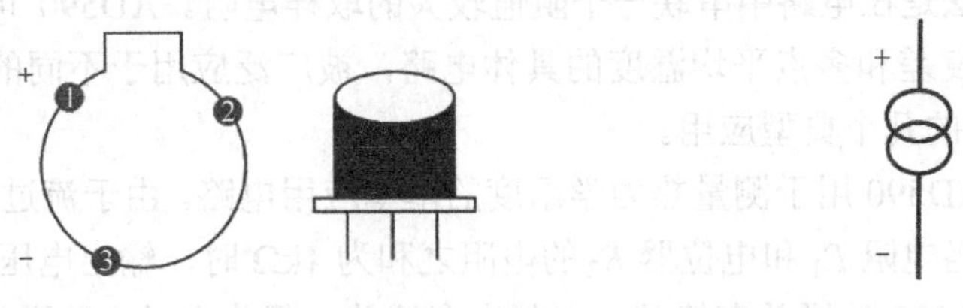

图 8-1　AD590 外形结构　　　　图 8-2　AD590 的电路符号

在一定温度下 AD590 的伏安特性具有以下规律：当 AD590 两端电压（U）小于某一电压（U_T）时，通过 AD590 的电流线性增大；然而若 $U \geqslant U_T$，则流过 AD590 的电流恒定，不再随两端电压的变化而变化。U_T 即为此温度下 AD590 线性使用时的最小电压。

2. AD590 的工作原理

集成温度传感器实际上是一种半导体集成电路，它利用硅晶体管的基本性能实现与温度成正比这一特性，二极管的基本方程为

$$I = I_S(e^{\frac{qU_{BE}}{kT}} - 1) \approx I_S \cdot e^{\frac{qU_{BE}}{kT}} \tag{8-1}$$

式中，I 为通过二极管的电流，I_S 为二极管的反向饱和电流，U_{BE} 为二极管端电压，q 为电子电量，k 为玻尔兹曼常数，T 为热力学温度。

可得

$$U_{BE} = \frac{kT}{q}\ln\frac{I}{I_S} \tag{8-2}$$

由式（8-2）可知，U_{BE} 与热力学温度 T 成正比，AD590 正是利用晶体管的 B–E 结压降的不饱和值 U_{BE} 与热力学温度 T 和通过发射极电流 I 的上述关系实现对温度的检测的。

图 8-3 是基于 ΔU_{BE} 特性的 AD590 基本电路。T_1、T_2 使左右两支路的集电极电流 I_1 和 I_2 相等，起恒流作用；T_3、T_4 是感温用的晶体管，两个晶体管的材质和工艺完全相同，但 T_3 实际上是由 n 个晶体管并联而成的，因而其结面积是 T_4 的 n 倍。T_3 和 T_4 的发射结电压 U_{BE3} 和 U_{BE4} 经反极性串联后加在电阻 R 上，所以 R 上的端电压为 ΔU_{BE}，通过 R 的电流 I_3 为

$$I_3 = \frac{\Delta U_{BE}}{R} = \frac{kT}{qR}\ln n \tag{8-3}$$

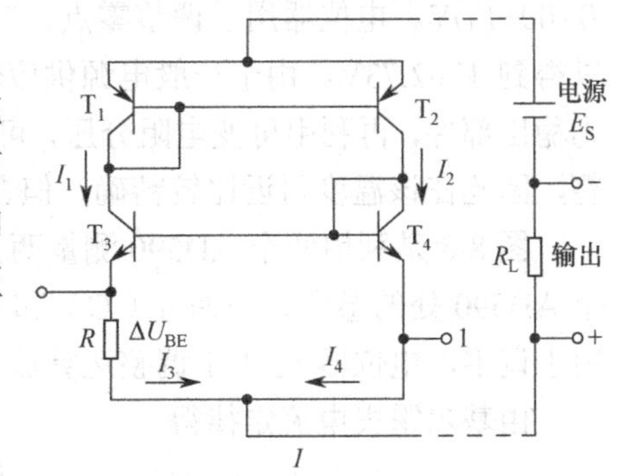

图 8-3　AD590 基本电路

式中，k 和 q 分别为玻尔兹曼常数和电子电量，n=8。

电路的总电流与热力学温度 T 成正比，将此电流引至负载电阻 R_L 上便可得到与 T 成正比的输出电压。由于利用了恒流特性，因此输出信号不受电源电压和导线电阻的影响。图 8-3 中的电阻 R 是在硅板上形成的薄膜电阻，该电阻已用

激光修正了其电阻值，因而在基准温度下可得到 1μA/K 的 I 值。

3. AD590 的应用

AD590 虽然是电流型集成温度传感器，但由于其产生的电流不便测量，因此往往把电流转换成电压，其方法是在电路中串联一个阻值较大的取样电阻。AD590 可测量热力学温度、摄氏温度、两点温度差和多点平均温度的具体电路，被广泛应用于不同的温度控制场合，下面介绍 AD590 测温的几个典型应用。

（1）图 8-4 是 AD590 用于测量热力学温度的基本应用电路。由于流过 AD590 的电流与热力学温度成正比，当电阻 R_1 和电位器 R_2 的电阻之和为 1kΩ 时，输出电压 V_0 随温度的变化为 1mV/K。但由于 AD590 的增益有偏差，电阻也有偏差，因此应对电路进行调整。比如在 0℃时，调整电位器使 V_0=273.2mV。进一步地，若将不同测温点上的多个 AD590 串联，可测量不同位置点温度的最低值，如图 8-5 所示。若将多个 AD590 并联，则可确定多个测量点的平均温度，如图 8-6 所示。

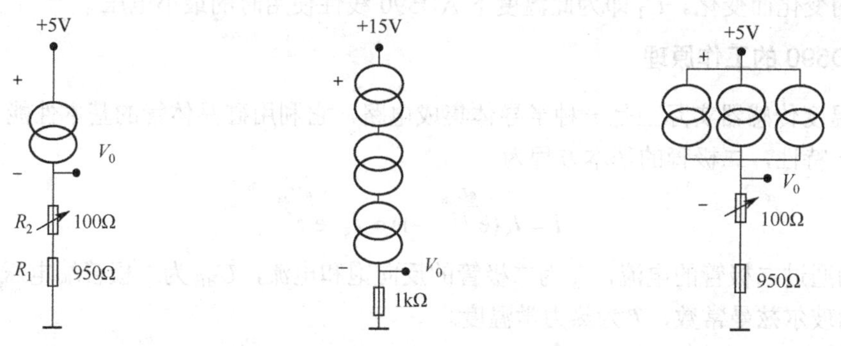

图 8-4 热力学温度测量电路　图 8-5 最低温度测量电路　图 8-6 平均温度测量电路

（2）图 8-7 是 AD590 用于测量摄氏温度的电路。AD590 作为敏感部分把温度变化转换为电流信号变化，运算放大器 A1 作为匹配电路，既避免了分流，又使电压信号 V_{o1} 等于输出电压 V_2。AD590 的输出电流 I=(273+t)μA，其中 t 为摄氏温度数值，因此电压信号 V_{o1}=(273+T)μA×10kΩ=(2.73+T/100)V。V_2 和 V_1 作为差动放大器的两个输入信号，可得到 V_o=10(V_2−V_1)=(2.73+T/100−V_1)V。电位器用于调整零点，在 0℃调整电位器，使输出 V_o=0，根据上述计算公式可以得到 V_1=2.73V。由于一般电源供应较多零件之后电源是带杂讯的，因此使用齐纳二极管作为稳压部件，再利用可变电阻分压，可以把电压信号 V_1 调整至 2.73V。该电路只在 0℃进行调整，因此在该温度附近比较精确，但在温度比较高的情况下有一定的误差。

图 8-8 是利用两个 AD590 测量两点温度差的电路。在反馈电阻为 100kΩ 的情况下，设两个 AD590 处的温度分别为 t_1（℃）和 t_2（℃），则输出电压为(t_1−t_2)100mV/℃。图中电位器 R_1 用于调零，电位器 R_4 用于调整运算放大器 LF355 的增益。

由基尔霍夫电流定律得

$$I + I_2 = I_1 + I_3 + I_4 \tag{8-4}$$

由运算放大器的特性知

$$I_3 = 0 \tag{8-5}$$

$$V_A \approx 0 \tag{8-6}$$

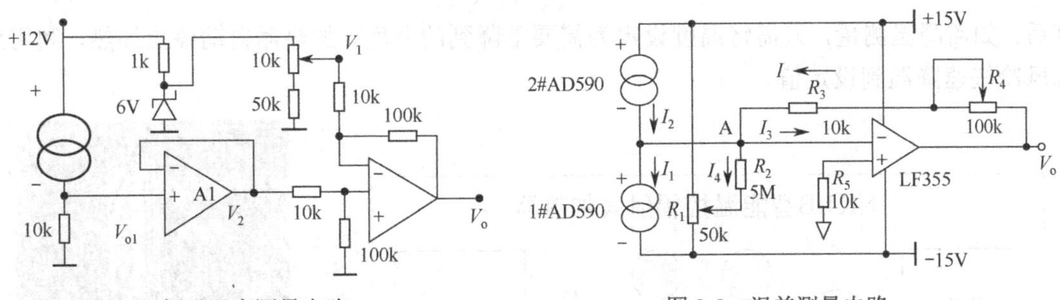

图 8-7　摄氏温度测量电路　　　　图 8-8　温差测量电路

调节调零电位器 R_1 使

$$I_4 = 0 \tag{8-7}$$

由式（8-4）～式（8-7）可得 $I=I_1-I_2$。

设 R_4=90kΩ，则有

$$V_o = I(R_3 + R_4) = (I_1 - I_2)(R_3 + R_4) = (t_1 - t_2)100(\text{mV/℃}) \tag{8-8}$$

由式（8-8）可知，通过改变 R_3+R_4 的值可以改变 V_o 的大小。

三、主要的实验仪器与材料

主要的实验仪器与材料包括：NKJ-B 智能温控辐射式加热器、直流稳压电源、ZX-21 型直流多值电阻箱（3 个）、UT39A 数字万用表（电压挡）、AD590 电流型集成温度传感器、滑线变阻器（100Ω、3A）、单刀双掷开关、单刀开关、导线若干。

NKJ-B 智能温控辐射式加热器采用新式热惯性小的加热管辐射加热，借助直接照射、反射面反射和二次辐射等，在风冷降温作用下，使加热器中心的温度场具有很好的均匀性。采用智能温控，应用模糊规则进行 PID 调节，利用电压表和指示灯的明暗变化指示加热管两端所加脉冲电压的大小，内置常用热电偶和热电阻（Cu50、Pt100）的非线性校正数据，自动进行数字校正，使加热器的温度在设定值的 0.1～0.2℃范围内基本保持恒定。

NKJ-B 智能温控辐射式加热器前面板如图 8-9 所示，装置如图 8-10 所示。图 8-9 中，智能温度表用来设置温度、显示温度；电源开关接通装置工作电源；温控开关拨向上方时加热器加热，加热指示灯亮，拨向下方时停止加热；风冷按键按下时风机运转，上方指示灯亮；T1、T2 为输出选择端口，拨向 T1，接通 T1 输出端口（后面板），拨向 T2，接通 T2 为输出端口（后面板）；电压表用来瞬时指示加热管两端所加脉冲电压的大小。图 8-10 中加热腔上方有三个插孔，中间孔插入实时温度显示用的铂电阻 Pt100，余下两个孔可同时分别插入两个待测温度的传感元件，它们的引线连接仪器背面的相应插孔，再通过相应连接线接入供电电路中。加热腔下方的主机右侧有一个电位器调节杆，用来调节加热电压的大小以改变加热速率。由于该加热器在出厂时已做过温度校正工作，因此不允许随意调节电位器。

智能温度表面板主要有以下按键：功能键（兼参数设置进入）；小数点移位；数据减少键；数据增加键；SV 为温度设定窗，PV 为实际温度显示窗。

温度设定方法：接通电源，短按功能键，SV 窗中数字位的小数点闪动，小数点前的数字为可变值，按可确定需改变的数字，、分别为减、增数字键。设定好温度后，如果设定值高于环境温度，将温控开关拨向上方即接通加热器电源。在设定温度开始加热前，应先打开风机工作电源使风机运转，保证辐射加热场均匀。在加热升温到最大设定温度后，如需降温测量，只需将温度设定为需要下降到的温度，加热器自动停止加热，利用风机风冷快速降温到设定值。

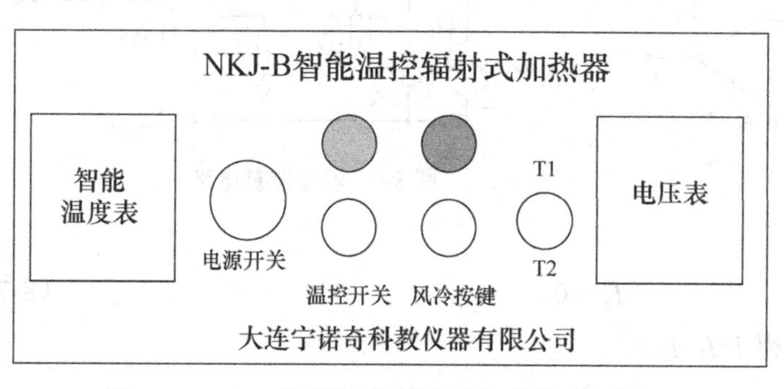

图 8-9 NKJ-B 智能温控辐射式加热器前面板

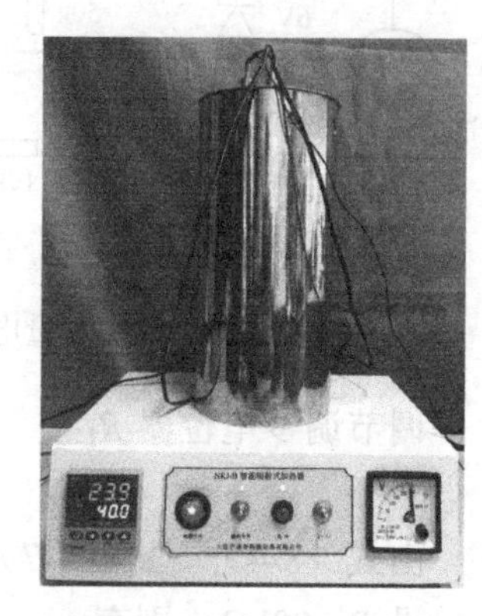

图 8-10 NKJ-B 加热器装置

四、实验内容与步骤提示

1. 室温时 AD590 的伏安特性测量

利用所给实验仪器画出测量室温时 AD590 伏安特性的电路图（单刀双掷开关起换向分别测 AD590 和取样电阻端电压的作用）。

将 NKJ-B 智能温控辐射式加热器调整到使用状态。Pt100、AD590 置于加热腔内，其相应输入、输出引线位置正确。接通加热器的工作电源，记录环境温度值。

依设计的电路图连接线路，注意 AD590 的正、负极性不要接错，取样电阻 R=10kΩ，将滑线变阻器置于安全位置，调节电源输出为 10V。逐步调节滑线变阻器并合理记录 AD590 两端电压 U_A，通过单刀双掷开关换接测量 U_A 变化过程中对应的电阻 R 的两端电压 U_R。

以 U_A 为横坐标、电流 I 为纵坐标，在直角坐标纸上作出 AD590 的伏安特性曲线，描述 I 随 U_A 的变化规律，并从曲线上确定该温度下 AD590 线性使用的两端最小电压。

2. AD590 的温度特性测量

上述电路也适用于 AD590 的温度特性测量，电路中的参数同上。依照 AD590 的工作电压范围调节变阻器的阻值大小，以保证在不同温度时 AD590 均可线性使用。

从 65℃开始，逐次将加热器温度设定降低 5℃。待温度稳定后，记录温度每降低 5℃时的取样电阻两端电压，从而得到不同温度 t 对应的电路中的电流值 I。同时记录不同温度时的 AD590 两端电压，分析 AD590 的阻抗与温度的关系。

用最小二乘法直线拟合处理 I–t 对应数据，得到函数关系式，确定 B、A 值，并计算线性相关系数。

3. 用 AD590 设计并组装 0～65℃数字式温度计

利用 AD590 集成温度传感器的特性，采用非平衡电桥线路，可以制作一台数字式温度计，要求 AD590 器件在 0℃时，电压显示值为 0mV；而当 AD590 器件处于 θ（℃）时，电压显示值为 t（mV）。取 R_1 上电压与 R_2 上的分压差作为 V 的输入。

注意AD590和电压表的正、负极不要接错。根据设计要求，确定电压输出（E用万用表准确测量），保证在整个测温范围内AD590均可线性使用，理论上选择$R_1=R_2=1000\Omega$，并估算R_3的值。根据实际的B值修正R_1，$R_1=1000/B$（Ω）。使AD590温度为0℃，调节比较臂电阻R_3，使电桥平衡，即毫伏表读数为0。至此，数字式温度计设计完成。将加热器加热到60℃后，每降2℃，待温度平衡后读取温度值及数字式温度计的读数值，即电压显示值。

依据测量结果作出校准曲线，并对电桥进行修正，以提高测量精度。

注意：若无法使AD590的温度为0℃，则可在任意温度下，调节比较臂电阻R_3，使毫伏表的读数为该温度值。显然，这样做会带来误差。

五、预习思考题

1．AD590是何种类型的传感器？具有怎样的输出特性？在使用中应注意什么问题？

2．如何将AD590的电流信号转换为电压信号？转换后的电压灵敏度是多少？

3．如何确定测温范围内AD590的正常工作电压？

4．画出AD590数字式温度计非平衡电桥电路图，给出电压表两端各自电位的表达式，并确定数字电压表的正、负极接线位置。

5．非平衡电桥测温度时推导桥臂电阻、总电压、B和A之间的关系，确定R_1的阻值。$R_2=R_1$，E=5V，估算电桥平衡时R_3的理论值。

6．若参数B不是严格等于1.00μA/K，会给温度测量带来什么样的系统误差？请给出具体表达式，说明如何消除参数B带来的系统误差。

7．对非平衡电桥测温度的结果进行修正时，R_1、R_2和R_3三个电阻中哪个需要修改？请给出具体的公式。

六、实验报告的要求

1．写明本实验的目的和意义。

2．简述AD590的基本特性和工作原理。

3．详细记录实验过程及数据，按要求处理数据，并设计、组装0～65℃数字式温度计。

4．对实验中出现的问题及实验结果进行分析和讨论。

5．谈谈本实验的收获、体会，并提出改进意见。

七、拓展

1. 电流型集成温度传感器有哪些特性？与半导体热敏电阻、热电偶等相比，有哪些优点？

2．设计测多点平均摄氏温度的具体电路。

3．用AD590制作一个温差温度计或热力学温度计，画出电路图，并说明调节方法。

八、参考文献

[1] 胡德敬，谢嘉祥，曹正东. 设计性物理实验集锦——创新教育之实践[M]. 上海：上海教育出版社，2002.

[2] 刘燕，张多，赫冀成. AD590集成电路温度传感器应用及问题分析[J]. 控制工程，2006，13S1：218-220.

[3] 张守峰. AD590温度测量电路分析与设计[J]. 工业技术与职业教育，2013，11（3）：3-4.

[4] 贺梅英. 工科院校物理设计性实验之 AD590 组装成数字温度计的几点思考[J]. 宁波工程学院学报，2014，26（3）：76-81.

[5] 魏健宁，余剑敏，谢卫军. 大学物理实验（下册）——综合设计性实验[M]. 武汉：华中科技大学出版社，2011.

实验 13-2 NTC 型热敏电阻温度的特性与体温计设计

温度是一个基本物理量，因此在生活、生产和科研中，温度的测量和控制技术应用得十分广泛。数字式温度计读数方便，多种温度传感器的制备适应不同要求，又易于与控制电路或计算机连接，因此得到越来越多的应用。数字式温度计通常由热电式传感器、转换及放大电路、数字显示电路等组成。其中，热电式传感器是利用一些金属、合金或半导体材料与温度有关的特性制成的，常用的有热电偶、热电阻、热敏电阻、半导体 PN 结及集成温度传感器等。

一般把金属热电阻称为热电阻，把半导体热电阻称为热敏电阻。热敏电阻是利用半导体材料的电阻率随温度变化而显著变化的特性来测量温度的。根据电阻率随温度变化的不同特性，热敏电阻可分为 NTC、CTC 和 PTC 三种类型。热敏电阻主要具有以下优点：①灵敏度较高，因其电阻温度系数要比金属大一个或两个数量级，能检测出 10^{-6}℃数量级的温度变化；②工作温度范围宽，常温器件适用于−55～315℃，高温器件的适用温度高于 315℃（目前最高可达到 2000℃），低温器件适用于−273～−55℃；③体积小、热惯性小和响应快，现在珠状或松叶状热敏电阻的直径已能控制到 0.5mm 以下，感温时间可控制至 10s 以下；④易加工成复杂的形状，产品已系列化，电阻值可在 0.1～100kΩ 范围为任意选择，便于使用。然而，它也有一些缺点：①阻值与温度的关系非线性严重，测温精度低；②元件的一致性差，互换性差；③元件易老化，稳定性较差；④除特殊高温热敏电阻外，绝大多数热敏电阻仅适用于 0～150℃范围。热敏电阻被广泛应用于家用电器、通信、医疗、测试和工业电子设备等领域的测温、控温、温度补偿、自动增益控制和热敏开关等方面。

一、实验目的和要求

1. 了解 NTC 等各类热敏电阻的温度特性。
2. 进一步掌握非平衡电桥电路的原理，并基于此制作热敏电阻温度计。
3. 利用热敏电阻 R_t 与 t^{-1} 之间的关系，设计数字式体温计。
4. 设计并组装一台热敏电阻体温计（温度范围：35～42℃），并对测量误差进行修正。

二、基础理论及启示

热敏电阻是用半导体材料制成的热敏器件，大致有以下 3 类：NTC（Negative Temperature Coefficient，负温度系数）型热敏电阻；PTC（Positive Temperature Coefficient，正温度系数）型热敏电阻；CTC（Critical Temperature Coefficient，临界温度系数）型热敏电阻。这 3 种热敏电阻的温度特性曲线如图 8-11 所示。热敏电阻的结构和符号如图 8-12 所示。

1. NTC 型热敏电阻特性

NTC 型热敏电阻是指随温度的上升电阻按指数减小、具有负温度系数的热敏电阻材料。

该材料是利用锰、铜、钴、铁、镍、锌等两种或两种以上的金属氧化物进行充分混合、烧结等工艺而制成的半导体陶瓷，其电阻率和材料常数与材料成分比例、烧结参数及结构状态都有关。还出现了以碳化硅、硒化锡和氮化钽等为代表的非氧化物系 NTC 型热敏电阻材料。

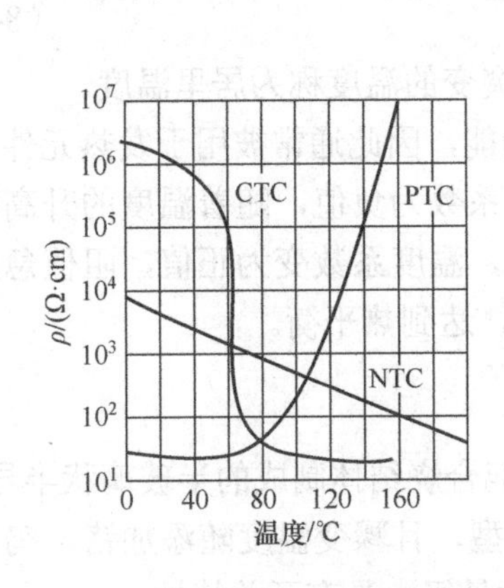

图 8-11 三种热敏电阻的温度特性曲线

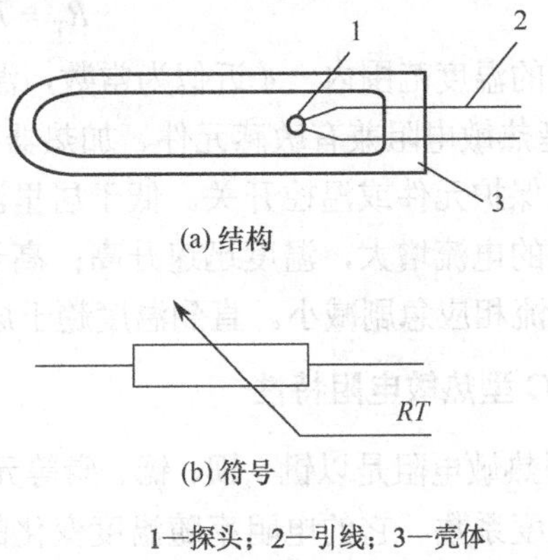

1 2 3

(a) 结构

RT

(b) 符号

1—探头；2—引线；3—壳体

图 8-12 热敏电阻的结构和符号

NTC 型热敏电阻的温度特性符合指数规律，在不太宽的温度范围（小于 450℃）内，热敏电阻的电阻 R_T 与热力学温度 T 满足

$$R_T = R_0 e^{B\left(\frac{1}{T}-\frac{1}{T_0}\right)} \tag{8-9}$$

式中，R_T、R_0 分别为温度 T、T_0 时的电阻值，B 为材料常数。一般情况下 B 为 2000～6000。

依据热敏电阻温度系数的定义，NTC 型热敏电阻的温度系数为

$$\alpha(T) = \frac{dR_T}{R_T dT} = -\frac{B}{T^2} \tag{8-10}$$

由式（8-10）可见，$\alpha(T)$随温度的降低而迅速增大，因此热敏电阻的非线性十分显著，在使用时一般要对其进行线性化处理。表示温度系数时要注明温度值，通常以 25℃来表示。

对式（8-9）两边取对数，则有

$$\ln R_T = B\left(\frac{1}{T}-\frac{1}{T_0}\right)+\ln R_0 \tag{8-11}$$

由式（8-11）可见，$\ln R_T$ 与 $1/T$ 呈线性关系，作 $\ln R_T - 1/T$ 直线，此直线斜率即为 B，代入式（8-10）可算出 $\alpha(T)$。

NTC 型热敏电阻器被广泛地应用于工业控制、家用电器等领域的测温、控温、温度补偿和时间延迟等方面。随着新材料、新技术的不断进步，NTC 型热敏电阻新品已逐步改善了测温精度低等缺点，应用前景更加广泛。

注意：①热敏电阻只能在规定的温度范围内工作，否则会破坏元件性能的稳定性；②作为温度传感器，同样应尽量避免热敏电阻自身发热，因此流过热敏电阻的电流必须很小。为减小热敏电阻自身发热所带来的影响，流过热敏电阻的电流不能超过 300μA。

2. PTC 型热敏电阻特性

PTC 型热敏电阻是以 $BaTiO_3$、$SrTiO_3$、$PbTiO_3$ 为主要成分的烧结体，其中掺入微量的 Nb、Ta、Bi、Sb、Y、La 等的氧化物进行原子价控制而使之半导化，别称为半导瓷。同时还添加

Mn、Fe、Cu、Cr 的氧化物和起其他作用的添加物，增大其正电阻温度系数。在某一温度电阻急剧增大之前，其电阻-温度特性近似满足式（8-9），在电阻突变后，温度系数变为正，温度特性近似满足

$$R_T = R_0 e^{A(T-T_0)} \tag{8-12}$$

在一定的温度范围内，A 近似为常数，温度特性发生突变的温度称为居里温度。

PTC 型热敏电阻兼有敏感元件、加热器和开关三种功能，因此通常被用于发热元件、恒温器、限流保护元件或温控开关。低于居里温度时，温度系数为负值，随着温度的升高阻值下降，流过的电流增大，温度迅速升高；高于居里温度时，温度系数变为正值，阻值急剧增大，电路电流相应急剧减小。直到温度趋于居里温度附近，达到热平衡。

3．CTC 型热敏电阻特性

CTC 型热敏电阻是以钒、钡、锶、磷等元素氧化物的混合烧结体制成的半玻璃状半导体，具有负的温度系数，它的电阻率随温度变化的特性属剧变型，且骤变温度随添加锗、钨、钼等的氧化物而变。在居里温度附近，阻值突变达 2～4 个数量级，具有开关特性。

三、主要的实验仪器与材料

主要的实验仪器与材料包括：NKJ-B 智能温控辐射式加热器、NTC 型热敏电阻（35℃时阻值约为 6.4kΩ）、可调直流稳压电源（0～5V）、数字万用表（电压挡）、ZX-24 型电阻箱（2 个）、单刀双掷开关、导线等。

NKJ-B 智能温控辐射式加热器的结构和使用方法的详细介绍见实验 13-1。

四、实验内容与步骤提示

1．测量 NTC 型热敏电阻的温度特性

设计恒压源电流法测量电阻温度特性的电路，画出实验电路图，并标明各元件的参数。当温度一定时，若热敏电阻 R_T 和定值电阻 R_1 串联，则流过各电阻的电流为 $I_1=U_1/R_1$，测量 R_T 端电压 U_T 可知它的阻值（$R_T=U_T/I_1$）。打开电源开关，在 NKJ-B 智能温控辐射式加热器中正确放置热敏电阻，按电路图连线，在加热器控温过程中分别测量 R_T 和 R_1 两端电压与温度的对应关系。

在计算机上用最小二乘法软件求出 R_T 与 t^{-1} 之间的关系，并分析它们之间的线性度。

2．设计数字式体温计并校准

利用 NTC 型热敏电阻的温度特性设计一个量程为 35～42℃、数字电压表的 mV 示数为温度示值的数字式体温计。如万用表显示 38.0mV，表示热敏电阻此时的温度为 38.0℃。

利用提供的仪器设计数字式体温计的电路，并计算各元件的参数值。根据设计的电路图搭建数字式体温计，测量不同温度时数字式体温计的电压示数，并绘制校准曲线。

根据校准曲线，对设计的电路进行改进，要求使数字式体温计的误差不超过 0.1℃。

注意：电路接通电源之前，一定要先合理估算、选取各有关参数，以免损坏热敏电阻。

五、预习思考题

1．实验中有哪些因素会引起热敏电阻温度特性的测量误差？

2．常用的电子温度计思路是在恒压电路中将热敏电阻的阻值变化转换为取样电阻两端的电压输出，并经放大电路进行放大和调整，数字表直接显示被测温度值。因提供的设备中无放大电路元件，可行思路是在各元件参数合适的情况下取样电阻两端的电压刚好是被测温度值。

3．在热敏电阻串联一个取样电阻的情况下，能不能实现设计目标？请说明原因。

4．在热敏电阻串联两个电阻的情况下，能不能实现设计目标？若能，请给出各元件端电压和电阻阻值的关联方程。

六、实验报告的要求

1．写明本实验的目的和意义。

2．简述3类热敏电阻的区别，并从理论上说明小温度范围内 R_T 与 t^{-1} 呈线性关系的原因。

3．详细记录实验过程及数据，并利用最小二乘法和作图法处理数据。

4．给出数字式体温计的修正思路。

5．对实验中出现的问题及实验结果进行分析和讨论。

6．谈谈本实验的收获、体会，并提出改进意见。

七、拓展

设计实验，用非平衡法测量热敏电阻的温度特性，与本实验采用的方法进行对比，并讨论各方法的优劣。

八、参考文献

[1] 胡德敬，谢嘉祥，曹正东. 设计性物理实验集锦——创新教育之实践[M]. 上海：上海教育出版社，2002.

[2] 汪静，迟建卫. 创新性物理实验设计与应用[M]. 北京：科学出版社，2015.

[3] 李平舟，武颖丽，吴兴林，等. 综合设计性物理实验[M]. 西安：西安电子科技大学出版社，2012.

[4] 徐志君. 设计性研究性物理实验[M]. 上海：上海科学普及出版社，2012.

[5] 栾兰，闪辉，马秀芳，等. 迈克耳孙干涉仪测平行玻片折射率实验的进一步研究[J]. 大学物理，2000，19（11）：20-23.

实验 14　CCD 的特性与应用研究

实验 14–1　CCD 的特性与应用研究实验

CCD（Charge Coupled Device）为电荷耦合器件，是20世纪70年代初在MOS集成电路技术的基础上发展起来的新型半导体器件。它是一种用电荷表示信号大小，用耦合方式传输信号的探测元件，为半导体技术应用开拓了新的领域。CCD具有光电转换、信息存储和传输等功能，CCD 图像传感器能实现图像信息的获取、转换和视觉功能的扩展，能给出直观、真实、多层次的内容丰富的可视图像信息。CCD 具有集成度高、分辨率高、灵敏度高、功耗小、寿命长、性能稳定和便于与计算机结合等优点，被广泛应用于生活、军事、天文、医疗、电视、图像扫描、工业检测和自动控制等各个领域。学习和掌握 CCD 的基本结构及工作原理，通过实验对 CCD 的基本特性进行测量，为进一步应用 CCD 打下基础，是十分必要的。

一、实验目的和要求

1．掌握 CCD 的基本工作原理，掌握正常工作所需的外部条件及其对 CCD 输出的影响。
2．测量曝光时间、驱动周期、光照对输出的影响，并根据实验原理对输出进行说明。
3．测量 CCD 的光电转换特性曲线，并计算其灵敏度、饱和输出电压及饱和曝光量。
4．测量并计算 CCD 的暗信号电压、暗噪声、动态范围、像敏单元不均匀度等参数。
5．比较 CCD 输出信号经 A/D 转换或二值化处理后输出信号的差异，了解各自的应用领域。

二、基础理论及启示

1．CCD 基本工作原理

一个完整的 CCD 由光敏单元、转移栅、移位寄存器及一些辅助电路组成。图 8-13 所示为 CCD 结构示意图。CCD 工作时，在设定的积分时间内由光敏单元对光信号进行取样，将光的强弱转换为各光敏单元的电荷多少。取样结束后各光敏单元电荷由转移栅转移到移位寄存器的相应单元中。移位寄存器在驱动时钟的作用下，将信号电荷顺次转移到输出端。将输出信号接到计算机、示波器、图像显示器或其他信号存储、处理设备中，就可对信号再现或进行存储处理。由于 CCD 光敏单元可做得很小（约 10μm），因此它的图像分辨率很高。

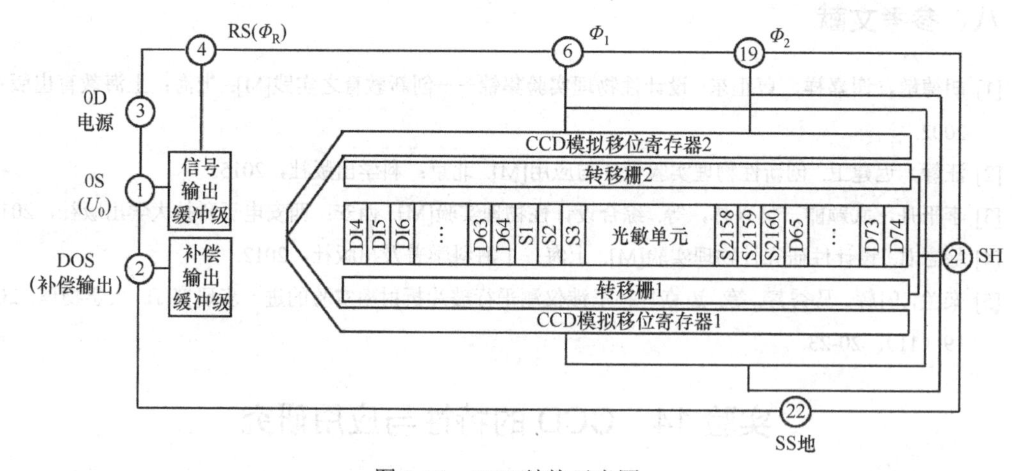

图 8-13 CCD 结构示意图

（1）CCD 的 MOS 结构及存储电荷原理

CCD 的基本单元是能存储电荷的 MOS 电容器，以 P 型硅为例，其结构如图 8-14 所示。由栅极和 P 型硅衬底夹一层 SiO_2 组成。P 型硅的多数载流子是空穴，当金属电极上施加正电压时，其电场能够透过 SiO_2 绝缘层对这些载流子进行排斥或吸引，空穴被排斥到远离电极处，形成耗尽区，电子在紧靠 SiO_2 绝缘层处形成负电荷层（电荷包），便形成对于电子而言的陷阱，电子一旦进入就不能复出，故又称电子势阱，且势阱深度与电压成正比。

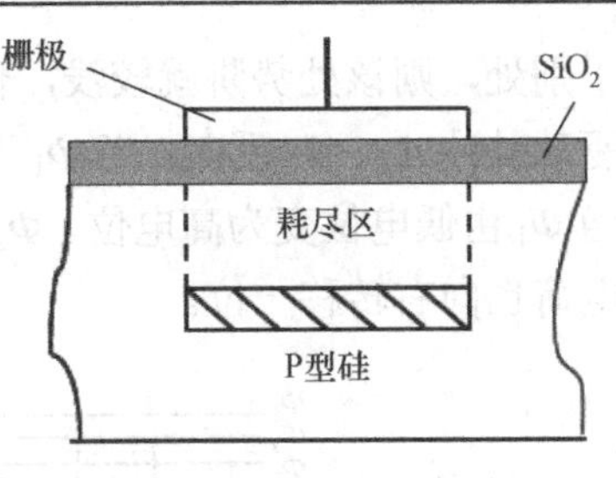

图 8-14　MOS 电容器剖面图

当MOS电容器受到光照（光可从各电极的缝隙经过SiO_2绝缘层射入，或经衬底的薄P型硅射入）时，光子的能量被半导体吸收，产生电子-空穴对，这时出现的电子被吸引并存储在势阱中，光越强，势阱中收集的电子越多，光弱则反之，这样就把光的强弱变成电荷的数量，形成了光电转换，实现了对光照的记忆。

早期的CCD器件用MOS电容器实现光电转换，现在的CCD器件为了改善性能，用光电二极管取代MOS电容器作为光敏单元，移位寄存器（实现电荷转移）仍为MOS电容器。

（2）电荷的转移与传输

CCD的移位寄存器是一列排列紧密的MOS电容器，它的表面由不透光的铝层遮盖以达到光屏蔽的目的。由上面的讨论可知，MOS电容器上的电压越高，产生的势阱越深，当外加电压一定时，势阱深度随阱中的电荷量的增大而线性减小。利用这一特性，可通过控制相邻MOS电容器的栅极电压的高低来调节势阱深浅。制造时将MOS电容紧密排列，使相邻的MOS电容势阱相互“沟通”。当相邻MOS电容两电极之间的间隙足够小（目前工艺可做到0.2μm）时，在信号电荷自感生电场的库仑力的推动下，就可使信号电荷由浅处流向深处，实现信号电荷转移。

为了保证信号电荷按确定路线转移，通常电容阵列栅极上所加的电压脉冲为严格满足相位要求的二相、三相或四相系统的时钟脉冲。下面分别介绍三相和二相CCD结构及工作原理。

简单的三相CCD结构和传输原理如图8-15所示。每个光敏单元都为一个像元，每个像元都有三个相邻电极，每隔两个电极的所有电极（如1、4、7……，2、5、8……，3、6、9……）都接在一起，由3个相位相差120°的时钟脉冲Φ_1、Φ_2、Φ_3来驱动，故称三相CCD，图8-15(a)为剖面图，图8-15(b)为俯视图，图8-15(c)给出了三相时钟随时间的变化。在t_1时刻，第一相时钟Φ_1处于高电压，Φ_2、Φ_3处于低压。这时第一组电极1、4、7……下面形成深势阱，在这些势阱中可以存储信号电荷形成电荷包，如图8-15(c)所示。在t_2时刻，Φ_1电压线性减小，Φ_2为高电压，在第一组电极下的势阱变浅，而在第二组（2、5、8……）电极下形成深势阱，信息电荷从第一组电极下面向第二组转移，直到t_3时刻，Φ_2为高压，Φ_1、Φ_3为低压，信息电荷全部转移到第二组电极下面。重复上述类似过程，信息电荷可从Φ_2转移到Φ_3，然后从Φ_3转移到Φ_1电极下的势阱中，当三相时钟电压循环一个时钟周期时，电荷包向右转移一级（一个像元），以此类推，信号电荷一直由电极1,2,3,…,N向右移，直到输出。

CCD中的电荷定向转移是靠势阱的非对称性实现的。其在三相CCD中靠时钟脉冲的时序控制形成非对称势阱，但采用不对称的电极结构也可以引入不对称势阱，从而变成二相驱动的CCD，目前实用CCD中多采用二相结构。实现二相驱动的两种方案如下。

①采用阶梯氧化层电极形成的二相结构如图8-16所示。此结构将一个电极分成两部分，其左边电极下的氧化层比右边的厚，则在同一电压下，左边电极下的势阱浅，自动起到了阻挡信号倒流的作用。

②设置势垒注入区形成的二相结构如图8-17所示。对于给定的栅压，势阱深度是掺杂浓度的函数，掺杂浓度越高，则势阱越浅。采用离子注入技术使转移电极前沿下的衬底浓度高

于别处，则该处势阱就较浅，任何电荷包都将只向势阱的后沿方向移动。由图 8-17(b)可见，驱动脉冲 Φ_1、Φ_2 反向，当 Φ_1 为低电位时，它们在移位寄存器中形成的势阱如图 8-17(a)所示。当 Φ_1 由低电位变为高电位、Φ_2 由高电位变为低电位时，相当于势阱曲线右移一个单元，信号电荷也向右转移一位。

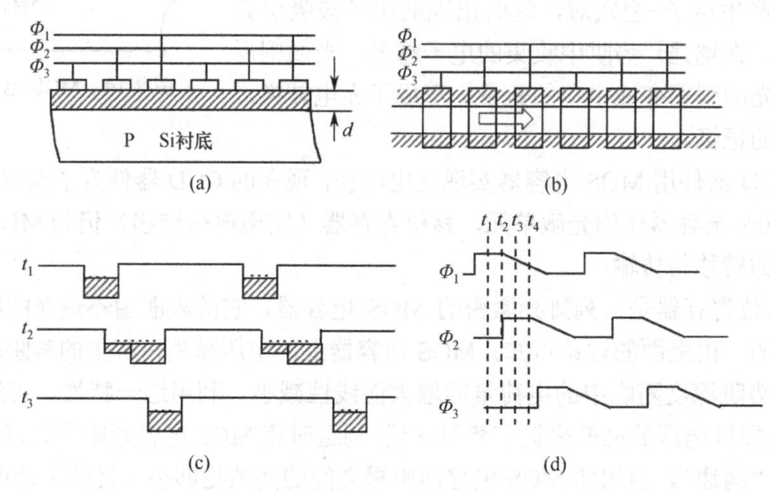

图 8-15　三相 CCD 结构和传输原理

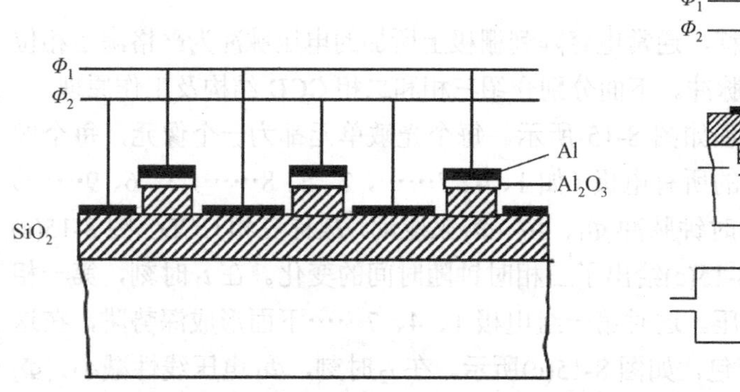

图 8-16　采用阶梯氧化层电极形成的二相结构

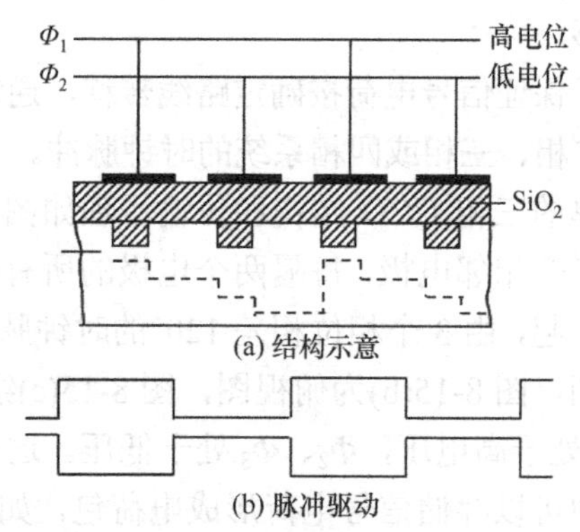

图 8-17　设置势垒注入区形成的二相结构

（3）电荷读出方法

CCD 的信号电荷读出原理可用图 8-18 和图 8-19 说明。在图 8-18 中，T_1、T_2 为场效应管，它的源极、漏极之间的电流受栅极电压的控制。以二相驱动为例，驱动脉冲、复位脉冲、输出信号波形之间的关系如图 8-19 所示。在 t_1 时刻，加在场效应管 T_1 栅极上的复位脉冲 RS 为高电平，T_1 导通，结电容 C 被充电到一个固定的直流电平，源极跟随 T_2 的输出电压 U_0 被复位到略低于输入电压 U_i 的复位电平上。在 T_2 时刻，复位脉冲为低电平，T_1 截止，仅有很小的漏电流，使输出电平下跳。在 T_3 时刻，Φ_2 脉冲变为低电平，信号电荷从 Φ_2 电极下进入 T_2 的栅极，这些电子使 T_2 的栅极电位下降，输出电平也随着下降，电荷越多，输出电平下降得越多，其下降幅度代表信号电压。将信号电压取样，就得到与光敏单元曝光量成正比的输出电压。

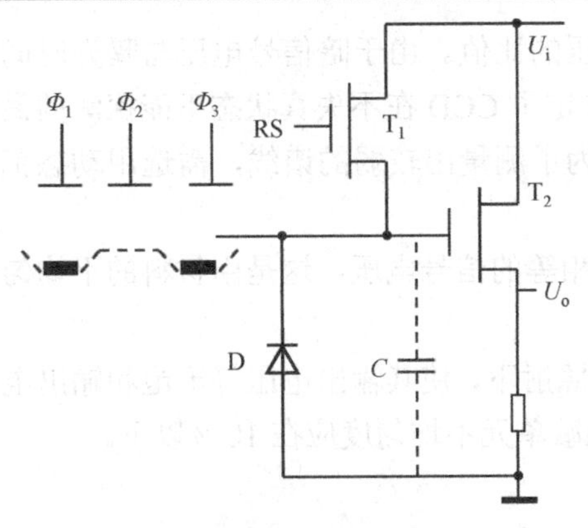

图 8-18　CCD 的信号电荷读出原理图

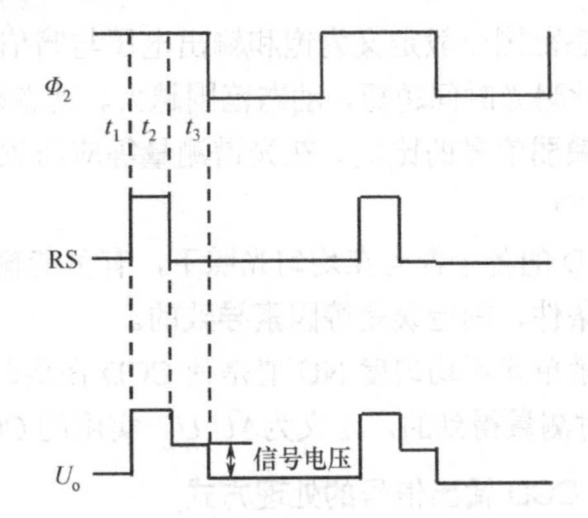

图 8-19　驱动脉冲、复位脉冲、输出信号波形之间的关系

2. CCD 基本参数及信号处理方式

影响 CCD 性能的基本参数有像敏单元数、像元尺寸、响应度、饱和曝光量、饱和输出电压、暗信号电压、动态范围、像敏单元不均匀度、驱动频率、传输效率、光谱响应范围、功率损耗等，有的由 CCD 的材料及工艺确定，如像元数、像元尺寸、光谱响应范围等，有的与使用条件、外围电路与信号处理电路的参数、光学系统的优劣有关系，可用实验的方法测量。

（1）CCD 的光电转换特性

光电转换特性是 CCD 最基本的特性之一。在实验项目中选择实验 2，屏幕上将显示输出电压，不再显示驱动信号。改变 CCD 的曝光量（照度与曝光时间的乘积），测量相应的输出电压，以曝光量为横轴，输出电压为纵轴，作出 CCD 的光电转换特性曲线，如图 8-20 所示。

特性曲线线性段的斜率即为CCD的响应度或称灵敏度（单位为 V/Lx·s），它表征曝光量改变时输出电压的改变程度。曲线的拐点对应的输出电压 U_S 为饱和输出电压，即 CCD 输出的最大电压。拐点对应的曝光量称为饱和曝光量，CCD 使用时必须保证最大曝光量小于饱和曝光量，否则会导致信号严重失真。特性曲线的起始点对应的电压 U_D 为暗信号电压，即一定曝光时间下，无光照时的输出电压。一只良好的 CCD 传感器应具有高的响应度和低的暗信号输出。

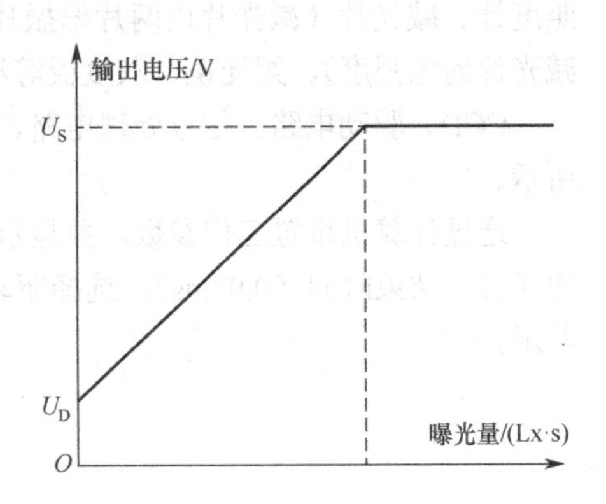

图 8-20　CCD 的光电转换特性曲线

（2）暗信号电压，暗噪声，动态范围，像敏单元不均匀度

暗信号电压是由积分暗电流及时钟脉冲通过寄生电容耦合等因素产生的。暗电流的存在限制了 CCD 的曝光（积分）时间。实验中，通过改变 CCD 的曝光时间，观测暗信号输出幅度的变化及噪声大小。一般手册上给出的暗信号电压是在 10ms 的曝光时间下测量得到的。

暗电流的存在限制了 CCD 的曝光（积分）时间。暗电流与温度密切相关，温度每升高 7℃，暗电流约增大为原来的 2 倍，当需要用 CCD 探测微弱信号时，将 CCD 制冷，能大大延长积分时间。

暗信号一般是不均匀的，存在着热噪声、转移噪声等各种噪声因素。暗噪声定义为暗信号电压平均值与最大值之间的差值。

动态范围一般定义为饱和输出电压与暗信号电压的比值。由于暗信号电压与曝光时间有关，因此曝光时间越短，动态范围越大。动态范围决定了 CCD 在不失真状态下能探测的最强信号与最弱信号的比值。在光谱测量等应用领域，为了测量出较弱的谱线，需选用动态范围大的 CCD。

CCD 的各个像元在均匀光照下，有可能输出不相等的信号电压，这是由材料的不均匀性及工艺条件、制造误差等因素导致的。

像敏单元不均匀度 NU 值是使 CCD 在均匀白光照射下，使其输出电压等于饱和输出电压的 1/2 时测量得到的，定义为$\Delta U/U$。实用的 CCD 像敏单元不均匀度应在 10 %以下。

3. CCD 输出信号的处理方式

当用计算机接收、显示 CCD 采集的模拟信号时，需对信号进行数字化处理。CCD 用于图像采集时，一般用 A/D 转换器将模拟信号转换为数字信号进行传输、处理，在显示时再还原出模拟信号。在某些不要求图像灰度的应用中，如图纸和物体尺寸、位置的检测等，只需把信号作为分离的二值（0、1）处理，就可提高图像边缘的锐度，还可提高处理速度，降低成本。

三、主要的实验仪器与材料

主要的实验仪器与材料包括：CCD 特性实验仪、专用软件、计算机。

CCD 特性实验仪由线阵 CCD、CCD 驱动电路、信号处理电路、接口电路、专用软件、照度计、减光片（减光片由两片偏振片组成，旋转调节两偏振片的透光轴夹角，可调节透过减光片的光强度）、柔光镜、灰度板等组成。

CCD、驱动电路、信号处理电路、接口电路装在主机里，CCD 特性实验仪面板如图 8-21 所示。

通过计算机设置工作参数，并显示 CCD 输出情况。选择实验 1，并由菜单栏输入起始时间（0）、结束时间（0.03ms），选择驱动周期（0.8μs）、曝光时间（10ms）后的界面如图 8-22 所示。

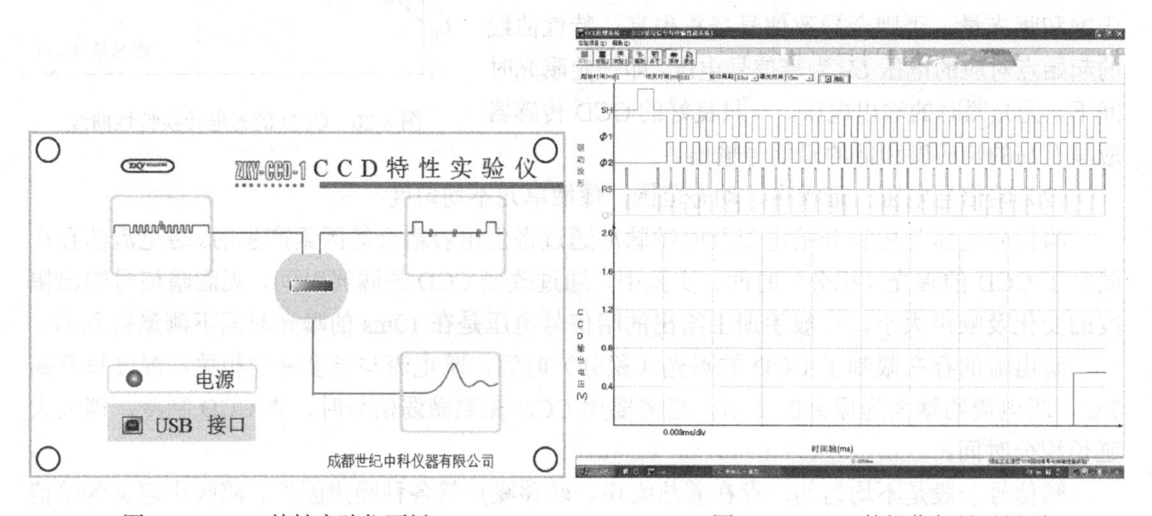

图 8-21 CCD 特性实验仪面板

图 8-22 CCD 的操作与显示界面

由菜单栏可设置CCD的工作参数。屏幕上半部分显示CCD工作时的各路驱动信号的波形，下半部分显示CCD输出电压值。按启动后仪器开始采样并显示实时图形，按停止后显示屏上保持最后采集到的图形。停止后用鼠标对准显示屏上单击，屏幕下方将会显示鼠标纵线对应的时间值和鼠标横线对应的输出电压值，用鼠标拖曳还可放大或缩小图形，便于做进一步的研究。其他界面和使用方法在实验内容与步骤提示中予以介绍。

四、实验内容与步骤提示

1. CCD驱动信号与传输性能的实验

进入ccd.exe程序后选择实验1，并按图8-22中的参数选择结束时间，显示屏上将显示各路脉冲的波形图。将SH信号加在转移栅上。当SH为高电平时，正值Φ_1为高电平。移位寄存器中的所有Φ_1电极下均形成深势阱，同时SH的高电平使光敏单元与各像元Φ_1电极下的深势阱沟通，光敏单元向Φ_1注入信号电荷；当SH为低电平时，光敏单元与移位寄存器的连接中断，此时光敏单元在外界光照的作用下产生与光照对应的电荷，而移位寄存器中的信号电荷在时钟脉冲的作用下向输出端转移，由输出端输出。

Φ_1、Φ_2及RS脉冲的时序与作用在实验原理中已有叙述，CP为像元同步脉冲。

本实验仪所用CCD在靠近输出端有32个虚设单元（哑元），中间是2048个有效光敏单元，最后是8个虚设单元，共2088个单元。必须经过2088个驱动周期后才能把完整的信号传送出去。

适当地改变设置，可以显示若干有效光敏单元的输出情况。当设置的显示时间大于2088倍的驱动周期时，可显示若干积分周期内每周期采样后光敏单元的总体输出情况。

按表8-1设置实验条件（照度通常设置为1～4Lx）和灰度板位置，记录输出波形，并根据实验原理对输出波形进行说明。完成表8-1的内容后，也可自行设置参数，观测参数设置对输出的影响。输出说明主要包括显示时间与曝光时间的关系，电压图形是否与灰度板的明暗相对应，完整图形数、显示时间与2088倍的驱动周期的关系对输出图形的影响，曝光量对输出图形的影响，以及输出图形随参数的变化规律。

表8-1 曝光时间、驱动周期、照明情况对输出的影响（起始时间0，照度约______Lx）

结束时间/ms	曝光时间/ms	驱动周期/μs	灰度板位置	CCD输出电压图形	输出说明
2	2	0.8			
4	2	0.8			
4	2	0.8			
4	4	0.8			
4	4	1.6			
4	4	3.2			
8	8	3.2			

注意：表 8-1 中的照度和曝光时间需根据每个 CCD 的自身特性参数进行设置，设置参数只为示例，灰度板不要遮挡照度计的通光窗口。

2．CCD 特性参数的测量

按表 8-2 数据设置参数，用减光镜和柔光镜调整照度（通常可设置为 1～4Lx，需根据每个 CCD 的自身特性参数进行设置。如果外界环境光线较暗，可适当增大照度值或增大外界光照强度，其他实验也可以采用类似处理方法），并记录测量到的照度值。在不同曝光时间情况下单击“启动”按钮，可观察到噪声的影响，各单元的输出值在小范围内波动。单击“停止”按钮后，用鼠标横线对准各输出单元的输出平均值，屏幕下方将会显示横线对应的电压值，将测量到的输出电压数据记录于表 8-2 中，并作图计算 CCD 的灵敏度、饱和输出电压、饱和曝光量。

表 8-2　光电转换特性的测量（起始像素 1000，结束像素 1050，驱动周期 0.8ms）

曝光时间/ms	2	4	6	8	10	12	14	16	18	20
实时照度/Lx										
曝光量/（Lx·ms）										
输出电压/V										

按表 8-3 数据设置参数。用不透光材料遮盖 CCD 窗口，在表 8-3 中记录不同的曝光（积分）时间测量的暗信号及暗噪声电压。用均匀白光照明，用减光片调整 CCD 的照度，使曝光时间为 10ms 时的输出电压约为饱和输出电压的一半，测量曝光时间为 2ms 时输出电压的平均值 U 及输出电压平均值与最大值之间的差值ΔU，记录于表中。

表 8-3　暗信号电压及不均匀度的测量（起始像素 500，结束像素 1500，驱动周期 0.8ms）

暗信号测量				不均匀度测量	
曝光时间/ms	10	70	500	曝光时间/ms	10
暗信号电压/V				输出电压平均值 U/V	
暗噪声电压/V				ΔU/V	

用饱和输出电压除以 10ms 时的暗信号电压，计算 CCD 的动态范围。用表 8-3 中测量的 U 及ΔU 计算 CCD 的像敏单元不均匀度。

3．CCD 输出信号的处理方式

在实验项目中选择实验 3。用灰度板作为采集对象，适当调整 CCD 照度，比较经两种不同方法处理后输出信号的异同，将图像记录于表 8-4 中。用鼠标纵线对准二值化图像边缘，读取对应的 CCD 输出电压值并记录于表中。根据记录的图形及输出电压值，说明二值化处理的原理。

表 8-4　A/D 转换或二值化处理后输出信号的测量

（起始像素 0，结束像素 2047，驱动周期 0.8ms，照度：________Lx）

曝光时间/ms	灰度板位置	CCD 输出电压图形	二值化图像	二值化图像边缘对应的输出电压值/V
2				
4				
4				

注意：CCD 实验的光源应为自然光、直流电源供电的照明光源或采用电子镇流器（频率高达几千赫兹）的荧光灯。

五、预习思考题

1．CCD 如何实现光电转换、存储和电荷的传输？

2．如何测量 CCD 的光电转换特性、暗信号电压、暗噪声、动态范围和像敏单元不均匀度？

3．如何判断计算机软件与 CCD 特性实验仪正常连接，可以进行实验内容的测量？

4．模拟及数字输出信号有何异同？请说明二值化处理的原理。

六、实验报告的要求

1．写明本实验的目的和意义。

2．简述 CCD 的基本工作原理及 CCD 的特性。

3．详细记录实验过程，包括实验步骤、各种实验现象和数据处理等。

4．对实验结果进行分析、研究和讨论，主要包括 CCD 输出特征及 CCD 特性。

5．谈谈本实验的总结、收获、体会，并提出改进意见。

七、参考文献

[1] 成都世纪中科仪器有限公司. ZKY-CCD-1 型特性实验仪实验指导及操作说明书.

实验 14–2　线阵 CCD 的应用——细丝直径的非接触测量

CCD（Charge Coupled Device，电荷耦合器件）是 20 世纪 70 年代初出现的光电式传感器，是一种新型的固态成像器件，是光电成像领域里非常重要的一种高新技术产品，它具有灵敏度高、光谱范围宽、动态范围大、性能稳定、工作可靠、几何失真小、抗干扰能力强和便于计算机处理等优点，具有广泛的应用前景。固态成像、信息处理和大容量存储器是 CCD 的三大主要用途，特别是在图像传感和非接触测量领域的应用与发展最迅速，诸如冶金中各种管、线、带材轧制过程中的尺寸测量，光纤及纤维制造中丝径尺寸测量、控制机械产品尺寸测量、分类，产品表面评定，文字与图形识别，传真、光谱测量以及空间遥感等。

本实验利用 DM99CCD 测径实验仪提供的基本测量系统测量细丝的直径，侧重于测量方法的研究学习。

一、实验目的和要求

1．学习和掌握线阵 CCD 器件的几种实时在线、非接触高精度测量方法。

2．学习和掌握测量系统参数的标定方法。

3．学会用幅度切割法和梯度法提取物体边界。

二、基础理论及启示

1. CCD 测径方法

（1）平行光投影法

当一束平行光透过被测目标投射到 CCD 器件上时，由于存在目标，目标的阴影将同时投射到 CCD 器件上，在 CCD 器件的输出信号上形成一个凹陷，如图 8-23 所示。

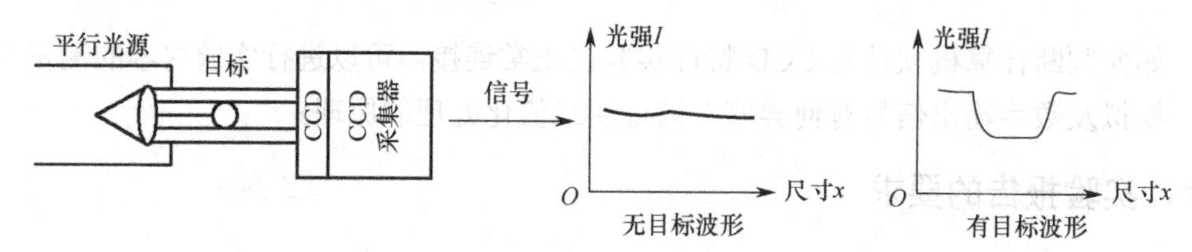

图 8-23 平行光投影及输出信号波形

如果平行光的准直度很理想，那么阴影的尺寸就代表了被测目标尺寸 L，只要统计出阴影部分的 CCD 像元个数，像元个数 N 与像元尺寸 d 的乘积就代表了目标的尺寸 $L=Nd$。

（2）光学成像法

光学成像法的测量原理如图 8-24 所示。若 CCD 接收到的放大像宽度为 l，系统的光学放大倍数为 β，则细丝的直径为 $L=l/\beta= Nd/\beta$。若 $K= N/\beta$，则 $L=KN$，K 为比例系数，表示一个像元所代表的物方尺寸的当量，它与光学系统的放大倍率、CCD 像元尺寸等因素有关。

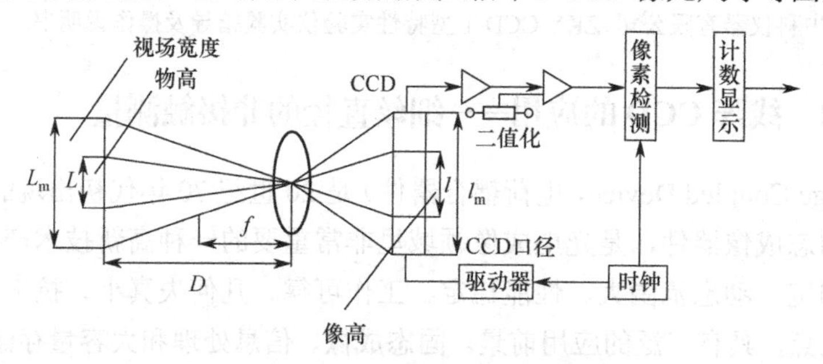

图 8-24 光学成像法的测量原理

对于一个已选定的 CCD 器件，可以采用不同的光学成像系统达到测量不同尺寸的目的，如用照相物镜来测较大物体尺寸（像是缩小的），用显微物镜来测细小物体尺寸（像是放大的）。光学系统担负着传递目标光学信息的作用，对 CCD 成像质量有着十分重要的意义。

2. 测量系统参数标定

在高精度测量中，要求光学系统的相对几何畸变小于 0.03%，这种大像场、高精度要求是一般工业摄像系统达不到的。所以一个高精度的线阵 CCD 摄像系统必须配置一个专用的大像场和小畸变的光学系统。DM99CCD 测径实验仪使用的是一个普通的显微物镜，存在一定的几何失真，所以为了确定光学系统对测量尺寸的影响，通常用一个标准样进行校正。将一个已知尺寸为 L_p 的标准样经光学系统在线阵 CCD 上成像，通过计数脉冲可得到样品像占有的像元数 N_p，进一步得到每个像元对应的目标空间尺寸的大小 $K=L_p/N_p$。在用同一系统测量未知目标时，可根据输出信号像元的数目 N_x 来确定待测目标尺寸 $L_x=KN_x$。

（1）一次标定

上述标准样的校正过程是一次标定法的具体步骤。在计算机软件中对 K 进行保存后，就可计算出待测目标的实际尺寸。此方法简单，但受系统误差的影响，其测量精度不高。

（2）二次标定

为了在实测值中消除系统误差，可以采用二次标定法确定系统的脉冲当量值 K。实验表明，被测物的实际尺寸 L_x 与对应的像元脉冲数 N_x 之间有线性关系 $L_x=KN_x+b$，b 就是测量值中的系统误差，通过二次标定就可以确定 K 值和 b 值。两个标准样 L_1 和 L_2 分别经计数电路得到对应的像元数 N_1 和 N_2。将(N_1,L_1)、(N_2,L_2)代入 $L_x=KN_x+b$，可得

$$K=\frac{L_2-L_1}{N_2-N_1}\quad b=L_1-KN_1 \tag{8-13}$$

显然，b 值代表实际值与测量值之差，这是由系统产生的测量误差。采用二次标定法所得到的 K 值和 b 值消除了系统误差对测量精度的影响，因而普遍适用于一般的工业测量系统。对于在线动态尺寸测量，还需要根据实际状态采用计算机校正方法提高测量精度。

在实际应用中，往往采用分段二次标定方法，将一个测量范围分成若干段，然后对每个小段都用标准块进行标定，分段越多，标定越精确。用标定值对测量值进行修正，大大提高了测量精度，同时也降低了对光学系统的要求。

3．物体边界提取（信号处理方式）

在光电图像测量中，为了实现被测目标尺寸量的精确测量，首先应解决的问题是物体边界信号的提取和处理。

（1）幅度切割法

从图像信号中提取边界信号最常用的方法是二值化电平切割法，利用背景和目标亮度差别，用电压比较器对图像信号限幅切割，使对应于目标和背景的信号具有“0”“1”特征信号。首先确定一个数字化的阈值，将每个像元信号经 A/D 转换转换成数字化的灰度等级，高于阈值的输出“1”，低于阈值的输出“0”，达到了物体边界提取的目的。二值化处理的关键问题就是阈值的确定，受衍射、噪声和环境杂光等的影响，CCD 输出的边界信号存在一个过渡区，阈值选取直接影响测量的精度，且阈值应随环境光和光源的变化而变化，因此此方法在使用上有一定的局限性。

“像元细分”技术可以大大提高仪器的分辨率。DM99CCD 测径实验仪上所用的 CCD 相邻两个像元间的尺寸（空间分辨率）为 7μm，这也是无其他措施下的最高测径精度。在 CCD 前增加一个光学系统可以提高分辨率，在 CCD 后通过一个“像元细分”电路，也能提高测径仪的分辨率，其原理如图 8-25 所示。

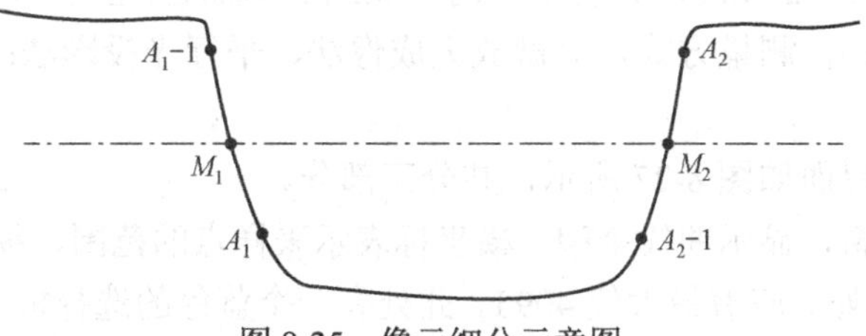

图 8-25 像元细分示意图

一条阈值线与梯形凹陷的前沿和后沿分别相交于 M_1 点和 M_2 点，一般来说，M_1（M_2）点

数据（阈值）落在两个相邻单元数据之间，也就是说 M_1（M_2）点对应的地址号不是一个整数。采用式（8-14）可求出 M_1 点对应的单丝影像在 RAM 中的起始地址 ADD(M_1)

$$\mathrm{ADD}(M_1)=A_1-(\mathrm{VS}-V_{21})/(V_{11}-V_{21}) \tag{8-14}$$

式中，A_1 为 M_1 点下一个单元地址，V_{21} 为该单元的值，V_{11} 为邻近 M_1 点前一单元 A_1-1 的值，VS 为阈值电平。

同理，可求出 ADD(M_2)。

（2）梯度法

CCD 输出的目标边界信号是一种混有噪声的类似斜坡的曲线，由于边缘和噪声在空间域上都表现为灰度较大的起落，即在频率域中都为高频分量，因此给实际边缘的定位带来了困难。利用计算机的强大运算能力，先对 CCD 输出的经 A/D 转换后的数字化的灰度信号进行搜索，找出斜坡段，然后对斜坡段数据做平滑处理，再对处理后的数据求梯度，找出图像斜坡上梯度值最大点的位置，该点的位置就定为边缘点的位置。利用该方法可以将边缘精确地定位在 CCD 的一个像元上，并有较强的抗干扰能力。

三、主要的实验仪器与材料

主要的实验仪器与材料包括：DM99CCD 测径实验仪、计算机、不同直径的钢丝、千分尺。

DM99CCD 测径实验仪的结构如图 8-26 所示。激光器输出光强可调；显微物镜的焦距可调；光路在仪器出厂时已调整好；在测量架上放置待测物，调节待测物与显微物镜的距离，把主视窗的一个蓝色选择框拖到曲线边缘处，观察局部视窗显示的曲线边缘精细结构。边缘越陡直，像元点越少，即调焦越正确。

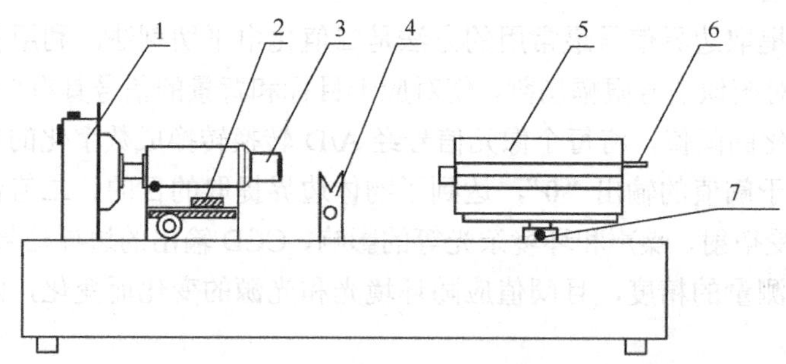

1—CCD 采集盒；2—显微镜座；3—显微物镜；4—测量架；5—平行光源；6—光源亮度调节；7—平行光源升降调节

图 8-26 DM99CCD 测径实验仪的结构

技术指标如下：使用 5430 位像元 CCD 器件，像元之间的中心距为 7μm，像元尺寸也为 7μm；测量范围为 0.25～2.5mm；分辨率分别为 0.2μm（幅度切割法）、2μm（梯度法）；重复精度为±2μm（梯度法）；测量方式，显微放大成像法、平行光投影法；信号处理方式，幅度切割法、梯度法。

应用软件的工作界面如图 8-27 所示，共分三部分。

第一部分为主视窗，显示曲线全貌。横坐标表示采样点的范围，纵坐标表示信号 A/D 转换结果的幅度，100%处对应着最大值 4095。此处有一个蓝色的选择框，它所覆盖的曲线范围在局部视窗里精确显示。选择框的大小可动态地自行调整，若要移动它，则用键盘的左、右方向键或将鼠标置于框内用鼠标拖动即可。

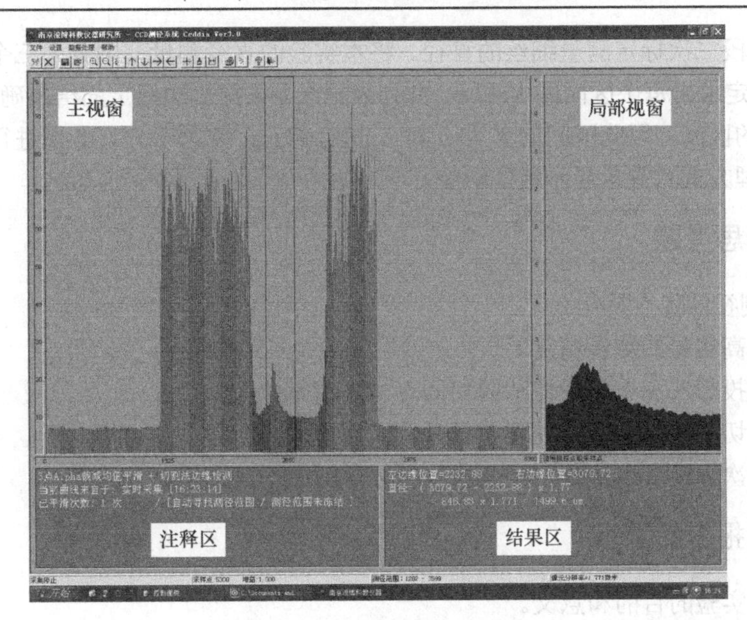

图 8-27 应用软件的工作界面

第二部分为局部视窗，提供了对某一段曲线的可以精确到每个采样点的观测。局部视窗将选择框内的曲线完整精确地显示出来。当鼠标落在这个区间时，会弹出一条拾取线，它所对应的采样点的序号、A/D 转换值、原模拟电压值、放大倍率将显示在此部分下的横条里。纵坐标指示了输入信号在 A/D 转换前的模拟电压值，最高为 10V。

第三部分为信息区，信息区的左边为注释区，指出了当前所采用的平滑和边缘检测方式、所显示曲线的来源、已平滑的次数和是否有了测径结果；右边为结果区，给出了测量结果。

有关软件详细资料请参阅 DM99CCD 测径实验仪的使用说明书。

仪器定标及测量方法如下。

① 布置好仪器，启动本软件。

② 选取合适的标准物，用千分尺测出准确的直径。

③ 执行“系统校准”命令或按下“F1”键。依次弹出校准向导的三个对话框，在第二个对话框里输入标准物的尺寸，并选择明纹或暗纹。

④ 放置标准物，调节仪器，执行“开始采集”命令得到正确的图形后，用“停止采集”命令冻结图形。

⑤ 根据需要执行“平滑处理”命令以消除毛刺、突变等（如果自动平滑处理开关已打开，看到的曲线其实已被平滑过了）。执行“校准”命令，会得到此时的像元分辨率，该值同时显示在结果区和整个程序的状态条里。

⑥ 换上待测物体，得到曲线后冻结，经过平滑处理与测径后在结果区显示测量结果；或者在实时连续采集中启动动态连续测径，便可得到实时更新的测量结果。

四、实验内容与步骤提示

1. 采用一次标定法得到 K，测量细丝的直径，并与千分尺的测量结果进行比较。

2. 采用二次标定法得到 K 和 b，测量相同细丝的直径，并与千分尺的测量结果进行比较。

3．采用分段二次标定测量细丝的直径。将本实验的直径测量范围分为三个区间（自行确定），用二次标定求出每个区间的 K 和 b，并列表记录。依据一次标定的结果确定 N_x 和待测细丝直径所落入的区间，用此区间的 K 和 b 对 L_x 进行修正，并与千分尺结果进行比较，最后观察多种平滑处理方式对测量显示值的影响。

五、预习思考题

1．CCD 测径的优点是什么？

2．如何提高实验的测量精度？

3．平行光投影法和光学成像法的相同点与区别是什么？

4．用幅度切割法与梯度法处理信号时的区别是什么？

5．简述一次标定、二次标定和分段二次标定的原理及作用。

六、实验报告的要求

1．说明本实验的目的和意义。

2．简述 CCD 测径方法、系统参数标定方法和信号处理方式的原理。

3．详细记录实验过程，按数据处理要求处理数据，比较不同方法的相对误差的大小。

4．对比并分析不同测量方法下，环境因素对测量精度的影响。

5．按要求，通过作图法等处理数据，并分析误差产生的原因。

6．谈谈本实验的总结、收获和体会。

七、拓展

1．采用高次多项式拟合标定，做分段非线性修正，比如考虑高次修正方程为 $L_x=a_3N_x^3+a_2N_x^2+a_1N_x+a_0$。

2．作出采取“幅度切割法边界提取”与“梯度法边界提取”方式时平行光光强变化与测径示值变化的关系曲线，并简单总结两种边界提取方式下示值随光强的变化规律。

3．观察调焦变化对测量精度的影响（显微成像法）。

4．用激光作用光源，CCD 采集信号，采用夫琅费衍射原理快速测量细丝的直径（只要衍射图形满足一定要求，就可以从有关刻度读出和细丝直径极为相关的读数）。

八、参考文献

[1] 南京浪博科教仪器研究所. CCD 微机测径实验仪说明书/实验指导书.

[2] 贺永方，齐龙. 线阵 CCD 一维尺寸测量的实验[J]. 实验室科学，2006，6：56-57.

[3] 王庆有. CCD 应用技术[M]. 天津：天津大学出版社，2000.

[4] 李为民，俞巧云，裘凌红. 投影法 CCD 测径系统[J]. 仪表技术与传感器，2001，1：34-35.

[5] 杨博雄，刘海波，陆杰，等. 线阵 CCD 微小尺寸测量的应用及误差分析[J]. 大地测量与地球动力学，2007，27（2）：119-121.

[6] 胡德敬，谢嘉祥，曹正东. 设计性物理实验集锦——创新教育之实践[M]. 上海：上海教育出版社，2002.

实验 15　各向异性磁阻传感器的磁阻特性与应用研究

在磁场中物质的电阻率发生变化的现象称为磁阻效应。对于铁磁金属及其合金，其电阻率随自身磁化强度和电流方向夹角的改变而变化，这就是各向异性磁阻效应。

虽然早在 1857 年 William Thomson 就发现了 Ni 和 Fe 中的各向异性磁阻效应，但各向异性磁阻（AMR，Anisotropic Magneto-Resistive）传感器直到 20 世纪 70 年代中期才出现。由于它具有灵敏度高、体积小、可靠性高、温度特性好、耐恶劣环境能力强、易于与数字电路匹配等优点，因此虽然它的出现远比霍尔器件、半导体磁敏电阻和磁敏二极管、三极管晚，但它的发展极快，被誉为“磁性传感器家族的后起之秀”。目前，AMR 传感器被广泛地应用于磁场测量、电流测量、角度测量和导航定向，其应用的领域包括航天、航空、卫星通信等。

从常磁阻开始，磁阻的发展经历了巨磁阻（GMR）、庞磁电阻（CMR）、穿隧磁阻（TMR）、直冲磁阻（BMR）和异常磁阻（EMR）。磁阻元件的发展经历了半导体磁阻（MR），本实验研究 AMR 的特性并利用它对磁场进行测量。

一、实验目的和要求

1．了解 AMR 传感器的工作原理并对其特性进行实验研究。
2．测量亥姆霍兹线圈的磁场分布，掌握用感应法测磁场的原理和方法。
3．测量地磁场的水平分量、磁倾角和磁偏角，学习弱磁场的一种测量方法。

二、基础理论及启示

1．磁阻传感器的结构和工作原理

各向异性磁阻传感器的核心部分是惠斯通电桥，4 个桥臂的磁阻元件均由相同的坡莫合金（$Ni_{80}Fe_{20}$）薄膜在硅片上沉积而成，磁阻电桥如图 8-28 所示。沉积时外加磁场，形成易磁化轴方向，其与电流方向的夹角为 45°。

商品磁阻传感器已制成集成电路，除图 8-28 所示的电源输入端和信号输出端外，还有复位/反向置位端和补偿端两对功能性输入端口，以确保磁阻传感器正常工作。

铁磁材料的电阻与电流方向和磁化方向的夹角有关，电流方向与磁化方向平行时电阻 R_{max} 最大，电流方向与磁化方向垂直时电阻 R_{min} 最小，电流方向与磁化方向呈 θ 角时，电阻可表示为

$$R = R_{\min} + (R_{\max} - R_{\min})\cos^2\theta \tag{8-15}$$

当无外加磁场或外加磁场方向与易磁化轴方向平行时，电桥的 4 个桥臂电阻的阻值相同，输出为零。采用 45°偏置磁场（易磁化轴方向与电流方向的夹角为 45°），当沿与易磁化轴垂直的方向（磁敏感方向）施加外磁场时，合成的磁化方向将在易磁化方向的基础上逆时针旋转。结果使左上桥臂和右下桥臂电阻中电流的方向与磁化方向的夹角增大，电阻减小 ΔR；右上桥臂与左下桥臂电阻中电流的方向与磁化方向的夹角减小，电阻增大 ΔR。通过对电桥的分析可知，此时输出电压可表示为

$$U = U_b \frac{\Delta R}{R} \tag{8-16}$$

式中，U_b为电桥的工作电压，为恒定值；R为桥臂电阻。$\Delta R/R$为磁阻阻值的相对变化率，与外加磁场强度B成正比。

AMR 传感器的输出电压与磁场强度成正比，实验也证明了这个结论，因此可利用磁阻传感器测量磁场

$$U = K \times B \tag{8-17}$$

式中，K为磁阻传感器的灵敏度，与仪器中放大器的放大倍数有关。

复位/反向置位的机制示意图如图 8-29 所示。当 AMR 传感器被置于超过其线性工作范围的磁场时，磁干扰可能导致磁畴排列紊乱，改变传感器的输出特性。此时可在复位端输入脉冲电流，通过内部电路沿易磁化轴方向产生强磁场，使磁畴重新整齐排列，恢复传感器的使用特性。若脉冲电流方向相反，则磁畴排列方向反转，传感器的输出极性也将相反。

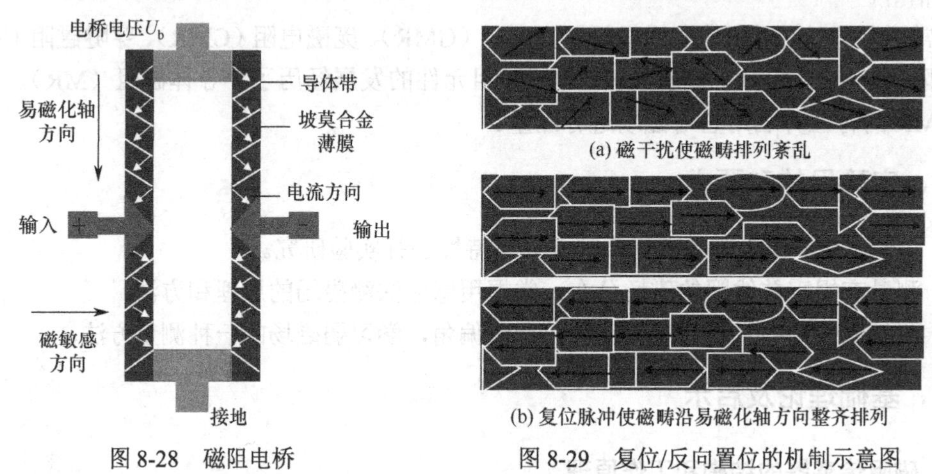

图 8-28 磁阻电桥

图 8-29 复位/反向置位的机制示意图

在补偿端输入 5mA 的补偿电流，通过内部电路在磁敏感方向产生 1Gauss 的磁场，可用来补偿传感器的偏离。

如图 8-30 所示为 AMR 传感器的磁电转换特性曲线。其中，电桥偏离是由传感器制造过程中 4 个桥臂电阻不严格相等造成的，外磁场偏离是测量某种磁场时由外界干扰磁场造成的。不管要补偿哪种偏离，都可调节补偿电流，用人为的磁场偏置使图 8-30 中的特性曲线平移，使所测磁场为零时输出电压为零。

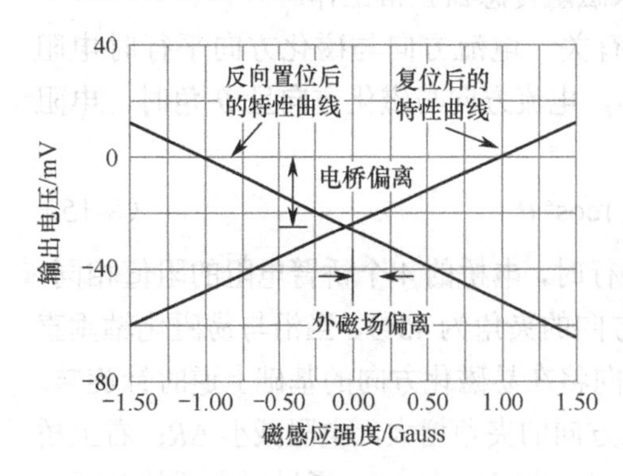

图 8-30 AMR 传感器的磁电转换特性曲线

2. 地磁场简介

地磁场是地球重要的物理场，地磁的北极、南极分别在地理的南极、北极附近，但彼此并不重合。地磁场包括地核主磁场、地壳磁场、外源变化磁场及其感应磁场。其中，地核主磁场占地球总磁场的 95%，地壳磁场占地球总磁场的 4%，外源变化磁场及其感应磁场占地球总磁场的 1%。地磁场数值较小，约为 0.5×10^{-4}T，其强度与方向也随地点而异，作为地球的天然磁源，在军事、工业、医学、探矿等科研中有着

重要用途，因此需要对弱的地磁场进行精确测量。

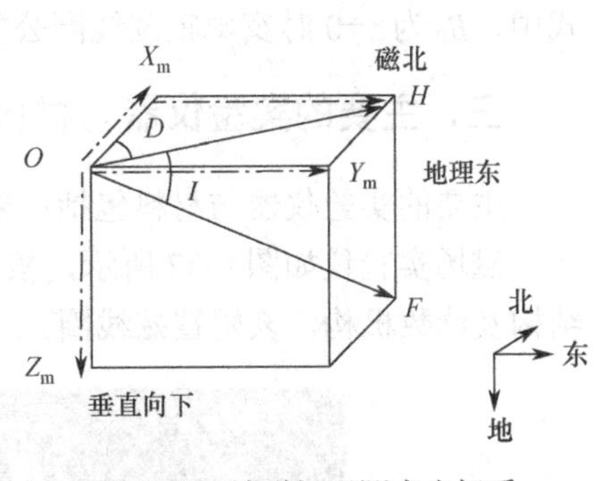

图 8-31　地磁场观测点坐标系

地磁场是一个矢量场。如图 8-31 所示为地磁场观测点坐标系。该坐标系的原点为观测点 O，X 轴指向地理北，Y 轴指向地理东，垂直向下指地为 Z 轴。在直角坐标系中包含地磁场的 7 个参量：地磁三分量（北向分量 X_m、东向分量 Y_m、垂直分量 Z_m）、地磁水平分量 H、地磁场总强度 F、磁偏角 D、磁倾角 I。其中，磁偏角 D 为地磁水平分量与地理北之间的夹角；磁倾角 I 为地磁总场与地理水平面之间的夹角。在地磁场的 7 个参量中，3 个参量是相互独立的，其余参量均可由这 3 个独立的参量表示。通常用地磁水平分量 H、磁偏角 D 和磁倾角 I 表示地磁场的大小与方向。虽然这 3 个参量的数值随时间不断改变，但这一变化极其缓慢和微弱。

3. 亥姆霍兹线圈

亥姆霍兹线圈是由一对彼此平行的共轴圆形线圈组成的。两个线圈内的电流方向一致、大小相同，线圈之间的距离 d 正好等于圆形线圈的半径 R。这种线圈的特点是能在公共轴线中点附近产生较广泛的均匀磁场，根据毕奥-萨伐尔定律，可以计算出亥姆霍兹线圈公共轴线中点的磁感应强度为

$$B_0 = \frac{8}{5^{3/2}} \cdot \frac{\mu_0 NI}{R} \tag{8-18}$$

式中，N 为线圈匝数，I 为流经线圈的电流强度，R 为亥姆霍兹线圈的平均半径，$\mu_0=4\pi\times10^{-7}$H/m 为真空中的磁导率。

采用国际单位制时，由式（8-18）计算出的磁感应强度的单位为特斯拉（1T=10000Gauss）。本实验仪中 N=310，R=0.14m，当线圈电流为 1mA 时，亥姆霍兹线圈中部的磁感应强度为 0.02Gauss。

通电圆形线圈在轴线上任意一点产生的磁感应强度矢量垂直于线圈平面，方向由右手螺旋定则确定，在与线圈平面距离为 x_1 的点处的磁感应强度为

$$B(x_1) = \frac{\mu_0 R^2 I}{2(R^2 + x_1^{\ 2})^{3/2}} \tag{8-19}$$

若以两个线圈公共轴线的中点为坐标原点，则轴线上任意一点的磁感应强度是两个线圈在该点产生的磁感应强度之和

$$\begin{aligned} B(x) &= \frac{\mu_0 NR^2 I}{2\left[R^2 + \left(\frac{R}{2} + x\right)^2\right]^{3/2}} + \frac{\mu_0 NR^2 I}{2\left[R^2 + \left(\frac{R}{2} - x\right)^2\right]^{3/2}} \\ &= B_0 \frac{5^{3/2}}{16} \left\{ \frac{1}{\left[1 + \left(\frac{1}{2} + \frac{x}{R}\right)^2\right]^{3/2}} + \frac{1}{\left[1 + \left(\frac{1}{2} - \frac{x}{R}\right)^2\right]^{3/2}} \right\} \end{aligned} \tag{8-20}$$

式中，B_0为x=0 时亥姆霍兹线圈公共轴线中点的磁感应强度。

三、主要的实验仪器与材料

主要的实验仪器与材料包括：磁场实验仪、磁场测试仪、钢尺、手机指南针。

磁场实验仪如图 8-32 所示，核心部件是磁阻传感器，辅以磁阻传感器的角度、位置调节结构及读数机构，亥姆霍兹线圈。

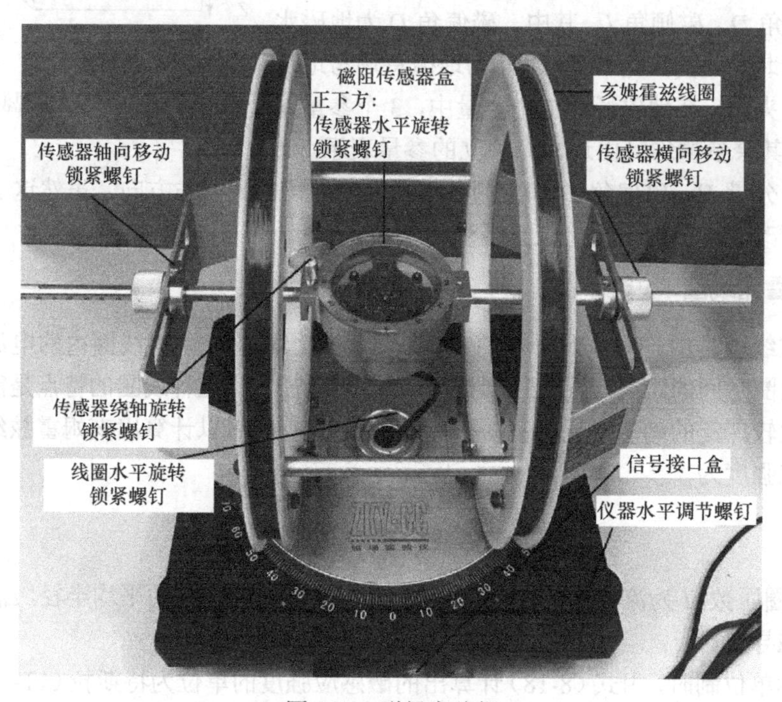

图 8-32 磁场实验仪

本仪器所用的磁阻传感器的工作范围为±6Gauss，灵敏度为 1mV/(V·Gauss)。该灵敏度表示当磁阻电桥的工作电压为 1V、被测磁场的磁感应强度为 1Gauss 时，输出电压为 1mV。

磁阻传感器的输出信号通常须经放大电路放大后，再接显示电路，故由显示电压计算磁场强度时还需考虑放大器的放大倍数。当本实验仪电桥的工作电压为 5V、放大器的放大倍数为 50、磁感应强度为 1Gauss 时，对应的输出电压为 0.25V，即 $U(\mathrm{V})=0.25B(\mathrm{Gauss})$。

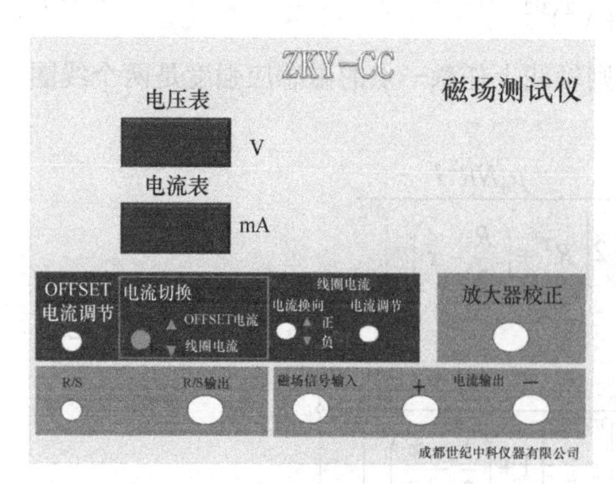

图 8-33 磁场测试仪前面板示意图

磁场测试仪前面板示意图如图 8-33 所示。恒流源为亥姆霍兹线圈提供电流，电流的大小可以通过旋钮调节，电流值由电流表指示。电流换向按钮可以改变电流的方向。

补偿（OFFSET）电流调节旋钮用来调节补偿电流的方向和大小。电流切换按钮使电流表显示亥姆霍兹线圈电流或补偿电流。

传感器采集到的信号经放大后，由电压表指示电压值。

放大器校正旋钮用于在标准磁场中校准放大器的放大倍数。

每按下一次复位（R/S）按钮，向复位端输入一次复位脉冲电流，仅在需要时使用。

四、实验内容与步骤提示

1. 将磁场实验仪调整到使用状态

连接实验仪和电源，开机预热20min。

利用钢尺将磁阻传感器的位置调节至亥姆霍兹线圈的中心，使传感器的磁敏感方向（传感器上箭头所指的方向）与亥姆霍兹线圈轴线一致。

调节亥姆霍兹线圈的电流为零，按复位（R/S）按钮调节补偿电流，使传感器的输出电压为零。调节亥姆霍兹线圈的电流至 300mA（线圈产生的磁感应强度为 6Gauss），调节放大器校正旋钮，使输出电压为1.50V。

2. 磁阻传感器特性测量

（1）测量磁阻传感器的磁电转换特性。它是磁阻传感器最基本的特性之一，曲线的直线部分对应的磁感应强度对应着磁阻传感器的工作范围，直线部分的斜率除以电桥工作电压与放大器放大倍数的乘积，即为磁阻传感器的灵敏度。

每隔 50mA 将亥姆霍兹线圈电流从 300mA 逐步调小至 0mA，然后按电流换向开关（线圈电流反向），逐步调大反向电流至−300mA，记录相应的输出电压值。

先将线圈电流转换为磁感应强度，然后作 U–B 关系曲线图，确定所用传感器的线性工作范围及灵敏度，并分析误差原因。

（2）测量磁阻传感器的各向异性特性。当所测磁场与磁敏感方向有一定夹角 α 时，AMR 传感器测量的是所测磁场在磁敏感方向的投影。由于补偿调节是在确定的磁敏感方向进行的，因此在实验过程中应注意，改变所测磁场方向时应保持 AMR 传感器方向不变。

将线圈电流调节至200mA，每隔 10°将磁场方向与磁敏感方向的夹角从 0°逐步增大至 90°，记录相应的输出电压值。

注意：改变夹角时，先松开线圈水平旋转锁紧螺钉，再将线圈与传感器盒整体转动 10°后锁紧，然后松开传感器水平旋转锁紧螺钉，最后将传感器盒向相反方向转动 10°后锁紧，这样可以保持 AMR 传感器方向不变。

作 U–α 关系曲线图，检验所作的曲线是否符合余弦定理，并分析误差原因。

3. 亥姆霍兹线圈的磁场分布测量

（1）线圈轴线上的磁场分布测量。将线圈电流调节至 200mA，调节传感器的磁敏感方向，使其与线圈轴线一致。将传感器盒以 $0.1R$ 为间隔从 $-0.5R$ 沿轴线平移至 $0.5R$，记录相应的输出电压值，并计算 x 取不同值时 $B(x)/B_0$ 的理论计算结果。

作 B_x–x 关系曲线图，讨论亥姆霍兹线圈的轴向磁场分布特点。

（2）亥姆霍兹线圈的空间磁场分布测量。线圈在空间任意一点产生的磁场同样可由毕奥-萨伐尔定律计算，由于线圈具有轴对称性，因此只要计算（或测量）过轴线的平面上二维的磁场分布，就可得到空间的磁场分布。理论表明，在$|x|\leqslant 0.2R$、$|y|\leqslant 0.2R$ 的范围内，$(B_x-B_0)/B_0$ 小于 1/100，B_y/B_0 小于 2/10000，可认为在线圈中部较大的区域内，磁场沿轴线方向分布，磁

场大小基本不变。

将线圈电流调节至200mA，x方向和y方向的空间间隔都为$0.05R$，记录在$x \leqslant 0.3R$、$y \leqslant 0.3R$空间内的输出电压值U_x，用软件作出磁场空间三维分布图，并讨论线圈空间磁场分布特点。

4．地磁场测量

利用水准器使传感器盒上平面与仪器底板均达到水平。

将亥姆霍兹线圈电流调节至零，补偿电流调节至零，传感器的磁敏感方向调节至与亥姆霍兹线圈轴线垂直，并锁紧传感器水平旋转锁紧螺钉。

把线圈转盘刻度调节到零度，利用手机指南针通过转动底座使零度对应地理南北方向。整体转动亥姆霍兹线圈，使输出电压值达到正的最大值或负的最大值，记录线圈转过的角度和输出电压U_1。线圈转过的角度是磁偏角D，U_1就是$B_{\parallel}$对应的电压。将传感器盒水平旋转180°，记录此时的输出电压U_2，将$U=(|U_1-U_2|)/2$作为磁阻传感器的输出电压值（此法可消除电桥偏离对测量的影响），然后将输出电压转换为磁场的水平分量$B_{\parallel}$。

松开传感器绕轴旋转锁紧螺钉，将传感器盒绕轴旋转至输出电压值达到正最大值或负最大值时转过的角度就是磁倾角I，记录此角度。

在实验室内测量地磁场时，建筑物的钢筋分布、人体携带的铁磁物质，都可能影响测量结果。因此，本实验重在掌握测量方法。

五、预习思考题

1．磁阻传感器与霍尔传感器在测量磁场的原理和使用方法方面各有什么特点及区别？

2．了解磁阻传感器的构成：坡莫合金薄膜、易磁化方向、磁敏感方向和惠斯通电桥，并掌握用其测磁场的原理。

3．了解补偿（OFFSET）电流和复位（R/S）的作用。

4．掌握地磁场的基本知识，设计方案测量常用的表示地磁场的三个参量：磁偏角、磁倾角和水平分量。

5．在测量地磁场时，建筑物内的钢筋、仪器附近的铁磁材料（铁等）会对结果产生什么影响？

6．在较强的磁场下，什么原因会引起AMR传感器灵敏度降低？用什么方法可以恢复AMR传感器原来的灵敏度？

六、实验报告的要求

1．简述磁阻传感器的发展现状及AMR传感器的特点和应用，说明本实验的目的和意义。

2．简述用AMR传感器测量亥姆霍兹线圈空间内磁场及地磁场的原理，并画出磁阻传感器内包含易磁化轴方向、电流方向和磁敏感方向的惠斯通电桥电路图。

3．详细记录实验过程及数据处理。

4．记录实验中发现的问题及解决办法。

5．按要求，通过作图法等处理数据，并分析误差产生的原因。

6．谈谈本实验的总结、收获和体会。

七、拓展

1．如图 8-28 的磁阻电桥，采用 45°偏置磁场，当沿磁敏感方向施加外磁场时，理论推导电桥输出电压与外加磁场强度近似呈线性关系。

2．AMR 传感器的应用举例及前景展望。

八、参考文献

[1] 成都世纪中科仪器有限公司. ZKY-CC 型磁场实验仪说明书.

[2] 沈元华，等. 设计性研究性物理实验教程[M]. 上海：复旦大学出版社，2004.

[3] 汪静，迟建卫，等. 创新性物理实验设计与应用[M]. 北京：科学出版社，2015.

[4] 李平舟，武颖丽，吴兴林，等. 综合设计性物理实验[M]. 西安：西安电子科技大学出版社，2012.

[5] 王帅英. 用于地磁测量的各向异性磁阻传感器研究[D]. 武汉：华中科技大学，2008.

[6] 高俊. 基于磁阻传感器的高精度电子罗盘设计[D]. 北京：中国科学院大学，2018.

[7] 黄少楚，冯晓明，卢丽卿，等. 基于各向异性磁阻传感器灵敏度与分辨率的探讨[J]. 大学物理实验，2018，31（4）：9-12.

[8] 杨春振，李可然，白立新. 新型各向异性磁阻传感器在地磁场测量中的应用[J]. 大学物理，2012，31（6）：57-59，65.

实验 16　霍尔传感器的特性与应用研究

霍尔效应是电磁效应的一种，这一现象是美国物理学家霍尔（E. H. Hall）于 1879 年在研究金属的导电机制时发现的。

1．霍尔效应及霍尔元件

在导体或半导体中外加与电流方向垂直的磁场 B，会使材料中的载流子受到洛伦兹力而发生偏移，从而使材料两侧产生电流累积，并在它们之间形成电场，在其电场力与洛伦兹力平衡之后，载流子不再偏移，从而在两侧之间形成一个稳定的电势差，称为霍尔电压 U_H，这种现象称为霍尔效应。通过两力平衡及宏观电流与载流子运动的关系，可以推导出

$$U_H = IB/(ned) = R_H IB/d = K_H IB \tag{8-21}$$

式中，I 为材料中的电流（工作电流），n 为载流子浓度，e 为电子电量，R_H 为霍尔系数，K_H 为霍尔灵敏度。

根据霍尔效应，人们用半导体材料制成的元件叫霍尔元件。它具有对磁场敏感、结构简单、体积小、频率响应宽、输出电压变化大和使用寿命长等优点，因此，在测量、自动化、计算机和信息技术等领域得到广泛的应用。霍尔元件有一对工作电流引线和一对霍尔电压引线，由于结构有缺陷，因此在测量霍尔电压时会产生一些附加电压。若霍尔电压测试引线不在同一电位面，则会产生与电流方向有关的不等位电压 U_0。由于载流子速率有快有慢，导致一侧高速载流子多，与晶格碰撞产生的温度较高；另一侧低速载流子多，温度较低，霍尔电压引线之间会产生温差电动势 U_E，即厄廷好森效应。它的方向与工作电流和磁场方向都有关。工作电流引线的焊点电阻不同，也会导致温差电动势，引起附加电流，产生类似于 U_H 的附加

电压 U_N，即能斯特效应，它的方向与磁场方向有关。还有附加电流引起的类似于 U_E 的附加电动势 U_R，称为里吉-勒杜克效应，它的方向与磁场方向有关。为了消除部分附加效应，经常采用异号法测量霍尔电压 U_H。

2. 集成线性霍尔传感器

由于霍尔元件产生的电势差很小，因此通常将霍尔元件与放大器电路、温度补偿电路及稳压电源电路等集成在一个芯片上，称为霍尔传感器。线性霍尔传感器一般由霍尔元件、恒流源和线性放大器组成，输出模拟电压信号，并且与外加磁感应强度呈线性关系。因此线性霍尔传感器被广泛用于位置、力、重量、厚度、速度、磁场、电流等的测量或控制。

集成线性霍尔传感器有单端输出和双端输出两种，单端输出的电路结构如图 8-34 所示。它是一个三端器件，它的输出电压能对外加磁场的微小变化做出线性响应。通常将输出电压用电容交连到外接放大器，将输出电压放大到较高的水平，典型产品是 SI3501T。双端输出的电路结构如图 8-35 所示。它是一个 8 脚双列直插封装器件，它可提供差动射极跟随输出，还可提供输出失调调零，典型产品是 SL3501M。

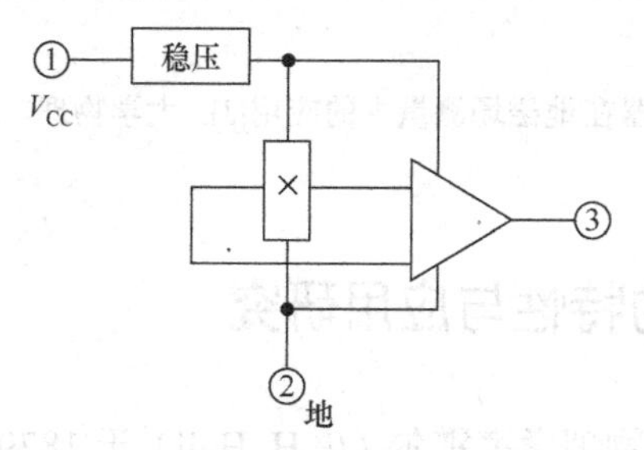

图 8-34　单端输出的电路结构

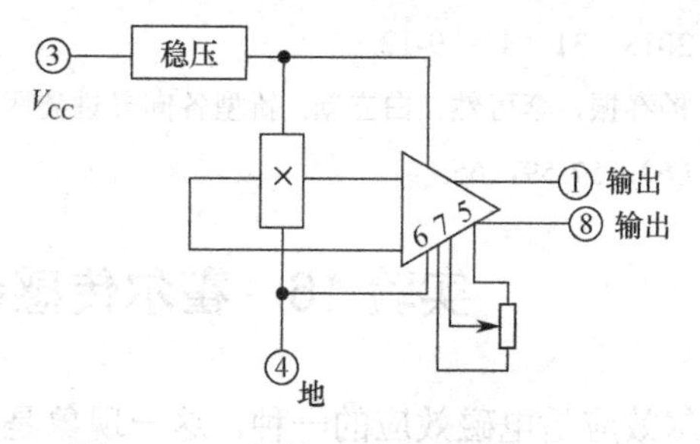

图 8-35　双端输出的电路结构

95A 型集成线性霍尔传感器属于单端输出，V_{CC} 与地之间的电压为 5V 左右，V_{out} 和地之间的电压为输出电压。在磁感应强度为零时，调节电源电压，使输出电压为 2.5V。在此标准状态下，它的输出电压 U 与磁感应强度 B 满足如下关系

$$B = (U - 2.500) / K\ (\text{mT}) \tag{8-22}$$

式中，K 为该集成线性霍尔传感器的灵敏度。

95A 型集成线性霍尔传感器的参数如表 8-5 所示。

表 8-5　95A 型集成线性霍尔传感器的参数

供电压电（VDC）		4.5～10.5
供电电流@25℃（mA）	Typ	7.0
	Max	8.7
输出类型		比例变化
输出电流（mA）		
典型电流源	V_s>4.5V	1.5
最小电流源	V_s>4.5V	1.0
典型电流沉	V_s>4.5V	0.6
最小电流沉	V_s>5.0V	1.0

续表

磁场范围（Gauss）	Typ	−670～+670（−67～+67mT）
	Min	−600～+600（−60～+60mT）
输出电压范围（V）	Typ	0.2～（V_s−0.2）
	Min	0.4～（V_s−0.4）
零点电压（输出@0Gauss，V）		2.500±0.075
灵敏度（mV/G）		3.125±0.125
线性误差（%量程）	Typ	−1.0%
	Min	−1.5%
零点漂移（%/℃）		±0.06%
灵敏度漂移（%/℃）	<25℃ Max	+0.02%±0.03%
	>25℃ Max	+0.03%±0.03%

3．集成开关型霍尔传感器

集成开关型霍尔传感器由稳压器、霍尔元件、差分放大器、施密特触发器和 OC 门输出五个基本部分组成，如图 8-36(a)所示。它将霍尔元件产生的霍尔电压 U_H 放大后驱动触发电路，输出电压是能反映 B 变化的方脉冲。在输入端输入电压 V_{CC}，经稳压后加在霍尔元件的两个电流端，根据霍尔效应原理，磁场中霍尔元件的两电压端将会输出霍尔电压 U_H。它经放大器放大后送至施密特触发器整形，使其成为方波并输出到 OC 门。

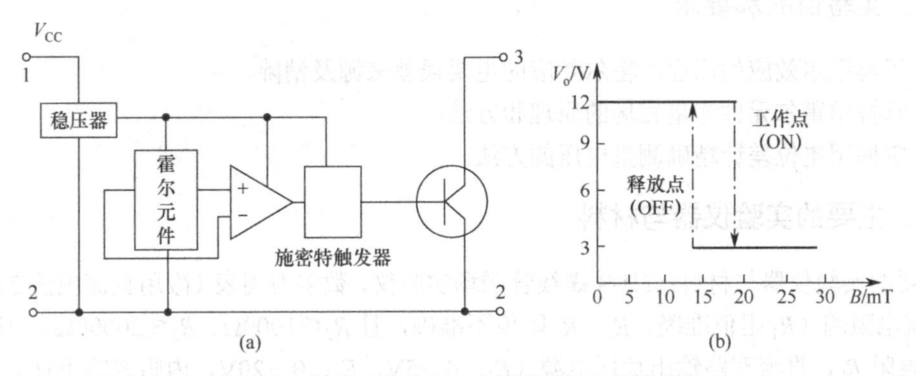

图 8-36 集成开关型霍尔传感器原理和输出特性

集成开关型霍尔传感器的输出特性如图 8-36(b)所示。当外磁场 B 达到“工作点”B_{op} 时，触发器输出高电平（相对于低电位），三极管导通，此时 OC 门输出低电平，此状态定义为“开”。当外磁场 B 达到“释放点”B_{rp} 时，触发器输出低电平，三极管截止，OC 门输出高电平，称为“关”状态。B_H=B_{op}−B_{rp}，称为霍尔开关的磁滞。只要 B 的变化不超过 B_H，霍尔开关就不翻转，使开关输出稳定可靠。

4．霍尔传感器的应用及霍尔效应的基础研究进展

霍尔传感器可以分为线性传感器和开关传感器，在工业、交通、通信、自动控制、家用电器等领域都得了广泛应用。如一辆汽车中就有多达十几个霍尔传感器，在分电器上作信号传感器、ABS 系统中的速度传感器、汽车速度表和里程表、液体物理量检测器、发动机转速及曲轴角度传感器、各种开关等。

目前，使用的各种性能的霍尔传感器可达 100 多种。霍尔传感器可测量压力、质量、液位、

流速、流量等，还可制成特斯拉计、大电流计、功率计、用于录音机等的无刷直流电机等仪器。

自霍尔效应被发现以来，科学家一直在探索相关的效应，已发现的有量子霍尔效应、热霍尔效应、Corbino 效应、自旋霍尔效应、量子反常霍尔效应等。在霍尔效应被发现约 100 年后，德国物理学家克利青（Klaus von Klitzing）等在研究极低温度和强磁场中的半导体时发现了量子霍尔效应，并因此获得了 1985 年的诺贝尔物理学奖。1982 年，美籍华裔物理学家崔琦（Daniel Chee Tsui）和美国物理学家劳克林（Robert B.Laughlin）、施特默（Horst L. Störmer）在更强磁场下研究量子霍尔效应时发现了分数量子霍尔效应，使人们对量子现象的认识更进一步，因此它们获得了 1998 年的诺贝尔物理学奖。

复旦校友、斯坦福大学教授张首晟与母校合作开展了“量子自旋霍尔效应”的研究。“量子自旋霍尔效应”最先由张首晟教授预言，之后被实验证实。如果利用这一效应在室温下工作，可能导致新的低功率的“自旋电子学”计算设备的产生。由清华大学薛其坤院士领衔，清华大学、中科院物理所和斯坦福大学研究人员联合组成的团队在量子反常霍尔效应研究中取得重大突破，他们从实验中首次观测到量子反常霍尔效应，这是中国科学家在实验中独立观测到的一种重要物理现象，也是物理学领域基础研究的一项重要的科学发现。

实验 16–1　霍尔元件测量磁场

一、实验目的和要求

1．了解霍尔效应的原理、霍尔效应的主要误差来源及消除。
2．掌握用霍尔元件测量磁场的原理和方法。
3．掌握用电位差计精确测量电压的方法。

二、主要的实验仪器与材料

主要的实验仪器与材料：TH-S 螺线管磁场实验仪，数字万用表（限用直流电流 2mA 挡），3 个直流电阻箱（R_1 阻值准确，R_2、R_3 阻值不准确，且 $R_2 \leqslant 1000\Omega$、$R_3 \leqslant 20000\Omega$），阻值未知的定值电阻 R_0，直流双路输出稳压电源（E_1：0～5V，E_2：0～20V，内阻忽略不计），单刀单掷开关，导线等。

TH-S 螺线管磁场实验仪由霍尔元件、有限长直螺旋管（阻值 $R_L = 5\Omega$）、调节支架及三个双刀双掷换向开关组成，内部接线如图 8-37 所示。当长直螺线管中通有电流 I_M（励磁电流）时，其中部的磁感应强度为

$$B = \frac{\mu_0 N I_M}{\sqrt{L^2 + D^2}}$$

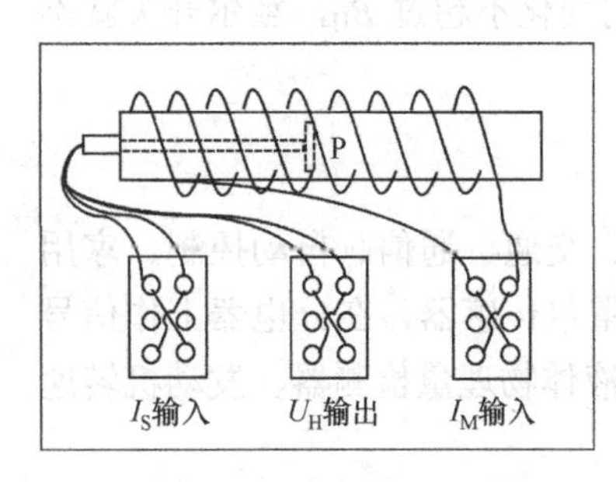

图 8-37　TH-S 螺线管磁场实验仪

式中，μ_0 为真空中的磁导率，N 为螺线管的匝数，L 为螺线管的长度，D 为螺线管的直径。N、L、D 值均标注在实验仪的铭牌上。

霍尔元件的阻值约为 300Ω，为保护霍尔元件，工作电流 I_S 不能超过 10mA，实验时可取 8mA 左右；励磁电流 I_M 不能超过 1A，实验时可取 0.8A 左右；霍尔电压为 2mV 左右。

三、实验内容与步骤提示

设计方案测量霍尔电流 I_S，画出电路图，并拟定操作步骤（提示：定值电阻 R_0 可用替代法测量，通过用电流挡和 R_1 改装的电压表测量 R_0 端电压进而确定 I_S，可在电路中串联一个电阻箱来保护霍尔元件）。

设计方案测量励磁电流 I_M，画出电路图，并拟定操作步骤（提示：通过用电流挡和 R_1 改装的电压表测量 R_L 端电压进而确定 I_M）。

设计方案测量霍尔电压 U_H，画出电路图，拟定操作步骤（提示：可用补偿原理测量 U_H，用异号法消除不等位电压的影响）。

利用霍尔效应推导磁感应强度 B 和 U_H、I_S 的关系，计算螺线管中心轴线的磁感应强度，并与理论值进行比较。

四、预习思考题

1．什么是霍尔效应？哪个参数决定了霍尔效应的大小？
2．霍尔元件主要有哪些参数？使用时要注意什么事项？
3．设计方案求出定值电阻 R_0 和数字万用表 2mA 挡的内阻 r。
4．画出测量霍尔电流 I_S 的电路图，并合理选取电路中的各器件参数。
5．画出测量励磁电流 I_M 的电路图，并合理选取电源电压及用到的电阻阻值。
6．画出补偿原理测量霍尔电压 U_H 电路图。
7．霍尔电流 I_S、励磁电流 I_M、霍尔电压 U_H 测量电路中各需一个电源，在只有两个电源的情况下，哪两个测量电路可公用一个电源？

五、实验报告的要求

1．写明本实验的目的和意义。
2．简述实验的基本原理、设计思路和实验电路。
3．详细记录实验步骤及数据，在测量 I_S、I_M 和 U_H 的基础上计算待测的磁感应强度。
4．对实验结果和出现的各种问题进行分析和讨论。
5．谈谈本实验的收获和体会。

六、拓展

1．设计实验，定性或半定量地研究霍尔元件的交直流特性、频率特性等。
2．利用霍尔元件制作集成线性霍尔传感器和集成开关型霍尔传感器。

七、参考文献

[1] 侯建平. 大学物理实验[M]. 北京：国防工业出版社，2018.
[2] 李平舟，武颖丽，吴兴林，等. 综合设计性物理实验[M]. 西安：西安电子科技大学出版社，2012.
[3] 沈元华. 设计性研究性物理实验教程[M]. 上海：复旦大学出版社，2004.
[4] 汪静，迟建卫. 创新性物理实验设计与应用[M]. 北京：科学出版社，2015.
[5] 胡德敬，谢嘉祥，曹正东.设计性物理实验集锦——创新教育之实践[M]. 上海：上海教育出版社，2002.
[6] 胡平亚. 大学物理实验教程——综合性设计性研究性物理实验[M]. 长沙：湖南师范大学出版社，2008.

实验 16–2　基于霍尔位置传感器的弯曲法测量杨氏模量

杨氏模量是工程材料的一个重要的物理参量，标志着材料抵抗弹性变形的能力，是选择机械构件材料的依据之一。杨氏模量实验涉及微小位移量测量方法，可有效地提高学生的实验技能。该实验是在弯曲法测量固体材料的杨氏模量的基础上，通过加装霍尔位置传感器而成的，它可测量微小位移，实现了力学量到电学量的转换，提高了测量精度和速度。通过霍尔位置传感器的输出电压与位移量线性关系的定标和微小位移量的测量，有利于联系科研和生产实际，使学生了解和掌握非电量（微小位移等）的电测新方法。

一、实验目的和要求

1．掌握用霍尔位置传感器测量微小位移的原理。

2．学会用读数显微镜和霍尔位置传感器测量微小位移。

3．学会用弯曲法测量杨氏模量。

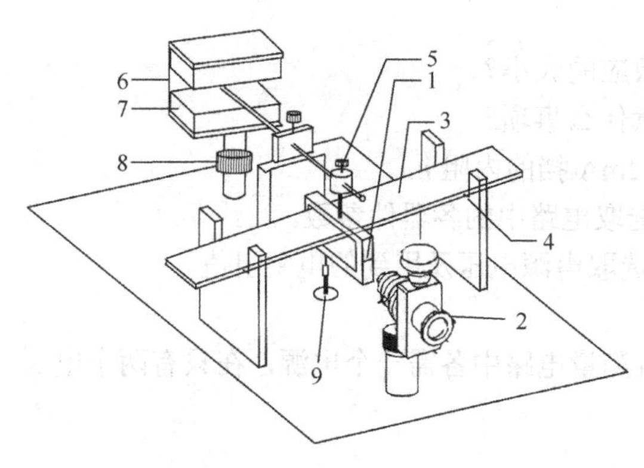

1—铜刀口上的基线；2—读数显微镜；3—刀口；4—横梁；5—铜杠杆；6—磁铁盒；7—磁铁；8—三维调节架；9—砝码托盘

图 8-38　霍尔位置传感器杨氏模量实验仪

二、主要的实验仪器与材料

主要的实验仪器与材料：霍尔位置传感器杨氏模量实验仪、黄铜横梁、可锻铸铁横梁、千分尺、游标卡尺、直尺、砝码。

霍尔位置传感器杨氏模量实验仪如图 8-38 所示。它包含底座固定箱、读数显微镜、95A 型集成线性霍尔传感器、磁铁两块及霍尔位置传感器输出信号测量仪等。95A 型集成线性霍尔传感器的灵敏度大于 250mV/mm，线性范围为 0～2mm。

三、实验内容与步骤提示

1．霍尔位置传感器的定标

调节三维调节架的调节螺丝，使霍尔位置传感器处于磁铁的正中间。调节底座螺钉使磁铁水平放置。调节磁铁盒下的螺钉使磁铁可上下移动，当霍尔传感器的毫伏表最小时，通过调零电位器使毫伏表的读数为零。

转动读数显微镜的鼓轮，使刀口架的基线与读数显微镜内的十字刻度线吻合，并记下初始值。

逐次增大相同质量砝码 M_i，列表记录相应的从读数显微镜上读出的黄铜样品梁的弯曲位移ΔZ_i及数字电压表相应的读数值 U_i（mV）。待砝码加完后，依次取下 M_i质量的砝码，同时记下相应读数。分别采用逐差法和最小二乘法（Origin 软件）计算霍尔位置传感器的灵敏度$\Delta U_i/\Delta Z_i$。

2. 测量黄铜样品及可锻铸铁的杨氏模量

对于黄铜和可锻铸铁，用直尺测量两刀口间的长度 d，用千分尺测量不同位置的厚度 a，用游标卡尺测量不同位置的宽度 b。对于可锻铸铁，逐次增大相同质量的砝码 M_i，列表记录 M_i 与数字电压表相应的读数值 U_i（mV）。待砝码加完后，依次取下 M_i 质量的砝码，同时记下相应读数。利用推导的弯曲法来测量杨氏模量，计算待测材料的杨氏模量，并把测量值与公认值进行比较。黄铜的杨氏模量 E_0=1.055×10^{11}Pa，锻铁的杨氏模量 E_0=1.815×10^{11}Pa。

四、预习思考题

1. 弹性形变有哪几种？横梁弯曲属于哪种形变？

2. 霍尔传感器有哪些种类？本实验用的霍尔传感器属于哪种？具有怎样的磁电转换特性？有什么优点？

3. 若 d 为两刀口之间的距离，M 为所加砝码的质量，a 为梁的厚度，b 为梁的宽度，ΔZ 为梁中心受外力作用而下降的距离，g 为重力加速度。自行推导弯曲法测量杨氏模量的公式 $E=d^2mg/4a^3b\Delta Z$。

4. 实验中如何实现均匀梯度的磁场？试推导均匀梯度磁场（dB/dZ 为常数）中霍尔电压差变化量（ΔU_H）与位移量 ΔZ 的关系 $\Delta U_H = KI(dB/dZ)/\Delta Z$。

五、实验报告的要求

1. 写明本实验的目的和意义。
2. 简述实验的基本原理、设计思路和实验过程。
3. 记录实验所用的仪器、材料的规格和型号等。
4. 记录实验的全过程，包括实验的步骤、实验图示、各种实验现象和数据等。
5. 分析实验结果，讨论实验中出现的各种问题。
6. 得到实验结论，并提出改进意见。

六、拓展

1. 利用空心棱镜测出蒸馏水对某种特定波长的折射率。
2. 设计实验，利用集成线性霍尔传感器测量铁磁材料的磁滞回线和磁化曲线。
3. 利用集成线性霍尔传感器制作电流传感器、简易特斯拉计等。
4. 设计实验，利用集成线性霍尔传感器测量位移、力和角度。

七、参考文献

[1] 上海复旦天欣科教仪器有限公司. FD-HY-MT 型霍尔位置传感器杨氏模量实验仪说明书.

[2] 沈元华. 设计性研究性物理实验教程[M]. 上海：复旦大学出版社，2004.

[3] 游海洋，赵在忠，陆申龙. 霍尔位置传感器测量固体材料的杨氏模量[J]. 物理实验，2000，20（8）：47-48.

[4] 孙宝光，陈恒龙，董晓龙. 用霍尔位置传感器测量杨氏模量[J]. 重庆科技学院学报（自然科学版），2011，13（1）：181-183.

[5] 胡德敬，谢嘉祥，曹正东. 设计性物理实验集锦——创新教育之实践[M]. 上海：上海教育出版社，2002.

[6] 张勇，徐杰，郭霞，等. 利用霍尔位置传感器测杨氏模量[J]. 大学物理实验，2010，23（3）：39-41.

实验 16–3 集成开关型霍尔传感器的特性与应用研究

20 世纪 90 年代以来，集成霍尔传感器技术发展迅速，各种性能的集成霍尔传感器层出不穷，在工业、交通和无线电等领域的自动控制中，该传感器得到了广泛应用。例如，测量磁感应强度、微小位移、周期、转速，以及汽车中的液位控制，行程计量和气缸自动点火等。本实验将学习集成开关型霍尔传感器的特性，并用该传感器测量弹簧振子的振动周期。它具有体积小、可靠性强、成本低、不受非磁介质影响等优点。

一、实验目的和要求

1．掌握集成开关型霍尔传感器的特性及使用方法。

2．观察弹簧振子的运动规律，测出其倔强系数。

3．了解用集成开关型霍尔传感器测量角度、转速和进行液位控制等在自动测量和自动控制中的应用。

二、主要的实验仪器与材料

主要的实验仪器与材料：IHE-1 集成霍尔传感器特性与简谐振动实验仪、砝码等。

IHE-1 集成霍尔传感器特性与简谐振动实验仪如图 8-39 所示。

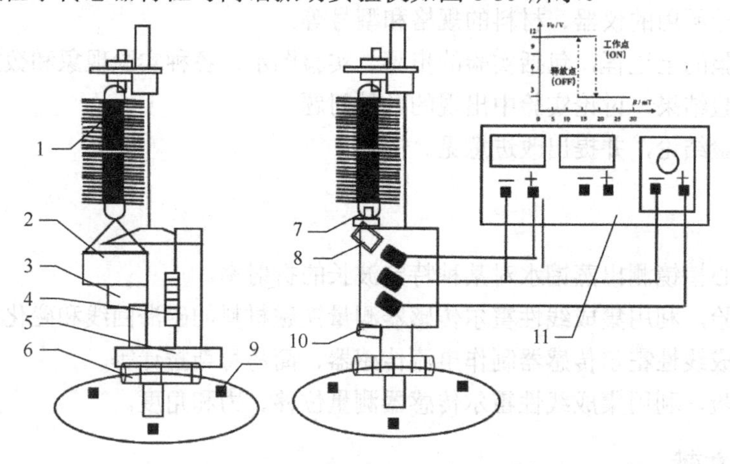

1—弹簧；2—砝码盘；3—平面镜；4—游标卡尺；5—卡尺固定螺母；6—调节螺母；7—砝码和磁钢；8—集成开关型霍尔传感器；9—水平调节螺钉；10—锁紧螺钉；11—计时电压测量稳压组合仪

图 8-39 IHE-1 集成霍尔传感器特性与简谐振动实验仪

三、实验内容与步骤提示

1. 静态位移法测倔强系数 K

调整底脚螺钉，使实验仪垂直。固定弹簧，并调节位置，使弹簧下端的砝码盘尖针靠拢游标尺上的小镜。在砝码盘中依次加入不同质量的砝码 M_i（相当于施加不同的外力 F），当三线重合时，记录对应的标尺读数 Y_i。作 M_i–Y_i 曲线，通过线性回归法求倔强系数 K，并通过相关系数判断它们是否符合线性关系。

2. 基于集成开关型霍尔传感器的简谐振动法求倔强系数

将集成霍尔开关的三个引脚 OUT、V_+和 V_- 分别与周期测试仪的正极、电源正极和电源负极（同时连接周期测试仪的负极）相连。将钕铁硼磁钢粘于 20g 砝码的下端，使 S 极向下。集成霍尔开关感应面对准 S 极，并保持 10～20cm 的间距。多次测量弹簧振动 50 次的周期，求出其平均值。依据弹簧简谐振动的振动周期与倔强系数的关系，求出倔强系数。

四、预习思考题

1．什么是集成开关型霍尔传感器的组成结构？如何实现开关作用？

2．集成霍尔开关有哪些主要的特性参数？如何测量？

3．什么是胡克定律？依据胡克定律的表达式推导倔强系数的测量公式（$F=K\Delta Y_i$）。

4．弹簧振子在做简谐振动时，振动周期 T 和弹簧的有效质量（PM_0）与重物质量 M 存在如下关系 $T=2\pi(M+pM_0)^{1/2}$，试从 T^2–m 关系确定弹簧的有效质量。

5．用集成霍尔开关测量周期或转速有何优点？

五、实验报告的要求

1．写明本实验的目的和意义。

2．简述位移法和基于集成开关型霍尔传感器的简谐振动法求倔强系数的原理。

3．详细记录实验过程及数据，并通过线性回归法等处理数据。

4．对实验中出现的问题及实验结果进行分析和讨论。

5．谈谈本实验的收获、体会，并提出改进意见。

六、拓展

1．对于 IHE-1 集成霍尔传感器特性与简谐振动实验仪，包含 95A 集成线性霍尔传感器，设计方案，测量集成开关型霍尔传感器的参数（工作点 B_{op}、工作距离 D_{op}、释放点 B_{rp}、释放距离 D_{rp} 和磁滞 B_H）。

2．设计实验，利用集成开关型霍尔传感器实现液位的自动控制。

3．设计方案，利用集成开关型霍尔传感器、小磁钢和频率计测量转速。

4．设计方案，利用小磁钢、计时器和集成开关型霍尔传感器测量单摆的振动周期。

七、参考文献

[1] 胡德敬，谢嘉祥，曹正东. 设计性物理实验集锦——创新教育之实践[M]. 上海：上海教育出版社，2002.

[2] 李平舟，武颖丽，吴兴林，等. 综合设计性物理实验[M]. 西安：西安电子科技大学出版社，2012.

[3] 汪静，迟建卫，等. 创新性物理实验设计与应用[M]. 北京：科学出版社，2015.

[4] 陈美銮，李丰丽，孙玉龙. 用集成霍尔传感器测弹簧振子振动周期[J]. 实验技术与管理，2004，21

(3)：62-64，66.

[5] 张逸，章企，陆沈龙. 集成开关型霍尔传感器的特性测量和应用[J]. 大学物理实验，2000，13（2)：1-3.

[6] 上海实博实业有限公司. IHE-1 集成霍尔传感器特性与简谐振动实验仪使用说明书.

实验 17　光纤传感器的特性与应用研究

1966 年，高琨博士在 PIEE 杂志上发表了论文《光频率介质纤维表面波导》，从理论上分析并证明了用光纤作为传输媒体以实现光通信的可能性，并预言了制造通信用超低耗光纤的可能性。至今，光纤技术已得到长足的发展和应用。光纤又称光导纤维，它是由两层折射率不同的玻璃组成的。内层为光内芯，直径为几微米至几十微米，外层的直径为 0.1～0.2mm。一般内芯玻璃的折射率比外层玻璃大 1%。根据光的折射和全反射原理，当光线射到内芯和外层界面的角度大于产生全反射的临界角时，光线透不过界面，全部反射。

光纤传感技术的发展起始于 20 世纪 70 年代，是伴随着光纤通信技术的发展而形成的，对光纤传感器的研究与对光通信技术的研究几乎具有一样的时间跨度。光纤传感器的基本工作原理是将来自光源的光经过光纤送入调制器，使待测参数与进入调制区的光相互作用后，导致光的光学性质（如光的强度、波长、频率、相位、偏振态、散射等）发生变化，再经过光纤送入光探测器，获得被测参数。

光纤传感器有 70 多种，大致可分成光纤自身传感器和利用光纤的传感器。现今传感器在朝着灵敏、精确、适应性强、小巧和智能化的方向发展，在这个过程中，光纤传感器这个传感器家族的新成员备受青睐。光纤具有很多优异的性能，例如，具有抗电磁和抗原子辐射干扰的性能，径细、质软、重量轻的机械性能，绝缘、无感应的电气性能，耐水、耐高温、耐腐蚀的化学性能等，它能够在人达不到的地方（如高温区）或者对人有害的地区（如核辐射区）起到人的耳目的作用，而且能超越人的生理界限，接收人的感官所感受不到的外界信息。

光纤传感器可以用来测量多种物理量，比如应变、温度、压力、位移、速度、转动、振动、声场、电流、电压、生化物质等，还可以完成现有测量技术难以完成的测量任务，成为传感器家族的宠儿，并迅速发展起来。它在狭小的空间里、在强电磁干扰和高电压的环境里，都显示出了独特的能力。光纤传感器的主要应用场景包括光纤陀螺、水声探测、油气井地震波检测、火灾报警、工程结构监测、周界安防、电力监测等。

1．光纤马赫-曾德尔干涉仪的结构及工作原理

（1）光纤马赫-曾德尔传感器的基本结构

光纤马赫-曾德尔（Mach-Zenhder，M-Z）干涉仪的结构图如图 8-40 所示。光源发出的光经耦合器（DC1）将光束一分为二，光纤一臂为信号臂，另一臂为参考臂。经过耦合器 DC2 进行干涉，通过分析采集的干涉信号的相位信息，可获得作用在信号臂上的外界物理量的变化。

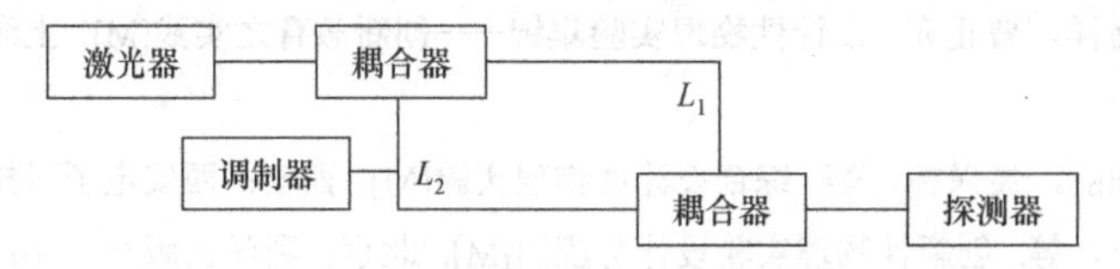

图 8-40　光纤马赫-曾德尔干涉仪的结构图

（2）光纤马赫-曾德尔温度传感器的工作原理

激光束从激光器发出，经分束器分别送入长度基本相同的两条光纤，而后将两根光纤输出端汇合在一起，产生光的干涉。当一条光纤臂温度变化时，两条光纤中传输光的相位差也发生变化，从而引起干涉条纹的移动。干涉条纹的数量能反映被测温度的变化。光探测器接收到干涉条纹的变化信息，并输入适当的数据处理系统，最后得到测量结果。

长度为 L 的光纤中传播光波的相位 φ 为

$$\varphi = \varphi_0 + K_0 nL \tag{8-23}$$

式中，φ_0 为光进入光纤前的初始相位，K_0（$K_0=2\pi/\lambda_0$，λ_0 为真空中的波长）为传播常数，n 为光纤的折射率，L 为光纤的长度。

设 L_2 光纤的温度改变 ΔT，则折射率 n 的改变量为 Δn，光纤长度的 L_2 改变量为 ΔL_2，根据式（8-23），L_2 光纤的相位 φ_2 为

$$\varphi_2 = \varphi_{20} + 2\pi\left(nL_2 + \Delta nL_2 + n\Delta L_2\right)/\lambda_0 \tag{8-24}$$

所以，在 L_2 光纤的温度改变后，干涉处的相位差 $\Delta\varphi$ 为

$$\Delta\varphi = \varphi_2 - \varphi_1 = \left(\varphi_{20} - \varphi_{10}\right) + 2\pi n\left(L_2 - L_1\right)/\lambda_0 + 2\pi\left(\Delta nL_2 + n\Delta L_2\right)/\lambda_0 \tag{8-25}$$

如果 $L_1=L_2=L$，而且初始相位 $\varphi_{20}=\varphi_{10}$，就可以得到

$$\Delta\varphi = 2\pi\left(\Delta nL_2 + n\Delta L_2\right)/\lambda_0 \tag{8-26}$$

两边除以 L、ΔT，可以得到

$$\frac{1}{L}\frac{\Delta\varphi}{\Delta T} = \frac{2\pi}{\lambda_0}\left(\frac{\Delta n}{\Delta T} + \frac{n}{L}\frac{\Delta L}{\Delta T}\right) \tag{8-27}$$

等式左边表示单位长度的光纤受温度的影响，温度每改变 1℃时光纤中光的相位的改变量，等号右边的 Δn、ΔL 分别表示光纤折射率和长度随温度的变化率。

（3）光纤马赫-曾德尔压力传感器的工作原理

光纤马赫-曾德尔压力传感器的原理与光纤马赫-曾德尔温度传感器的原理的区别在于，影响 L_2 光纤光程的因素由温度变为压力。光程随压力的增大而增大。设两路光纤的光程差为 δ，由光程差 δ 导致的两路光波的相位差 $\Delta\varphi$ 为

$$\Delta\varphi = 2\pi\delta/\lambda = 2\pi SP/\lambda \tag{8-28}$$

式中，λ 为激光的波长；P 为压力；S（$S=\delta/P$）为压力传感光纤的转换系数，与传感光纤的长度、折射率和横截面积变化有关。

干涉条纹的强度 I 与相位差 $\Delta\varphi$ 的关系为

$$I = I_0 + I_0 K\cos\left(2\pi SP/\lambda\right) \tag{8-29}$$

式中，I_0 为平均光强，K 为干涉条纹的对比度。

当光程差 δ 每改变一个波长 λ，即压力 P 每改变 $\Delta P=\lambda/S$ 时，干涉条纹将明暗相间变化一次，其光强度变化近似于正弦波。若干涉条纹明暗变化的次数为 N，则压力变化为

$$\Delta P = N\lambda/S \tag{8-30}$$

2．光纤光栅温度和应变测量技术

（1）光纤布拉格光栅的结构

FBG（Fiber Bragg Grating，光纤布拉格光栅）是一种最简单、最普遍的光纤光栅，其折射率调制深度和光栅周期一般都是常数，如图 8-41 所示，当入射光谱经过 FBG 时，被光栅反射回一束单色光（反射光谱），其余光透射。

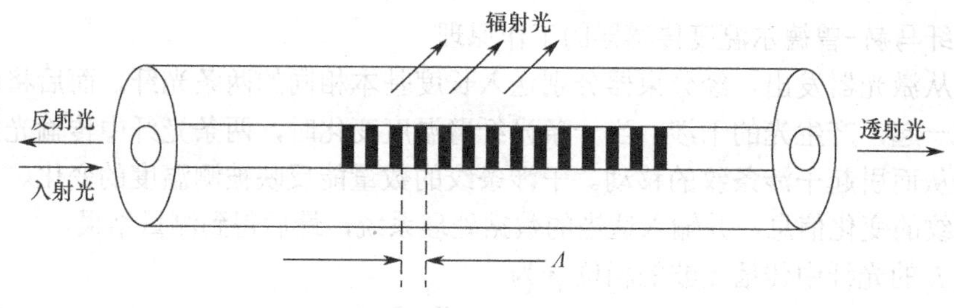

图 8-41 光纤布拉格光栅的结构

（2）光纤布拉格光栅的参数

光纤光栅的带宽就是每个 FBG 反射峰对应的带宽。理论上 FBG 的带宽越小，测量精度越高，但从实际的制作工艺水平来看，最合理的值应该为 0.1～0.3nm，通常取 0.25nm。此外，一般的解调设备的峰值探测算法通常是在假设带宽为0.25nm和谱型为光滑的高斯型的基础上设计出来的，带宽过宽会降低波长测量的准确性。

光纤光栅的反射率越高，返回到测量系统的光功率就越大，相应的测量距离就越长。而且反射率越高，带宽越窄，光栅越稳定，对于波长解调仪的工作要求就越低，反之亦然。为了获得最好的性能，传感光栅反射率应该大于 90%。但是，在强调高反射率的同时，也要考虑抑制边模。也可以说，反射率决定信号强度，边模抑制比决定系统信噪比。

边模抑制比是主模强度和边模强度的最大比值，是表征纵模性能的一个重要指标。对一个两边有许多旁瓣的 FBG 传感器，FBG 解调仪可能会错误地把某些旁瓣当作峰值。所以一个好的传感器反射谱除要具有一个光滑的峰顶外，光滑的两边也是非常重要的。控制边模是决定 FBG 传感性能的一个重要参数，直接决定了系统的信噪比，提高边模抑制比需要 FBG 的制造商有较高的工艺水平。在 FBG 反射率大于 90%的情况下，边模抑制比应高于 20dB，高于 30dB 是更理想的。选用高质量的全息相位掩模板，切趾可以平滑传感器的光谱，消除两边的旁瓣，确保边模不会干扰峰值的探测。通常的切趾在短波长方向仍然会存在许多旁瓣，切趾补偿技术（使光栅的平均折射率波长一致）是一种已经被证明可行的方法，可以消除短波长方向的旁瓣，实现整个光谱平滑。

（3）光纤布拉格光栅的传感原理

由耦合模理论可知，光纤布拉格光栅的中心反射波长（布拉格波长）应满足

$$\lambda_B = 2n_{eff}\Lambda \tag{8-31}$$

式中，n_{eff}为纤芯的有效折射率，Λ为光栅周期。

由式（8-31）可知，光纤布拉格光栅的中心反射波长随n_{eff}和Λ的改变而改变。因此，当外界条件变化引起这两个参数变化时，通过测得中心反射波长的变化可以测量外界物理量。

n_{eff}和Λ受温度与应力的影响，因此，当外界的被测量引起光纤光栅的温度、应力改变时，都会导致布拉格波长λ_B变化，也就是说，光纤光栅反射波的中心反射波长的变化反映了外界被测信号的变化情况。当温度、应力等外界场变化时，布拉格波长的位移可由式（8-32）求导得出

$$\Delta\lambda_B = 2\Delta n_{eff}\Lambda + 2n_{eff}\Delta\Lambda \tag{8-32}$$

式中，Δn_{eff}为有效折射率的变化量，$\Delta\Lambda$为光栅周期的变化量。

将式（8-32）再与式（8-31）求比可得

$$\Delta\lambda_B / \lambda_B = \Delta n_{eff} / n_{eff} + \Delta\Lambda / \Lambda \tag{8-33}$$

（4）光纤布拉格光栅温度灵敏度系数

温度对布拉格波长的影响是由热光效应和热膨胀效应引起的。假设轴向应力场和横向压力场保持恒定，FBG受温度场的影响。当温度变化ΔT时，由热光效应引起的有效折射率变化为

$$\Delta n_{\mathrm{eff}} = \xi n_{\mathrm{eff}} \Delta T \tag{8-34}$$

式中，ξ为光纤的热电系数。

由热膨胀效应引起的光栅周期变化为

$$\Delta \Lambda = \alpha \Lambda \Delta T \tag{8-35}$$

将式（8-34）和式（8-35）代入式（8-33），可得光纤布拉格光栅的温度灵敏度系数

$$K_{\mathrm{T}} = \Delta \lambda_{\mathrm{B}} / \left(\lambda_{\mathrm{B}} \Delta T\right) = \alpha + \xi \tag{8-36}$$

对于掺锗石英光纤，α=5×10^{-7}℃，ξ=7.0×10^{-6}℃，则K_{T}=7.5×10^{-6}℃。

如果将FBG牢固地粘贴在另一种材料上，则这种材料的热膨胀会引起光栅周期的改变，利用这种特性可以改变FBG的温度灵敏度。此时的温度灵敏度系数可表示为

$$K_{\mathrm{TS}} = \alpha + \xi = \left(1 - P_{\mathrm{e}}\right)\left(\alpha_{\mathrm{S}} - \alpha\right) \tag{8-37}$$

式中，α_{S}为这种材料的热膨胀系数，P_{e}为有效弹光系数。

当温度变化不大时，一般认为ξ为常数，因此布拉格波长的偏移与温度之间有较好的线性关系，如图8-42(a)所示。实际上，ξ是温度的函数。在50～350K范围内，掺锗石英光纤的热电系数与温度的关系为

$$\xi_{\mathrm{T}} = -1.13\times10^{-6} + 6.74\times10^{-8}T - 1.12\times10^{-8}T^{2} \tag{8-38}$$

对于掺锗石英光纤，由于$\alpha \ll \xi$，因此可忽略α随温度变化产生的影响，于是得到掺锗石英FBG的温度灵敏度系数为

$$K_{\mathrm{T}} = -0.63\times10^{-6} + 6.74\times10^{-8}T - 1.12\times10^{-8}T^{2} \tag{8-39}$$

（5）光纤布拉格光栅应变灵敏度系数

轴向应力对布拉格波长的影响是由光栅周期的伸缩和弹光效应引起的。假设温度场和横向压力场保持恒定，FBG受轴向应力场的影响。当应变变化$\Delta\varepsilon$时，光栅周期的变化为

$$\Delta \Lambda = \Lambda \Delta \varepsilon \tag{8-40}$$

由弹光效应引起的有效折射率变化为

$$\Delta n_{\mathrm{eff}} = {n_{\mathrm{eff}}}^{3} \Delta \varepsilon \left[\mu P_{11} - (1-\mu) P_{12}\right] \tag{8-41}$$

式中，μ为纤芯材料的泊松比，P_{11}、P_{12}为弹光系数。定义有效弹光系数P_{e}为

$$P_{\mathrm{e}} = {n_{\mathrm{eff}}}^{2}\left[P_{12} - \mu\left(P_{11} + P_{12}\right)\right] \tag{8-42}$$

将式（8-40）、式（8-41）和式（8-42）代入式（8-33），可得光纤光栅轴向应变灵敏度系数

$$K_{\varepsilon} = \Delta \lambda_{\mathrm{B}} / \left(\lambda_{\mathrm{B}} \Delta \varepsilon\right) = 1 - P_{\mathrm{e}} \tag{8-43}$$

对于掺锗石英光纤，P_{e}=0.22，$K_{\varepsilon} \approx 0.78/\mu_{\varepsilon}$。当$\lambda_{\mathrm{B}}$=1550nm时，单位轴向应变波长的漂移为0.00115nm/μ_{ε}。一般含有光栅的光纤允许施加的张力为1%应变，此时忽略光栅的二阶应变灵敏度所引起的误差（不超过0.5%），因而光纤光栅Bragg中心波长偏移量与所受的轴向应变有较好的线性关系，如图8-42(b)所示。当施加张力超过5%应变时，忽略光栅的二阶应变灵敏度将引起2.3%的误差。因此，FBG进行大应变测量时，应考虑二阶应变灵敏度的影响。

横向压力对布拉格波长的影响是由光纤受压使光纤直径发生微量变化，这种变化又会使光传输延迟发生微量变化而引起的。假设温度场和轴向应力场保持恒定，FBG仅受横向压力

场的影响。当横向压力变化为ΔP时，则与之对应的FBG布拉格波长变化$\Delta\lambda_{BP}$为

$$\frac{\Delta\lambda_{BP}}{\lambda_B}=\frac{\Delta(n_{eff}\Lambda)}{n_{eff}\Lambda}=\left(\frac{1}{\Lambda}\times\frac{\Delta\Lambda}{\Delta P}+\frac{1}{n_{eff}}\times\frac{\Delta n_{eff}}{\Delta P}\right)\Delta P \tag{8-44}$$

当光纤受压时，长度变化为

$$\frac{\Delta L}{L}=-\frac{(1-2\mu)P}{E} \tag{8-45}$$

式中，E为光纤杨氏模量。有效折射率变化为

$$\frac{\Delta n_{eff}}{n_{eff}}=\frac{n_{eff}^2 P}{2E}(1-2\mu)(2p_{12}+p_{11}) \tag{8-46}$$

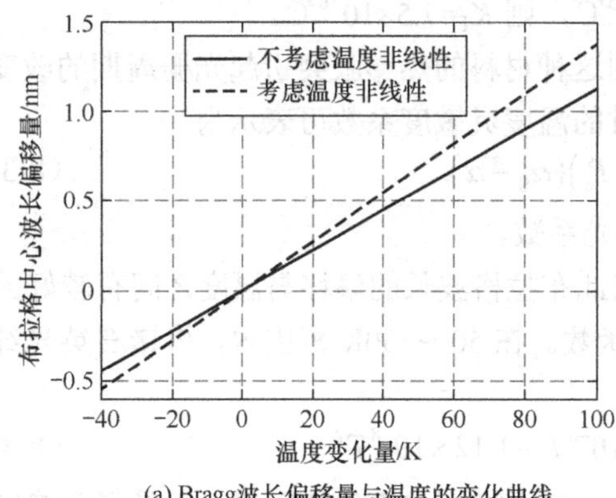

(a) Bragg波长偏移量与温度的变化曲线

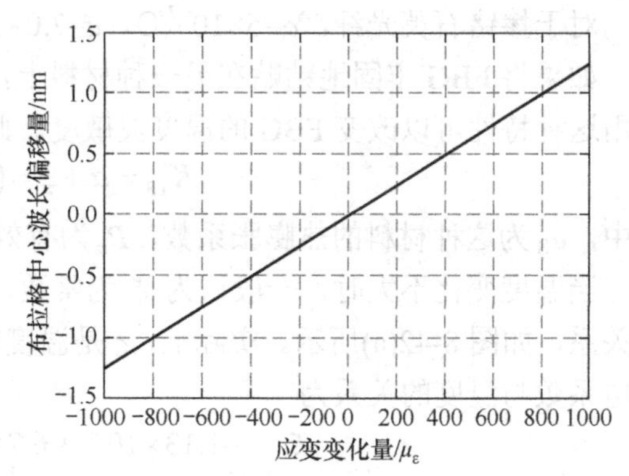

(b) Bragg波长偏移量与轴向应变的变化曲线

图 8-42 Bragg 波长偏移量与温度、轴向应变的关系

考虑到$\Delta L/L=\Delta\Lambda/\Lambda$，光栅周期–压力关系和有效折射率–压力关系分别可由式（8-45）和式（8-46）得到。进一步可得光栅的横向压力灵敏度系数为

$$K_P=\frac{\Delta\lambda_{BP}}{\lambda_B\Delta P}=-\frac{(1-2\mu)}{E}+\frac{n^2}{2E}(1-2\mu)(2p_{12}+p_{11}) \tag{8-47}$$

对于掺锗石英光纤，$K_P=-1.94\times10^{-6}$/MPa，即在波长1550nm处，压力灵敏度为−3pm/MPa。

实际应用中，FBG的中心反射波长同时受温度和应变的影响，假设温度变化范围不大，即在温度变化范围内材料的弹光系数和泊松比是常数，则可得到温度-应变灵敏度系数

$$K_{T\varepsilon}=\frac{\Delta^2\lambda_B}{\lambda_B\Delta T\Delta\varepsilon}=\frac{1}{\lambda_B}\left[(1-P_e)\frac{\Delta\lambda_B}{\Delta T}+\lambda_B\frac{\Delta(1-P_e)}{\Delta T}\right] \tag{8-48}$$

将式（8-36）和式（8-42）代入式（8-48），得

$$K_{T\varepsilon}=(\alpha+\xi)(1-P_e)-2P_e\xi=K_T\cdot K_\varepsilon-2P_e\xi \tag{8-49}$$

在高精度传感时，应当考虑温度–应变交叉敏感带来的误差。

3. 光纤位移传感器的简要理论基础及位移测量原理

（1）出射光场的场强分布

反射调制式光纤位移传感器的光电结构及测量系统的坐标设置如图8-43所示，它由两根多模光纤组成。激光器输出的激光耦合到输入光纤，并通过其射向反射镜镜面或被测物体被反射到另一根接收光纤，由光电传感器接收并转换成电信号。

对于多模光纤来说，光纤纤端出射光场的场强分布函数为

$$\Phi(r,z)=\frac{I_0}{\pi\sigma^2 a_0^2\left[1+\xi(z/a_0)^{3/2}\tan\theta_c\right]^2}\cdot\exp\left\{\frac{-r^2}{\sigma^2 a_0^2\left[1+\xi(z/a_0)^{3/2}\tan\theta_c\right]^2}\right\} \tag{8-50}$$

式中，$\Phi(r,z)$为光纤纤端光场中位置(r,z)处的光通量密度，r 为横向位移，z 为纵向位移，I_0 为由光源耦合进入发送光纤中的光强，σ 为表征光纤折射率分布的参数（对于阶跃光纤，$\sigma=1$），a_0 为光纤芯径，ξ 为与光源种类及光源跟光纤的耦合情况有关的调制参数，θ_c 为光纤的最大出射角。

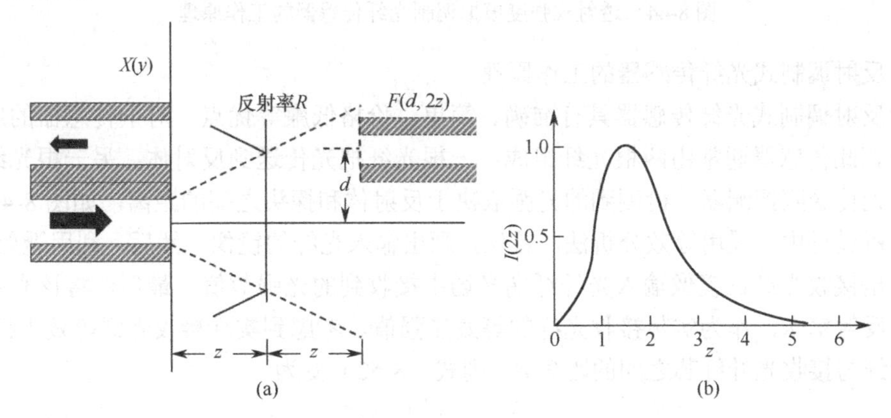

图 8-43　反射调制式光纤位移传感器的光电结构及测量系统的坐标设置

如果将同类光纤置于发送光纤纤端出射的光场中作为接收光纤，其所接收到的光强可表示为

$$I(r,z)=\iint_s \Phi(r,z)\,\mathrm{d}s=\int_s \frac{I_0}{\pi\omega^2(z)}\cdot\exp\left[\frac{r^2}{\omega^2(z)}\right]\mathrm{d}s \tag{8-51}$$

式中，$\omega(z)=\sigma a_0[1+\xi(z/a)^{3/2}\tan\theta_c]$；$s$ 为接收光纤的纤芯面积，即接收光纤终端探测器接收面的面积。

在纤端出射光场的远场区，为简便计，可用接收光纤端面中心点处的光强作为整个纤芯面上的平均光强，在这种近似下，得到在接收光纤终端所探测到的光强公式为

$$I(r,z)=\frac{sI_0}{\pi\omega^2(z)}\cdot\exp\left[-\frac{r^2}{\omega^2(z)}\right] \tag{8-52}$$

（2）透射式强度模拟调制光纤传感器的工作原理

最简单的透射式强度模拟调制光纤传感器的工作原理如图 8-44 所示。调制处的光纤端面为平面，通常入射光纤不动，而接收光纤可以做纵（横）向位移。这样，接收光纤的输出光强被其位移调制。透射式调制方式的分析较简单。在发送光纤纤端，其光场分布为立体光锥，各点的光通量由函数来描写，其光场分布坐标如图 8-44 所示。当接收光纤置于发送光纤纤端光场中时，可近似地给出所接收到的光强。

当 z 固定时，得到的是横向位移传感特性函数。而当 r 取定值（如 r=0）时，则可得到纵向位移传感特性函数，如图 8-44 所示。

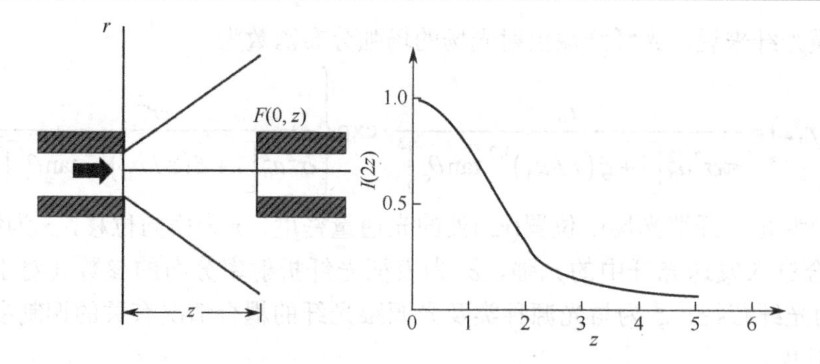

图 8-44 透射式强度模拟调制光纤传感器的工作原理

(3) 反射调制式光纤传感器的工作原理

由于反射调制式光纤传感器具有准确、简单、价格低廉等优点，对于传感器的广泛应用特具魅力。此传感器通常由两根光纤组成：一根光纤把光传送到反射体；另一根光纤接收反射光并把光传送到探测器。检测到的光强取决于反射体和探头之间的距离，如图 8-43 所示。

在分析过程中，采用等效分析法。首先，画出输入光纤的镜像；然后，利用透射分析法，直接计算出接收光纤在镜像输入光纤纤端光场中接收到的光强数值；最后，将该光强值乘以反射体的反射率 R，作为实际接收光纤的等效光强值。考虑到实际接收光纤等效坐标 $F(d,2z)$ 和输入光纤与接收光纤纤芯之间的距离 d，则式（8-52）变为

$$I(2z)=\frac{RI_0}{\sigma^2\left[1+\xi(2z/a_0)^{3/2}\tan\theta_c\right]^2}\cdot\exp\left\{-\frac{d^2}{\sigma^2a_0^2\left[1+\xi(2z/a_0)^{3/2}\tan\theta_c\right]^2}\right\} \tag{8-53}$$

根据式（8-53），可以画出光纤传感器反射镜（或物体）的位置 z 与光强 $I(2z)$的关系曲线。可以发现，它们之间的函数关系在 z 的整个区间非常复杂。然而，在该曲线的前沿或后沿的一定范围内，可近似看作线性关系，故这些关系可用作定量测量位移的基础。如果测量的位移较小，则可用较陡的前沿近似线性部分；若相反，则可用曲线的后沿近似线性部分。

(4) 微弯式光纤位移传感器的工作原理

微弯损耗是由光纤的空间状态变化使光纤中的模间耦合引起的。微弯式光纤位移传感器的原理结构如图 8-45 所示。当光纤发生弯曲时，由于其全反射条件被破坏，纤芯中传播的某些模式光束进入包层，造成纤芯中的光能损耗。为了扩大这种效应，把光纤夹持在一个周期波长为 Λ 的梳状结构中。当梳状结构（变形器）受力时，光纤的弯曲情况将发生变化。于是纤芯中跑到包层中的光能（即损耗）也将发生变化。近似地把光纤看成正弦弯曲，其弯曲函数为

$$f(z)=\begin{cases}A\sin\omega\cdot z & (0\leqslant z\leqslant L)\\ 0 & (z<0,z>L)\end{cases} \tag{8-54}$$

式中，L 是光纤产生微弯的区域，A 为弯曲幅度。

设弯曲函数的微弯周期为 Λ，则弯曲频率为 $\omega=2\pi/\Lambda$。光纤因弯曲产生的光能损耗系数为

$$\alpha=\frac{A^2L}{4}\left\{\frac{\sin\left[(\omega-\omega_c)L/2\right]}{(\omega-\omega_c)L/2}+\frac{\sin\left[(\omega+\omega_c)L/2\right]}{(\omega+\omega_c)L/2}\right\} \tag{8-55}$$

式中，ω_c 为谐振频率。式（8-55）表明，损耗 α 与弯曲幅度 A 的平方成正比，与微弯区域的

长度 L 也成正比。

$$\omega_c = 2\pi / \Lambda_c = \beta - \beta' = \Delta\beta \tag{8-56}$$

式中，Λ_c 为谐振波长，β 和 β' 为纤芯中两个模式的传播常数。当 $\omega=\omega_c$ 时，这两个模式的光功率耦合得特别紧，因而损耗也增大。如果选择相邻的两个模式，则由光纤折射率为平方率分布的多模光纤可得

$$\Delta\beta = \sqrt{2\varDelta} / r \tag{8-57}$$

式中，r 为光纤纤芯半径，$\varDelta$ 为纤芯与包层之间的相对折射率差。

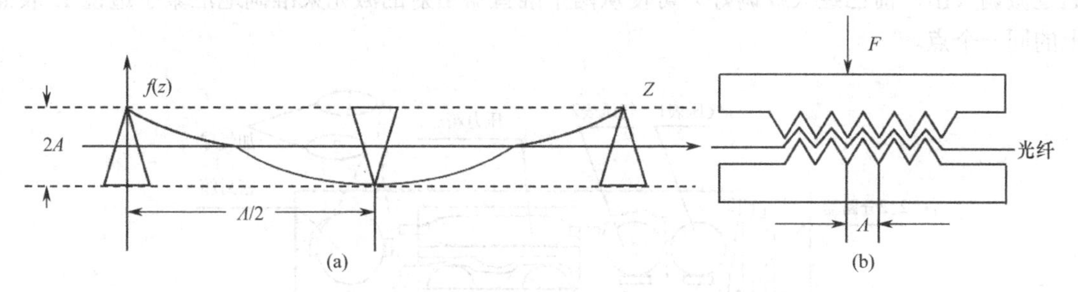

图 8-45 微弯式光纤位移传感器的原理结构

由式（8-56）和式（8-57）可得

$$\Lambda_c = 2\pi r / \sqrt{2\varDelta} \tag{8-58}$$

对于通信光纤，r=25μm，$\varDelta \leqslant 0.01$，$\Lambda_c \approx 1.1$mm。通常，让光纤通过周期为 Λ_c 的梳状结构产生微弯，按式（8-58）得到的 Λ_c 一般太小，使用上可取奇数倍，即 3 倍、5 倍、7 倍等，同样可得到较高的灵敏度。

实验 17-1 光纤马赫-曾德尔干涉仪的压力和温度传感的特性与应用研究

利用被测参量对光学敏感元件的作用，使敏感元件的折射率、传感常数或光强发生变化，从而使光的相位随被测参量而变，然后用干涉仪进行解调，可得到被测参量的信息。用以上原理制成的光纤干涉仪可测量地震波、水压（包括水声）、温度、加速度、电流、磁场等，也可检测液体、气体的成分。这类光纤传感器的灵敏度很高，传感对象广泛（只要能对干涉仪中的光程产生影响就可以传感）。这类传感器带有另外的感光元件，对待测物理量敏感，光纤仅作为传光元件，只有附加能够对光纤所传递的光进行调制的敏感元件，才能组成传感元件。

M-Z（马赫-曾德尔）干涉结构具有以下优点：可以通过参考光路进行补偿，以避免外部干扰对测量的影响；其干涉结构不存在光波回反到光源的问题。因此，M-Z 光纤干涉结构十分适合进行超长传感距离的复杂信号光相位传感。

一、实验目的和要求

1．学习光纤马赫-曾德尔干涉原理。

2．了解压力传感器的原理，掌握光纤马赫-曾德尔干涉仪测量压力的方法。

3．了解温度传感器的原理，掌握光纤马赫-曾德尔干涉仪测量温度的方法。

二、主要的实验仪器与材料

主要的实验仪器与材料包括：OFKM-IV 型多功能全光纤干涉仪、He-Ne 激光器。OFKM-IV 型多功能全光纤干涉仪的结构示意图如图 8-46 所示。激光经适配器进入 1#光纤（在机箱内，易损坏，禁止插拔）。经“分路器”将激光按 1∶1 的比例分配到 3#和 4#输出光纤中，且 3#光纤穿过加热器与 3#适配器连接，再与 6#准直器一头相接，另一头固定在准直架上。4#光纤经压力箱与 2#适配器相接，5#准直器固定在 5#准直器支架上。6#准直器支架具有四维可调功能，通过微调（出厂前已经大致调好）可使从两个准直器出射的激光束准确地汇聚于透镜 L 表面上的同一个点。

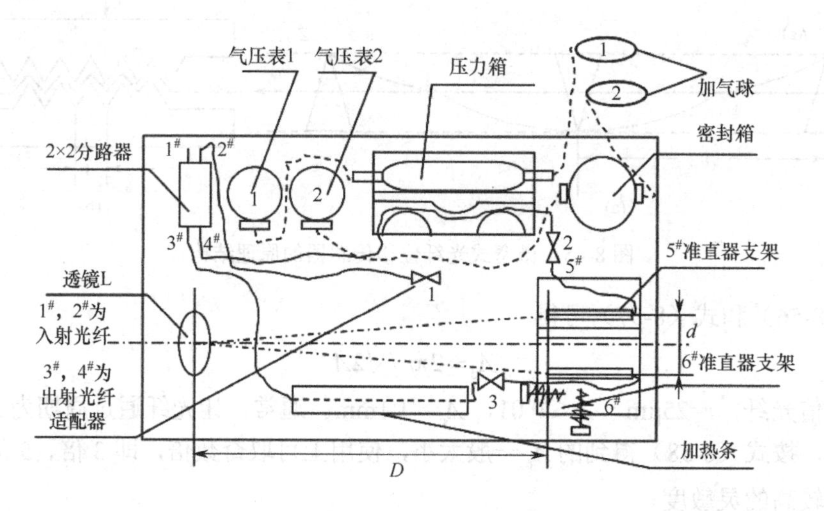

图 8-46　OFKM-IV 型多功能全光纤干涉仪的结构示意图

三、实验内容与步骤提示

1. 光纤马赫-曾德尔温度传感器的温度特性

打开 M-Z 加热开关，使温度上升到设定温度（最高 40～60℃），然后关闭加热开关，降温过程中记录计数器上显示的干涉条纹移动数与温度计上显示温度的一一对应值。使用软件时，只需将温度按时输入计算机即可。用线性回归法拟合 ΔT–N 关系曲线，分析实验的温度是否在此传感器的线性测温范围内。

注意：在开始计数前，计数器应复位。

2. 光纤马赫-曾德尔压力传感器的压力特性

通过加气球 1，慢慢给光纤施加压力，记录计数器刚开始变化时气压表 1 的读数。然后，加压过程中记录气压表 1 读数与干涉条纹数的对应值，直到干涉条纹达到 100 条左右。然后通过调节放气螺钉慢慢放气，降压过程中记录压力和干涉条纹移动数的对应值。用线性回归法拟合 ΔP–N 关系曲线，求得压力传感光纤的转换系数 S。

实验结束后，打开放气阀，让光纤复位。

四、预习思考题

1．在干涉型光纤传感器中，通过什么物理量可以改变反映待测场的变化？描述 M-Z 光纤传感器的工作原理，其有何优点？

2．温度一般影响光纤的什么参数？推导出当温度改变 1℃时光纤中光的相位改变量的表达式。

3．压力一般通过影响光纤的哪三个参数来改变光波的相位？给出具体的影响公式。

4．是否可以利用光功率计、光电二极管、示波器或高速 CCD 相机探测光纤马赫-曾德尔的干涉结果？并给出具体的理由。

五、实验报告的要求

1．写明本实验的目的和意义。

2．简述光纤马赫-曾德尔干涉仪温度传感器和压力传感器的工作原理。

3．详细记录实验过程及数据，用作图法处理数据。

4．对实验中出现的问题及实验结果进行分析和讨论。

5．谈谈本实验的收获、体会，并提出改进意见。

六、拓展

1．搭建光纤马赫-曾德尔干涉仪，测量机械振动或声波。

2．设计实验，利用光纤马赫-曾德尔干涉仪测量光折射率的温度系数。

3．搭建基于迈克耳孙干涉仪、萨格奈克干涉仪等干涉结构的光纤传感装置，开展温度和压力的特性研究。

七、参考文献

[1] 苑立波. 温度和应变对光纤折射率的影响[J]. 光学学报，1997，17（12）：1713-1717.

[2] 曹丽丹，刘昕，乔飞帆，等. 基于全光纤马赫-曾德尔干涉仪的压力和温度传感实验[J]. 光学与光电技术，2015，13（3）：34-37.

[3] 武文彬，刘维，崔烨，等. 基于光纤马赫-曾德尔干涉仪的强度测量研究[J]. 光学与光电技术，2008，6（5）：42-44.

实验 17-2　光纤布拉格光栅应变/温度传感的特性与应用研究

1978 年，加拿大的 Hill 等人在掺锗光纤中，用 488nm 氩离子激光在光纤中产生了驻波干涉条纹，首次成功地写入光纤光栅，此后的十年间这项极富潜力的技术一直进展缓慢，直到 1989 年，美国的 Meltz 等人利用两束干涉的紫外线从光纤的侧面成功地写入了光栅。从此各国对光纤光栅的研究飞速发展，光纤光栅的写入方法不断得到改善，光纤的光敏性逐渐提高，各种特种光栅也相继问世，光纤光栅的某些应用已达到商用化的程度。特别是近年来光纤光栅在光通信、光纤激光器和光纤传感器等领域的应用越来越受到人们的重视，取得了令人瞩目的成就。随着光纤光栅技术的日臻成熟，基于光纤光栅的各种光子学器件（如光纤激光器、光纤滤波器、光纤波分复用器和解复用器、光纤光栅色散补偿器等）层出不穷，光纤光栅以造价低、稳定性好、体积小、抗电磁干扰等优良性能，被广泛地应用于光纤通信和光纤传感等各个领域。尤其是它易于集成的特性，使全光纤一维光子集成成为可能，从而在促进光子学乃至信息科学的发展中发挥越来越重要的作用。光纤光栅的研制成功是继掺铒光纤放大器之后在光纤领域的又一次重大的技术突破，并成为光纤通信发展史上的又一个里程碑。

光纤布拉格光栅是在光纤纤芯内的介质折射率呈周期性调制的一种光纤无源器件，实质上是在光纤中建立的一种周期性的折射率分布，它只对特定波长的光具有反射或者透射作用，光纤光栅传感器的传感信息是以波长编码的，克服了强度调制传感器必须补偿光纤连接器和耦合器损耗及光源输出功率起伏的弱点。光纤光栅是性能优良的敏感元件，光纤光栅的Bragg波长随着有效折射率和光线光栅周期的改变而改变。应变和压力由于光栅周期的伸缩和弹光效应引起Bragg波长偏移，温度由于热膨胀效应和热光效应也可以引起Bragg波长偏移。因此，通过检测光纤光栅的布拉格波长偏移量便可测量温度和应力的变化量，这是光纤光栅能够直接传感测量的两个最基本的物理量，它们构成了其他各种物理量传感的基础。因此研究光纤光栅传感温度、应变的原理及其实现是研究光纤布拉格光栅传感特性的关键。

通过设计敏感结构进行非光学物理量的转换，还可以实现非光学量的光学测量，如压力、温度、气象（风力、风向、温度）传感、微振动、声音传感、磁场、电压/电流传感等，在波分和时分复用情况下，FBG 间通过串联或并联方式组成传感网络，就可以实现对物理量的准分布式测量，将这种准分布式传感元件埋入材料和结构内部或者贴装在其表面构成智能结构，就可以对其温度、应力和应变等物理量实现多点监测，采用合适的埋入技术，既可以保证光纤光栅的可靠耐用，又可以保证不对物体的结构和物理性能造成影响。这种传感器在大型结构（如水坝、桥梁、重要建筑和飞行器、舰艇等）和特殊场合（如矿井、油田、油罐等）的安全监测方面具有极为广泛的应用前景。因此光纤光栅传感技术，特别是复用传感技术越来越受人们的青睐。光纤光栅已成为目前最有发展前途、最具代表性的光纤无源器件之一。

一、实验目的和要求

1. 了解光纤布拉格光栅的结构和参数指标。
2. 了解光纤布拉格光栅应变传感原理。
3. 了解光纤布拉格光栅温度传感原理。
4. 学会光纤布拉格光栅应变和温度传感特性的测量方法。
5. 掌握用匹配光栅解调法测量布拉格波长的偏移。

二、主要的实验仪器与材料

主要的实验仪器与材料包括：光纤布拉格光栅温度/应变传感实验装置，恒温水浴锅，悬臂梁装置。

光纤布拉格光栅温度/应变传感实验装置示意图如图 8-47 所示。实验系统中的光路主要包括侧面发光性 LED 单模宽带光源、光环行器、光纤布拉格光栅器件（包括传感光栅 FBG1 和相同的匹配光栅 FBG2）、FC 连接器和光电探测二极管。

光源为光路提供宽带信号，它直接决定传感系统的波长偏移量检测灵敏度。本实验中光源采用了高精度的自动功率控制（APC，Automatic Power Control），不但具有 1550nm 窗口波长的工作波长（其中心波长为 1553nm，带宽为 110nm），而且具有较大的输出功率和较高的稳定性。

光环行器和 5 个 FC 连接器起将各个光学器件连接起来的作用。光环行器是非可逆、多端口器件。非可逆是指当输入端口和输出端口对换时，器件的工作特性不一样，即从任意端口输入，从指定端口输出。实验系统中使用的三端口光环行器的工作波长为 1520～1570nm。FC 连接器主要的性能指标是插入损耗。使用 FC 连接器时，注意要将被连接的光学器件准确地对准接头，尽量减小接头的插入损耗。本实验所使用的 FC 连接器的平均插入损耗大约为 0.25dB。

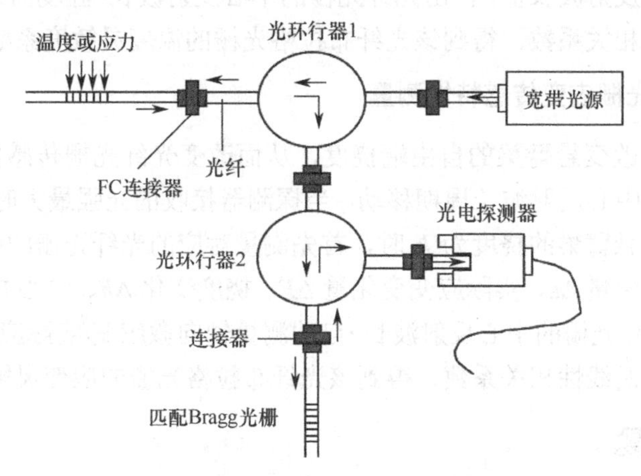

图 8-47　光纤布拉格光栅温度/应变传感实验装置示意图

匹配 Bragg 光栅用于传输光信号及作为传感头，选用纤芯为 9μm、包层直径为 125μm 的单模石英光纤。

光电二极管则完成光功率对电流的转换。

采用的光纤光栅应变传感器是一种悬臂梁应变调谐结构。悬臂梁是 79mm×5mm×1.4mm 钢带，光纤光栅粘接在根部（x=5mm 处）。光栅应变由悬臂梁自由端完全形变产生，连接在悬臂梁自由端的螺旋测微器的进动量就是悬臂梁形变的挠度，进而可计算出光纤光栅的轴向应变，通过光纤光栅产生的应变引起光栅布拉格波长的偏移实现对应变的传感。

由理论推导，可得光纤的应变为

$$\varepsilon = \frac{3(l-x)d}{l^3}h \tag{8-59}$$

式中，l、h、d 分别为悬臂梁的长度、挠度和悬臂梁中心面至表面的距离。

光纤光栅悬臂梁的波长调谐曲线方程为

$$\frac{\Delta\lambda}{\Delta h} = \beta_\varepsilon = \frac{(1-P_e)\Delta\varepsilon\lambda_\varepsilon}{\Delta h} \tag{8-60}$$

式中，β_ε 为光纤光栅悬臂梁的波长调谐灵敏度系数，其数值为 0.3775nm/mm。当光纤布拉格光栅作为应变传感器使用时，应变调谐灵敏度定义为 $\Delta\varepsilon/\Delta h$。

应变传感器的实际应变变化量为

$$\Delta E = \frac{\beta_\varepsilon \Delta h}{(1-P_e)\lambda_\varepsilon} = \frac{\beta_\varepsilon \Delta h}{0.78\lambda_\varepsilon} \tag{8-61}$$

三、实验内容与步骤提示

1. 光纤布拉格光栅温度传感特性测量

采用恒温水浴法调节传感光纤光栅的温度在室温至 80℃之间变化。在某个固定温度下，调节压电元件（PZT，Piezoelectric Transducer）使匹配 FBG2 的中心反射波长周期移动，当探测器接收的光强最大时，可得到传感 FBG1 的中心反射波长。当温度变化时，测量并记录相应的光纤光栅的中心反射波长值，作出光纤光栅的中心反射波长–温度曲线，并进行线性拟合，确定拟合方程及线性相关系数，得到该光纤布拉格光栅的温度灵敏度系数。

2. 光纤布拉格光栅应变传感特性测量

通过螺旋测微器改变悬臂梁的自由端挠度，从而改变光纤光栅传感器的应变。调节压电元件使匹配 FBG2 的中心反射波长周期移动，当探测器接收的光强最大时，可得到传感 FBG1 的中心反射波长。当悬臂梁的挠度为 h 时，首先测量对应的光纤光栅的中心反射波长值 λ_ε，计算自动测量应变变化量 $\Delta\varepsilon$、实际应变变化量 ΔE、挠度变化 Δh、中心波长偏移量 $\Delta\lambda_\varepsilon$，并列表记录；然后作出光纤光栅的中心反射波长–自动测量轴向微应变/实际应变曲线，并进行线性拟合，确定拟合方程及线性相关系数，得到该光纤布拉格光栅的应变灵敏度系数。

四、预习思考题

1. 均匀光纤布拉格光栅和均匀长周期光纤光栅各有什么特点？
2. 均匀光纤布拉格光栅的传感原理是什么？温度通过什么效应影响布拉格波长？写出布拉格波长偏移与温度之间的关系式。轴向应变主要通过什么因素影响布拉格波长？写出布拉格波长偏移与轴向应变之间的关系式。
3. 光纤光栅解调主要实现什么目的？光纤光栅解调技术有哪几种？本实验中的匹配 Bragg 光栅起什么作用？详述用匹配光栅滤波器解调光纤光栅的原理。
4. 影响光纤 FBG 温度传感器的测量精度的因素有哪些？
5. 如何提高光纤 FBG 中心反射波长的计算精度？
6. 为什么要对光纤 Bragg 光栅传感器封装？目前，光纤光栅的封装技术主要有哪几种？
7. 本实验中光电探测器的电流信号如何反映光纤 FBG 中心反射波长的变化量？

五、实验报告的要求

1. 写明本实验的目的和意义。
2. 简述光纤布拉格光栅的结构、参数和温度/应变传感特性。
3. 详细记录实验过程及数据，并对温度和应变特性曲线进行线性拟合。
4. 对实验中出现的问题及实验结果进行分析和讨论。
5. 谈谈本实验的收获、体会，并提出改进意见。

六、拓展

1. 设计光纤布拉格光栅液位传感器，开展传感器特性及液位测量研究。

2．设计多参量（如温度和应变）光纤传感装置。
3．搭建基于时分、空分和波分复用的光纤光栅传感实验装置，并开展相关物理量的测量。
4．设计光纤布拉格光栅液体浓度传感器。

七、参考文献

[1] 刘云启．布拉格与长周期光纤光栅及其传感特性研究[D]．天津：南开大学，2000.
[2] 郭松科，杨振坤，童诗存，等．光纤布拉格光栅传感特性及实验研究[J]．中国测试技术，2006，32（2）：71-73.
[3] 刘富成，刘县，王乐天，等．基于光纤 Bragg 光栅的温度传感实验[J]．物理实验，2007，20（3）：23-26.
[4] 钟双英，刘崧，王银燕．光纤布拉格光栅的应变传感实验的研究[J]．大学物理，2006，25（7）：33-35，58.
[5] 柴伟．光纤布拉格光栅温度传感技术研究[D]．武汉：武汉理工大学，2004.
[6] 莫德举，廖妍，傅伟铮．光纤布拉格光栅温度传感实验特性研究[J]．测控技术，2006，25（3）：24-26.
[7] 周智，田石柱，赵雪峰，等．光纤布拉格光栅应变与温度传感特性及其实验分析[J]．功能材料，2002，33（5）：551-554 .
[8] 郭炜．光纤光栅温度和应变测量技术研究[D]．北京：华北电力大学，2008.
[9] 唐腾．腐蚀光纤布拉格光栅传感特性研究[D]．桂林：广西师范大学，2014.
[10] 王本宇．基于匹配滤波的光纤 Bragg 光栅解调系统研究[D]．大连：大连理工大学，2007.

实验 17-3　光纤压力/位移传感器的特性与应用研究

通常按光纤在传感器中所起作用的不同，将光纤传感器分为功能型（又称传感器型）和非功能型（又称传光型、结构型）两大类。功能型光纤传感器使用单模光纤，它在传感器中不仅起传导光的作用，而且是传感器的敏感元件。但这类传感器在制造上技术难度较大，结构比较复杂，并且调试困难。在非功能型光纤传感器中，光纤本身只起光的传输作用，并不是传感器的敏感元件。它利用在光纤端面或在两根光纤中间放置光学材料、机械式或光学式的敏感元件感受被测物理量的变化，使透射光或反射光强度随之发生变化，所以这种传感器也叫传输回路型光纤传感器。

对于传输回路型光纤传感器，光纤把测量对象辐射的光信号或测量对象反射、散射的光信号直接传导到光电元件上，实现对被测物理量的检测。为了得到较大的受光量和传输光的功率，这种传感器所使用的光纤主要是孔径大的阶跃型多模光纤。该光纤传感器的特点是结构简单、可靠，在技术上容易实现，便于推广应用，但灵敏度较低，测量精度也不高。

光纤位移传感器属于非功能型光纤传感器。它是位移测量器件，利用光纤传输光信号的功能，根据检测到的反射光强度测量被测反射表面的距离。

一、实验目的和要求

1．了解透射式、反射式和微弯式光纤压力/位移传感器的结构及工作原理。
2．掌握光纤纤端光场的场强分布特征。
3．掌握光纤压力/位移传感器的输出特性。

4. 了解用光纤压力/位移传感器测量位移的方法。

二、主要的实验仪器与材料

主要的实验仪器与材料：光纤传感实验仪。

光纤传感实验仪是在光纤传感领域中的光纤透射技术、反射技术及微弯损耗技术等基本原理的基础上开发而成的，由光纤传感实验仪主机、LED 光源、发射光纤、PIN 光电探测器、接收光纤、三维微位移调节器、反射器。如图 8-48 所示，光纤传感实验仪主机为 LED 光源提供驱动电流，完成光电转换及放大作用，并输出电信号。三维微位移调节器用于固定光纤探头，实现微位移定量调节（精度为 0.01mm）。反射器和微弯变形器配在三维微位移调节器上。

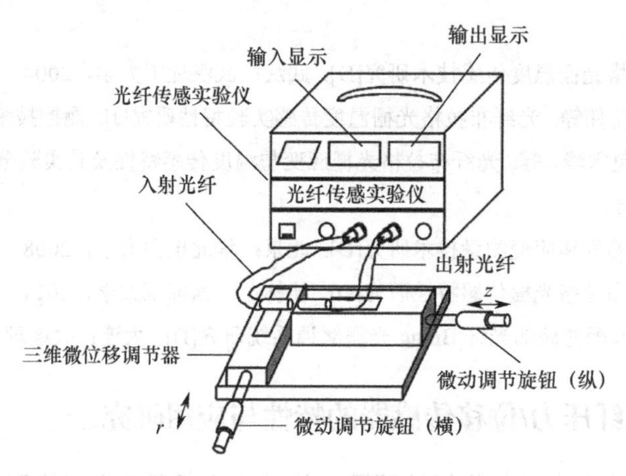

图 8-48 光纤传感实验仪示意图

三、实验内容与步骤提示

1. 光纤纤端光场分布

测量光纤纤端光场径向分布。（1）将光源光纤卡在微动调节架上，将探测光纤卡在横向微动调节架上，并将光纤探头的间距调到 1mm 左右，接通电源，将 LED 驱动电流调到合适的电流（如 35mA），调整入射光纤和出射光纤，使其对准（调节微动调节旋钮（横）和光纤卡具并观察电压输出使之最大，此时可认为入射光纤和出射光纤已对准）。（2）调节微动调节旋钮（纵），将探测光纤推到与光源光纤即将接触的位置，并记录下螺旋测微器的读数。（3）沿某个方向旋转微动调节旋钮（横），直至输出电压为零，再向相反的方向旋转，记录螺旋测微器的读数，继续向该方向旋转，每转过 5 个小格便记录电压输出值，直至电压再次变为零，利用 MATLAB 或其他数据处理软件拟合。（4）将两个光纤探头的间距调到 0.5mm，重复步骤（3），利用数据处理软件拟合。

测量光纤纤端光场轴向分布。将光纤探头的间距调到 1mm 左右，将 LED 驱动电流调到合适的电流（如 40mA），调整入射光纤和出射光纤，并使其对准。调节微动调节旋钮（纵），将探测光纤推到与光源光纤即将接触的位置，并记录下螺旋测微器的读数，然后将微动调节旋钮（纵）向相反的方向旋转，每转过 10 个小格便记录电压输出值，直至输出电压变为零。

注意：两根光纤对接时，若存在机械对准误差，则将产生光功率的耦合损耗。典型的机械对准误差有三种。

2．反射式光纤位移传感器特性

将反射式光纤探头卡在纵向微动调节架上，对准反射器，并将光纤探头与反射镜的间距调到 0.1mm 左右。接通电源，将 LED 驱动电流调到指定的电流（如 40mA）。调节微动调节旋钮（纵），将探测光纤推到与反射镜表面即将接触的位置，并记录下螺旋测微器的读数，然后停止。沿纵向远离反射镜的方向旋转微动调节旋钮（纵），每次调节 0.2mm 并记录螺旋测微器的读数和电压输出值，直至 7mm。作出 $U\text{–}z$ 曲线，并与理论曲线进行比较。

3．微弯式光纤位移传感器特性

将反射式光纤探头卡在纵向微动调节架上，对准反射器，并将光纤探头与反射镜的间距调到 1mm 左右。接通电源，将 LED 驱动电流调到指定的电流（如 40mA），使入射光纤和出射光纤对准。调节微动调节旋钮（纵），将探测光纤推到与光源光纤即将接触的位置，并记录下螺旋测微器的读数，然后将微动调节旋钮（纵）向相反的方向旋转，每转动 5 个小格便记录电压输出值，直至输出电压变为零。作出 $U\text{–}z$ 曲线，并分析曲线的特点。

四、预习思考题

1．光纤位移传感器属于什么类型的传感器？详述透射式、反射式和微弯式光纤传感器测量位移的工作原理。

2．用光纤位移传感器测位移时对被测物体表面有哪些要求？

3．将光纤位移传感器与传统的传感器进行比较，前者有什么优点？

4．影响光纤位移传感器的输出光强因素有哪些？

5．对光纤位移传感器标定时应注意什么事项？如果用光纤位移传感器的光强位移曲线的前沿测量物体的位移，应如何标定？

五、实验报告的要求

1．写明本实验的目的和意义。

2．简述透射式、反射式和微弯式光纤压力/位移传感器的结构及测量压力/位移的原理。

3．详细记录实验过程及数据，通过作图法掌握光纤纤端的光场分布及传感器的输出特性。

4．对实验中出现的问题及实验结果进行分析和讨论。

5．谈谈本实验的收获、体会，并提出改进意见。

六、拓展

1．利用反射式光纤位移传感器设计转速测量仪装置。

2．基于光纤位移传感器，设计一个测量压电陶瓷振幅及频率的装置。

3．利用光纤位移传感器的测试原理，设计一个压力测量装置。

4．利用光纤位移传感器设计一个光纤测温装置。

七、参考文献

[1] 李颖娟，孙伟民，王小力，等. 塑料光纤纤端光场测试结果及分析[J]. 光学与光电技术，2006，4（2）：46-49.

[2] 殷晓华，刘志海，赵文辉，等. 光纤传感实验仪的应用[J]. 应用科技，2000，27（1）：12-13.

[3] 赵国俭，王静. 光纤传感器实验设计[J]. 大学物理实验，2010，23（5）：30-31，40.

[4] 苑立波. 光源与纤端光场[J]. 光通信技术，1994，18（1）：54-56.

[5] 张云剑. 高精度反射式塑料光纤位移传感器探究[J]. 电子制作，2014，1：12-14 .

[6] 欧攀. 高等光学仿真（MATLAB 版）[M]. 北京：北京航空航天大学出版社，2014.

[7] 周殿清，张文炳，冯辉. 基础物理实验[M]. 北京：科学出版社，2009.

[8] 黎敏，廖延彪. 光纤传感器及其应用技术[M]. 武汉：武汉大学出版社，2008.

实验 17–4　光纤位移传感器测量材料的杨氏模量

本实验以光纤位移传感器为基础，对位移传感器进行标定，并测量物体加载后的挠度曲线及其材料的杨氏模量。

实验中，光纤位移传感器被设计成接触式。结构具有如下特点：输入光纤和接收光纤是固定的；反射镜通过探头的顶杆实现纵向移动。当试件在位置 z 时，就相当于反射镜镜面在这个位置，接收光强 I 与镜面位置 z 的单调关系可表示为

$$I = I(z) \tag{8-62}$$

由于光电传感器接收的光强与其输出的信号电压是线性关系，因此，探测器的输出电压 U 与镜面位置 z 之间也存在单调关系。当试件的位置发生变化，即从 z 移到 z' 时，试件位移 Δz 与光电传感器的输出电压的关系为

$$\Delta z = z'(U) - z(U) \tag{8-63}$$

式（8-63）为用光纤位移传感器测量位移的基本公式。

当用光纤位移传感器并借助悬臂梁弯曲法测量杨氏模量时，位移量 Δz 可看作加载前、后加载点的位移（称为挠度），悬臂梁的挠度与加载载荷有如下关系

$$\Delta z = 4l^3 P / \left(Ebh^3\right) \tag{8-64}$$

式中，E 为杨氏模量，l 为悬臂梁的长度，P 为载荷，b、h 分别为矩形截面梁的宽和厚。

利用式（8-64）可推导出试件的杨氏模量为

$$E = 4l^3 P / \left(\Delta z b h^3\right) \tag{8-65}$$

一、实验目的和要求

1. 了解光纤位移传感器的理论基础及工作原理。
2. 学会光纤位移传感器的标定方法，画出光纤位移传感器的标定曲线。
3. 用光纤位移传感器测出试件的挠度曲线和杨氏模量。

二、主要的实验仪器与材料

主要的实验仪器与材料包括：GW-D201 型多功能光纤杨氏模量测量仪、钢尺、物理天平、

游标卡尺。

GW-D201 型多功能光纤杨氏模量测量仪示意图如图 8-49 所示。该仪器由光纤传感器探头（5）、半导体激光器（1）、二维激光耦合器、光电传感器（3）、试件夹持装置、试件螺旋测微加载器（6）、反射镜镜面限位报警装置和导轨等组成。试件加载由试件加载装置完成，即旋转试件螺旋测微加载器（6）推动加载器杠杆装置（7），使得杠杆的另一端推动试件（8）的自由端端部上升，使光纤探头的反射镜顶杆及其顶部的反射镜向上移动，从而改变了反射镜的位置。该位置变量可由光电压测量仪测出光的电压从而计算出来。

注意：为防止误操作引起的光纤纤面和反射镜镜面挤压从而损坏器件，仪器安装了一个反射镜镜面限位报警装置。当试件螺旋测微加载器过度加载时，该报警器的指示灯会亮。

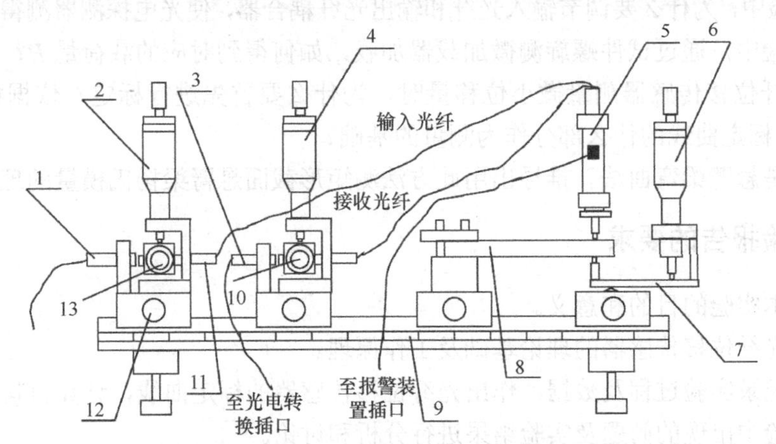

1—半导体激光器；2—激光输入耦合器纵向移动调节器；3—光电传感器；4—光电耦合器纵向移动调节器；5—光纤传感器探头；6—试件螺旋测微加载器；7—推动加载器杠杆装置；8—试件；9—标尺；10—光电耦合器横向移动调节器；11—输入光纤夹头；12—滑块固定螺钉；13—激光输入耦合器横向移动调节器

图 8-49 GW-D201 型多功能光纤杨氏模量测量仪示意图

三、实验内容与步骤提示

1. 光纤位移传感器的标定

标定前，将仪器调整到最佳状态。（1）调节输入光纤和输出光纤耦合器，使信号电压的表示值最大。（2）将试件螺旋测微加载器的顶尖与悬臂梁的外端下表面接触，光纤位移传感器探头顶在悬臂梁的外端上表面（两者处于同一个坐标点）。调节试件螺旋测微加载器，直到限位指示灯亮。

反向旋转试件螺旋测微加载器，每隔 50μm（光纤探头内的反射镜做相应的位移）记录光电压测量仪测得的光电压数值 U，测量 16 组数据。作 U–z 关系曲线，即标定曲线，利用 Origin 软件对该曲线后沿进行多项式拟合。

2. 测量悬臂梁挠度曲线

将光纤探头移到试件的最外端（$x=l$），并与试件的上表面接触。将加载器的顶尖移到光纤探头的同一点，并与悬臂梁最外端的下表面接触。对悬臂梁加载，使悬臂梁最外端端点有 2mm 的挠度。然后将探头沿试件长度方向每隔 20mm 移动一次，直到 160mm 位置处，并记录相应的信号电压值。根据拟合的 U–z 标定曲线计算挠度值 Δz，作出 Δz–x 挠度曲线。

3．测量试件的杨氏模量

标定试件螺旋测微加载器对试样产生一定量挠度相对应的加载载荷量 P。记录加载器对试样加上不同载荷时光电压测量仪测得的光电压，用逐差法计算试件悬臂梁的挠度 Δz，结合悬臂梁的几何尺寸，计算出试样的杨氏模量。

四、预习思考题

1．详述反射式光纤位移传感器的结构，定性说明用此传感器测量位移的原理。

2．在实验中，为什么要调节输入光纤和输出光纤耦合器，使光电探测器测得的电压最大？

3．在实验中，通过试件螺旋测微加载器加载，如何得到对应的载荷量 P？

4．在光纤位移传感器测量微小位移量时，为什么要首先进行标定？依据标定曲线的特点，一般采用标定曲线的什么部分作为测量的基础？

5．什么是悬臂梁弯曲法？推导出用此方法测矩形截面悬臂梁杨氏模量的理论公式。

五、实验报告的要求

1．写明本实验的目的和意义。

2．简述光纤位移传感器的理论基础及工作原理。

3．详细记录实验过程及数据，作出光纤位移传感器的标定曲线，计算材料的杨氏模量。

4．对实验中出现的问题及实验结果进行分析和讨论。

5．谈谈本实验的收获、体会，并提出改进意见。

六、拓展

1．在 GW-D201 型多功能光纤杨氏模量测量仪上，测定单模和多模光纤纤端的光强分布曲线。

2．在 GW-D201 型多功能光纤杨氏模量测量仪上，在提供充气压力罐的条件下测量压力容器的气压。

3．设计装置，用反射式光纤位移传感器测量液位。

七、参考文献

[1] 凌银海，王向红，姚旭雷，等. 用反射式光纤位移传感器测定杨氏弹性模量[J]. 物理测试，2003，5：37-39.

[2] 吕秀品，朱维安，许健聪，等. 用光纤位移传感器测量金属丝的杨氏模量[J]. 汕头大学学报（自然科学版）2006，1：18-22.

[3] 梁艺军，王宏涛，苑立波. 光纤位移法进行微小长度测量的相关实验研究[J]. 哈尔滨工程大学学报，1998，19（5）：71-77.

[4] 王爱军，唐军杰，吕志清，等. 应用性与设计性物理实验[M]. 北京：中国石化出版社，2019.

第三篇　研究性与设计性物理实验

第九章　新材料制备、设计和特性研究

实验 18　基于超声悬浮的液滴–气泡转变特性

超声悬浮技术可将样品束缚于势阱内，从而实现对样品的空间定位，并提供了无容器环境。此技术非常适合对软物质的特性及动力学行为进行研究，比如泡沫、气泡、凝胶和细胞等。2000 年，McDaniel 利用超声悬浮研究了液态泡沫的流变性质，通过悬浮气泡的共振估计出泡沫的剪切模量为 9563Pa，这是首次利用超声悬浮技术对复杂流体进行研究的成功尝试。臧渡洋等利用超声悬浮耦合低频调制的方法研究了被纳米颗粒覆盖液滴的动力学规律等，获得了球形纳米颗粒层的力学性质。软物质的力学性质往往依赖于应变速率，通过超声悬浮的声场精确控制，可对软物质样品施加可变的应变速率，从而依据响应得到力学性质。可以预见，超声悬浮在软物质研究中具有巨大的潜力。近年来，西北工业大学的臧渡洋课题组完成了一种逆操作的方法——超声场诱导液滴转变为气泡，这为液滴动力学操纵领域的研究提供了崭新的思路和方法，对壳核型软材料制备、药物封装等领域也有一定的借鉴意义。

一、实验目的和要求

1. 学习超声悬浮理论中相关的声压、声辐射压和声辐射力等。
2. 了解单轴式、多轴式、阵列式和近场超声悬浮技术。
3. 学会控制超声悬浮中液滴的形态。
4. 掌握单轴式超声悬浮实现液滴–气泡转变的方法。
5. 理解液滴–气泡转变的声腔共振机制。

二、基础理论及启示

1. 超声悬浮中的声辐射压和声辐射力

在流体媒质中传播的声波遇到障碍物时，在其表面产生的特定周期内的平均压力是声辐射压，它是由流体媒质二阶项的非线性效应引起的。在声波频率很高或声波振幅很大的情况下，声波动量方程和物态方程的二阶非线性项起重要作用。King 通过对物态方程的二阶近似，

得到非线性声压与速度势 Φ 的物理关系

$$p-p_0=\rho\frac{\partial\Phi}{\partial t}+\frac{1}{2}\frac{\rho}{c^2}\left(\frac{\partial\Phi}{\partial t}\right)^2-\frac{1}{2}\rho v^2 \tag{9-1}$$

式中，p 为声压强，p_0 为静止流体媒质环境下的压强，ρ 为媒质在平衡时的密度，c 为声波在悬浮介质中的传播速度，v 为悬浮物速度，t 为时间。

当声压与速度势的关系精确到二阶项时，对非线性声压在一个周期内进行时间平均可得声辐射压，即

$$<p-p_0>=\frac{1}{2\rho c^2}<p^2>-\frac{1}{2}\rho<v^2> \tag{9-2}$$

由式（9-2）可知，在声场强度足够大时，声辐射压在一个时间周期内的平均值不再为零，即声场中存在声辐射压的作用。

声辐射力是声波的一种二阶效应，它是由粒子与声场之间的时间平均压力和惯性相互作用共同产生的。King 通过耦合固体刚性小球在声场的运动及声波方程，计算出了小球在平面波中的声辐射力。将固体小球在声场中所受的声辐射压在小球表面积分后可得小球所受的总声辐射力。小球（$kR_s\leqslant 1$，k 为声波波数，R_s 为小球的半径）在平面行波场的作用下所受的声辐射力 F 为

$$F=2\pi\rho|A|^2\left(kR_s\right)^6\frac{9+2\left(1-\lambda_\rho\right)^2}{9\left(2+\lambda_\rho\right)^2} \tag{9-3}$$

式中，A 为入射波速度势的复振幅，$\lambda_\rho=\rho_0/\rho_s$ 为媒质密度与小球密度的比值。

采用同样的方法，可得到在平面驻波场的作用下小球所受的声辐射力为

$$F=\frac{1}{3}\pi\rho|A|^2\left(kR_s\right)^3\sin\left(2kh\right)\frac{5-2\lambda_\rho}{6+3\lambda_\rho} \tag{9-4}$$

式中，h 为球心与距离最小的声压节点之间的距离。

对比式（9-3）和式（9-4），在平面驻波场中球体的声辐射力要显著大于在平面行波场中的声辐射力。此外，平面行波场中小球受到的声辐射力是正值，即小球具有正向加速度。然而，平面驻波场中的小球受到的声辐射力是关于时间的正弦函数，使小球最终稳定悬浮于某个平衡位置。因此，一般选用驻波场悬浮样品。

2. 超声悬浮中的液滴特征及液滴–气泡转变过程

超声悬浮中的液滴在自身重力、表面张力和声辐射压的共同作用下会呈现特定的平衡形态，液滴的形状主要由声场强度决定。同时，由于超声本身具有波动性、非线性效应及液滴自身具有流动性，因此液滴还会发生振荡、旋转和失稳。通过改变声场尺寸、换能器电压、发射端相位和振幅等参数，可以实现对液滴的操控，如液滴的空间移动、液滴的融合和凝并、液滴表面颗粒层开合等。声波的非线性效应除会产生声辐射力从而实现样品悬浮与变形外，还会引起声流，即介质的定向运动。影响声流的因素主要有粘滞系数、弛豫过程、可压系数、异物、边界效应及声场特性等。另外，悬浮样品还具有复杂的外部流动和内部流动。

悬浮液滴对超声的激励作用会做出相应的动力学响应，超声场中十二烷基硫酸钠（SDS）溶液的液滴–气泡转变过程如图 9-1 所示。随着发射端和反射端间距的减小，悬浮液滴受到强

声辐射力的作用，液滴依次呈现椭球形、薄液膜、弯曲液膜等形状，当液膜的弯曲程度达到某个临界值时，液膜会突然扩张并封闭形成气泡。当液膜翻转合口时，液膜边缘相向运动，在中部碰撞产生激射，而液膜底部会向下过冲。气泡刚形成时，气泡表面受到的声辐射压并不平衡，气泡被压扁。当气泡上下表面相遇碰撞时，气泡下表面产生二次激射，之后气泡再纵向拉伸，气泡内部因上下表面碰撞融合产生液柱。随后，在气泡振荡过程中气泡内部的液柱断裂，最终压扁状的气泡稳定悬浮在超声场中。

图 9-1　十二烷基硫酸钠（SDS）溶液的液滴–气泡转变过程

通过分析超声场诱导液滴–气泡转变过程中的液膜相对表面积（S/S_0，S 为液滴的实时表面积，S_0 为初始球形液滴的表面积）变化［图 9-2(a)］，可以把此转变过程大致分为以下 5 个阶段：第 1 阶段，椭球液滴扁平化成液膜，表面积变化不明显；第 2 阶段，液膜快速扩展，表面积也快速增大；第 3 阶段，液膜扩展放缓，表面积增速也放缓；第 4 阶段，液膜弯曲并形成碗状的空腔，相比第 3 阶段，表面积增速无明显变化；第 5 阶段，液膜会突然膨胀并封闭形成气泡，表面积发生突变。不同材质、相同体积的液滴相对表面积与时间的关系如图 9-2(b) 所示。在相同的声强增速下，液滴的形态和表面积变化都经历了相同的 5 个阶段。然而，不同液滴每个阶段对应的响应时间有区别，液膜突然膨胀并封闭形成气泡的第 5 阶段对应着相同的相对表面积。这些不同液滴液膜弯曲及气泡转变时间的不同归因于不同材料的拉普拉斯压力 ΔP（$\Delta P \propto 2\sigma/r$，$\sigma$ 为液滴的表面张力，r 为曲率半径）的不同。

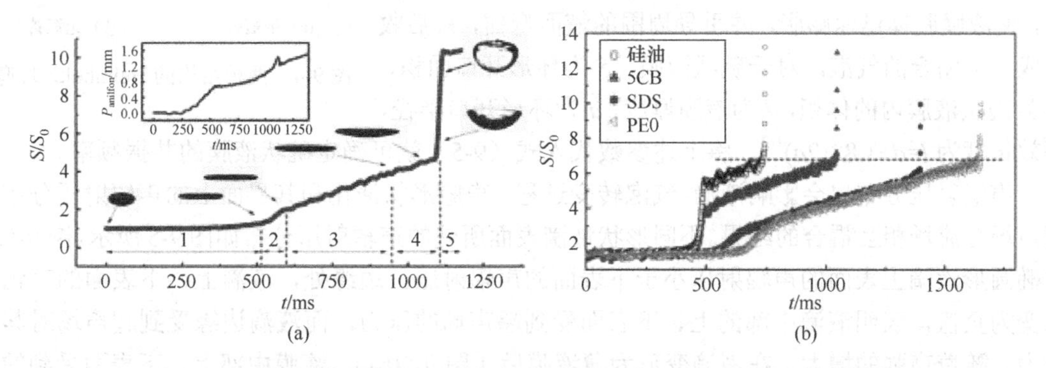

图 9-2　液膜相对表面积、不同材质相同体积液滴相对表面积与时间的关系

液滴标准化的空腔体积与时间的关系如图 9-3 所示。随着声强的增大，液膜弯曲形成空腔，空腔的体积随着时间增大得越来越快。在某个时刻，体积发生了突然膨胀。对于不同材

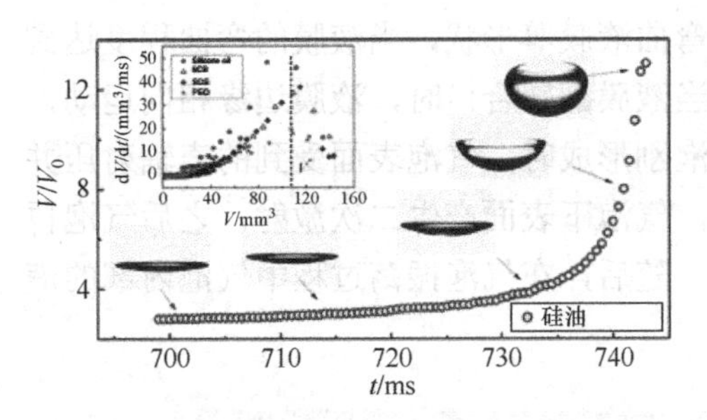

图 9-3 液滴标准化的空腔体积与时间的关系

质液滴的空腔体积最大膨胀率（$\mathrm{d}V/\mathrm{d}t$）对应着几乎相同的一个临界体积 V^*，它可以作为液滴–气泡转变的判据。

3. Helmholtz 共鸣器理论及超声场诱导液滴–气泡转变的机制

德国科学家 H.Von 利用短管和小开口形状的容器研究了共鸣器与音频频率的关系。两种结构的 Helmholtz 共鸣器如图 9-4 所示。当声波作用于带短管的空球［图 9-4(a)］时，容器短管内的空气会产生周期性振动，从而带动短管外部的空气一起运动，可得参与运动的空气质量为 $\rho_0 lS$，声质量（定义为气体质量除以面积的平方）$M_a=(\rho_0 l)/S$，其中 l 为短管的等效长度（$l=l_0+1.66a$），S 为短管的横截面积，a 为短管横截面的半径，短管长为 l_0，容器外部的声压为 p，容器体积为 V_0。短管还会受到管壁的摩擦作用，短管内空气的运动会向外辐射声波，该辐射作用会增大质量和力阻，使腔内的气体具有膨胀或压缩的趋势。

当 Helmholtz 共鸣器声腔的长度小于激励声波的半波长时，可假设共鸣器声腔内媒质振动产生的动能量只作用于其短管内，系统的势能仅与共鸣器内媒质的弹性形变相关，可将声腔内媒质的有效质量和共鸣器内的空气弹性类比为一维振动系统，因而对作用声波有共振现象。共振频率为

$$f=\frac{c}{2\pi}\sqrt{\frac{S}{lV_0}} \tag{9-5}$$

由式（9-5）可知，共振频率由共鸣器的几何形状决定，式（9-5）也适用于无短管的空球［图 9-4(b)］。在共振频率时，共鸣器的吸声能力特别强。

在超声场中液膜弯曲成碗状结构，类似于图 9-4(b)的 Helmholtz 共鸣器。当液膜弯曲到腔内的体积使共鸣器的共振频率等于超声频率时，碗状液膜内发生共振，吸声能力显著，使液膜腔体迅速膨胀，并引导周围的液面弯曲，最后收缩成一个闭合的气泡。对于碗状液膜，S 为环形开口面积，V_0 为碗状液膜内的体积，d 为液膜厚度，a 为环形开口半径，等效长度为 $l=d+1.8\times(2a)^{1/2}$。将上述参数代入式（9-5）就可确定碗状液膜的共振频率。

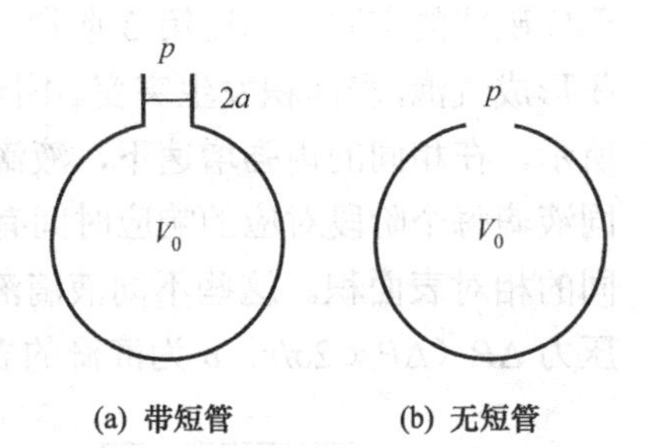

图 9-4 两种结构的 Helmholtz 共鸣器

声辐射压分布也会影响液滴–气泡转变过程，声腔形状演化和其界面上的声辐射压分布是超声场与流场相互耦合的结果。不同形状液滴表面所受的声辐射压分布如图 9-5 所示。图 9-5(a)中椭圆形液滴上表面的声辐射压小于下表面的声辐射压。边缘处，液滴上、下表面的声辐射压变为负值，表明液滴中部的上、下表面受到超声场的压力，而液滴边缘受到超声场对其的拉力。随着声强的增大，在液滴变形为薄液膜后［图 9-5(b)］，液膜中部上、下表面受到的声辐射压与图 9-5(a)相比有所增大。液膜边缘受到更大的负压，以抵消表面张力形成的回复力。图 9-5(c)和图 9-5(d)为不同弯曲程度的液膜上、下表面的声辐射压分布，声压强度增大，碗状液膜边缘处更大的声辐射压起拉着液膜边缘向上运动的作用。

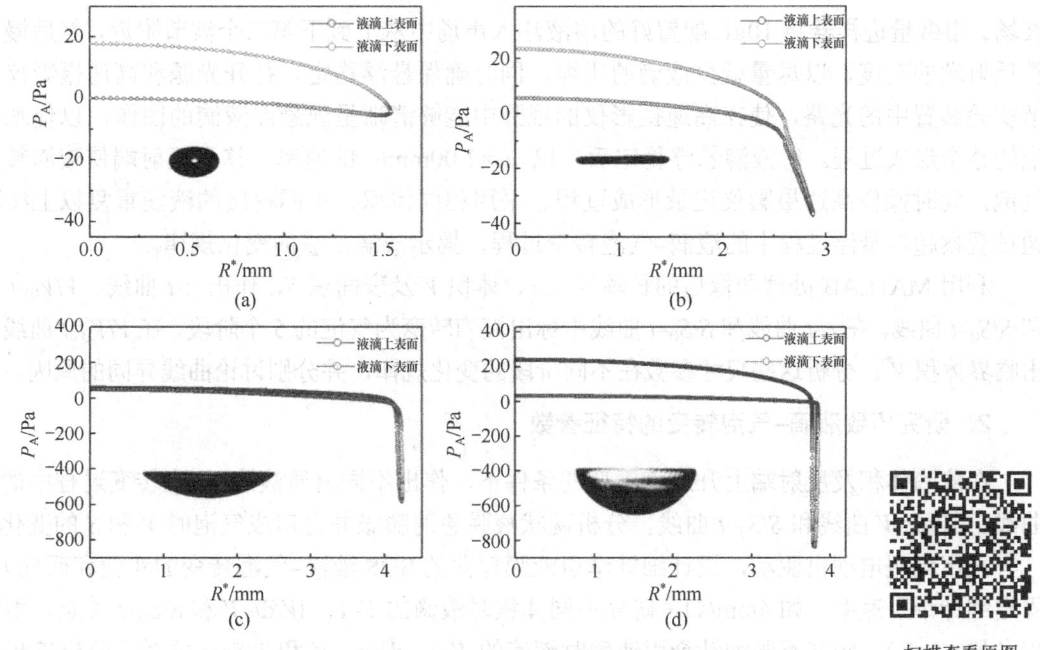

图 9-5 超声场中不同形状液滴表面所受的声辐射压分布

扫描查看原图

三、主要的实验仪器与材料

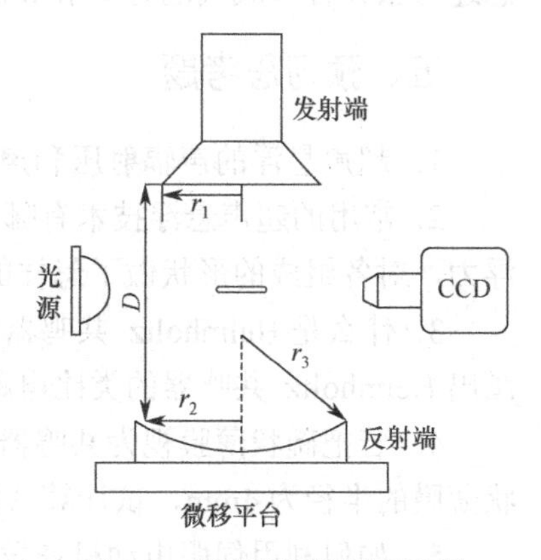

图 9-6 超声悬浮装置示意图

主要的实验仪器与材料包括：超声悬浮装置、高速 CCD、微型升降台、伺服电动机、微量进样器、MATLAB 软件、Origin 软件、计算机、二甲基硅油、超纯水、十二烷基硫酸钠溶液、甘油等。

超声悬浮装置示意图如图 9-6 所示，主要包括超声发生系统、超声悬浮系统和观察成像系统。超声发生系统产生固定频率的超声，包括功率控制系统和超声换能器。电源控制系统将输入的 220V 电压通过变压器以高频的形式加载于超声换能器。本实验所用的超声换能器为一种压电陶瓷式换能器，由压电陶瓷、传振杆和变幅杆组成。超声换能器的工作频率为 20.5kHz，变幅杆端面的半径 r_1 为 12.5mm，所用凹面反射端的曲面半径 r_3 为 29.66mm，反射端的半径 r_2 为 25.0mm，发射端与反射端之间的距离为 D。

超声悬浮液滴–气泡转变的一些重要形貌参数依赖于 CCD 记录的图像文件，采用 MATLAB 进行分析，具体步骤如下：（1）将记录的视频文件读入内存中，得到单帧率图像文件；（2）进行图像灰度化；（3）采用 Candy 算法检测并提取声悬浮液滴的外轮廓；（4）从液滴的轮廓文件中提取长轴半径、短轴半径、体积和表面积等信息；（5）清理内存，退出。

四、实验内容与步骤提示

1. 超声悬浮中的液滴–气泡转变过程

调节发射端与反射端距离，使其约为 4cm，以保证发射端与反射端之间形成 4 波节的驻波场。用微量进样器将10μL配置好的溶液注入声场中从上到下第二个波节附近，然后慢慢调整反射端的高度，以尽量减少液滴的压缩，同时确保悬浮稳定。打开光源和高速摄影仪，调节实验装置中的光路，使在高速摄影仪的视野中能够清晰呈现悬浮液滴的图像，以便观测气泡的整个形成过程。待液滴悬浮稳定后，以 u_R=1.00mm/s 的速率上移至反射端使液滴转变成气泡，同时操作高速摄影仪记录形成过程。采用相同体积、不同材质的液滴重复以上实验。通过观察超声悬浮过程中的液滴–气泡转变过程，揭示液滴形貌的变化规律。

利用MATLAB处理图像后的长轴半径 r、体积 V 及表面积 S，作出 r–t 曲线、V/V_0–t 曲线和 S/S_0–t 曲线，在 r–t 曲线和 S/S_0–t 曲线中标出液滴转变为气泡的5个阶段，在 V/V_0–t 曲线上标出临界体积 V^*。分析这些尺寸参数在不同阶段的变化规律，并分别讨论曲线异同的原因。

2．研究声致液滴–气泡转变的特征参数

在液滴体积及反射端上升速率不变的条件下，作出不同材质液滴–气泡转变过程中的 V–t 曲线、dV/dt–V 曲线和 S/S_0–t 曲线，分析碗状液膜急速膨胀并合口成气泡时 V 和 S 的变化。

采用伺服电动机驱动，设计细针牵引液膜弯曲的SDS液滴–气泡转变的实验和研究方案。固定细针牵引速率（如4mm/s），研究不同体积时液滴的 V–t、dV/dt–V 和 S/S_0–t 关系。固定体积（如15μL），研究不同细针牵引速率时液滴的 V–t、dV/dt–V 和 S/S_0–t 关系。分析碗状液膜急速膨胀并合口成气泡时 V 和 S 的变化，给出碗状液膜转变为气泡的判据，并阐明转变机制。

五、预习思考题

1．超声悬浮的声辐射压和声辐射力是如何产生的？它们在超声悬浮中起着什么作用？

2．常用的超声悬浮技术有哪几种？单轴式超声悬浮装置的基本结构是什么？为了提高悬浮力，对各组成的形状做了怎样的设计？

3．什么是Helmholtz共鸣器？常见的共鸣器有哪几种结构？共鸣器有什么特征及应用？画出Helmholtz共鸣器的类比电路图。

4．若把碗状薄膜视为共鸣器，请推导出它的共振频率公式。若共振频率为20.5kHz，碗状薄膜的半径为4mm，试计算共振腔体积 V。

5．如何利用伺服电动机在发射端和反射端之间以恒定速率牵引细针？

六、论文报告的撰写要求

1．引言。简要概述研究背景，聚焦研究主题，提出研究问题和研究目的。

2．研究方法。研究方法主要包括材料（材料来源、性质、数量及处理等）和实验方法（实验仪器、实验条件、实验方案和测试方法等）。

3．实验结果与分析讨论。以图或表等手段整理实验结果，并进行分析与讨论。

4．结论。论文总体的结论，还可以在结论中提出建议及方法、改进意见、研究设想和待解决的问题等。

5．参考文献。

七、拓展

1．采用不同直径的金属环牵引液膜，研究不同大小液膜的液膜–气泡转变过程。

2. 利用MATLAB编写处理CCD采集图像的程序。
3. 改变超声发射端的直径或超声频率，研究这两个参数与生成气泡体积的关系。

八、参考文献

[1] ZANG D Y, LI L, DI W L, et al. Inducing drop to bubble transformation via resonance in ultrasound[J]. Nature Communications, 2018, 9(1): 3546.

[2] 张泽辉. 液滴与气泡在声场作用下的复杂动力学研究[D]. 西安：西北工业大学，2020.

[3] 林可君. 液滴/液体弹珠物理特性与力学行为的调控研究[D]. 西安：西北工业大学，2020.

[3] 马大猷. 亥姆霍兹共鸣器[J]．声学技术，2002，21（1-2）：2-3.

[4] KING L V. On the Acoustic Radiation Pressure on Spheres[J]. Proceedings of the Royal Society, 1934, 147: 212-240.

实验19　铌酸钠基薄膜的制备及性能研究

随着世界人口的不断增长和全球经济的发展，世界范围内的能源消耗高速增长，发展可再生能源是解决化石能源危机、环境污染、气候变化等问题的有效途径之一。然而大多数可再生能源是周期性的，需要把它们存储起来进行再利用。目前，储能逐渐成为可持续可再生技术的关键推动力。电介质电容器是一种存储电能的无源器件，是脉冲功率设备中最关键的元件之一，在航空航天、电力通信、激光等领域得到了广泛的应用。与燃料电池或锂电池相比，电介质电容器具有功率密度高、充/放电时间短、工作温区宽、稳定性好等优点，但是也具有储能密度低的缺点。

电介质电容器的储能能力除与几何构型有关外，还取决于电介质材料。目前广泛应用的电介质材料包括线性电介质、铁电类电介质和反铁电类电介质等。其中，反铁电类电介质具有双电滞回线，相比铁电类和线性电介质，具有更高的能量密度，因而在高性能商业电容器应用领域具有极大的应用潜力。大部分反铁电类电介质包含铅元素，铅作为一种重金属元素，会损害人体健康，因此无铅化已成为一种趋势。钙钛矿金属氧化物铌酸钠（$NaNbO_3$，缩写为NNO）就是一种无铅反铁电类电介质材料。在本实验中，以铌酸钠为模型制备其电容器，测试电容器储能的性能指标，理解电容器的储能机制。

一、实验目的和要求

1. 了解用于高储能密度介电材料的分类及其特性。
2. 学习铌酸钠电容器的制备。
3. 测试铌酸钠电容器的储能性能。
4. 理解电容器储能的物理机制。

二、基础理论及启示

1. 高储能介电材料的分类

目前，对电介质材料的研究主要集中在线性电介质、铁电体、弛豫铁电体和反铁电体，它们能在相对低的电场下获得大的能量存储密度。这里的能量存储特性用极化强度（P）和电场强度（E）之间形成的电滞回线来计算，图 9-7 给出了 4 种不同材料的电滞回线。深色阴影线区域表示可放电能量，而电滞回线内的区域表示介电损耗，两者的比可以确定材料的能量存储效率。从电滞回线的形状来看，可以把电介质材料分为线性电介质和非线性电介质。

线性电介质通常具有低的介电常数、低的介电损耗和高的介电击穿强度。理想线性电介质的介电常数与电场无关，即它的极化随着电场的增大而线性增加，没有滞后，如图 9-7(a)所示。充电过程中存储的所有能量都可以在放电过程中从电介质中释放出来，其能量密度可以表示为

$$J(E)=\frac{1}{2}\varepsilon_0\varepsilon_r E^2 \tag{9-6}$$

可以看到，能量密度与电介质的介电常数和所施加电场的平方成正比。当施加的电场等于电介质的击穿电场时，可以获得最大的能量密度。因此，可以通过增大介电常数或击穿电场 E_{max} 来提高电容器的能量密度。然而，在接近 E_{max} 的高电场下，空间电荷在晶界界面处的大量积累伴随着更高的漏电流，导致有损耗的电滞回线。因此，对于高电场下的线性电介质，由于存在滞后损耗和介电常数变化，因此式（9-6）不适用于能量存储计算。

非线性电介质通常包括铁电体、反铁电体、弛豫铁电体等。它们的介电常数是电场的函数，随电场的变化而变化。介电常数的变化通常与偶极子的重新排列、畴翻转、畴壁运动等有关。

铁电体在其 P–E 回线中表现出明显的非线性特性，如图 9-7(b)所示。通常，铁电体具有较大的饱和极化与中等的电击穿强度，但由于剩余极化和滞后较大，因此具有较低的储能密度和效率，不利于电能存储应用。

弛豫铁电体被认为是极化玻璃，对于铁电体而言，其极化排列缺乏长程的有序性。它们具有几乎可以忽略的剩余极化和小的矫顽电场，因而表现出“束腰型”的铁电电滞现象[图 9-7(c)]，具有较高的储能密度。

与铁电体和弛豫铁电体电介质材料相比，反铁电体材料的零剩余极化和电场下铁电–反铁电相变导致其具有相对较大的能量存储密度，如图 9-7(d)所示。

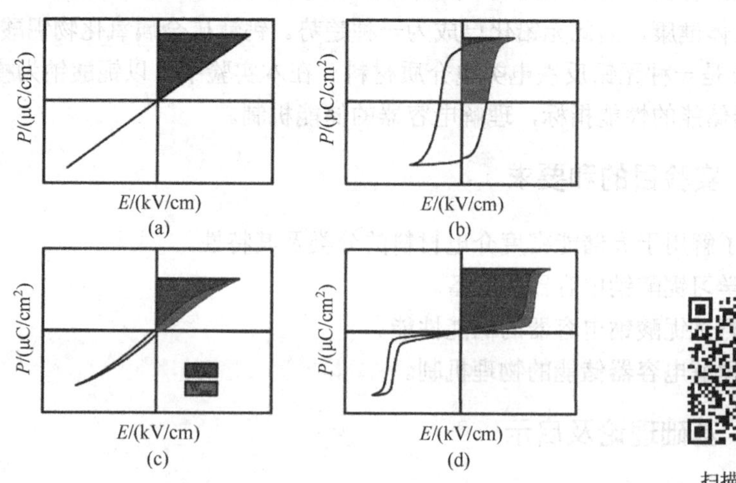

扫描查看彩图

图 9-7　4 种独特的 P–E 电滞回线及其储能行为

非线性电介质的储能计算如图 9-7(b)～图 9-7(d)所示，其中深色区域为储能密度 W_{rec}，而

浅色区域为能量损耗 W_{loss}，它们的比与储能效率 η 有关，具体的计算公式如下

$$W_{rec}=\int_{P_r}^{P_{max}}E\mathrm{d}P \tag{9-7}$$

电容器的能量转换效率为

$$\eta=\frac{W_{rec}}{W_{rec}+W_{loss}}\times 100\% \tag{9-8}$$

2. 铌酸钠材料

$NaNbO_3$ 在很宽的温度范围内具有复杂相转变，例如，$NaNbO_3$ 陶瓷在 639℃以上是立方晶系 U 相，随着温度的降低，依次会出现多个相结构，最后达到最稳定的 N 相。$NaNbO_3$ 随温度变化的相变顺序如图 9-8(a)所示。多晶相结构 U、T_2 和 T_1 分别对应于立方对称的 Pm3m、四方对称的 P4/mbm 和正交晶的 Ccmm。图 9-8(b)总结了用不同方法表征的 $NaNbO_3$ 的相结构。$NaNbO_3$ 陶瓷随温度变化的介电谱如图 9-8(c)所示，其中主要的介电异常是由 P–R 相变引起的。

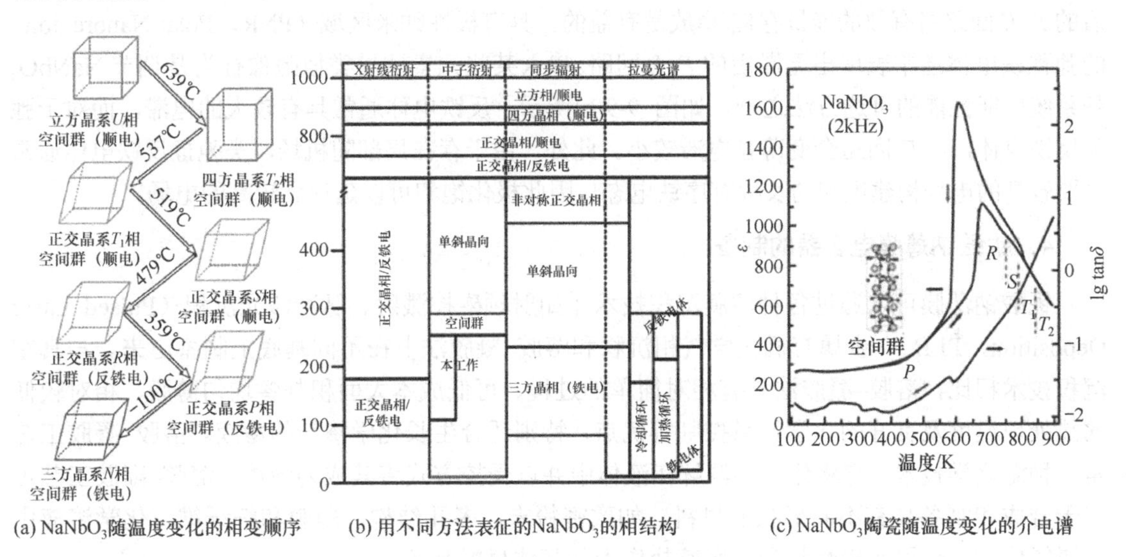

(a) $NaNbO_3$随温度变化的相变顺序　(b) 用不同方法表征的$NaNbO_3$的相结构　(c) $NaNbO_3$陶瓷随温度变化的介电谱

图 9-8　$NaNbO_3$ 陶瓷相变、介电谱与温度的关系

目前，P 相与 Pbcm 空间群呈正交对称，铁电 N 相处于 R3c（铁电 R）空间群。特别是原位加热和冷却中子衍射实验证实了反铁电（Pbcm）–铁电（R3c）的相变，并具有显著的热滞后现象，使两相可以在很宽的温度范围［−258～7℃（加热），−258～−193℃（冷却）］内共存。

室温下很难观测到铌酸钠的双电滞回线，因为室温铁电和反铁电共存，且两者间的能量势垒较低，电场诱发的铁电性在零电场下依然能够保持，所以导致测到的电滞回线具有大的剩余极化。铌酸钠只有与其他的化合物固溶，才能获得漂亮的双电滞回线，如图 9-9 所示。一般而言，除增强铌酸钠反铁电相稳定性外，还可以诱导弛豫行为进一步提升 $NaNbO_3$ 基系统的储能性能。如图 9-9(a)所示，反铁电体通常具有较大的回滞，而对于弛豫反铁电体，P–E 回滞会变窄，因而具有大的储能密度和效率。

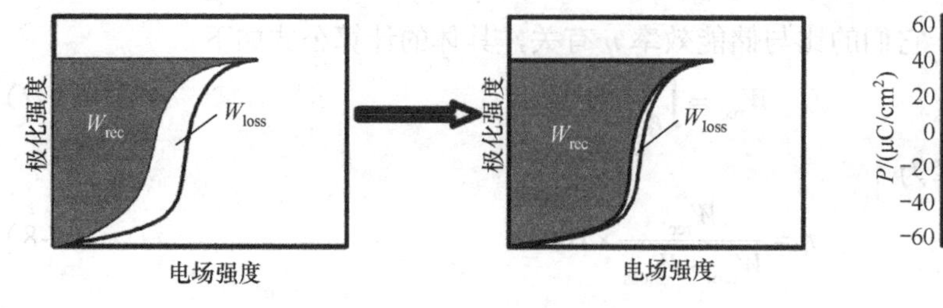

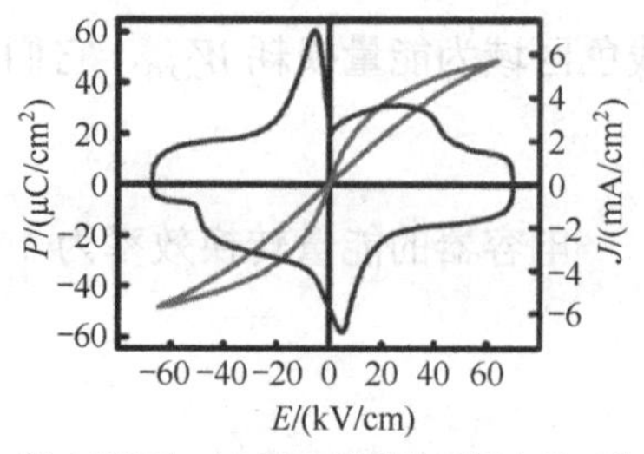

(a) 通过诱导类似弛豫行为提高能量存储密度和效率

(b) 0.76NN～0.24BNT陶瓷在不同电场下的*P–E*曲线和在68kV/mm下的相应*J–E*曲线

图 9-9 $NaNbO_3$ 双电滞回线

3. 铌酸钠材料储能特性

可以通过与几种 ABO_3 化合物形成合金来稳定 $NaNbO_3$ 的反铁电相，但所得的双 *P–E* 回线（见图 9-9）通常会表现出较严重的剩余极化和明显的滞后现象，这不利于能量存储。因此，除增强反铁电相稳定性外，还可以采用其他方法提高 $NaNbO_3$ 基陶瓷的储能密度。显然，无滞后的 *P–E* 回路对有效的能量存储/释放是有益的。具有极性纳米区域（PNR，Polar Nanoregion）的弛豫铁电体通常表现出无滞后的 *P–E* 回路。掺入某些元素诱导类似弛豫行为是调节 $NaNbO_3$ 基系统储能性能的可选方法之一。如图 9-9(b)所示，反铁电体通常具有较大的电滞，而对于弛豫反铁电体，*P–E* 回路会变薄且电滞较小。此外，由于存在局部随机场，类弛豫反铁电体通常需要较高的电场构建饱和的长程有序铁电态，因此极化饱和可以延迟到较高的电场。

4. 铌酸钠薄膜电容器的制备

铌酸钠薄膜可以通过各种薄膜沉积技术［如射频磁控溅射、脉冲激光沉积（Pulsed Laser Deposition，PLD）、金属有机化学气相沉积和溶胶-凝胶法］在不同基底上制备出来。与真空沉积技术相比，溶胶–凝胶法具有相对简单的过程、可低成本大面积制备均匀薄膜、相对较低的热处理温度及良好的化学计量控制等优点，特别适合生长化学掺杂的薄膜。溶胶–凝胶工艺是一种湿化学技术，它将化合物溶解在液体中并以受控方式将其成为固体。溶胶–凝胶工艺可用于合成和制备具有不同形状的材料，如致密粉末、多孔结构、薄膜和细纤维。化学溶液由金属氯化物、金属亚硝酸盐和金属醇盐作为前驱体材料制备。

薄膜的制备过程从前驱体溶液开始。典型的前驱体包括金属化合物（醇盐、金属氯化物或金属硝酸盐）、溶剂和螯合剂。在加热条件下，前驱体溶液将转变成凝胶，该凝胶通常处于交联聚合状态。溶胶–凝胶工艺流程图如图 9-10 所示。

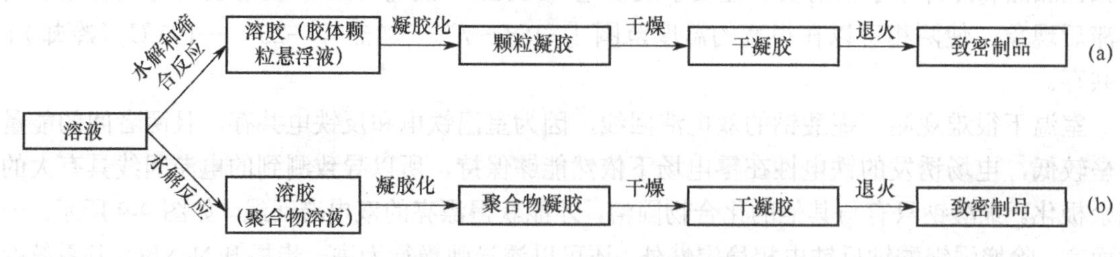

图 9-10 溶胶–凝胶工艺流程图

根据起始原料的不同，有两种不同的溶胶–凝胶工艺。过程(a)描述了从溶液形成胶体颗粒（1～1000nm）悬浮液（称为溶胶）的过程，由此形成颗粒凝胶。过程(b)描述了从溶液开始形成溶胶的过程，溶胶由聚合物链组成，没有离散颗粒，从而形成聚合物凝胶。因此，分子水平的聚合物凝胶可以通过溶液的溶胶–凝胶途径（过程 b）获得，这已被广泛用于制备高度均匀的薄膜。

旋涂是通过化学溶液沉积制备薄膜的最常用的方法之一，其包括 4 个主要步骤。(1) 沉积：将前驱体溶液滴在基材表面；(2) 自旋：基材开始自旋，溶液在离心力的作用下快速流出基材；(3) 旋离：基片匀速旋转，多余的前驱体在离心力的作用下以液滴的形式被去除；(4) 蒸发：在旋涂过程的最后阶段，通过蒸发，薄膜变薄。

在旋涂沉积之后，使用热处理工艺将沉积的薄膜转化为最终的结晶薄膜。这些热处理工艺包括干燥、热解和结晶。干燥过程是指在旋涂和凝胶化后从薄膜中去除多余的溶剂。干燥通常在低温（低于 300℃）下加热来完成。凝胶膜中的聚合物则需要热解步骤来分解和氧化，从而将它们转化为金属氧化物。最后将薄膜快速加热到高温，薄膜的表面得到了结晶，从而促进晶粒的生长。

三、主要的实验仪器与材料

主要的实验仪器与材料包括：台式旋涂机、快速退火炉、电子天平、恒温鼓风干燥箱、铁电分析仪、铌酸铵草酸盐水合物、三水合乙酸钠、柠檬酸、乙二醇、去离子水等。

旋涂制膜是一种用于将均匀的涂层薄膜沉积到基材上的工艺。图 9-11 显示了旋涂过程中涉及的 4 个步骤：沉积、自旋、旋离和蒸发。第一步，将一定量的前驱体溶液分配到基板上，该溶液由溶解在适当溶剂中的要涂覆的所需材料组成。分配溶液的量取决于完全覆盖基板所需的溶液量。第二步，加速到所需的旋转速度。第三步，基材以恒定速度旋转，使得薄膜达到均匀的厚度。在这个阶段，黏性流动控制薄膜厚度。第四步，溶剂蒸发。对于某些薄膜，如由水溶液沉积的薄膜，还包括热处理去除薄膜中捕获的多余溶剂。

KW-4A 型旋涂机用于沉积铌酸钠薄膜。在旋涂工艺中，前驱体溶液被分配在基板的表面，其中基板不旋转。一旦基材均匀地涂覆前驱体溶液，基材就会经历高速旋转步骤。在高速旋转步骤中，大部分溶剂被甩离基材表面。液体的流动受离心驱动力和黏性阻力之间的竞争控制。

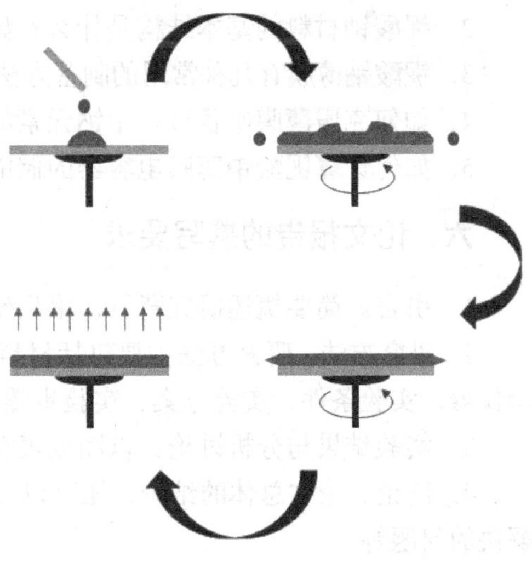

图 9-11　NNO 镀膜装置示意图

四、实验内容与步骤提示

1. NNO 薄膜电容器的制备

以高品质铌酸铵草酸盐水合物（$C_4H_4NNbO_9 \cdot xH_2O$）、三水合乙酸钠（$NaCHO_2 \cdot 3H_2O$）为 Nb 和 Na 的来源物，柠檬酸（$C_6H_8O_7$）为螯合剂，乙二醇（$C_2H_6O_2$）为酯化剂，去离子水为溶剂来制备前驱体溶液。通过在去离子水中混合适量的原料和柠檬酸，在空气中制备一定浓度的前驱体溶液，确保柠檬酸与阳离子的摩尔比为 2 : 1。制备的溶液通过添加过量 5mol%

的 Na 以补偿热处理过程中钠的损失，以及添加 1mol%的乙酸锰（$MnC_4H_6O_2 \cdot 4H_2O$）以减小 NNO 薄膜中的漏电流。为了改善所得薄膜的机械性能，乙二醇与 Nb 的摩尔比为 1 : 1。沉积前，将制备的溶液使用大小约为 0.2μm 的注射器过滤器过滤，并老化至少 48h。

利用真空样品台来固定用于旋转的导电基板，通过旋转速度和持续时间的选择获得不同厚度的薄膜。沉积后，将样品从旋涂机上移到热板上以合适的温度干燥。

重复 3 次上述过程后，对 NNO 薄膜进行高温热处理，最终能在 400～600℃获得结晶的 NNO 薄膜。在本实验中，NNO 薄膜通过快速退火热处理加热。为了快速热处理，样品被放置在一个小的耐火支架上。通过耐热金属棒，将耐火支架转移到管式炉的热区，从而将样品快速加热到所需温度，然后将样品在特定温度下保持 5min，通过将耐火支架从热区快速撤回管子的冷端而淬火至室温。

最后在薄膜表面沉积一层金属电极，通常为金、铂或银等，这样就制备出了金属/铌酸钠/金属电容器。

2. 铌酸钠薄膜电容器的储能性能测试

利用配有低噪声探针台的铁电测试仪来测量铌酸钠薄膜电容器的电滞回线。将样品装载在探针台上，两个探针用于连接样品的顶部电极和底部电极。铁电极化的电滞回线（极化与电压）测量通常使用三角驱动电压。把测试频率、样品厚度和顶部电极面积等变量输入测试程序，进而测得电滞回线，然后依据式（9-7）和式（9-8）计算出铌酸钠薄膜的储能密度与储能效率。

五、预习思考题

1. 什么是反铁电体？反铁电体作为储能材料有什么优势？
2. 铌酸钠材料的基本结构是什么？如何稳定铌酸钠材料的反铁电性？
3. 铌酸钠薄膜有几种常用的制备方法？各有什么优点和缺点？
4. 如何克服薄膜制备过程中钠元素的挥发问题？
5. 如何计算铌酸钠薄膜电容器的储能密度和储能效率？

六、论文报告的撰写要求

1. 引言。简要概述研究背景，聚焦研究主题，提出研究问题和研究目的。
2. 研究方法。研究方法主要包括材料（材料来源、性质、数量及处理等）和实验方法（实验仪器、实验条件、实验方案、实验步骤和测试方法）。
3. 实验结果与分析讨论。以图或表等手段整理实验结果，并进行分析与讨论。
4. 结论。论文总体的结论，还可以在结论中提出建议及方法、改进意见、研究设想和待解决的问题等。
5. 参考文献。

七、拓展

1. 在没有任何掺杂的情况下，研究铌酸钠薄膜的物理性能。
2. 采用不同的退火温度，研究制备薄膜的最佳退火温度。
3. 钠元素具有热挥发性，通过改变钠元素的含量来制备具有最优性能的铌酸钠薄膜。

八、参考文献

[1] WANG G, LU Z L, Li Y, et al. Electroceramics for high-energy density capacitors: current status and future perspectives[J]. Chem. Rev., 2021, 121(10): 6124-6172.

[2] YANG D, GAO J, SHU L, et al. Lead-free antiferroelectric niobates $AgNbO_3$ and $NaNbO_3$ for energy storage applications[J]. Journal of Materials Chemistry A, 2020, 8: 23724-23737.

[3] MISHRA S K, CHOUDHURY N, CHAPLOT, et al. Competing antiferroelectric and ferroelectric interactions in $NaNbO_3$: Neutron diffraction and theoretical studies[J]. Physical Review B, 2007, 76(2): 024110.

[4] SHIMIZU H, GUO H Z, REYES-LILLO S E, et al. Lead-free antiferroelectric:$x$$CaZrO_3$-(1−$x$)$NaNbO_3$ system (0≤x≤0.10)[J]. Dalton Transactions, 2015, 44: 10763-10772.

实验 20 多层壳核空心球尖晶石的制备及其电磁波吸收性能

随着电子信息技术和无线通信手段的不断发展，电子设备带来的电磁干扰问题日益严重。电子设备工作时会辐射出不同频段的电磁波，传播过程中会造成严重的电磁污染，例如，一些高精度的电子设备和仪器在电磁辐射干扰下的精准度会大大降低，严重的还会对电子设备硬件造成不同程度的破坏。此外，电磁干扰对获取高质量、稳定的无线信号也是一种挑战。众多研究者一直致力于研发先进的功能材料，能够将投射到其表面的电磁波高效地转化为热能，从而达到消除电磁干扰的目的。这种具有电磁能转化的材料称为电磁吸收材料，它不仅能够有效地解决电磁干扰问题，还在军事领域有着广泛的用途。通常，电磁吸收材料为粉末状，需要与一些有机环氧树脂、硅胶等黏合剂以一定的比例混合均匀，然后以涂层的形式应用于各种需要被保护的表层。理想的电磁吸收剂需要符合“宽频带、强吸收、低厚度、轻质量”4 个特征，如果应用在高温领域，则常常需要具备较好的高温稳定性等特性。

尖晶石（AB_2O_4）型氧化物吸波材料具有适中的阻抗匹配和介电损耗能力，被广泛地应用于电磁污染防治及军事目标的雷达隐身。铁氧化物属于典型的尖晶石结构。化学通式可表示为 MFe_2O_4，其中 M 代表一些过渡金属离子，如 Mg、Mn、Cu、Co、Ni、Zn 等，分子式中的 Fe 离子也可以被诸如 Cr^{3+}、Al^{3+}和 Ga^{3+}等三价金属离子取代，如图 9-12 所示。A 位与 B 位的离子种类、价态对尖晶石氧化的磁性能、电导性有着重要的影响，进而对电磁吸收性能也产生了显著的影响，目前报道的电磁吸收剂主要是以 Fe、Ni 取代型铁氧体为主。

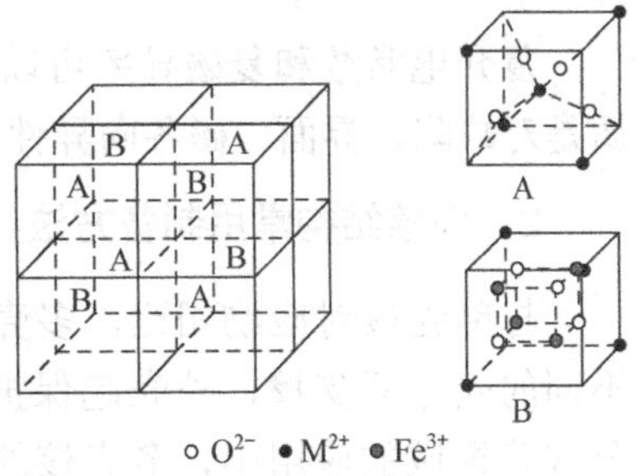

图 9-12 MFe_2O_4 构型的尖晶石氧化物的晶胞示意图

一、实验目的和要求

1. 学习多层壳核空心球尖晶石的多级微观结构特征、电磁波吸收性能和机制。
2. 了解多层壳核空心球的设计和制备方法。
3. 学会用化学诱导自组装辅助高温煅烧技术制备多层壳核空心球尖晶石的方法。
4. 掌握多层壳核空心球尖晶石的表征及电磁波吸收性能测试方法。

二、基础理论及启示

1. 电磁波吸收理论

电磁波吸收材料是指可通过电磁损耗将入射电磁波能量转化为热能或其他形式的能量而消耗的一类功能材料。要实现对电磁波的有效吸收，电磁波吸收材料需要符合两个方面的特性：一是电磁波吸收材料要使入射的电磁波尽可能地进入材料内部，即电磁波吸收材料需要具有好的阻抗匹配特性；二是进入材料内部的电磁波可以转化为其他形式的能量而被损耗，即电磁波吸收材料需要好的衰减特性。

对于单层吸波体，要使电磁波在材料表面实现零反射，有两种不同的设计思路：一种是设计吸波材料的电磁参数，使得材料的波阻抗与自由空间的波阻抗匹配，即设计材料的 $\mu_r=\varepsilon_r$，同时使吸波体的厚度足够大，以便进入材料内部的电磁波被尽可能地吸收，但实际上满足 $\mu_r=\varepsilon_r$ 的材料设计很难实现；另一种是在吸波体的底面覆上一层强反射板，然后设计吸波材料的电磁参数，使进入吸波体内部的电磁波在经过底面的反射后，在材料和空气的界面处实现全反射，从而可以达到整个吸波体零反射的目的。这一思路最简单的吸波结构是一种底面为金属板的单层匀质吸波体的结构（见图 9-13），这种设计思路是由简单的传输线模型简化来的。

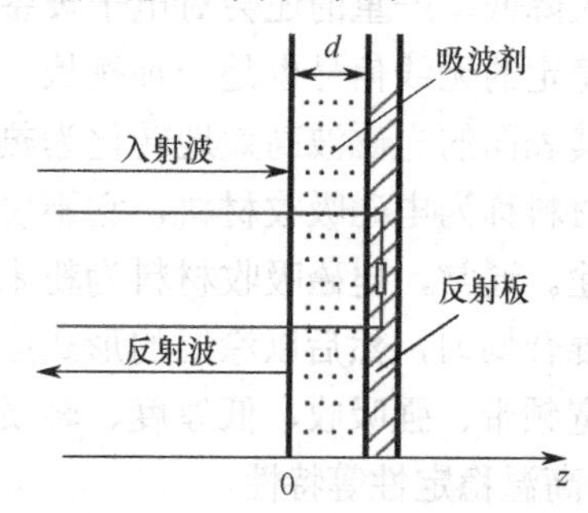

图 9-13 单层匀质吸波体的结构模型

由单层匀质吸波体的传输线模型可知，单层匀质吸波体的电磁波吸收性能可用式（9-9）计算

$$\mathrm{RL}=20\lg\left|\frac{Z_{\mathrm{in}}-Z_0}{Z_{\mathrm{in}}+Z_0}\right| \tag{9-9}$$

$$Z_{\mathrm{in}}=Z_0\sqrt{\frac{\mu_r}{\varepsilon_r}}\tanh\left(\mathrm{j}\frac{2\pi fd}{c}\sqrt{\mu_r\varepsilon_r}\right) \tag{9-10}$$

式中，RL 为反射损失，Z_{in} 为输入阻抗，Z_0 为传输线的特性阻抗，f 为频率，d 为厚度，μ_r 为复磁导率，ε_r 为复介电常数。

复介电常数和复磁导率可以通过矢量网络分析仪反演得到。电磁波吸收表现的调控，本质是对缺陷、界面、磁各向异性等微观行为进行调控，进而调控电磁参数，实现阻抗匹配。

2. 壳核结构常用制备方法

与单壳核对应物相比，多壳核具有更大的体积容量和更好的结构与电化学稳定性，其不同的壳相互支撑，外壳起保护内壳的作用。在太阳能电池、光催化降解、光合作用和水分解等领域的应用中，多壳核的多个壳层实现了连续的光吸收和散射，大大提高了光捕获能力和光转换效率。在电磁波吸收领域的应用中，多壳核的多个壳层之间电磁波的顺序吸收和散射有利于电磁波的衰减。多壳核的多功能外部和内部组成提供自然分离的活性位点以满足不同种类的反应要求，能够顺序加载吸收剂以实现高选择性，使其成为多级反应的理想候选者。

制备壳核微球的方法有很多，可分为气相法、液相法和固相法。接下来介绍机械化学法、化学气相沉积法、溶胶–凝胶法、化学诱导自组装法等几种壳核材料的典型制备方法。

（1）机械化学法是指在压缩、剪切、摩擦、冲击等机械作用下对内核材料和壳层材料进行活化，可以改变材料的吸附性能、溶解性能甚至晶体结构，提高其表面的化学活性。这种方法的适用范围较广，可应用于无机非金属材料体系和金属壳核体系，如碳纳米管基壳核材料、半导体金属氧化物基壳核材料。其缺点是难以在分子水平上制备均匀的壳核结构。

（2）化学气相沉积法是反应物质在气态条件下发生化学反应、生成固态物质，并沉积在加热的固态基体表面的工艺技术。其在本质上属于原子范畴的气态传质过程。从制备工艺可以看出，这种方法是构筑壳核结构的一种简单可行的方法，通过分步的化学气相沉积过程可以获得由所需材料构成的壳核结构。然而，该技术需要的设备造价昂贵，因此难以普及。

（3）溶胶–凝胶法是一种较为传统的化学制备方法，是指利用含高化学活性组分的化合物作为前驱体，在液相下将这些原料均匀混合，并进行水解、缩合化学反应，在溶液中形成稳定的透明溶胶体系。溶胶经陈化胶粒间缓慢聚合，最后形成三维空间网络结构的凝胶。由于溶胶-凝胶法中所用的原料被分散到溶剂中而形成低黏度的溶液，可以在很短的时间内获得分子水平的均匀性。然而，反应所需的原料为有机物，可能对健康造成潜在的威胁。另外，通常整个溶胶-凝胶过程所需的时间较长，常需要几天或几星期。

（4）化学诱导自组装法是指将内核材料和壳层材料分别用带异种电荷的高分子聚电解质进行表面修饰，而后通过静电作用将“壳”“核”复合，构筑壳核材料。自组装多层壳核材料不需要复杂昂贵的仪器设备，而且操作过程简单方便、绿色环保，更为重要的是，通过静电组装过程可以将不同种类和功能的构筑基元按照需要进行组装。其缺点是制备过程的受控因素较多（如反应温度、pH 值等），难以摸索制备规律。

3．多壳核空心球尖晶石的结构、电磁波吸收性能与强化机制

尖晶石具有较为接近的介电常数和磁导率，其损耗机制既包括电性材料的极化损耗、电阻损耗、电子和离子的共振损耗，又包括磁性材料特有的畴壁共振损耗和磁矩自然共振损耗等，因此在拓宽频带方面具有良好的应用前景。相较于块状和微米级材料，尖晶石纳米晶较大的各向异性及其表面磁矩和颗粒内部磁矩的相互作用使得其自然共振频率更高，有利于其电磁波吸收向 GHz 频域移动。但尖晶石氧化物的磁导率和介电常数均较小，密度大，不易达成新型吸波材料薄、轻、宽、强的目标。

核壳结构材料往往以球形或者类球形的颗粒为核，在表面包裹单层或者多层壳质而形成的复相材料，其核壳以及壳层之间通过分子间的作用力、库仑力作用或者吸附层媒质作用相结合。独特的核壳结构可在纳米尺度对吸波材料的电磁参数进行调控，较传统的吸波材料具有更大的设计自由度，同时兼具界面效应和纳米材料的尺寸效应，是制备高品质吸波材料更有效的途径。核壳结构的尖晶石氧化物（见图 9-14）一方面可以有效降低尖晶石铁氧体的密度，实现相对轻质的目标，另一方面核壳结构给尖晶石铁氧体带来了更多的空隙空间、位错、缺陷等，能够形成极化中心，并在一定程度上增强极化和磁化的能力，在电磁场的激发下可以有效地损耗电磁波，实现薄、宽、强的目标。此外，核壳结构的尖晶石氧化物吸波性能可以通过调整壳核组分、壳层数目、核与壳层的大小及厚度等多种微纳结构实现。

为了揭示多壳核钴酸镍电磁波吸收性能的机制，在室温下，通过网络分析仪测量不同煅烧温度下的钴酸镍在 2～18GHz 范围内的电磁参数。用复介电常数($\varepsilon_r = \varepsilon' - j\varepsilon''$)和复磁导率($\mu_r = \mu' - j\mu''$) 分析其电磁特性。根据电磁能量转换原理，吸收器中的 ε'和 μ'分别代表电能和磁能的

存储容量；相反，ε''和 μ''分别表示电能和磁能的耗散能力。电磁参数显示在图 9-15 中。由于钴酸镍是介电损耗主导的电磁波吸收器，因此更多的关注点应集中在钴酸镍的复介电常数上，如图 9-15(a)和图 9-15(b)所示。未煅烧的前驱体的 ε'和 ε''值分别约为 2.8 和 0.2。低复介电常数归因于不存在结晶钴酸镍，这意味着较差的介电损耗能力。当煅烧温度为 500℃时，相对于其他样品具有最高的 ε' 值和 ε''值，相应的值范围分别为 3.7～11.0 和 2.8～6.4。值得注意的是，在频率与 ε''曲线中可以观察到位于 14.7GHz、15.9GHz 和 17.0GHz 的三个不同的共振峰，这些共振峰可能与源自钴酸镍样品中缺陷诱导极化的多重极化弛豫过程有关。通常，根据德拜理论，ε'和 ε''的曲线每形成一个半圆，都伴随着极化弛豫的发生。图 9-16 中的 Cole-Cole 半圆进一步证实了这一点。随着煅烧温度的逐渐升高，发现样品的 ε' 值和 ε''值下降，表明电磁波的耗散能力变差。该结果证明界面极化不能成为主要的损耗机制。否则，NCO650 和 NCO700 应该具有比其他样品更高的 ε''值。虽然在其他样品上也出现了共振峰，但 ε''值下降表明电磁波吸收能力减弱，如图 9-15(c)所示，该结果可以通过介电损耗正切进一步说明。缺陷引起的极化损失包括晶体结构缺陷和氧空位极化损失，是导致多壳钴基尖晶石空心球具有良好电磁波吸收能力的主要损失机制。其中，尖晶石结构缺陷及其极化损失对电磁波吸收能力的影响更深远。样品上的缺陷会捕获自由电子，破坏空间电荷分布的平衡。在外部电磁场的作用下，产生了偶极矩，随后的弛豫过程可以有效地耗散电磁波携带的能量。钴酸镍复合材料中较多的缺陷能够提供强力的缺陷诱导极化损耗，从而产生优异的电磁波吸收性能。

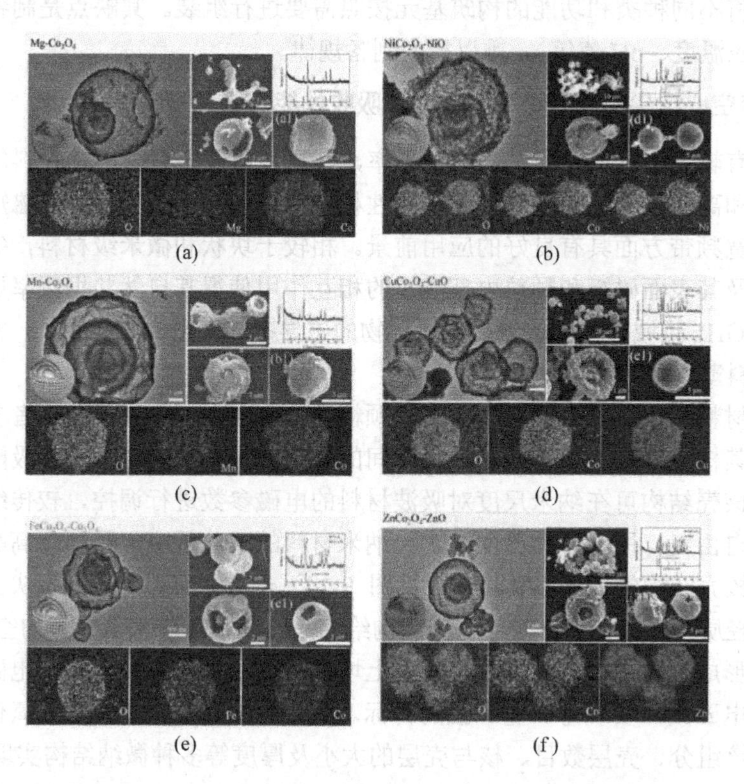

图 9-14 多层壳核空心球尖晶石氧化物钴酸镍的扫描电镜图

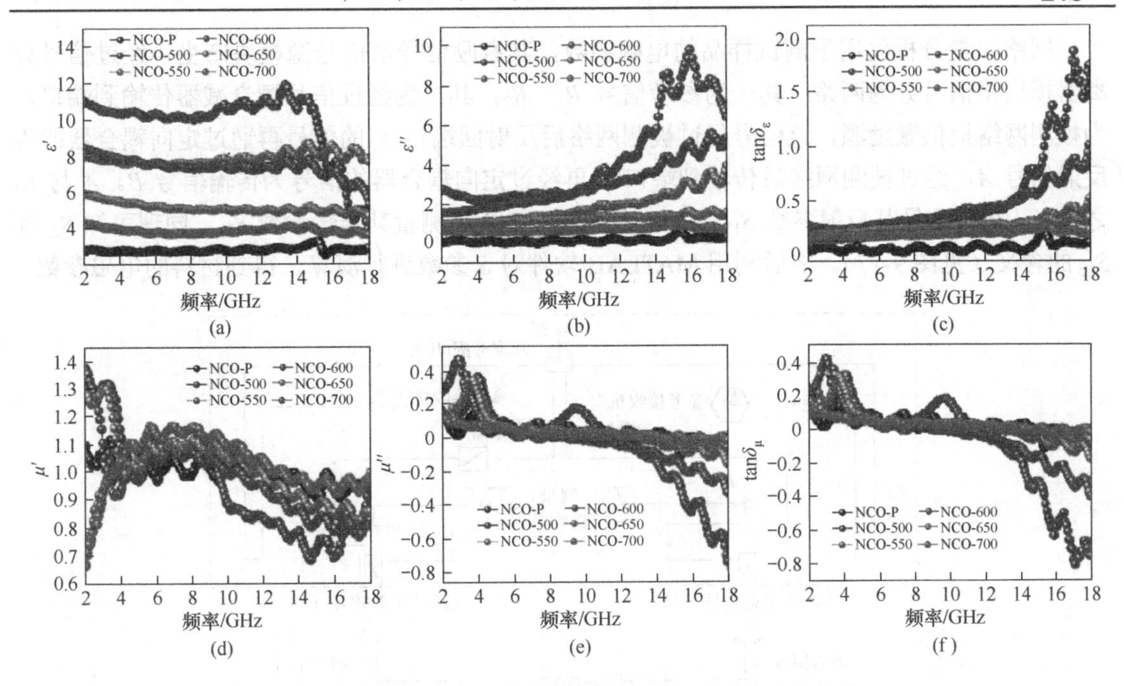

图 9-15　多层壳核空心球尖晶石氧化物钴酸镍的电磁参数

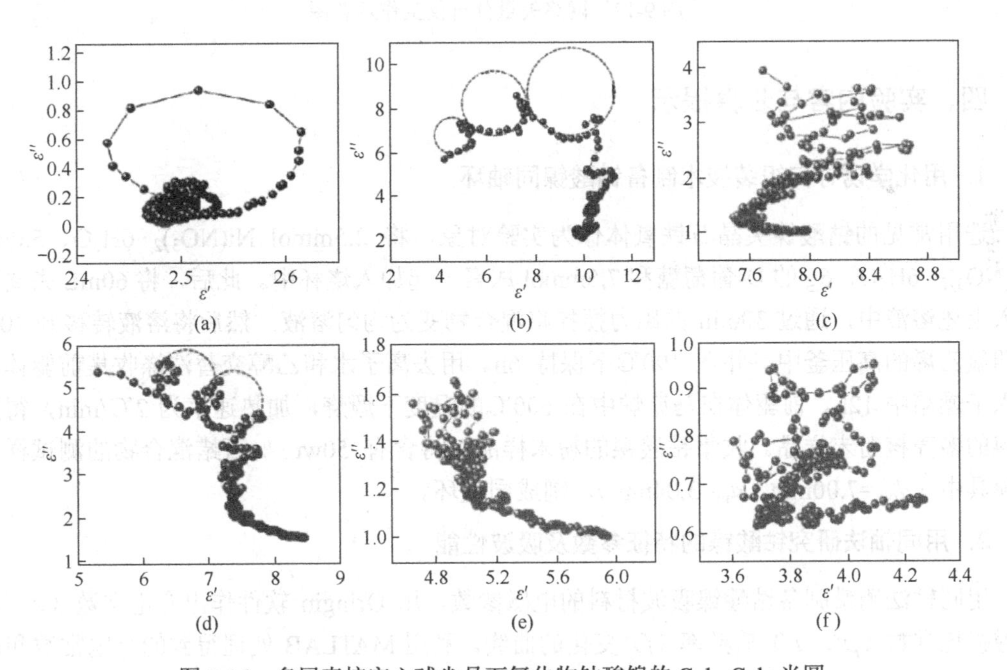

图 9-16　多层壳核空心球尖晶石氧化物钴酸镍的 Cole-Cole 半圆

三、主要的实验仪器与材料

主要的实验仪器与材料包括：真空干燥箱、管式煅烧炉、真空泵、高转速离心机、压片机、不锈钢反应釜、磁力加热搅拌器、高温马弗炉、网络矢量分析仪，材料中的金属盐包括六水硝酸镍、六水硝酸钴、D-葡萄糖、尿素等。

网络矢量分析仪用于测试样品的电磁参数，其激励信号由信号源模块产生，经过信号分离器模块将信号分为两路：其一为参考信号 R_1、R_2；其二为经过信号源衰减器传输到端口，为被测网络提供激励源，该信号经过被测网络后反射回端口 1 的信号再通过定向耦合器即为反射信号 A，经过被测网络后传输到端口 2 再经过定向耦合器的信号为传输信号 B。A 与 R_1 之比（A/R_1）测量其反射参数 S_{11}；B 与 R_1 之比（B/R_1）测量其传输参数 S_{21}，同理可知 S_{22} 和 S_{12} 的含义（见图 9-17）。之后利用 MATLAB 软件对 S 参数进行演算，得到材料的电磁参数。

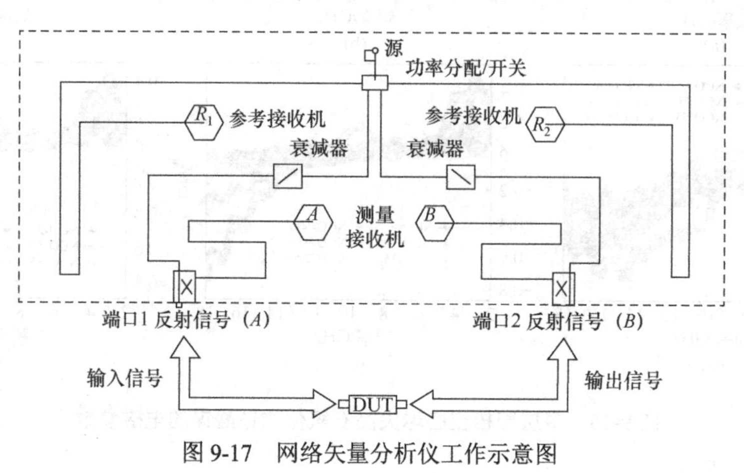

图 9-17　网络矢量分析仪工作示意图

四、实验内容与步骤提示

1. 用化学诱导自组装技术制备钴酸镍同轴环

选用常见的钴酸镍尖晶石铁氧体作为实验对象，将 2.5mmol $Ni(NO_3)_2 \cdot 6H_2O$、5.0mmol $Co(NO_3)_2 \cdot 6H_2O$、6g 的 D-葡萄糖和 7.5mmol 尿素一起加入烧杯中。此后，将 60mL 去离子水倒入上述溶液中，通过 30min 的磁力搅拌将混合物变为均匀溶液。然后将溶液转移到 100mL 聚四氟乙烯的高压釜中，并在 190℃下保持 6h。用去离子水和乙醇交替洗涤收集前驱体，并放入干燥箱中 12h。前驱体在马弗炉中在 600℃的温度下煅烧，加热速率为 2℃/min，得到钴酸镍的多壳核粉末样品。收集钴酸镍的粉末样品，将含有 50wt·%石蜡混合物的测试样品压入模具中（d_{out}=7.00mm，d_{in}=3.04mm），制成同轴环。

2. 用同轴法研究钴酸镍的特征参数及吸波性能

用同轴法测量制备钴酸镍吸波材料的电磁参数，用 Oringin 软件作出介电常数（ε'、ε''）和磁损耗常数（μ'、μ''）随频率（f）变化的曲线。利用 MATLAB 处理得到的介电常数和磁损耗常数，作出反射损耗（RL）、阻抗匹配（Z）随着频率（f）变化的曲线，当 RL＜−10dB 时，可认为电磁波被有效吸收。利用ε'–f 曲线、ε''–f 曲线、μ'–f 曲线、μ''–f 曲线和 Z–f 曲线具体分析电磁波吸收性能的来源。可由电磁参数简单计算得到介电损耗正切角（$\tan\delta_\varepsilon$）和磁损耗正切角（$\tan\delta_\mu$）：$\tan\delta_\varepsilon=\varepsilon''/\varepsilon'$、$\tan\delta_\mu=\mu''/\mu'$。比较不同频率下的 $\tan\delta_\varepsilon$ 和 $\tan\delta_\mu$ 可以得到损耗电磁波的主要机制。

在 MATLAB 软件中改变样品的厚度，样品的 RL–f 曲线和 Z–f 曲线会发生变化，比较不同厚度的计算结果，分析产生电磁波吸收性能差异的原因。

五、预习思考题

1．电磁波吸收材料的工作原理是什么？

2．电磁波吸收材料有哪些应用对象？

3．常用的尖晶石铁氧体粉末的制备方法有哪些？分别有什么优势？

4．物质的电磁参数受哪些因素的影响？例如，对于铁氧体材料，提高煅烧温度通常会引起什么变化？

5．为了更好地推广应用，在物质组分不变的情况下，通过哪些途径可以减小铁氧体粉末的密度？

六、论文报告的撰写要求

1．引言。简要概述研究背景，聚焦研究主题，提出研究问题和研究目的。

2．研究方法。研究方法主要包括材料（材料来源、性质、数量及处理等）和实验方法（实验仪器、实验条件、实验方案和测试方法等）。

3．实验结果与分析讨论。以图或表等手段整理实验结果，并进行分析与讨论。

4．结论。论文总体的结论，还可以在结论中提出建议及方法、改进意见、研究设想和待解决的问题等。

5．参考文献。

七、拓展

1．采用不同的方法制备钴酸镍粉末，总结不同制备方法的优劣。

2．对制备钴酸镍粉末的结构进行表征，并分析其结构与性能之间的关系。

3．综合获得钴酸镍粉末的表征与性能测试，建立微观损耗物理模型。

八、参考文献

[1] 张钊，王峰，张新全，等. 低频宽带薄层吸波材料研究进展[J]. 功能材料，2019，50（6）：6038-6045.

[2] 黄威，魏世丞，梁义，等. 核壳结构复合吸波材料研究进展[J]. 工程科学学报，2019，41（5）：547-556.

[3] SUN X, HE J P, Li G X, et al. Laminated magnetic graphene with enhanced electromagnetic wave absorption properties[J]. Journal of Materials Chemistry C, 2013, 1: 765-777.

[4] 郑航博，高应霞，徐嘉，等. 核壳结构纳米铁氧体吸波材料的研究进展[J]. 中国陶瓷工业，2016，23（3）：18-23.

[5] 杨振楠，刘芳，李朝龙，等. 核壳结构电磁波吸收材料研究进展[J]. 材料导报，2020，34（7）：7061-7070.

[6] 杨盛，游文彬，裘立成，等. 核壳结构吸波材料的研究进展[J]. 科学通报，2018，63（8）：712-724.

[7] 王静. 含碳多聚糖微球模板法合成几种壳核及空心结构功能材料[D]. 哈尔滨：哈尔滨工程大学，2011.

[8] MAO D, WAN J, WANG J, et al. Sequential Templating Approach:A Groundbreaking Strategy to Create Hollow Multishelled Structures[J]. Advanced Materials, 2019, 31(38): 1802874.

[9] QIN M, ZHANG L, ZHAO X, et al. Defect Induced Polarization Loss in Multi-Shelled Spinel Hollow Spheres for Electromagnetic Wave Absorption Application[J]. Advanced Science, 2021, 8(8): 2004640.

[10] 杨志成，林升，付少辉，等. 高性能矢量网络分析仪的常见故障判断与维修技术[J]. 电子工业专用

设备，2021，50（4）：68-71.

[11] 吕华良. 钴基铁氧体的电磁衰减及其微波吸收性能研究[D]. 南京：南京航空航天大学，2018.

实验 21 相场方法模拟晶体生长的数值实验

枝晶起源于界面失稳，是最具普遍意义的金属凝固方式，其生成过程受传热、传质、界面曲率、对流等动力学因素的影响，详细了解枝晶生长的动力学过程对于深刻理解结晶动力学是非常重要的。金属的不透明性决定了对枝晶生长动力学过程的研究只能通过凝固组织分析而倒推，而在相关理论课程的学习中，学生也只能通过近似解析理论的学习，了解枝晶生长的理论模型，相关模型不仅抽象，还需要较深的数学功底才能理解其中的物理内涵。作为一种被广泛接受的描述相变动力学的工具，相场方法已被广泛应用于枝晶生长动力学的研究中，取得了大量有意义的研究成果。通过计算机模拟，可以完美再现不同对称性的枝晶生长过程和动力学规律，如图 9-18 所示为六重与四重对称条件下枝晶生长形貌和溶质分布。本实验要求学生具有一定编写程序的基础，能够利用计算机语言编写部分或完整的程序。

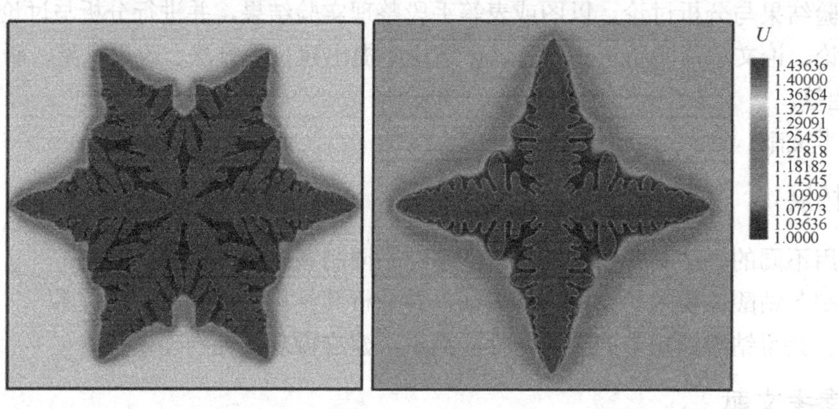

图 9-18 六重与四重对称条件下枝晶生长形貌和溶质分布

一、实验目的和要求

1. 了解相场模型中各参数的物理意义。
2. 了解界面厚度对相场模型的影响规律。
3. 了解枝晶生长动力学过程的基本规律和特征。
4. 掌握模拟枝晶生长的相场方法。

二、基础理论及启示

1. 相场方法的理论基础和明锐界面模型

相场模型来源于金兹伯格-朗道二级相变理论，是一个基于热力学的、描述系统动力学演化过程的唯象模型的总称，相场模型的核心在于选择一个合适的序参量描述材料的相变过程。在朗道相变理论中，序参量被用来描述偏离对称的性质和程度，是某个物理量的平均值，可以是标量、矢量、复数或者更加复杂的量。序参量的引入使整个相变过程的数学描述从明锐界面问题转变为扩散界面问题，同时，在整个相变区域中自由能函数也可以用统一的形式描述，这使整个相变过程不需要进行复杂的界面跟踪，更加便于编程求解。序参量的性质决定了演化方程的性质，守恒的序参量满足的方程是一个非典型的扩散方程的形式，非守恒的序参量满足的是一个朗之万方程的形式。

对于最简单的凝固过程，明锐界面模型方程可以表示为

$$\frac{\partial u}{\partial t}=\alpha\nabla^2 u \tag{9-11}$$

$$v_{\mathrm{n}}=\alpha\left(\nabla u\cdot n_{\mathrm{s}}-\nabla u\cdot n_{\mathrm{l}}\right) \tag{9-12}$$

$$u^*=-d_0\kappa-v_{\mathrm{n}}/\mu \tag{9-13}$$

$$u(\infty)=u_\infty \tag{9-14}$$

式中，$u=\left(T-T_{\mathrm{m}}\right)/\left(L_{\mathrm{f}}/c_{\rho}\right)$为无量纲温度，$L_{\mathrm{f}}$为凝固潜热，$T_{\mathrm{m}}$为熔点温度，$\alpha$为热扩散系数，$v_{\mathrm{n}}$为界面法线生长速度，$d_0$为毛细长度，$u^*$为界面无量纲温度，$\kappa$为界面局域曲率，$\mu$为动力学系数，$u_\infty$为无量纲远场温度或体系过饱和度。

实时求解式（9-11）～式（9-14），即可获得纯材料晶体生长的动力学过程。尽管模型方程非常简单，但是由于方向速度的求解需要实时跟踪界面形态以确定κ，而扩散场u又将反过来影响界面形态，因此在复杂界面形貌演化的求解过程中尤其需要引入相场模型进行规避界面跟踪的求解。

2．纯材料凝固的定量相场模型

描述纯材料枝晶生长需要两个场变量，即温度场和区分固液相的相场。温度场是一个守恒场，满足典型的传热方程。相场φ定义为：在液相中$\varphi=-1$，而在固相中$\varphi=1$，在界面内相场变量快速地由–1变化为1，对于非等温纯材料凝固过程，其相场方程可以表示为

$$\begin{cases}\tau\dfrac{\partial\varphi}{\partial t}=W_0^2\nabla^2\varphi+\varphi-\varphi^3-\lambda\left(\varphi^2-1\right)^2 u\\[2mm] \dfrac{\partial u}{\partial t}=\alpha\nabla^2 u+\dfrac{1}{2}\dfrac{\partial\varphi}{\partial t}\end{cases} \tag{9-15}$$

式(9-15)由两个抛物型的偏微分方程组成，两个方程相互耦合，u决定了φ的变化速率$\partial\varphi/\partial t$，而$\varphi$决定了$u$的源项的大小$\frac{1}{2}\partial\varphi/\partial t$。有关模型方程的推导过程，详见相关图书。在固定的空间尺度和时间尺度下，无量纲化这两个方程是求解的第一步。在描述低速凝固的相场模型中，毛细长度与动力学系数和耦合系数λ之间的关系为

$$\begin{aligned}W_0&=\lambda d_0/a_1\\ \tau&=\frac{\lambda a_2 W_0^2}{\alpha}\end{aligned} \tag{9-16}$$

式中，a_1和a_2是两个常数，分别等于0.8839和0.6267。毛细长度d_0提供了长度尺度的量级、毛细长度d_0的平方比扩散系数α，即d_0^2/α；提供了时间尺度的量级，因此长度尺度和时间尺度具体的值取决于耦合系数λ的大小。假设λ为常数，利用W_0和τ对式（9-15）做无量纲化处理，使$t'=t/\tau$，$\nabla'=W_0\nabla$和$\alpha'=\alpha\tau/W_0^2=a_2\lambda$，式（9-15）可以变为

$$\begin{cases}\dfrac{\partial\varphi}{\partial t'}=\nabla'^2\varphi+\varphi-\varphi^3-\lambda\left(\varphi^2-1\right)^2u\\[2mm]\dfrac{\partial u}{\partial t'}=\alpha\nabla'^2u+\dfrac{1}{2}\dfrac{\partial\varphi}{\partial t'}\end{cases}\tag{9-17}$$

利用有限差分法求式（9-17），即可得到晶体生长的过程。

需要注意的是，$u=\left(T-T_{\mathrm{m}}\right)/\left(L/c_{\mathrm{p}}\right)$，也就是说，只有当$u<0$时，相场变量演化方程中的$\lambda\left(\varphi^2-1\right)^2u<0$项在界面$-1<\varphi<1$内才能为正，即使$\partial\varphi/\partial t'>0$，使整个系统的$\varphi$增大，发生凝固。利用显式有限差分方法，求得球状晶体在二维条件下的生长过程。

3. 各向异性函数的耦合和枝晶生长

在凝固过程中，材料的微观结构能够表现出丰富的图样通常是由材料性质中的各向异性决定的，一般来讲，材料的各种属性都具有各向异性特性，但是表面能和动力学系数的各向异性对凝固组织的形成所起的作用最大。在相场模型中，需要将各向同性函数替换为各向异性函数。对各向异性函数的数学描述是唯象的，在二维条件下，立方晶系的表面能的各向异性函数为

$$a(\theta)=1+\varepsilon_4\cos4\theta\tag{9-18}$$

而六方晶系的各向异性函数可以表示为

$$a(\theta)=1+\varepsilon_6\cos6\theta\tag{9-19}$$

式中，ε_4和ε_6为立方晶系和六方晶系的各向异性强度。在相场模型中，由于序参量表明的是相的分布，因此局域法向方向与坐标轴的夹角表示为$\theta=\arctan\left(\partial_y\varphi/\partial_x\varphi\right)$。由于特征长度尺度$W_0$与表面能密切相关，因此它是各向异性的，从特征时间$\tau$的表达式中可以知道$\tau$也为各向异性的，即

$$\begin{aligned}W_0(\theta)&=W_0A(\theta)\\\tau(\theta)&=\tau A^2(\theta)\end{aligned}\tag{9-20}$$

将其与相场演化方程中的拉普拉斯算符耦合，模型方程即可转化为

$$\begin{aligned}A^2(\theta)\frac{\partial\varphi}{\partial t'}=&\nabla'A^2(\theta)\nabla'\varphi-\partial_{x'}\left[A(\theta)A'(\theta)\partial_{y'}\varphi\right]+\\&\partial_{y'}\left[A(\theta)A'(\theta)\partial_{x'}\varphi\right]+\varphi-\varphi^3-\lambda\left(\varphi^2-1\right)^2u\end{aligned}\tag{9-21}$$

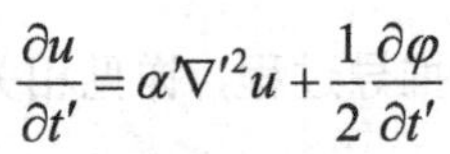

$$\frac{\partial u}{\partial t'}=\alpha\nabla'^2u+\frac{1}{2}\frac{\partial\varphi}{\partial t'}$$

该模型很容易被推广到三维条件，如图 9-19 所示为在不同过冷度条件下三维管道中枝晶的生长形貌。

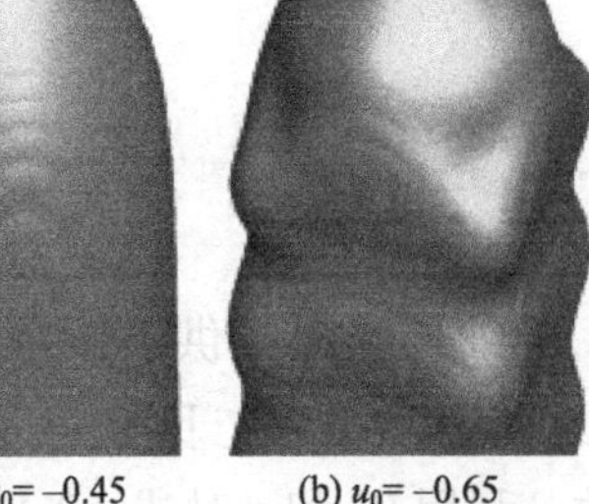

(a) $u_0=-0.45$　(b) $u_0=-0.65$

图 9-19　不同过冷度条件下三维管道中枝晶的生长形貌

三、主要的实验仪器与材料

主要的实验仪器与材料包括：计算机、MATLAB 软件、Codeblock 软件或其他可编程软件。

四、实验内容与步骤提示

1. 关于耦合系数的收敛性分析研究

根据各向同性相场模型［如式（9-17）所示］，利用显式有限差分方法编写程序，注意对于相场方程中的拉普拉斯算符∇^2，需要使用九点格式计算，而对于温度场中的∇^2，则只需要用五点格式进行计算。参数取值如下：$u_\infty = -0.55$，$\Delta x' = \Delta y' = 0.4$，$\Delta t' = 0.01$，初始半径$r_0' = 20$，根据$W_0 = \lambda / a_1 d_0$可知$\lambda$的取值决定了模拟的实际尺寸。可以取$\lambda = 8$和网格数为$N_x \times N_y = 80 \times 80$开始计算，计算一定时间球状晶的形貌后，依次计算$\lambda = 7$、$\lambda = 6$、$\lambda = 5$，$\lambda = 4$、$\lambda = 3$、$\lambda = 2$所得到的形貌，考察其收敛性。注意，随着$\lambda$的变化，网格尺寸和计算时间需要相应地变化，另外，$\lambda$越小，达到稳态的计算时间越长。为了方便测量球状晶的半径，需要利用实时检测的程序进行计算。

2. 过冷度对球状晶生长的影响

在上述研究的基础上，设定不同的过冷度，研究球状晶的半径随时间的变化规律，探索过冷度对球状晶生长的影响规律，可以设定的过冷度区间为$-0.85 \leqslant u_\infty \leqslant -0.40$，需要注意的是，在增大初始过冷的同时，有时需要适当减小时间步长$\Delta t'$使计算达到稳态。

3. 各向异性强度对枝晶生长的影响

将各向异性函数与相场模型耦合，即求解式（9-21），程序调试完毕之后，开展数值正交实验，在固定的过冷度下改变各向异性强度，在固定各向异性强度条件下改变过冷度，探索过冷度和各向异性强度对枝晶生长的影响。此外，研究枝晶生长尖端速度随时间的变化，对比球状晶的结果，探索各向异性对近稳态生长的影响。由于该部分较为复杂，因此可以作为选做内容，编程方面可以自行查阅相关书籍和论文。

五、预习思考题

1. 什么是有限差分方法？如何利用有限差分方法求解抛物型的偏微分方程？
2. 查阅资料，明确拉普拉斯算符∇^2的九点格式和五点格式。
3. 如何实现偏微分方程的无量纲化？
4. 在相场模型中，如何将无量纲的计算网格和无量纲的计算时间转换为有量纲的空间和时间？
5. 表面能各向异性的微观机制是什么？各向异性函数如何与相场模型耦合？

六、论文报告的撰写要求

1. 引言。简要概述研究背景，聚焦研究主题，提出研究问题和研究目的。
2. 研究方法。研究方法主要包括方程、算法、软件等。
3. 实验结果与分析讨论。以图或表等手段整理实验结果，并进行分析与讨论。
4. 结论。论文总体的结论，还可以在结论中提出建议及方法、改进意见、研究设想和待解决的问题等。
5. 参考文献。

七、拓展

1．在一维条件下，将相场模拟的结果与明锐界面模型计算结果对照。

2．将相场模型表示成极坐标的形式，在极坐标下求解相场模型，对比得到的结果。

八、参考文献

[1] 彭芳麟. 计算物理基础[M]. 北京：高等教育出版社，2010.

[2] 刘金远，段萍，鄂鹏. 计算物理学[M]. 北京：科学出版社，2012.

[3] ELDER K, PROVATAS N. Phase-Field Methods in Materials Science and Engineering[M]. Berlin: WIEY-VCH, 2010.

[4] DONG X L, XING H, WENG K R, et al. Current development in quantitative phase-field modeling of solidification[J]. Journal of Iron & Steel Research International, 2017, 24: 865-878.

第十章　基于新能源发电的设计性物理实验研究

实验 22　太阳能电池的特性及应用

目前，被认识的可再生能源主要包括太阳能、风能、水能、生物质能及地热能等。与其他新型可再生能源相比，太阳能具有取之不尽、用之不竭、无污染、应用广泛且不受环境限制等优点，具有巨大的开发价值及应用前景。相关报道显示，将照射到地球上的太阳光的大约 0.3%的能量转化为电能或者其他形式的能，就可以代替化石燃料来满足人类对能源的需要，进而解决目前所面临的能源危机及环境污染两大难题。因此太阳能利用受到世界众多研究者的广泛关注，其中太阳能光伏技术（太阳能电池）是指通过光电效应、光化学效应将太阳能直接转化为电能，是目前为止利用太阳能最直接、最有效的技术方法之一，从而成为太阳能应用领域的重点研究对象。

1954 年，贝尔实验室制备了第一块单晶硅太阳能电池，此后硅基太阳能电池受到众多研究者的青睐。单晶硅、多晶硅太阳能电池作为第一代太阳能电池，经过研究者几十年的不断努力，现如今已在市场上得到广泛应用。目前，硅基太阳能电池的最大能量转换效率已经超过 25.5%，已越来越接近硅基太阳能电池的理论极限值 30%。目前，硅光电池除应用于人造卫星和宇宙飞船外，在许多民用领域（如太阳能汽车、太阳能游艇、太阳能收音机、太阳能计算机、太阳能乡村电站等）也有大量的应用。本实验主要探讨太阳能电池的结构、工作原理、基本特性和作为电源系统的应用。

1. 太阳能电池的结构及光伏效应

太阳能电池是一种直接把光能转化为电能的半导体器件，其结构简单，核心部分是一个大面积的 PN 结。当光照射在 PN 结上时，由光子产生的电子和空穴在 PN 结内部电场的作用下分别向 N 区和 P 区集结，使 PN 结两端产生光生电动势，这一现象称为光伏效应。利用半导体 PN 结的光伏效应可制成光伏探测器，常用的光伏探测器有光电池、光电二极管、光电三极管等。

光电池的结构示意图及基本应用电路如图 10-1 所示。光电池一般制成 P^+/N 型结构或 N^+/P 型结构，其中，第一个符号 P^+或 N^+表示光电池正面光照层半导体材料的导电类型；第二个符号 N 或 P 表示光电池背面衬底半导体材料的导电类型。光电池的电性能与制造电池所用的半导体材料的特性有关。有光照射时，光电池输出电压的 P 型一侧为正极，N 型一侧为负极。

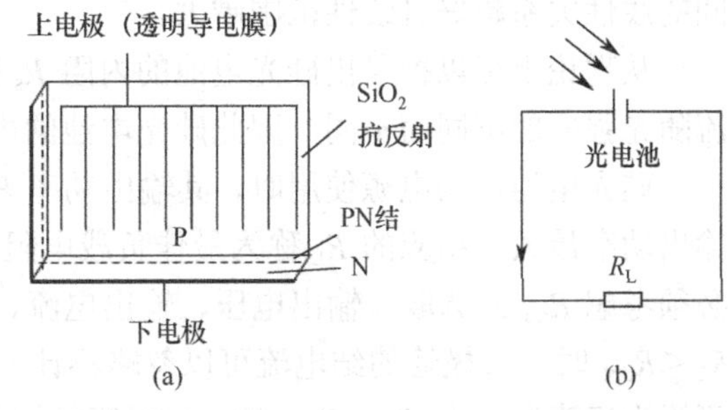

图 10-1　光电池的结构示意图及基本应用电路

2．太阳能电池的基本特性与主要参数

无光照时，PN 结的伏安特性曲线与普通二极管一样。有光照时，PN 结吸收光能，产生光电流，光照越强，光电流越大。

当硅光电池作为电源与外电路连接时，硅光电池工作在正向状态。当硅光电池与其他电源联合使用时，如果外电源的正极与硅光电池的 P 极连接，负极与硅光电池的 N 极连接，则外电源向硅光电池提供正向偏压；如果外电源的正极与硅光电池的 N 极连接，负极与硅光电池的 P 极连接，则外电源向硅光电池提供反向偏压。

当光伏器件用作探测器时，不加偏压，称为光伏工作模式；当光电池用作光电转换器时，必须处于反向偏压状态，称为光电导工作模式。

无光照时，硅光电池的电压 U 与电流 I 的关系为

$$I = I_s(e^{\frac{qU}{kT}} - 1) \tag{10-1}$$

有光照时，硅光电池的电压 U 与电流 I 的关系为

$$I = I_s(e^{\frac{qU}{kT}} - 1) - I_{ph} \tag{10-2}$$

式中，I_s 为无光照时的反向饱和电流，q 为电子电量，k 为玻尔兹曼常数，T 为热力学温度，I_{ph} 为与光照度成正比的光生电流。

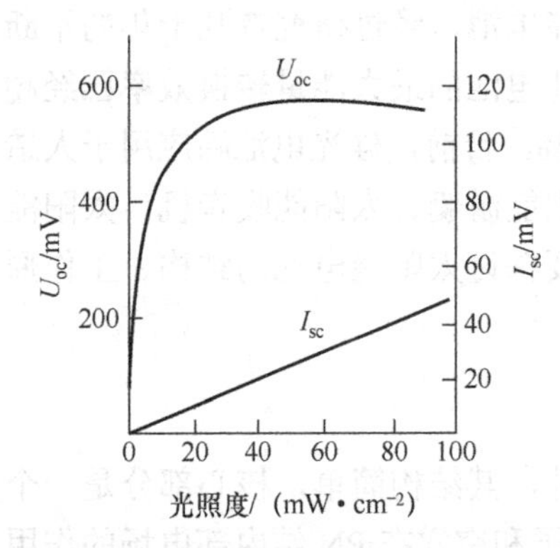

图 10-2 硅光电池的开路电压 U_{oc} 和短路电流 I_{sc} 与光照度的关系

当 PN 结开路时，电流 I 为零，硅光电池的输出电压称为开路电压 U_{oc}，将 I=0 代入式（10-2），即可得到开路电压 U_{oc}。当 PN 结短路时，电压 U 为零，硅光电池的输出电流称为短路电流 I_{sc}，将 U=0 代入式（10-2），即可得到短路电流 $I_{sc}=I_{ph}$。硅光电池的开路电压 U_{oc} 和短路电流 I_{sc} 与光照度的关系如图 10-2 所示。短路电流与光照度成正比。光照度增大到一定程度后，开路电压几乎与光照度无关。短路电流与光照度成正比是硅光电池的一个突出优点，因而在精确测量光照度时常用硅光电池作为探测器。实际测量时，硅光电池都要外接负载电阻 R_L，当 R_L 相对于硅光电池的内阻很小时，通常取 $R_L < 20\Omega$，可近似认为短路。显然，负载越小，短路电流与光照度之间的线性关系越好且线性范围越大。

从理论上可以推导出硅光电池的内阻 R_s 有如下关系：$R_s=U_{oc}/I_{sc}$。由于开路电压和短路电流随光强度的不同而不同，因此硅光电池的内阻也随光强度的变化而变化。

硅光电池作为电源使用时，其输出功率 P 与负载电阻 R_L 有关。只有当 R_L 为某个定值时，输出功率最大，相应的 R_L 称为最佳负载电阻 R_{opt}，此时能量转换效率最高。在一些应用中，必须考虑 R_{opt} 的选取。输出电压、输出电流、输出功率与负载电阻的关系如图 10-3 所示。当 $R_L < R_{opt}$ 时，二极管的结电流可以忽略不计，负载电流近似等于短路电流（光电流），光电池可视为恒流源；当 $R_L > R_{opt}$ 时，二极管的结电流按函数形式增大，负载电流近似按指数形式减小；当 $R_L=R_{opt}$ 时，输出功率最大。

太阳能电池的填充因子定义为 $FF=P_{max}/(U_{oc}I_{sc})$，它表示在一定光照条件下太阳能电池的

最大输出效率，是代表太阳能电池性能优劣的一个重要参数，FF 值越大，说明太阳能电池对光的利用率越高，填充因子一般为0.5～0.8。

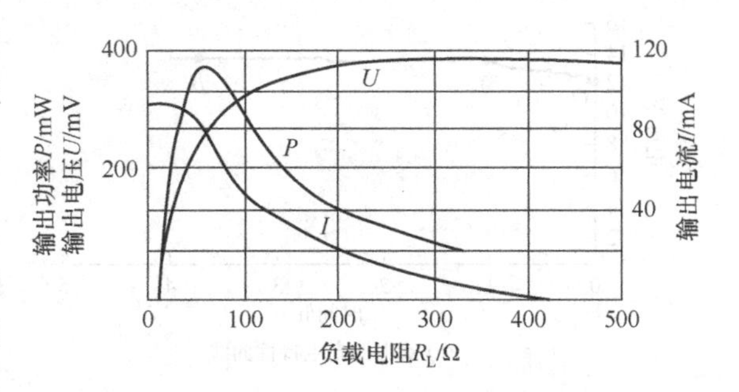

图 10-3　输出电压、输出电流、输出功率与负载电阻的关系

3．离网型太阳能电源系统

太阳能光伏电源系统如图 10-4 所示。控制器又称充放电控制器，起管理光伏系统能量、保护蓄电池及整个光伏电源系统正常工作的作用。DC–DC 为直流电压变化电路，相当于交流电路中的变压器，当电源电压与负载电压不匹配时，它调节负载端电压，使负载正常工作。光伏电源系统常用的储能装置为蓄电池与超级电容器。蓄电池是提供和存储电能的电化学装置，光伏电源系统使用的多为铅酸蓄电池。DC–AC 逆变器起适配太阳能电池与交流负载的作用。

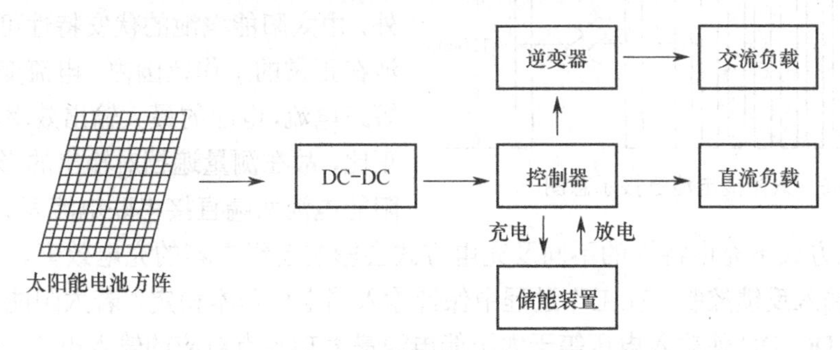

图 10-4　太阳能光伏电源系统

蓄电池充、放电特性曲线如图 10-5 所示。图 10-5(a)为蓄电池恒压充电时的充电特性曲线，*OA* 段电压快速上升，*AB* 段电压缓慢上升且持续较长时间，接近 13.7V 时可停止充电。蓄电池充电电流过大会导致蓄电池的温度过高和活性物质脱落，影响蓄电池的寿命。在充电后期，电化学反应速率降低，若维持较大的充电电流，则会使水发生电解。理想的充电模式要求蓄电池开始以允许的最大充电电流充电，随电池电压的升高逐渐减小充电电流，达到最大充电电压时立即停止充电。图 10-5(b)为蓄电池放电特性曲线。*OA* 段电压下降得较快，*AB* 段电压缓慢下降且持续较长时间，*C* 点后电压急速下降，此时应立即停止放电。蓄电池的放电时间一般规定为 20h，放电电流过大和过度放电（电池电压过低）都会严重影响蓄电池的寿命。

失配及遮挡也会影响太阳能电池的输出。太阳能电池在串、并联使用时，由于每片电池的性能不一致，因此输出总功率小于各个单体电池输出功率的和，称为太阳能电池的失配。太阳能电池受云层、建筑物的阴影或电池表面的灰尘等遮挡，使受影响的电池所受太阳辐射小、输出也小，也会对总输出产生类似失配的影响。太阳能电池在并联时，总输出为各并联支路电流之和。太阳能电池存在失配或遮挡时，若最差支路的开路电压高于组件的工作电压，则输出电流仍为各支路电流的和；反之，则该支路将作为负载而消耗能量。太阳能电池在串联时，串联支路输出由输出最小的电池决定。有失配或遮挡时，一方面使该支路的输出电流减小，另一方面失配或被遮挡部分将消耗其他部分产生的能量，使局部升温，产生热斑，严重时会烧坏太阳能电池组件。

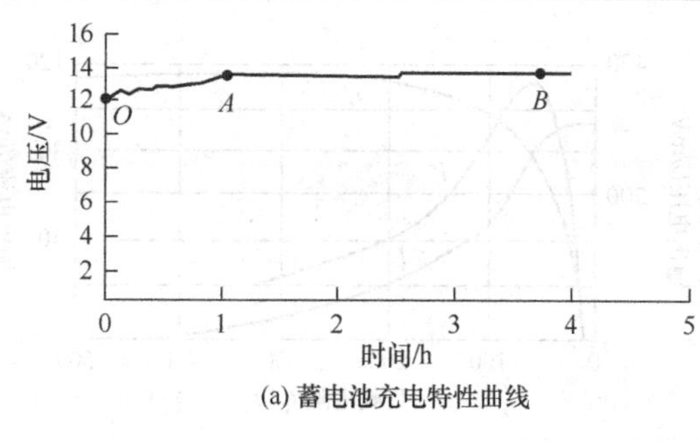

(a) 蓄电池充电特性曲线

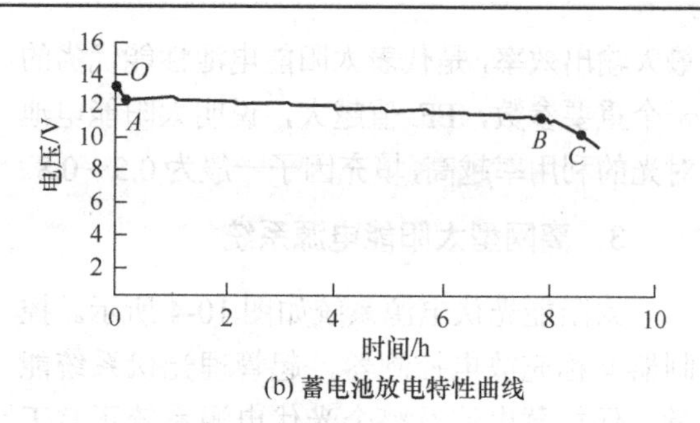

(b) 蓄电池放电特性曲线

图 10-5　蓄电池充、放电特性

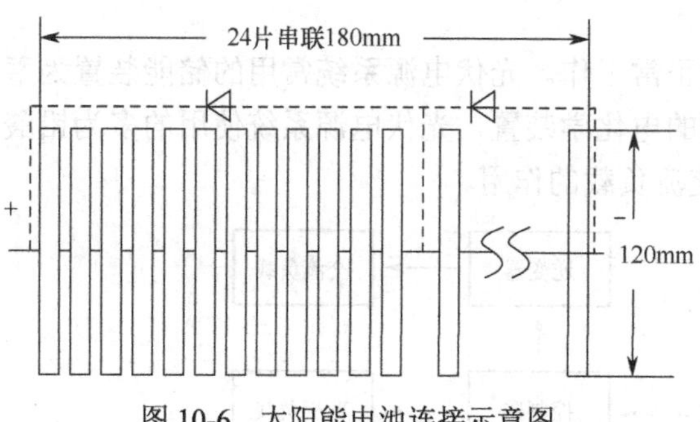

图 10-6　太阳能电池连接示意图

由于部分遮挡也会对整个串联电路的输出产生严重影响，因此在应用系统中，常在若干电池片旁并联旁路二极管，如图 10-6 所示。即使部分被遮挡，其他部分也可正常工作。另外，由太阳能电池的伏安特性可知，太阳能电池在正常的工作范围内，电流变化很小，接近短路电流，电池的最大输出效率与短路电流成正比，故在测量遮挡对输出的影响时，可在太阳能电池两端直接串联电流表。

不同充电方式下充电特性的不同及充电方式会影响超级电容的充电效率。本实验所用的 DC–DC 采用输入反馈控制，在工作过程中保持输入端电压基本稳定，若太阳能电池的光照条件不变，调节 DC–DC 使输入电压等于太阳能电池最大功率点对应的输入电压，即可实现在太阳能电池的最大功率输出下的恒功率充电。在目前的系统中，虽然太阳能电池的输出功率不大，而 DC–DC 有一定的功耗，致使两种方式的充电效率差别不大，但从测量结果还是可以看出充电特性不同。

当太阳能电池的输出电压与直流负载工作电压一致时，可以将太阳能电池直接连接负载。若负载功率与太阳能电池的最大输出功率一致，则太阳能电池工作在最大输出功率点。若负载功率小于或大于太阳能电池的最大输出功率，MPPT（Maximum Power Point Tracking，最大功率点跟踪）控制器将分别通过额外输出能量向储能装置充电、控制储能装置向负载提供部分电能，使太阳能电池回归最佳工作点。

当太阳能电池的输出电压与直流负载工作电压不一致时，太阳能电池的输出需经 DC–DC 转换成负载电压，再连接至负载。

当负载为 220V 交流时，太阳能电池输出须经逆变器转换成交流 220V，才能供负载使用。

实验 22–1　太阳能电池基本特性的测定

一、实验目的和要求

1．了解太阳能电池的结构及工作原理。

2．掌握太阳能电池的光照特性与输出特性。

3．了解太阳能电池的性能参数，学会开路电压、短路电流及负载特性的测量方法。

二、主要的实验仪器与材料

主要的实验仪器与材料包括：太阳能电池、白光源（40W）、光功率计、数字万用表（用电压挡）、标准可调电阻箱、滑线变阻器、直流电源（输出电压调至3V）、单刀开关、导线若干、Origin 软件。

三、实验内容与步骤提示

1．无光照时，太阳能电池正向偏压下的伏安特性

画出测量所用的电路图，设计测量方案。利用测量数据作出 I–U 曲线，并验证在无光照情况下太阳能电池的正向偏压与电流之间的经验公式：$I=I_0(e^{\beta U}-1)$。

2．在不加偏压、入射光强一定的条件下，测量太阳能电池的负载特性

用光功率计测量光源不同距离处的光功率。画出测量所用的线路图，简述测量方法。在一定的光照下，测量太阳能电池接不同负载电阻 R_L 时对应的输出电压 U 和输出电流 I。作出输出电压、输出电流、输出功率 P 与负载电阻 R_L 的关系曲线，得到最佳工作电流 I_m、最佳工作电压 U_m、太阳能电池的最大输出功率 P_{max} 及相应的负载电阻 R_{opt}。作出不同负载下的 I–U 曲线，得到此光强下的开路电压 U_{oc}、短路电流 I_{sc}、填充因子 FF、串联电阻 R_s、并联电阻 R_{sh} 等太阳能电池的重要参数。

当输出端两端开路时，测出开路电压 U_{oc}。当输出端近似短路时，测得短路电流 I_{sc}，并与 I–U 曲线得到的结果进行比较。

3．测量太阳能电池的光照特性

用光功率计测量光源不同距离处的光功率。测量不同光照下的开路电压 U_{oc} 和短路电流 I_{sc}。作出开路电压 U_{oc} 与短路电流 I_{sc} 的关系曲线，求出开路电压 U_{oc} 与短路电流 I_{sc} 的近似函数关系，并与理论关系式进行对比。作出开路电压 U_{oc}、短路电流 I_{sc} 与光功率的关系曲线，并进行线性拟合，确定拟合方程和相关系数。

4．硅光电池在光电导模式下的光照特性

画出测量线路图，简述测量方法。在一定的反向偏压下，测量硅光电池的电流与光功率的关系曲线。

四、预习思考题

1．半导体 PN 结是什么概念？有什么特点？太阳能电池在结构原理上与此有何关联？

2．太阳能电池的理论模型由理想电流源、一个理想二极管、一个并联电阻 R_{sh} 和一个串联电阻 R_s 组成，画出光照下太阳能电池的等效电路。若有光电流（I_{ph}）和流过二极管的电流（I_d），依据基尔霍夫回路定律推导出此电路的 I–U 关系。

3．当 R_{sh} 和 R_s 可忽略时，推导 I–U 关系，并证明 $I_{sc}=I_0(e^{\beta U_{oc}}-1)$，其中 I_{sc} 为短路电流，U_{oc} 为开路电压，I_0、β 为常数。

4．太阳能电池的主要结构是一个二极管，无光照下，它的正向电压和电流之间满足经验公式：$I=I_0(e^{\beta U}-1)$，如何用实验验证？并画出实验线路图。

5．太阳能电池工作时为什么要处于零偏或反偏？

6．当单个太阳能电池外加负载时，其两端的光伏电压为何不会超过0.7V？

7．测量太阳能电池的光照特性时，需要改变并确定入射光束的光强，如何实现？试写出至少两种改变入射光强的方法。

8．光电池和光电倍增管作为光电检测器在光学仪器中有着广泛的应用。二者作为检测器各有什么优劣？

9．填充因子FF是代表太阳能电池性质优劣的一个重要参数，它与哪些物理量有关？

10．透过滤色片的光是否为单色光？如果光源的光谱分布不同，由同一块滤色片透过的光是否相同？滤色片的透射曲线如何测量？

五、实验报告的要求

1．写明本实验的目的和意义。

2．阐明本实验的基本原理。

3．记录实验所用的装置和仪器。

4．记录实验的全过程，包括实验步骤、各种实验现象和数据处理等。

5．对实验结果进行分析、讨论和总结。

6．谈谈本实验的收获和体会，也可提出自己的设想。

六、拓展

1. 太阳能电池作为光电探测器，在一定的光强范围内，探测器的输出响应与光强成正比，这一范围称为探测器的线性响应范围。设计实验测量太阳能电池的线性响应范围。

2．自搭太阳能电池作为光电探测器的电路，利用短路电流特性验证马吕斯定律。所需器材：电阻箱、光源、两个偏振片、万用表。

3．利用一定光照下太阳能电池的开路电压或短路电流与光强的关系，测量盐溶液的透射率。

4．借助滤光片，探索不同波长的光对太阳能电池功率的影响及短路电流I_{sc}与入射光波长的关系，研究太阳能电池的光谱响应特性。

5．自制加热装置，测量太阳能电池的温度特性（50℃以下）。

七、参考文献

[1] 胡平亚. 大学物理实验教程——综合性设计性研究性物理实验[M]. 长沙：湖南师范大学出版社，2008.

[2] 陈东生，王莹，刘永生. 综合设计性物理实验教程[M]. 北京：冶金工业出版社，2020.

[3] 李平舟，武颖丽，吴兴林，等. 综合设计性物理实验[M]. 西安：西安电子科技大学出版社，2012.

[4] 汪静，迟建卫. 创新性物理实验设计与应用[M]. 北京：科学出版社，2015.

[5] 沈元华. 设计性研究性物理实验教程[M]. 上海：复旦大学出版社，2004.

实验22-2　离网型太阳能光伏电源系统

一、实验目的和要求

1．了解并掌握太阳能发电系统的组成及工程应用。

2．掌握失配及遮挡对太阳能电池输出的影响规律。

3．掌握不同充电方式下太阳能电池对储能装置的充电效率。

4．了解太阳能直接接负载、加 DC–DC 或加 DC–AC 间接接负载的条件。

二、主要的实验仪器与材料

主要的实验仪器与材料包括：太阳能电池应用实验仪（ZKY-SAC-I+Y 型）、Origin 软件。

三、实验内容与步骤提示

1．太阳能电池输出伏安特性的测量

画出测量电路图，在一定光照条件下调节负载组件，使输出电压从 1V 开始以 1V 的间隔增大，直至 10V，然后以 0.5V 为间隔得到 4 个输出电压值，记录相应的输出电流，并计算输出功率。作出 *I–U* 关系曲线，并确定此光照条件下该太阳能电池的最大输出功率，以及对应的输出电压和输出电流。

在实际应用中，应使负载功率与太阳能电池匹配，以便输出最大功率，充分发挥太阳能电池的功效。

2．失配及遮挡对太阳能电池输出的影响

对于太阳能电池的连接，本实验所用的电池未加旁路二极管。画出测量电路图，测量无遮挡时的短路电流；测量纵向遮挡（遮挡串联电池片中的若干片）分别为 10%、20%和 50%时的短路电流；测量横向遮挡（遮挡所有电池片的部分面积，等效于遮挡并联支路）分别为 25%、50%和 75%时的短路电流。分析遮挡对输出的影响，工程中如何减小这些影响？

3．不同充电方式下充电特性及超级电容的充电效率

本实验对比太阳能电池直接对超级电容充电和加 DC–DC 再对超级电容充电的过程，说明不同充电方式下充电特性及超级电容的充电效率。首先超级电容串联负载，控制放电电流小于 150mA，使电容电压低于 1V。按图 10-7(a)接线，使太阳能电池直接对超级电容充电，充电至 11V 时停止充电。然后将放过电的超级电容按图 10-7(b)接线，将电压表接至太阳能电池端，调节 DC–DC 使太阳能电池的输出电压为最大功率电压，最后将电压表移至超级电容端，进行超级电容充电实验，充电至 11V 时停止充电。

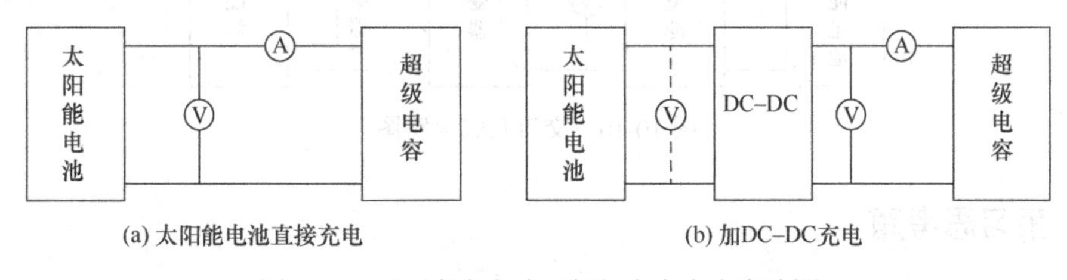

图 10-7　不同充电方式下超级电容充电电路图

测量时，使时间从 0 开始以 0.5min 的间隔增大至 9min，记录相应的充电电压、充电电流和充电功率。作出两种充电情况下超级电容的 *U–t* 曲线、*I–t* 曲线和 *P–t* 曲线，了解两种方式的充电特性，并加以讨论。

4．太阳能电池带负载的研究

本实验模拟负载功率大于太阳能电池的最大输出功率的情况，观察并联超级电容前、后太阳能电池的输出功率和负载实际获得功率的变化，讨论控制器的控制过程。

按图 10-8 连接电路，测量并联超级电容前、后的太阳能电池输出电压、输出电流，并计算输出功率。充完电的超级电容的端电压约为 11V，由于超级电容的容量较小，可观察到负载端电压从 11V 一直下降，在实际应用系统中，只要储能器的容量足够大，下降速率就会非常低，当超级电容电压降至接近太阳能电池最佳工作电压时，开始记录并联超级电容后的参数。并联超级电容后太阳能电池输出是否增大呢？计算太阳能电池的输出增大率$(P_2-P_1)/P_1$，试用太阳能电池的输出伏安特性解释输出增大的原因。若负载电阻不变，则负载获得的功率与电压的平方成正比，计算负载功率增大率$(V_{22}-V_{12})/V_{12}$，若该增大率大于太阳能电池输出增大率，则多余的能量由哪部分提供呢？

按图 10-9 连接电路，比较太阳能电池的输出电压与直流负载的工作电压不一致时 DC–DC 对负载获得功率的影响，说明在不加 DC–DC 的情况下负载无法正常工作。测量未加 DC–DC 时负载的电压、电流，并计算负载获得的功率。接入后，调节 DC–DC 的调节旋钮使输出最大（电压表、电流表读数达到最大），测量此时负载的电压、电流，并计算负载获得的功率。比较加 DC-DC 前、后负载获得的功率变化并进行讨论。

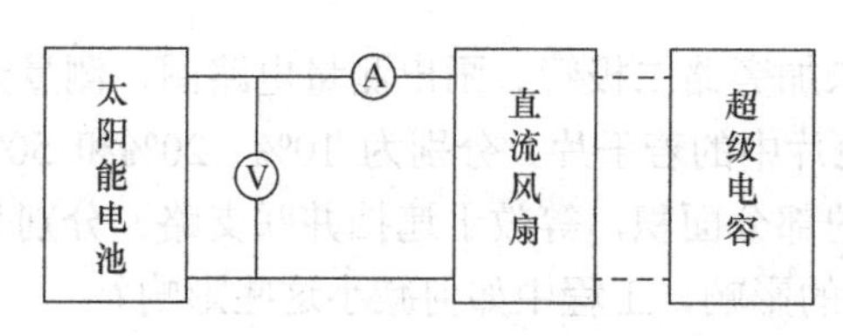

图 10-8 太阳能电池直接连接负载电路图

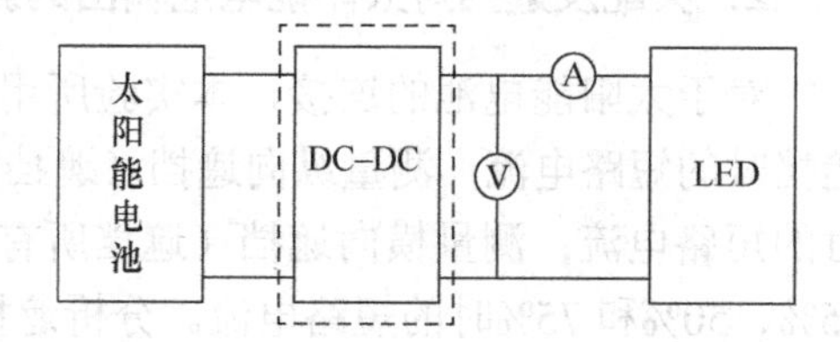

图 10-9 加 DC–DC 匹配电压电路图

当 220V 交流节能灯的功率远大于太阳能电池的输出功率时，由太阳能电池与蓄电池并联后给节能灯供电，交流负载电路图如图 10-10 所示。节能灯点亮，测量 DC–AC 逆变器输入端的直流电压，用示波器测量逆变器输出端的电压及波形。画出逆变器的输出波形，并判断该逆变器的类型。

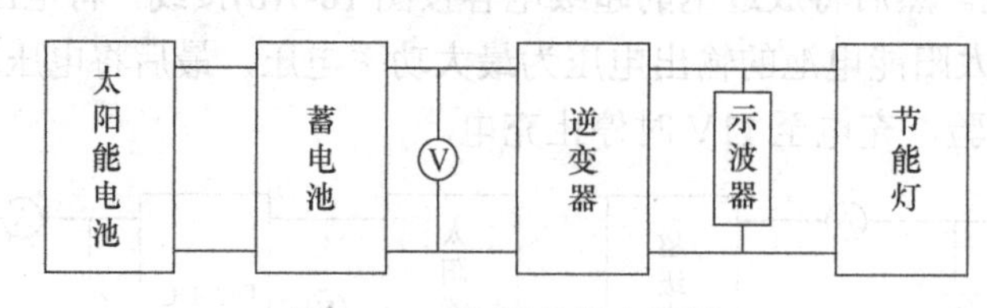

图 10-10 交流负载电路图

四、预习思考题

1．离网型太阳能光伏电源系统包括几部分？每个模块起什么作用？

2．画出 DC–DC 直流电压变换电路，并说明它是如何实现对负载端电压的调节的。

3．太阳能电池串、并联组成的太阳能电池组件分别有什么特性？失配及遮挡分别对它们的输出有什么影响？

4．如何求得太阳能电池的最大输出功率 P_{max}？P_{max} 与它的最佳匹配电阻有什么关系？

5. 写出铅酸蓄电池充、放电时的化学反应式。蓄电池在充、放电的时候要注意哪些事项？

6. 简述 MPPT 控制方法。

五、论文报告的撰写要求

1. 引言。简要概述研究背景，聚焦研究主题，提出研究问题和研究目的。

2. 研究方法。研究方法主要包括材料（材料来源、性质、数量及处理等）和实验方法（实验仪器、实验条件、实验方案和测试方法等）。

3. 实验结果与分析讨论。用 Origin 软件制图或表等手段整理实验结果，并进行结果的分析与讨论。

4. 结论。论文总体的结论，还可以在结论中提出建议及方法、改进意见、研究设想和待解决的问题等。

5. 参考文献。

六、拓展

1. 设计并搭建简易的家庭用离网型太阳能光伏电源系统。

2. 采用输出功率比较法，寻找太阳能电池板在现有条件下的最大功率点。

3. 设计方案，控制太阳能蓄电池的充、放电。

4. 采用柔性太阳能电池，设计车用遮阳太阳能光伏电源系统。

七、参考文献

[1] 熊绍珍，朱美芳. 太阳能电池基础与应用[M]. 北京：科学出版社，2009.

[2] 陈东生，王莹，刘永生. 综合设计性物理实验教程[M]. 北京：冶金工业出版社，2020.

[3] 杨贵恒，强生泽，张颖超，等. 太阳能光伏发电系统及其应用[M]. 北京：化学工业出版社，2011.

[4] 汪静，迟建卫. 创新性物理实验设计与应用[M]. 北京：科学出版社，2015.

[5] 沈元华. 设计性研究性物理实验教程[M]. 上海：复旦大学出版社，2004.

[6] 四川世纪中科光电科技有限公司. ZKY-SAC-I+Y 型太阳能电池应用实验仪实验指导及操作说明书.

实验 23　半导体热电材料的热电性能及温差发电

热电材料作为一种清洁能源材料，利用热电转换效应可以直接实现热能与电能之间的相互转换，也是应对能源危机和环境污染的重要能量转换材料。在能谱学中，热能属于低质量能量，但是其无所不在且来源广泛，例如，汽车尾气、地热、工业废热和太阳能，可以实现废热发电及温差制冷，但是大量的热能最终都没有得到有效的利用。恰恰相反，自第二次工业革命以来，电能一直是用途最广且品质最高的能源形式之一，而以热电材料为核心装配的热电器件不需要任何运动部件就可以实现热能-电能之间的直接转换，从而实现对低品位热能的回收利用，并转换为可供使用的高品位电能。同时，热电器件具有体积小、重量轻、无噪声、无损耗、无运动部件、无液态或气态介质及服役周期长等优点，而且易于与其他绿色能源技术（如太阳能光伏发电）组合使用，在过去的数十年中在环境及能源领域受到了诸多关注。

鉴于热电材料在功率发电领域的种种优势，其被广泛地应用于航空航天、军事装备及医疗器械等领域。然而，热电材料的能量转换效率低，且远低于传统热机，目前不足以承担将大量的工业废热转化为电能的任务，这也使热电材料在商业应用领域受到了限制。在热电制冷方面，由热电材料制备的微型元件可以用于制备微型电源、计算机、红外探测器、光通信激光二极管及其他电子和光电子器件的调温系统等，进一步拓宽了热电材料的应用领域。目前，大制冷系统的温差电模型尚未研发成功，更无法量产。实现批量生产大型温差电制冷系统以满足社会各领域的需求在未来的热电研究中有着不可估量的作用。

一、实验目的和要求

1．了解热电转换的 Seebeck 效应、Peltier 效应、Thomson 效应及其之间的关系。

2．了解热电效应的应用及典型的发电、制冷原理。

3．了解热电材料的无量纲热电优值 zT 及性能优化策略。

4．掌握热电材料的输出电压、输出电功率和热电转换效率等性能参数的测量方法。

二、基础理论及启示

热电材料利用热电转换效应直接实现热能与电能之间的相互转换。热电转换效应是指材料中的载流子在温度梯度的作用下发生定向移动（由高温端向低温端移动）所产生的电荷堆积，以及由电流激发所引起的可逆热效应。自从 20 世纪 20 年代发现热电转换效应以来，主要经历了 3 个重要的阶段：发现阶段，19 世纪 20～50 年代，Seebeck 效应、Peltier 效应及 Thomson 效应相继被发现；复苏阶段，早期 Seebeck 系数极小的金属基热电严重限制了材料的热电优值，阻碍了热电学科的发展，直到 20 世纪 20～70 年代，随着固体物理及半导体理论的出现、飞速的发展和突破，才再次唤起了热电学科的研究热潮；创新阶段，由于热电材料始终无法突破热电优值，大大限制了热电材料的广泛应用，直到 20 世纪 90 年代，能源危机及环境污染等问题接踵而至，同时具备无机械部件、工作周期长及无污染物排放等优点的热电材料再次进入人们的视野并深受重视。

随着低维化、纳米化、声子玻璃-电子晶体等概念的提出，以及热电理论的不断完善和对热电机制研究的不断深入，优化材料热电性能的方法相继被证实。此后，除传统 Bi_2Te_3、PbTe 及 SiGe 合金的热电性能得以提升外，SnSe、Cu_2Se、half-heusler 合金等多种高性能新型热电材料也相继被发现。因此，热电器件也逐渐出现在人们的日常生活中，比如热电温控座椅被安装在汽车上作为座椅加热器或座椅冷却器，以及热电制冷冰箱等，甚至由 Seiko 和 Citizen 推出的热电手表和生物热电起搏器也可以利用身体内微弱的温差或者身体和环境之间的温差来为其提供能量。目前，热电研究仍然在新能源材料领域中有着举足轻重的作用，发展趋势方兴未艾。

1．热电转换效应原理

1821 年，德国物理学家塞贝克（T J Seebeck）第一次发现了热电效应。Seebeck 效应的原理如图 10-11(a)所示。在两种不同导体材料 A 和 B 串联构成的回路中，若接点 1 和接点 2 分别维持在不同的温度 T_h 和 T_c（$T_h>T_c$），则在导体材料 B 的开路位置 y 和 z 之间，可测得微弱的温差电动势 V_{yz}，可写为

$$V_{yz} = \alpha_{AB}(T_h - T_c) \tag{10-3}$$

式中，α_{AB}为A和B两种导体材料的相对Seebeck系数。显然，只要两个接点的冷端和热端的温度差相对较小，这个关系式就是线性的，即α_{AB}是一个常数。其被定义为

$$\alpha_{AB} = V_{yz} / \Delta T \ (\Delta T \to 0) \tag{10-4}$$

从式（10-4）可以看出，Seebeck系数的大小由材料的自身特性决定，与温度梯度的大小无关。此外，在温度梯度方向及A和B导体材料自身特性的作用下，式（10-3）中的电势差有正负之分。

通过Seebeck效应进行温差发电的工作原理可以由图10-11(b)解释。分别选取P型和N型半导体，通过电极或高电导的导流片将其串联成闭合回路。在组装好的P-N热电臂的上、下两端建立温度梯度，根据Seebeck效应，处在热端的载流子向冷端扩散并在冷端形成电荷堆积，导致冷端载流子多于热端，冷端堆积的电荷将通过导线引向负载，进而在负载两端施加电压，从而实现温差发电。

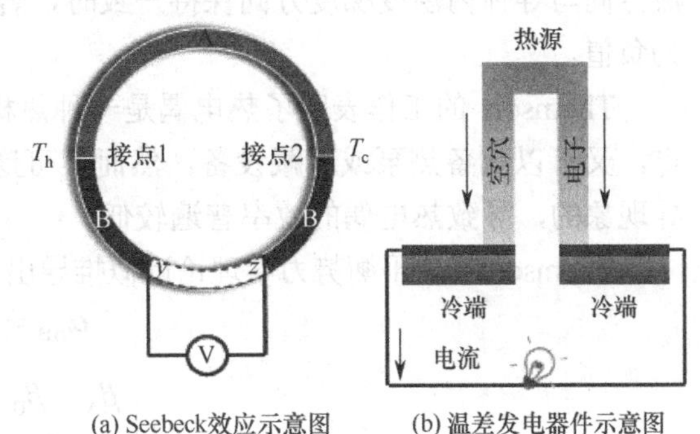

(a) Seebeck效应示意图　(b) 温差发电器件示意图

图10-11　基于Seebeck效应的温差发电

1834年，法国J Peltier发现了第二热电效应，即Peltier效应。其基本原理可以由图10-12(a)来解释。在导体材料B的开路位置y和z之间施加电动势，由导体材料A和导体材料B串联构成的回路中便有电流通过。根据电流的流向，导体材料A与导体材料B的连接处会产生吸热或放热现象（Peltier热）。假设在两个导体串联构成的回路中通过的电流为I，由Peltier效应产生的吸热或放热速率可表示为

$$q = \pi_{AB} I \tag{10-5}$$

式中，π_{AB}为Peltier系数（单位为W/A或V）。显然，两导体接头处的吸热或放热速率与电流成正比。另外，Peltier系数可理解为单位时间内通入的电流在接头处所引起的吸热量或者放热量。Peltier系数也有正负之分。通常规定，若电流在接点1处从导体材料A流入导体材料B，接点1从外界吸收热量，同时接点2向外界放热，则此时Peltier系数为正，反之则为负。

Peltier效应可以应用于温差制冷，其工作原理如图10-12(b)所示。当在由P型和N型半导体串联的回路中通入直流电流时，由于载流子移动带走部分热量，实现了热量"转移"，因此在P-N热电臂的上、下两端分别引发吸热和放热反应，进而实现制冷和加热。吸热端和放热端取决于电流方向。

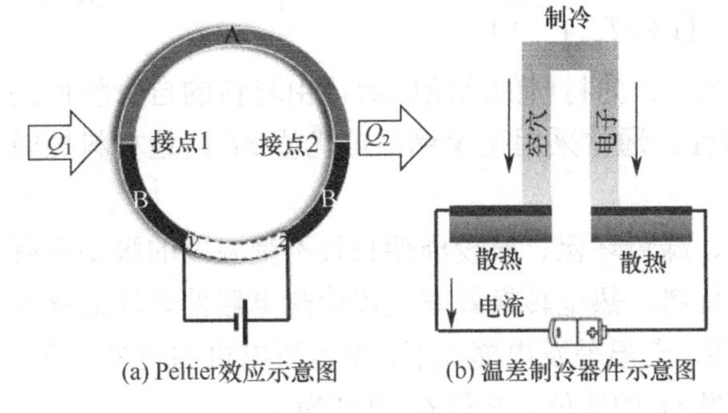

(a) Peltier效应示意图　(b) 温差制冷器件示意图

图10-12　基于Peltier效应的温差制冷

19世纪50年代，随着热力学理论的发展逐渐成熟，汤姆逊（W Thomson）在热力学理论的基础上对这两种效应进行分析，建立了二者之间的潜在关系。同时，预测并证实了第三种热电效应的存在，即Thomson效应。Thomson效应则发生在单一的均匀导体中。当电流通过具有温度梯度的均匀导体时，原有的温度梯度被打破，该过程不但会产生不可逆的焦耳热，而且

会吸收或者释放一定的热量（Thomson 热）以保持原有的温度梯度不变。当流过具有温度梯度的均匀导体材料的电流为I、导体两端的温差为ΔT时，由 Thomson 效应所引起的吸热或者放热速率可以表示为

$$q = \beta I \Delta T \tag{10-6}$$

式中，β定义为 Thomson 系数（单位为 V/K）。Thomson 系数也有正负之分。通常规定，当电流方向与导体内温度梯度方向保持一致时，若导体吸热，则 Thomson 系数β为正值，反之则为负值。

Thomson 的工作表明了热电偶是一种热机。理论上，这既可以用于制作设备实现废热发电，又可以制备热泵或冷藏设备。然而，可逆的热电效应总是伴随着不可逆的焦耳热和热传导现象的，导致热电偶的效率普遍较低。

Thomson 基于平衡势力学理论近似推导出上述 3 种热电效应之间的关系，即开尔文关系

$$\alpha_{AB} = \pi_{AB} / T \tag{10-7}$$

$$\beta_A - \beta_B = T\frac{d\alpha_{AB}}{dT} \tag{10-8}$$

可知，Seebeck 系数、Peltier 系数及 Thomson 系数是紧密相关的。根据开尔文关系便可以通过实验测量得出 Seebeck 系数，进而推算出难以通过实验测量的 Peltier 系数。

2．热电效应的应用及热电器件

热电效应的应用主要体现在两个方面，即利用 Seebeck 效应实现温差发电以及利用 Peltier 效应实现固态制冷。通常，人们采用将多个热电臂串联或者并联组装成热电模块，以提高热电制冷效率或者温差发电效率。

在热电制冷领域，温差电制冷器相比于传统制冷系统具有体积小、无噪声、无须制冷剂，不受空间参数的影响、可实现精准控温及可制冷可加热等优点。热电制冷效率是评价温差电制冷器的一个重要指标。在热电制冷模式下，热电制冷器的制冷效率Φ为器件冷端制冷量Q_c与输入功率P的比值。Q_c和P分别为

$$Q_c = \pi_{NP} l - \frac{1}{2} I^2 R - k\left(T_h - T_c\right) \tag{10-9}$$

$$P = I^2 R + \alpha_{NP}\left(T_h - T_c\right) I \tag{10-10}$$

通过推导出相应于转换效率Φ取极值时的最佳电流值，可以得出热电制冷器的最大制冷效率为

$$\Phi_{max} = \frac{T_c}{\tau_h - T_c} \cdot \frac{\left(1 + zT_{ave}\right)^{1/2} - T_h / T_c}{\left(1 + zT_{ave}\right)^{1/2} + 1} \tag{10-11}$$

式中，T_{ave}为热电器件冷端、热端的平均温度；z为材料的品质因数，由材料的自身特性决定。为了更好地表达品质因数对温度的依赖性，通常采用无量纲热电优值zT衡量材料性能的优劣。

在热电发电领域，热电材料具备无排放、绿色环保、服役周期长且不受温度的限制等有利条件，在对低品位热源回收方面有着独特优势。热电转换效率是评价热电器件好坏的重要指标，同时也决定了其在温差发电领域的应用。在温差发电模式下，温差发电机的转换效率η为负载电阻的输出功率P与单位时间内吸热量Q_h的比值。P和Q_h分别为

$$P = I^2 R_L \tag{10-12}$$

$$Q_h = \alpha_{NP} T_h I - \frac{1}{2} I^2 R + k\left(T_h - T_c\right) \tag{10-13}$$

将发电效率公式进行简化可以求得其最大发电效率为

$$\eta_{\max} = \frac{T_h - T_c}{T_h} \cdot \frac{\left(1 + zT_{ave}\right)^{1/2} - 1}{\left(1 + zT_{ave}\right)^{1/2} + T_c / T_h} \tag{10-14}$$

式中，$(T_h-T_c)/T_h$为卡诺热机的循环效率。显然，与制冷效率一样，无量纲品质因数z值的大小直接决定了温差发电器发电效率的高低，而且其发电效率不会高于理想卡诺热机的循环效率。

对于适用于中、高温区领域发电的材料，当zT值为1时，其最大转换效率接近15%，通常认为其已经达到实用价值的标准；当zT值达到2时，其最大转换效率可达20%左右，可以适用于生活废热回收发电，如汽车尾气发电等；当zT值达到3时，热电发电效率才可以比肩传统压缩机效率，为20%～30%。因此，要想实现大功率发电从而实现商业化应用，当前材料的值需要达到3左右。

3. 热电材料的性能参数

热电材料的无量纲热电优值zT通常用来衡量给定材料的性能优劣，进而决定了热电器件的制冷效率与发电效率的高低，其可以表示为

$$zT = \frac{\alpha^2 \sigma}{\kappa} T \tag{10-15}$$

式中，α为材料的Seebeck系数（单位为μV/K），σ为材料的电导率，κ为材料的热导率。$\alpha^2\sigma$称为材料的功率因子，表示材料的电输运能力。从以上两部分的公式中可以发现，热电器件的制冷效率及发电效率均随zT值的增大而升高。因此，为了保证热电转换效率的最佳化，zT值越大越好。式（10-15）则表明了一种高zT值的热电材料应具备高Seebeck系数和高电导率，同时具有较低的热导率。

如何提高热电材料的值，进而提高能量转换效率始终是热电领域的研究重点。同样地，因为zT值也反映了热电材料的载流子与声子之间的输运特性及相互作用关系，所以获得高zT值的直接方法就是对材料的电输运性能及热输运性能进行优化和改良。对这两种输运性能的调控涉及3个重要的特征参数：Seebeck系数、电导率及热导率。在给定的单个材料中，其Seebeck系数、电导率及热导率之间具有较强的关联性，很难将其解耦并单独优化。因此，电热输运协同成为热电材料的一个重要特征，且对热电材料的性能起决定性的作用。深入理解热电材料的电（载流子）输运理论及其性能参数、热（声子）输运机制及性能参数，可以引导热电材料的研究向更高性能的方向发展。同时，其也是提升热电器件转换效率的重要手段。

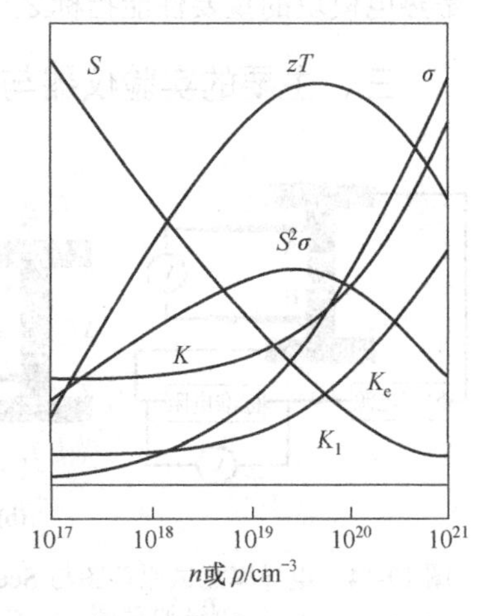

图10-13　热电性能参数随载流子浓度的变化关系

在热电材料中，载流子浓度（n）的变化直接决定了材料电输运性能的优劣，同时决定着电子热导率对总热导率贡献的大小，对材料热电性能的优化起关键性的作用。如图10-13所示，在一定的载流子浓度范围内，材料电导率随着载流子浓度

的升高而增大，而 Seebeck 系数则与电导率相反。电导率和 Seebeck 系数随着载流子浓度的变化此起彼落，导致无法同时对其进行优化。单独优化其中一个参数而忽略另外的参数也终将导致出现顾此失彼的结果，无法使材料的性能得以提升。上述已经提及，可以引入功率因子（$\alpha^2\sigma$）的概念进一步衡量材料的电输运性能。可以看出，通过对载流子浓度的调节可以使功率因子达到一个最优值，从而达到优化电性能的目的。通常，不同材料之间的最优载流子浓度有所不同，对于热电材料而言，其最优值为 10^{19}～$10^{20}cm^{-3}$。然而，大多数热电材料的本征载流子浓度并不在最优浓度区间，往往需要通过掺杂等方法对其进行进一步的优化。例如，对于 P 型热电半导体而言，可以通过施主掺杂降低材料的载流子浓度，或者通过受主掺杂提高材料的载流子浓度；对于 N 型热电半导体而言，则相反。此外，通过元素掺杂调控内禀点缺陷同样是优化载流子浓度的有效方法，且在 Bi_2Te_3 基热电材料中得以证实。

4．温差发电器的发电特性

温差发电器是发电装置，衡量其工作性能的指标是输出电压、输出电功率、热电转换效率、器件寿命、质量、体积、成本和可靠性等。其中，最主要的是材料的热电转换效率和温差发电模块的发电性能指标。

由于温差发电模块中的热电单元自身存在内阻，因此 Seebeck 效应吸收热能转换出的温差电动势将共同施加在内阻 R_i 和外部负载电阻 R_L 上，此时温差发电器的实际输出电压 U_o 为

$$U_o = \alpha \Delta T \frac{R_L}{R_i + R_L} \tag{10-16}$$

温差发电器的实际输出功率 P_o 为

$$P_o = U_o I_o = \frac{(\alpha \Delta T)^2 R_L}{\left(R_i + R_L\right)^2} \tag{10-17}$$

根据电路原理可知，当 R_i=R_L 时，此时电路的输出功率是最大的。

热电转换效率指的是温差发电器件把热能吸收转换为电能的能力，温差发电模块的其余部分与周围环境并不是绝缘绝热的，而且器件本身也会消耗一部分热量，即热阻（由器件自身内阻通电产生的焦耳效应带来的热量及热传递过程中产生的热损失），因此热电转换效率也是热电模块的重要性能指标之一。

三、主要的实验仪器与材料

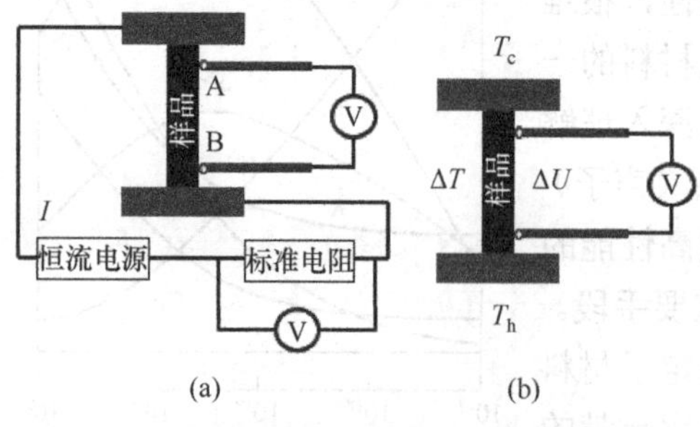

图 10-14 电导率测试原理图与 Seebeck 系数测试原理图

主要的实验仪器与材料包括：激光导热系数测量仪 LFA457，热电材料测试系统 CTA-3S，温差发电器测量装置 PEM-2，Sb_2Te_3 热电材料。

电导率测试原理图如图 10-14(a)所示。将样品垂直固定于两个电极之间，恒定电流 I 通过待测样品，测量样品侧面两探针之间的电压 U。同时，结合测量的标准电阻两端的电压，可以得出待测电阻。再结合样品的横截面积 S 及两探针之间的距离 L，便可测量待测量样品的电阻率，而电阻率的倒数为样品的电导率。在测试过程中，采用正、反向电流

交替的方法以消除材料的温差电势对电压测试的影响。

Seebeck 系数测试原理图如图 10-14(b)所示。恒流电源断路，通过底部电极对待测样品进行加热，从而在样品的两端（两探针之间）建立温度差 $\Delta T=T_h-T_c$。同时，测量温差电动势 ΔU。Seebeck 系数的测量需连续测试三个数据点，通过改变温度差以获得温差电动势与温度差的关系曲线，斜率为 Seebeck 系数，再扣除导线的系数，即获得待测样品的 Seebeck 系数。

激光闪光法测样品的热扩散系数。激光光源在样品的下表面朝向样品发射脉冲激光，激光照射到样品后，导致样品的下表面温度升高，同时在样品内部发生扩散，向上表面进行传导。在样品的上部有一个红外温度探测器，用于监测样品上表面的温度变化。记录待测样品上表面的温度上升至最高温度一半时所需的时间为 $t_{0.5}$，通过下式计算样品的热扩散系数，可得

$$\lambda = 0.1388 \times \frac{d^2}{t_{0.5}} \tag{10-18}$$

式中，d 为样品的厚度。

材料的热导率的表达式为

$$\kappa = \lambda \rho C_p \tag{10-19}$$

温差发电器测量装置 PEM-2 及其原理图如图 10-15 所示，温差发电器在两端存在温度差，在此温差下改变负载电阻，测量出因为负载不同所对应的输出电压 U_{out} 和电阻 R_S 上的电压 U_S，由此可计算输出电流为 $I_{out}=U_S/R_S$，根据已知热导率的热流计测出低温端放出的热量

$$Q_{out} = \kappa \times \frac{T_1 - T_2}{H}(L \times W) \tag{10-20}$$

式中，$L\times W$ 为热流计的截面面积，κ 为热流计的电导率，H 为热流计 T_1 和 T_2 温度测量点间的垂直距离。

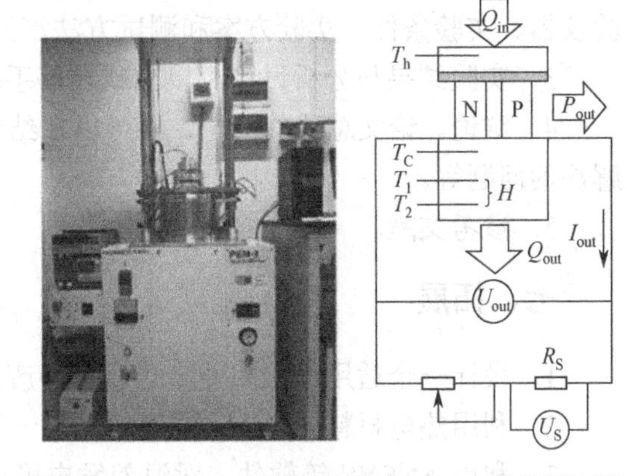

图 10-15　温差发电器测量装置 PEM-2 及其原理图

根据定义得到温差发电器的转换效率为

$$\eta = \frac{P_{out}}{Q_{in}} \times 100\% = \frac{P_{out}}{P_{out} + Q_{out}} \times 100\% \tag{10-21}$$

式中，P_{out} 为器件输出到负载上的功率，Q_{in} 为高温端的吸热量，Q_{out} 为器件流出的热量。

四、实验内容与步骤提示

1．测量热电材料的热电性能

利用热电材料测试系统 CTA-3S 测量电导率和 Seebeck 系数。利用激光导热系数测量仪 LFA457 测量热导率。作出 α–T、σ–T 和 κ–T 关系曲线，并计算功率因子 $\alpha^2\sigma$。

2．测量温差发电模块的发电特性

制备含 24 对热电元件的温差发电模块，在冷端温度恒为 27℃的条件下，通过温差发电器测量装置 PEM-2 测量开路电压、输出电压、热电转换效率、模块内阻分别与温差的对应数据，

作出关系曲线，并对结果进行总结分析。

五、预习思考题

1．解释 Seebeck 效应、Peltier 效应和 Thomson 效应。它们的表征参数分别是什么？表征参数之间存在什么关系？

2．衡量热电材料性能优劣的无量纲热电优值是什么？此优值主要涉及热电材料的哪几个性能参数？

3．基于无量纲热电优值和电输运机制、热输运机制，给出热电材料性能优化的策略。

4．分别画出热电材料发电和制冷的基本结构单元。一般的热电模块由什么组成？

5．温差发电器主要有哪些参数？设计温差发电器，并给出测量参数的方法。

6．热电材料的电导率具有什么特点？用什么方法测量合适？

7．设计方案，测量热电材料的 Seebeck 系数和电导率。

六、论文报告的撰写要求

1．引言。简要概述研究背景，聚焦研究主题，提出研究问题和研究目的。

2．研究方法。研究方法主要包括材料（材料来源、性质、数量及处理等）和实验方法（实验仪器、实验条件、实验方案和测试方法等）。

3．实验结果与分析讨论。以图或表等手段整理实验结果，并进行分析与讨论。

4．结论。论文总体的结论，还可以在结论中提出建议及方法、改进意见、研究设想和待解决的问题等。

5．参考文献。

七、拓展

1．设计一个适用于太阳能集热及各种废热回收利用的小型温差发电系统。

2．利用热电材料的 Peltier 效应，设计一个小型的热电制冷应用装置。

3．利用 ANSYS 等软件，对温差发电模块进行热电耦合仿真研究。

八、参考文献

[1] 吕途. SnTe 和 Bi_2Te_3 基热电材料的性能优化研究[D]. 北京：北京科技大学，2021.

[2] 孙鑫. 探究典型焊料对 PbTe 基半导体温差发电器的影响[D]. 哈尔滨：哈尔滨工业大学，2019.

[3] 吴平. 半导体热电材料的热电性能与制冷应用研究[D]. 武汉：华中科技大学，2019.

[4] 王长宏，林涛，蒋翔，等. 半导体温差发电系统热−电性能的实验研究[J]. 功能材料，2016，47（12）：12147-12151.

[5] 薛永琼，宋向波，殷邵林，等. 半导体温差发电性能的实验研究[J]. 云南师范大学学报，2016，36（1）：21-24.

[6] 吕霄，陈家伟，刘聪，等. 半导体温差发电片的研究[J]. 通信电源技术，2019，36（7）：17-18，22.

实验 24　风力发电系统研究

风能作为一种可再生能源，其储量极其丰富。据统计，地球风能的总储量约为 2×10^{18}kW · h/a（其中 a 表示年），利用其中的 1%进行发电，就可满足全球的电力需求。同时风能分布广泛，相对于传统能源的开采和运输，风电场建设的开发及利用更加便捷和清洁。此外，风力发电具有技术成熟度高、能量转换效率高和产业规模大等优点。因此，风能是近期最具大规模开发利用价值的可再生能源，具有很好的经济性和广阔的发展前景。全球风机总装机容量从 2010 年的 180GW 增长到 2019 年的 622GW，年复合增长率达 15%。随着技术的突破和成本的降低，2020—2050 年风力发电将迅猛发展，到 2050 年将实现 2400GW 的总装机容量，当年发电量达到 5.35 万亿 kW · h，风力发电将占总发电量的 30%。届时，风力发电将成为电力系统的主要电力供应来源之一。

截至 2019 年年底，中国可再生能源发电装机总量为 790GW，约占全球可再生能源发电装机总量的 30%。同时，中国的风电总装机容量达 209GW，自 2008 年以来，一直居世界首位，约占全球累计风电装机量的 33%。2010—2019 年，中国的风机总装机容量年复合增长率达 20%。同时，中国的风电设备制造已形成了完整的产业链，技术水平和制造规模处于世界前列，风电整机制造量占全球总产量的 41%，已成为全球风电设备制造产业链的重要地区。

在我国低碳发展战略和能源转型的背景下，大力发展作为战略新兴产业的风力发电技术，符合国家长期战略目标，可以在保证能源数量的同时，注重能源质量的提升，真正实现清洁低碳、安全高效的发展道路，因此，研究风力发电技术具有重要意义。

一、实验目的和要求

1. 了解风力发电的现状和风力发电系统的基本构成。
2. 了解风力发电离网和并网运行方式，以及常用三种发电机的区别。
3. 测量风速、风机转速与发电机输出电动势之间的关系，掌握提高风机功率系数的方法。
4. 掌握风电机组的功率调节方式。

二、基础理论及启示

风力发电系统是指将风能转换为机械能，再转换为电能的系统。从能量转换的角度看，此系统包含 3 部分：空气动力学装置、机械装置和发电装置。常见的风力发电机组结构图如图 10-16 所示，它主要包括风轮、发电机。风轮中含叶片、轮毂、加固件等，它有叶片受风力旋转发电、发电机机头转动等功能。发电机由支撑发电机组的塔架、蓄电池充电控制器、逆变器、卸荷器、并网控制器等组成。

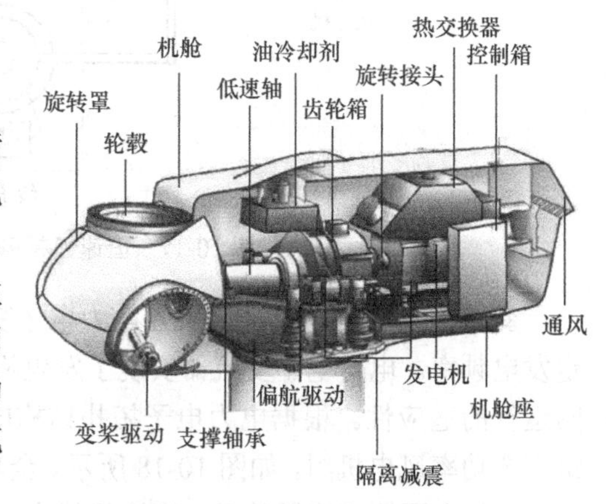

图 10-16　风力发电机组结构图

1. 风力发电系统的基本结构和运行原理

发电机及其控制系统是连接机械和电气部分的关键组件，其运行性能直接决定了机组整体效率和输出电能质量。现有的风电机组根据发电机转速的运行范围，可以分为恒速恒频风电系统和变速恒频风电系统，前者要求发电机保持恒定的电机转速从而得到恒定的发电频率以实现并网，后者则基于电力电子功率变流器以实现在不同的电机转速下的恒定发电频率。

恒速恒频风电系统的基本结构及改进结构如图 10-17 所示，最初恒速恒频风电系统的发电机部分为鼠笼异步电机，发电机通过变压器直接与交流电网连接，其转速取决于齿轮变速比、电机极对数及电网频率，电机为固定转速状态。由于发电机转速固定，风速波动会转换为电机转矩波动，导致发电机处于非理想运行状态。为了拓展发电机转速的运行范围，基于变级异步电机和可变转子电阻的改进拓扑结构得到了一定的应用，其中变级异步电机改变了鼠笼异步电机的极对数，进而满足发电机运行对转速调节的要求；可变转子电阻则通过在转子绕组上引入电力电子装置，对转子绕组的等效阻值进行调整，从而调节发电机运行对转速的要求。对于改进的拓扑结构，发电机组需要加装附加装置，并且变级异步电机只能改变运行同步速，可变转子电阻只能在同步速附近进行小范围的运行速度调整，只能实现“受限变速”。同时，由于异步电机励磁会从电网中吸收无功功率，发电机还需在机端安装无功补偿装置。恒速恒频风电系统虽具有结构简单可靠、制造成本低廉、方便安装维护等优点，但在实际运行中存在电机性能不佳、无法灵活控制、电网友好度差等问题，现在已很少采用。

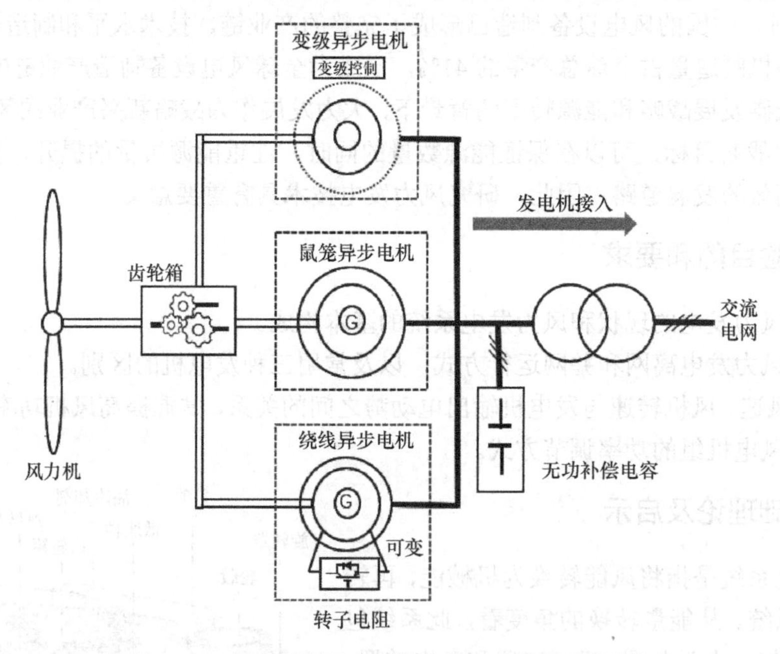

图 10-17 恒速恒频风电系统的基本结构及改进结构

变速恒频风电系统通过引入电力电子变流器，实现了风电机组在不同的电机转速下的恒定发电频率。电力电子变流器实现了发电机与电网的“柔性连接”，显著提升了风力发电机并网运行的适应性。根据电力电子拓扑结构的不同，变速恒频风电系统又可以分为双馈风电机组和全功率风电机组，如图 10-18 所示。全功率风电机组中的发电机通过背靠背变流器与电网连接，其中网侧变流器处于“直流母线电压+功率因数”控制模式，负责维持直流母线电压平衡、实现电机和电网之间能量的柔性流通、调节机组输出的功率因数；机侧变流器控制发电机输出电流，实现发电机功率的柔性控制。由于全功率风电机组完全通过电力电子变流器实现并网，因此可实现全速范围的发电机并网运行，且发电机可以灵活地使用电励磁同步电机、永磁同步电机、鼠笼异步电机等不同机型。双馈风电机组采用绕线式感应发电机，定子绕组直接连接电网，转子绕组通过双馈变流器与电网实现柔性连接，两个端口均可对电网进行能量馈送，因此这种感应电机通常称为双馈感应发电机（Doubly-Fed Induction Generator，DFIG），双馈机组则称为 DFIG 机组。双馈变流器负责提供电机励磁、调节电磁转矩，通过向电网馈送滑差功率实现发电机变速运行，其中转子侧变流器（Rotor Side Converter，RSC）负责电机励磁及发电机有功、无功的柔性控制；网侧变流器（Grid Side Converter，GSC）一方面维持直流母线电压的恒定，从而将滑差功率馈送至电网，另一方面可根据自身运行状态调节网侧功率因数。由于双馈风电机组中的变流器只负责调控滑差功率，而 DFIG 电机转差通常在额定转速的±1/3 范围内运行，因此变流器容量为发电机额定容量的 1/3。相比而言，全功率风电机组可以避免使用滑环，甚至避免使用齿轮箱，电机控制更为简单，具有更强的转速、功率调节能力及电网支撑能力，但全功率风电机组存在高器件要求、高电机成本、高运行损耗等问题。目前，两者均为风电市场的主流机型，其中 DFIG 机组在现有装机和市场占有率上占据主导地位。

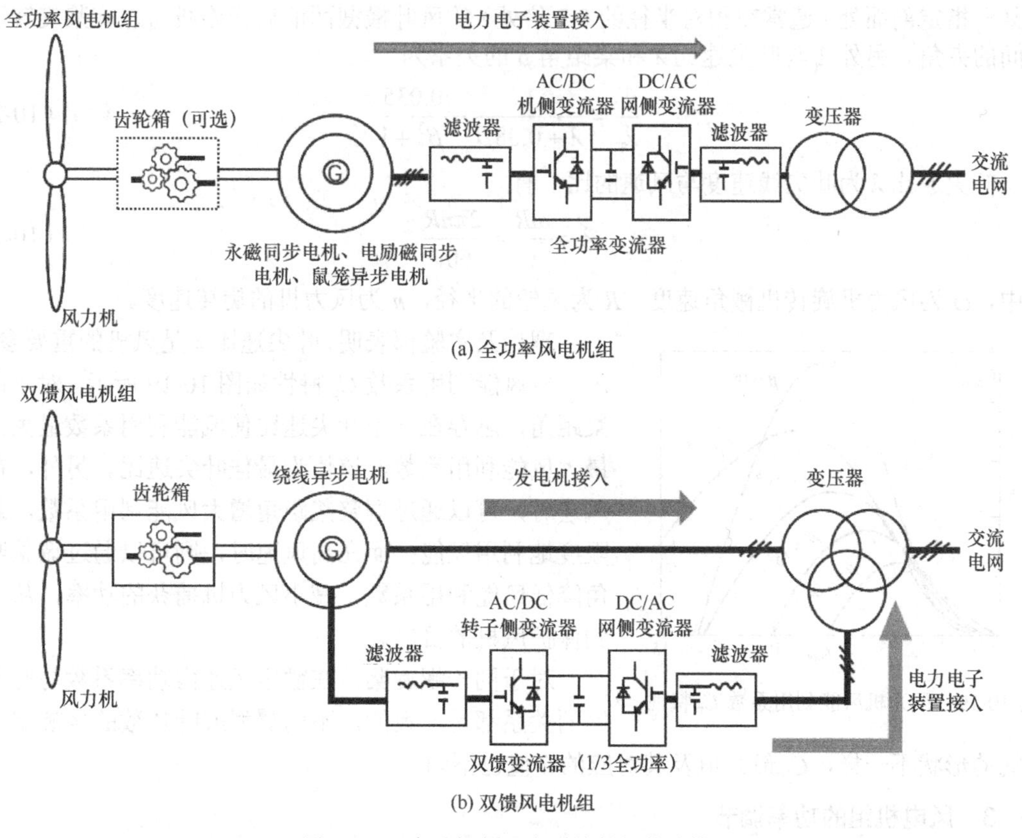

图 10-18　变速恒频风电系统的拓扑结构

2. 风能与风能的利用

若风速为 v，则单位时间内通过垂直于气流方向、面积为 S 的截面的气流动能为

$$E = \frac{1}{2}\Delta m v^2 = \frac{1}{2}\rho S v^3 \tag{10-22}$$

式中，Δm 为单位时间内作用在截面 S 上的空气质量，ρ 为空气密度。可知，空气的动能与风速的立方成正比。由气体状态方程可知，密度与气压 $p(h)$、热力学温度 T 的关系为

$$\rho = 3.53\times10^2\times\frac{1-1.25\times10^{-4}h}{T} \tag{10-23}$$

式中，h 为海拔高度。标准情况下 ρ 为 1.292kg/m^3。

根据贝兹理论，若不考虑风力机的机械损耗，风力机实际输出的机械功率为

$$P_s = \frac{1}{2}C_p\rho S v^3 \tag{10-24}$$

式中，C_p 为实际风能利用系数（功率系数），理论最大值为 0.593。风力机输出的机械功率只和 C_p 有关，C_p 越大，风能转换效率越高，风机输出功率也越大。

C_p 与风力机的叶片形式及工作状态有关。C_p 是叶尖速比 λ 和桨距角 β 的函数，为

$$C_p(\lambda,\beta)_s = C_1\left(\frac{C_2}{\lambda_1}-C_3\beta-C_4\right)e^{-\frac{C_5}{\lambda_1}}+C_6\lambda \tag{10-25}$$

式中，一般取 C_1=0.5176，C_2=116，C_3=0.4，C_4=5，C_5=21，C_6=0.0068。桨距角 β 定义为螺旋桨某一指定剖面处（通常在相对半径的 0.7 倍处）的风叶横截面前后缘连线与螺旋桨旋转平面之间的夹角。另外 λ_1 与叶尖速比 λ 和桨距角 β 的关系为

$$\frac{1}{\lambda_1}=\frac{1}{\lambda+0.08\beta}-\frac{0.035}{\beta^3+1} \tag{10-26}$$

叶尖速比 λ 为叶尖线速度与风速的比，有

$$\lambda=\frac{\omega R}{v}=\frac{2\pi nR}{60v} \tag{10-27}$$

式中，ω 为风力机旋转机械角速度，R 为风轮的半径，n 为风力机的旋转速度。

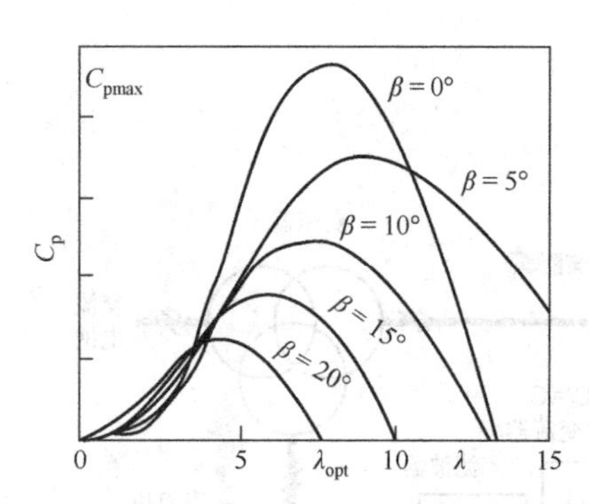

图 10-19　风力机风能利用系数 C_p 特性

理论及实验都表明，叶尖速比 λ 是风机的重要参量。风力机风能利用系数 C_p 特性如图 10-19 所示。对于同一桨距角，总存在一个叶尖速比使风能利用系数最大，即最大风能利用系数，该值为最佳叶尖速比。另外，在低风速时，可以通过调整桨距角增大风能利用系数，最大限度地利用风能；而在高风速时，则可以通过调整桨距角降低风能利用系数，减小风力机捕获的功率，从而达到保护风机的目的。

对于同一螺旋桨，在额定风速内功率系数与叶尖速比的关系都是一致的。不同翼型或叶片数的螺旋桨，C_p 曲线的形状不一样，C_p 最大值及其对应的 λ 值也不同。

3. 风电机组的功率调节

变速变桨风电机组根据其功率曲线，可以将其运行区域分为两个区间，如图 10-20 所示。切入风速是风力发电机组进入发电运行的最低风速。额定风速是风力发电机组达到额定功率的风速。切出风速是在风力发电机组运行时允许的最大风速，高于此风速时机组将自动切出，进入待机模式。

当风速在切入风速与额定风速之间时，一般使 β 保持在最佳值，风力改变时调节发电机

负载（双馈发电机可调节励磁电流），改变发电机的阻力矩，使风机输出转矩 M 改变（风机输出功率 $P_s=\omega M$），控制螺旋桨旋转，使风机工作在最佳叶尖速比状态，最大限度地利用风能。

当风速在额定风速与切出风速之间时，使输出功率保持在额定功率，使电器部分不因输出过载而损坏，商业风电机组采用定桨距被动时速调节、主动失速调节或变桨距调节 3 种方式之一达到目的。目前，变桨距调节是采用的最主要的功率调节方式。

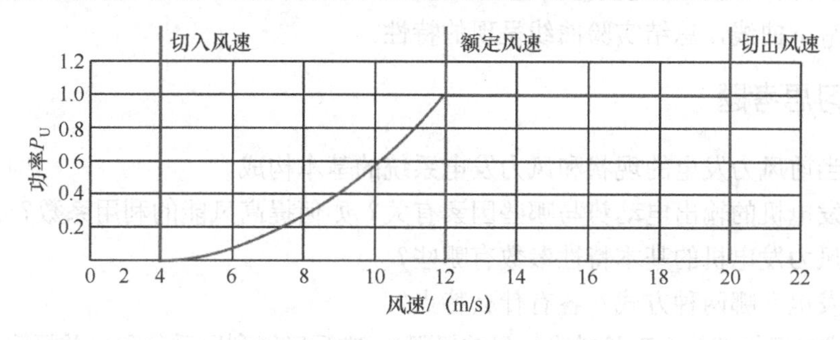

图 10-20　风力发电机组运行区域

三、主要的实验仪器与材料

主要的实验仪器与材料包括：ZKY-FD 风力发电实验装置、扭曲型可变桨距 3 叶螺旋桨（手动调节，R=0.134m）、风帆型 3 叶螺旋桨（R=0.127m）、平板型 4 叶螺旋桨（R=0.127m）等。

风能由风扇提供，通过改变调压器的输出电压，可以改变风扇转速，从而改变风速。风扇端装有风扇转速传感器，由标定的风扇转速与风速关系给出风速。

四、实验内容与步骤提示

实验装置安装调试完成后，进行以下内容。

1．测量风速、发电机空载转速、发电机感应电动势之间的关系

选用处于最佳桨距角的扭曲型螺旋桨，电子负载置于“断挡”，使风速 v 从 8.0m/s 开始以 0.5m/s 的间隔来调低风速，在每个稳定风速记录相应的发电机空载转速 ω 与发电机感应电动势 ε_r。分别作出 ω–v、ε_r–ω 关系曲线，并分析讨论。

2．测量 3 种不同翼型叶片的叶尖速比 λ 与功率系数 C_p 的关系

风速保持不变（5.0m/s），调节负载大小，负载越大，风机转速越慢。记录不同转速时的输出电压和电流，计算发电机的输出功率、叶尖速比和功率系数。作出 C_p–λ 曲线，总结实验曲线呈现的特性。

3．风电机组的功率调节研究

切入风速到额定风速区间的功率调节采用固定叶尖速比和固定转速两种方式。采用固定叶尖速比方式时，由内容 2 确定最佳叶尖速比，并计算最佳转速，在各风速下调节电子负载使风机转速达到最佳转速，记录电压、电流，从而计算出输出功率 P_U。采用固定转速方式时，一般使转速在额定风速时 C_p 最大，不同风速下调节电子负载的大小，保持转速不变，记录风速变化时风机的输出电压、电流，从而计算出功率 P_U。作出两种调节方式下的 P_U–v 曲线，

并进行比较，得出结论。采用两种方式时，横坐标（风速）数据点要一致。

额定风速到切出风速区间的维持额定功率调节，采用负载不变条件下的变桨距调节使风速变化时转速不变的方法。停机取下螺旋桨，将 3 个扭曲型风叶的桨距角调大 3°（逆时针转动一格）。开机并调节风速，保持负载不变，发现在更大的风力下转速才能达到额定风速时的转速，记录此时的风速、转速及输出电压、电流，并计算功率。逐次调节桨距角，重复以上实验。作出 P_U–v 曲线，总结实验曲线呈现的特性。

五、预习思考题

1. 简述当前风力发电的现状和风力发电系统的基本构成。
2. 风力发电机的输出电动势与哪些因素有关？如何提高风能的利用系数？
3. 表征风力发电机的基本特性参数有哪些？
4. 风力发电有哪两种方式？各有什么特点？
5. 理论推导风机的最大理论效率（贝兹极限），实际风能利用系数和贝兹极限有什么关系？
6. 当风速分别在切入风速与额定风速之间、额定风速与切出风速之间时，风电机组的功率分别有哪几种调节方式？一般在这两个区间，功率调节分别遵循什么原则？

六、论文报告的撰写要求

1. 引言。简要概述研究背景，聚焦研究主题，提出研究问题和研究目的。
2. 研究方法。研究方法主要包括材料（材料来源、性质、数量及处理等）和实验方法（实验仪器、实验条件、实验方案和测试方法等）。
3. 实验结果与分析讨论。以图或表等手段整理实验结果，并进行分析与讨论。
4. 结论。论文总体的结论，还可以在结论中提出建议及方法、改进意见、研究设想和待解决的问题等。
5. 参考文献。

七、拓展

1. 实现风电的存储与切换互补，比如利用风电电解水存储氢能、燃料电池发电、与风能互补。
2. 设计制作一个风光互补电路灯照明系统。
3. 利用 MATLAB/Simulink 建立风力发电机组中风速、风力机、传动系统、发电机、变桨距系统各部分仿真模型，模拟研究风力发电机组。

八、参考文献

[1] 陈东生，王莹，刘永生. 综合设计性物理实验教程[M]. 北京：冶金工业出版社，2020.
[2] 唐亚明，葛松华，杨清雷. 设计性物理实验教程[M]. 北京：化学工业出版社，2015.
[3] 成都世纪中科仪器有限公司. ZKY-FD 风力发电实验指导及操作说明书.
[4] 庞博. 双馈风力发电系统并网运行高频振荡抑制策略研究[D]. 杭州：浙江大学，2021.
[5] 郭旭东. 离网型双馈风力发电系统控制策略研究[D]. 长沙：中南大学，2013.

实验 25　燃料电池特性测量与分析

燃料电池（Fuel Cell）是一种直接将燃料和氧化剂的化学能转换为电能的装置。由于其能量转换过程不受“卡诺循环”的限制，转换效率高（45%～60%，高于火力和核电的 30%～40%），且具有清洁、高效、适用性强、能连续工作等特点，逐渐成为理想的能源利用方式，因此燃料电池技术被认为是继火电、水电和核电之后的第四代发电技术，具有广阔的市场发展前景。

按照采用电解质的不同，燃料电池可以分为 5 大类：碱性燃料电池（Alkaline Fuel Cell，AFC）、磷酸型燃料电池（Phosphoric Acid Fuel Cell，PAFC）、熔融碳酸盐燃料电池（Molten Carbonate Fuel Cell，MCFC）、固体氧化物燃料电池（Solid Oxide Fuel Cell，SOFC），以及质子交换膜燃料电池（Proton Exchange Membrane Fuel Cell，PEMFC）。质子交换膜燃料电池具有室温快速启动、密封性好、低腐蚀性、高比能量和比功率、较简化的系统设计等优点。

本实验以质子交换膜燃料电池为例，了解该类燃料电池的原理和特性。实验包含太阳能电池发电（光能-电能转换）、电解水制取氢气（电能-氢能转换）、燃料电池发电（氢能-电能转换）几个环节，形成了完整的能量转换、存储、使用的链条。实验内容丰富，紧密结合科技发展热点与实际应用，实验过程环保清洁，这不仅有助于培养学生的实验能力和严谨的科学精神，而且有助于培养学生的绿色环保意识。

一、实验目的和要求

1．了解燃料电池的工作原理。

2．观察仪器的能量转换过程：光能→太阳能电池→电能→电解池→氢能→燃料电池→电能。

3．掌握燃料电池的输出特性。

4．了解质子交换膜电解池的特性，认识法拉第定律。

5．了解太阳能电池的工作原理。

二、基础理论及启示

1．质子交换膜燃料电池的工作原理及输出特性

质子交换膜燃料电池在工作时相当于一个直流电源，其阳极为电源负极，阴极为电源正极。其结构示意图如图 10-21 所示，主要由质子交换膜、催化层、阴极、阳极和流场板等组成。质子交换膜作为电解质，是质子交换膜燃料电池的核心组成部分，直接决定着燃料电池的性能，它在质子交换膜燃料电池中作为一种隔膜材料，除能够隔绝燃料（H_2）与氧化剂（O_2）的接触外，还能完成质子的传递。目前，广泛采用的全氟磺酸

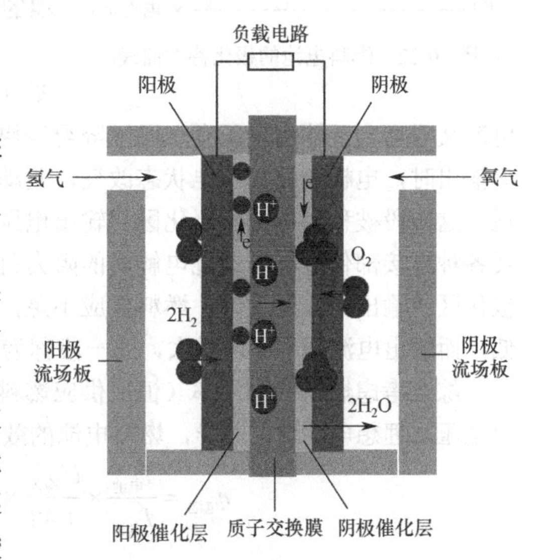

图 10-21　质子交换膜燃料电池的结构示意图

质子交换膜为固体聚合物薄膜，厚度为0.05～0.1mm，它提供氢离子（质子）从阳极到达阴极的通道，而电子或气体不能通过。催化层是将纳米量级的铂粒子用化学或物理的方法附着在质子交换膜的表面，厚度约为0.03mm，对阳极氢的氧化和阴极氧的还原起催化作用。膜两边的阳极和阴极由石墨化的碳纸或碳布做成，厚度为0.2～0.5mm，导电性能良好，其上的微孔提供气体进入催化层的通道，又称扩散层。商品燃料电池为了提供足够的输出电压和功率，需通过流场板将若干单体电池串联或并联在一起，流场板一般由导电良好的石墨或金属做成，与单体电池的阳极和阴极形成良好的电接触，称为双极板，其上有供气体流通的通道。教学用燃料电池为了直观，采用有机玻璃作为流场板。

阳极的氢气通过电极上的扩散层到达质子交换膜。氢分子在阳极催化剂的作用下解离为2个氢离子，即质子，并释放出2个电子，阳极反应为

$$H_2 = 2H^+ + 2e \tag{10-28}$$

氢离子以水合质子 H^+（nH_2O）的形式，在质子交换膜中从一个磺酸基转移到另一个磺酸基，最后到达阴极，实现质子导电，质子的这种转移导致阳极带负电。

在电池的另一端，氧气或空气通过阴极扩散层到达阴极催化层，在阴极催化层的作用下，氧与氢离子和电子发生反应生成水，阴极反应为

$$O_2 + 4H^+ + 4e = 2H_2O \tag{10-29}$$

阴极反应使阴极缺少电子而带正电，结果在阴极、阳极间产生电压，在阴极、阳极间接通外电路，就可以向负载输出电能。总的化学反应为

$$2H_2 + O_2 = 2H_2O \tag{10-30}$$

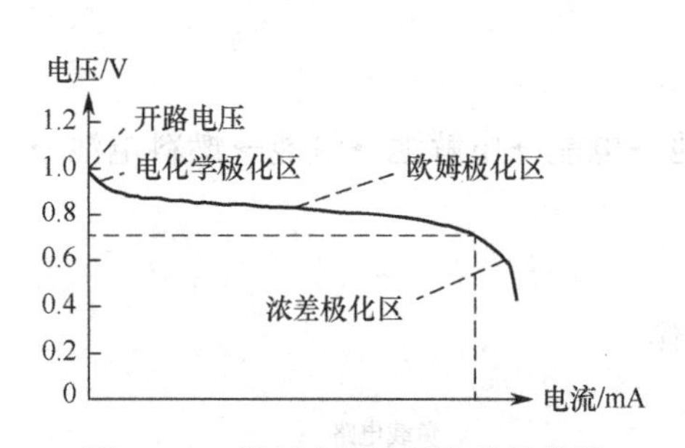

图 10-22 燃料电池的极化特性曲线

阴极与阳极：在电化学中，失去电子的反应叫氧化，得到电子的反应叫还原。产生氧化反应的电极是阳极，产生还原反应的电极是阴极。对于电池而言，阴极是电的正极，阳极是电的负极。

理论分析表明，如果燃料的所有能量都被转换成电能，则理想电动势为1.48V。由于能量损失，燃料电池的开路电压低于理想电动势。

燃料电池的输出电压与输出电流之间的关系如图10-22所示，电化学家将其称为极化特性曲线。随着电流从零增大，输出电压有一段下降得较快，主要是因为电极表面的反应速度有限，当有电流输出时，电极表面的带电状态改变，驱动电子输出阳极或输入阴极时产生的部分电压被损耗，这一段被称为电化学极化区。输出电压的线性下降区的电压降主要是电子通过电极材料及各种连接部件、离子通过电解质的阻力引起的，这种电压降与电流呈比例，所以称为欧姆极化区。输出电流过大时，燃料供应不足，电极表面的反应物浓度下降，使输出电压迅速降低，而输出电流基本不再增大，这一段称为浓差极化区。

综合考虑燃料的利用率（恒流供应燃料时可表示为燃料电池电流与电解电流的比）及输出电压与理想电动势的差异，燃料电池的效率为

$$\eta_{电池} = \frac{I_{电池}}{I_{电解}} \times \frac{U_{输入}}{1.48} \times 100\% = \frac{P_{输出}}{1.48 I_{电解}} \times 100\% \tag{10-31}$$

输出电流时燃料电池的输出功率相当于图 10-23 中的虚线所围的矩形区，在使用燃料电池时，应根据伏安特性曲线选择适当的负载匹配，使效率与输出功率达到最大。

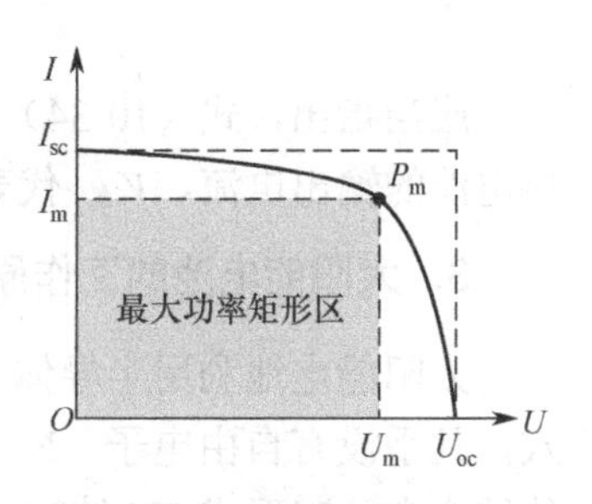

图 10-23　太阳能电池的伏安特性曲线

2．质子交换膜电解池的原理及特性

水电解产生氢气和氧气，与燃料电池中的氢气和氧气反应生成水互为逆过程。水电解装置同样因电解质的不同而各异，碱性溶液和质子交换膜是最好的电解质。若以质子交换膜为电解质，则可将图 10-21 的右边电极接电源正极形成电解的阳极，在其上发生氧化反应 $2H_2O = O_2+4H^++4e$；左边电极接电源负极形成电解的阴极，阳极产生的氢离子通过质子交换膜到达阴极后，发生还原反应 $2H^++2e = H_2$，即在右边电极析出氧气，在左边电极析出氢气。

作燃料电池或作电解器的电极在制造上通常有些差别，燃料电池的电极应利于气体吸纳，而电解器需要尽快排出气体。燃料电池阴极产生的水应随时排出，以免阻塞气体通道，而电解器的阳极必须被水淹没。

理论分析表明，若不考虑电解器的能量损失，在电解器上加 1.48V 电压就可使水分解为氢气和氧气，实际由于各种损失，在输入电压高于 1.6V 后电解器才开始工作。

电解器的效率为

$$\eta_{电解} = \frac{1.48}{U_{输入}} \times 100\% \tag{10-32}$$

虽然输入电压较低时能量利用率较高，但电流小，电解的速率低，故通常使电解器输入电压在 2V 左右。

根据法拉第定律，电解生成物的量与输入电量成正比。在标准状态（温度为 0℃，电解器产生的氢气保持在 1 个大气压）下，设电解电流为 I，经过时间 t 产生的氢气体积（氧气体积为氢气体积的一半）的理论值为

$$V_{氢气} = \frac{It}{2F} \times 22.4\ \text{L} \tag{10-33}$$

$$V_{氧气} = \frac{1}{2}\frac{It}{2F} \times 22.4\ \text{L} \tag{10-34}$$

式中，$F=eN=9.65\times10^4$C/mol，为法拉第常数；$e=1.602\times10^{-19}$C，为电子电量；$N = 6.022\times10^{23}$，为阿伏伽德罗常数；$It/2F$ 为产生的氢分子的摩尔数；22.4L 为标准状态下气体的摩尔体积。

根据理想气体状态方程，可对式（10-33）、式（10-34）做修正

$$V_{氢气} = \frac{273.16+T}{273.16}\frac{P_0}{P}\frac{It}{2F} \times 22.4\ \text{L} \tag{10-35}$$

$$V_{氧气} = \frac{1}{2} \times \frac{273.16+T}{273.16}\frac{P_0}{P}\frac{It}{2F} \times 22.4\ \text{L} \tag{10-36}$$

式中，P_0 为标准大气压。由于海拔对大气压的影响明显，海拔每升高 1000m，大气压约下降 10%（由国家标准 GB 4797.2—2005 查出）。

由于水的分子量为 18，且每克水的体积为 1cm^3，因此电解池消耗的水的体积为

$$V_{氢气}=\frac{It}{2F}\times 18=9.33It\times 10^{-5}\,\text{mL} \tag{10-37}$$

应当指出，式（10-34）～式（10-36）的计算对燃料电池同样适用，只是其中的 I 代表燃料电池的输出电流，$V_{氢气}$代表燃料消耗量，$V_{水}$代表电池中水的生成量。

3. 太阳能电池的工作原理及特性

太阳能电池利用半导体 PN 结受光照射时的光伏效应发电。P 型半导体中有相当数量的空穴，几乎没有自由电子。N 型半导体中有相当数量的自由电子，几乎没有空穴。当两种半导体结合在一起形成 PN 结时，N 区的电子（带负电）向 P 区扩散，P 区的空穴（带正电）向 N 区扩散，在 PN 结附近形成空间电荷区与势垒电场。势垒电场会使载流子向扩散的反方向做漂移运动，最终扩散与漂移达到平衡，使流过 PN 结的净电流为零。在空间电荷区内，P 区的空穴被来自 N 区的电子复合，N 区的电子被来自 P 区的空穴复合，使该区内几乎没有能导电的载流子，又称结区或耗尽区。

当光电池受光照射时，部分电子被激发而产生电子-空穴对，在结区激发的电子和空穴分别被势垒电场推向 N 区和 P 区，使 N 区有过量的电子而带负电，P 区有过量的空穴而带正电，PN 结两端形成电压，这就是光伏效应。若将 PN 结两端接入外电路，则可向负载输出电能。

在一定的光照条件下，输出电压与输出电流之间的关系如图 10-23 所示。U_{oc} 代表开路电压，I_{sc} 代表短路电流，图中虚线所围的面积为太阳能电池的最大输出功率 P_m。与最大功率对应的电压称为最大工作电压 U_m，对应的电流称为最大工作电流 I_m。

表征太阳能电池特性的基本参数还包括光谱响应特性、光电转换效率、填充因子等。填充因子 FF 定义为

$$\text{FF}=\frac{P_m}{U_{oc}I_{sc}}=\frac{U_m I_m}{U_{oc}I_{sc}} \tag{10-38}$$

FF 是评价太阳能电池输出特性好坏的一个重要参数，它的值越大，表明太阳能电池的输出特性越趋近矩形，电池的光电转换效率越高。

三、主要的实验仪器与材料

主要的实验仪器与材料包括：ZKY-RLDC 燃料电池综合实验仪、电阻箱和秒表。

仪器主要由测试仪、可变负载、燃料电池、电解电池、太阳能电池、风扇和气水塔等几部分组成。该燃料电池在工作时，只有质子交换膜含有足够的水分，才能保证质子的传导。但水含量不能过高，否则电极会被水淹没，水阻塞气体通道，燃料不能传导到质子交换膜参与反应。为保持水平衡，电池正常工作时排水口打开，在电解电流不变时，燃料供应量是恒定的。若负载选择不当，则电池输出电流太小，未参与反应的气体从排水口泄漏，燃料利用率及效率都低。在适当选择负载时，燃料利用率约为 90%。

气水塔为电解池提供纯水（二次蒸馏水），可分别存储电解池产生的氢气和氧气，为燃料电池提供燃料气体。每个气水塔都是上、下两层结构，上、下层之间通过插入下层的连通管连接，下层顶部有一输气管连接到燃料电池。开始时，下层近似充满水，电解池工作时，产生的气体会汇聚在下层顶部，通过输气管输出。若关闭输气管开关，则气体产生的压力会使水从下层进入上层，而将气体存储在下层的顶部，通过管壁上的刻度可知存储气体的体积。两个气水塔之间还有一个连通管，加水时打开连通管使两个气水塔水位平衡，实验时切记关

闭该连通管。风扇作为定性观察时的负载，可变负载作为定量测量时的负载。

测试仪可测量电流、电压。若不用太阳能电池作为电解池的电源，则可从测试仪的供电输出端口向电解池供电。实验前需预热15min。

四、实验内容与步骤提示

1. 测量交换膜电解池特性

确认气水塔的水位在水位上限与下限之间。把ZKY-RLDC燃料电池综合实验仪面板上的恒流源调到零电流输出状态，关闭两个气水塔之间连通管的止水夹。打开测试仪预热15min。

将实验仪的恒流源输出端串联电流表后接入电解池，将电压表并联到电解池两端。将气水塔输气管止水夹关闭，调节恒流源输出到最大，让电解池迅速产生气体。当气水塔下层的气体低于最低刻度线时，打开气水塔输气管止水夹，排出气水塔下层的空气。重复2～3次后，气水塔下层的空气基本排尽，剩下的就是纯净的氢气和氧气了。调节恒流源的输出电流（电解电流）为100mA，待电解池输出气体稳定（约1min）后，关闭气水塔输气管，记录输入电流、电压及t秒气体体积。调节恒流源的输出电流分别为200mA和300mA，重复以上测量。由式（10-34）计算氢气产生量的理论值，并与氢气产生量的测量值比较，验证法拉第定律。

2. 测量燃料电池的输出特性

电解池输入电流（电解电流）保持在300mA，关闭风扇。将电压测量端口接到燃料电池输出端。打开燃料电池与气水塔之间的氢气、氧气连接开关，等待约10min，让电池中的燃料浓度达到平衡值，待电压稳定后记录开路电压值。

将电流量程按钮切换到200mA。将可变负载调至最大，逐渐改变负载电阻的大小，使输出电压值分别为0.90V、0.85V、0.80V……（输出电压值可能无法精确到表中所示的数值，只需相近即可），稳定后记录电压值和电流值。

当负载电阻突降到很低时，电流会突升到很高，甚至超过电解电流值，这种情况是不稳定的，重新恢复稳定需较长时间。为避免出现这种情况，在输出电流高于210mA后，每次调节减小电阻0.5Ω；在输出电流高于240mA后，每次调节减小电阻0.2Ω，使测量一点时的平衡时间稍长一些（约需5min）。稳定后记录电压、电流值。

实验完毕，关闭燃料电池与气水塔之间的氢气、氧气连接开关，切断电解池的输入电源。

作出所测燃料电池的极化曲线和该电池输出功率随输出电压的变化曲线，并求出该燃料电池的最大输出功率及其对应的效率。

3. 观察能量转换过程，测量太阳能电池的特性

切断电解池的输入电源，把太阳能电池的电压输出端连入电解池。断开可变电阻负载，打开风扇作为负载，并打开太阳能电池上的光源，观察仪器的能量转换过程：光能→太阳能电池→电能→电解池→氢能（能量存储）→燃料电池→电能。观察完毕，关闭风扇和燃料电池与气水塔之间的氢气、氧气连接开关，并将ZKY-RLDC燃料电池综合实验仪电压源输出端口旋钮逆时针旋到底。

将电流测量端口与可变负载串联后接入太阳能电池的输出端，将电压表并联到太阳能电池的两端。首先，断开回路测量开路电压U_{oc}，调节光源高度，使U_{oc}=3.10V；然后，把可变

负载调至最大再连接好回路，保持光照条件不变，改变负载电阻的大小，记录输出电压、电流值，并计算输出功率。

作出所测太阳能电池的伏安特性曲线和功率随输出电压的变化曲线，并且求出该太阳能电池的短路电流 I_{sc}、最大输出功率 P_m、最大工作电压 U_m 和最大工作电流 I_m、填充因子 FF。

注意：（1）实验用水为去离子水或二次蒸馏水，容器清洁，否则将损坏系统；（2）PEM 电解池的最高工作电压为 6V，最大输入电流为 1000mA；（3）PEM 电解池所加的电源极性必须正确，否则将毁坏电解池并有起火燃烧的可能；（4）绝不允许将任何电源加于 PEM 燃料电池的输出端，否则将损坏燃料电池；（5）太阳能电池板和配套光源在工作时的温度很高，切忌用手触摸，以免被烫伤；（6）绝不允许用水打湿太阳能电池板和配套光源，以免触电和损坏该部件；（7）配套“可变负载”所能承受的最大功率是 1W，只适用于该实验系统。

五、预习思考题

1. 燃料电池的环保主要体现在哪些方面？如何提高燃料电池的燃料利用率？

2. 什么是法拉第定律？若满足法拉第定律，则氢气产生量与输入电压、电流、电量分别存在什么关系？

3. 影响质子交换膜燃料电池的过电位有哪几个？分别给出它们产生的原因。

4. 在测量电解池产生的氢气体积时，为什么要考虑测量时的温度和压强？

5. 在测量太阳能电池的短路电流时，能不能正、负极短接？如何确定短路电流？

6. 对于太阳能电池，填充因子 FF 有什么意义？

7. 测量太阳能电池的输出特性时，为什么即使不打开仪器的照射光源，太阳能电池也会有输出电压？

六、论文报告的撰写要求

1. 引言。简要概述研究背景，聚焦研究主题，提出研究问题和研究目的。

2. 研究方法。研究方法主要包括材料（材料来源、性质、数量及处理等）和实验方法（实验仪器、实验条件、实验方案和测试方法等）。

3. 实验结果与分析讨论。以图或表等手段整理实验结果，并进行分析与讨论。

4. 结论。论文总体的结论，还可以在结论中提出建议及方法、改进意见、研究设想和待解决的问题等。

5. 参考文献。

七、拓展

1. 设计方案，研究阴极、阳极加湿温度和电池工作温度对燃料电池性能的影响规律。

2. 建立电化学模型、热量模型和气流模型，通过 MATLAB/Simulink 仿真软件研究燃料电池性能。

八、参考文献

[1] 成都世纪中科仪器有限公司. ZKY-RLDC 燃料电池综合实验仪实验指导及操作说明书.

[2] 汪静，迟建卫，等. 创新性物理实验设计与应用[M]. 北京：冶金工业出版社，2004.

第十一章　基于仿生的创新性物理实验研究

实验 26　仿生超疏水表面的制备与减阻性能

21 世纪是海洋的世纪，加强海洋的开发、利用、安全，关系到国家的安全和长远发展。因此，船舶和航行器的远航程技术研究备受关注。减阻不仅是解决远航程的重要途径，而且符合节能环保的世界发展趋势。理论上，在能源和航速等条件一致时，航行阻力减小 10%，航程增加 11.1%。

水的接触角大于 150°、滚动角小于 10°的表面称为超疏水表面。受自然界中一些动植物表现出的超疏水现象的启发，仿生疏水材料在水下减阻方面的潜在应用受到国内外学者的极大关注，超疏水微结构表面的制备技术已成为水下减阻材料领域的前沿课题。目前，经过科研人员的大量探索性研究，在超疏水表面的设计和制备方面取得了许多丰富的成果，而且将其应用领域扩展至自清洁、防冰、增强换热和微流控等领域。

一、实验目的和要求

1. 了解荷叶面、水黾腿、蜻蜓翅膀和蚊子眼等一系列生物功能性表面的结构特点。
2. 了解仿生超疏水表面制备和形貌表征的一般方法。
3. 了解仿生超疏水表面在自清洁、防冰和减阻等不同领域的应用。
4. 掌握制备仿生超疏水表面的模板法。
5. 学习仿生超疏水表面的静态、动态润湿性，以及减阻性和防冰特性等。

二、基础理论及启示

随着对超疏水研究的不断深入，我们发现自然界中的很多动植物都具有超疏水性，比如植物叶（荷叶、水稻叶等）、水黾的腿部、蜻蜓的翅膀等。一般认为它们的表面具有微-纳米结构，在固-液界面处产生气膜，使水滴不能将表面润湿，从而达到超疏水的效果。生物体表面表现出的润湿特性均是为了更好地适应生存环境而不断进化后的产物。

1. 动植物的功能性表面特征

荷叶表面具有显著的超疏水性，并且表面上的液滴极易滚动，可清除荷叶上的灰尘等，具有自清洁性，荷叶的这两种特性称为“荷叶效应”。荷叶表面的微观结构如图 11-1 所示。叶子表面被类疣状表面细胞所覆盖，形成微米级的乳突，它们的直径为 5～9μm，平均间距约为 12μm。此外，乳突表面为管状纳米蜡质层（长链疏水烷烃结构），直径约为 124nm。叶面上的水滴被微-纳米结构及其内的空气共同支撑，只有极少部分与固体接触，导致固-液界面处的黏附力低，使水滴易滚落，且各向同性。强极性的水分子在滚落时吸附灰尘等颗粒而实现自清洁。研究表明，荷叶表面的超疏水性及自清洁性是其表面微-纳米结构和蜡状物质共同作用的结果。

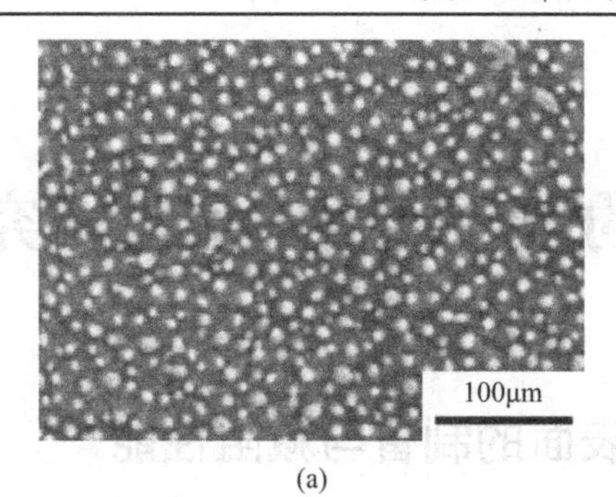

(a)

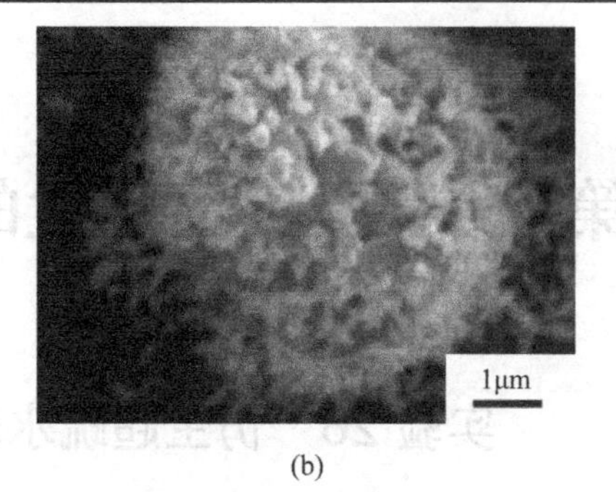

(b)

图 11-1　荷叶表面的微观结构

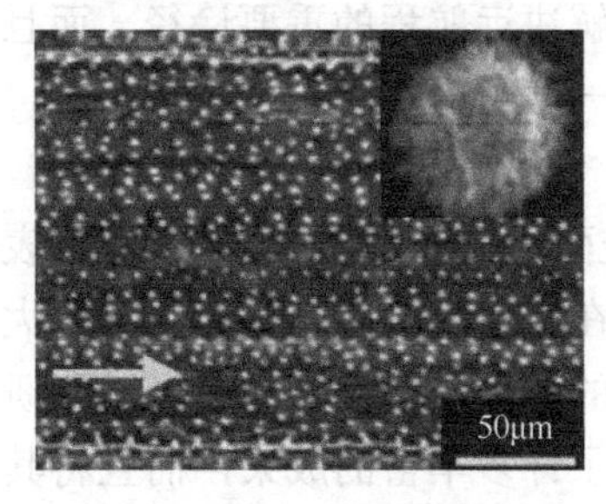

图 11-2　水稻叶表面的微观结构

水稻、狗尾草等植物的叶片具有超疏水性和各向异性润湿性。水稻叶表面的微观结构如图 11-2 所示。发现水稻叶上存在与荷叶相似的层次结构的乳突结构，不同之处在于乳突呈现一维平行排列，水滴可以更容易地沿着平行于水稻叶边缘的方向滚动，而不是沿着垂直的方向滚动，呈现明显的滚动各向异性。平行于水稻叶沟槽方向水滴的接触角为(153±3)°，垂直于沟槽方向水滴的接触角为(146 ± 2)°。

水黾能够在水面上快速行走、跳跃，而且腿部还不会被水浸湿，如图 11-3(a)所示。用扫描电子显微镜观察水黾的腿部可发现，水黾腿部有数千根定向排列的针状刚毛，长度约为 50μm，其根部直径也在微米级以上，尖端处的直径约为几百纳米［图 11-3(b)］。进一步放大后可以发现，微米级尺寸的刚毛上还覆盖了许多螺旋状纳米尺寸的凹槽，两者共同构成了水黾腿部的微-纳米结构［图 11-3(c)］。水黾腿部的这种微-纳米结构能够将大量的空气包裹在微米尺寸的刚毛和纳米尺寸的凹槽内，大大减小了水黾腿部表面与水的接触面积，从而使水黾腿部表面具有超强的超疏水特性。对其腿的力学测量表明，一条腿在水面的最大支持力就达到了其身体总重量的 15 倍。

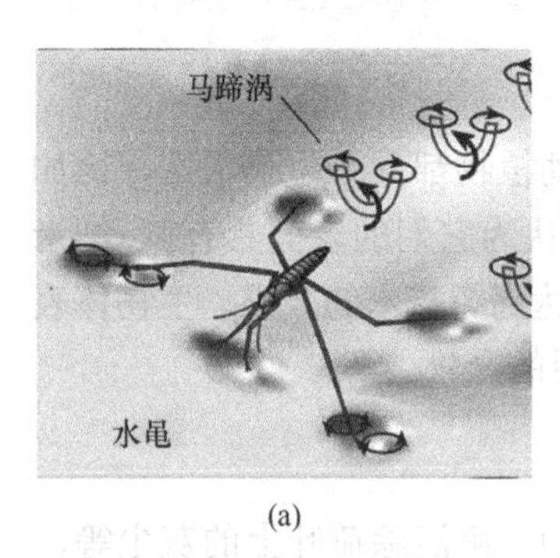

(a)

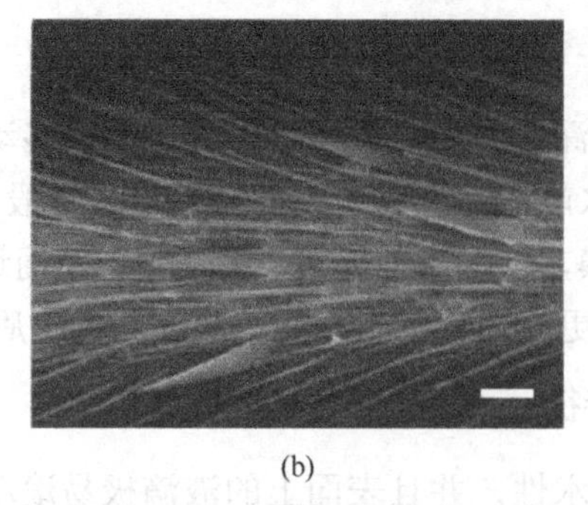

(b)

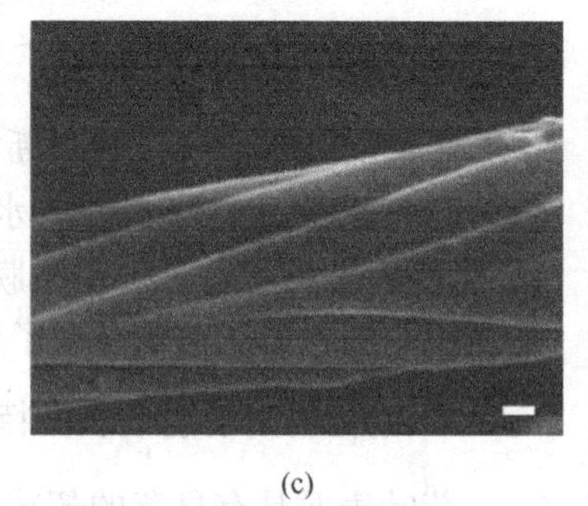

(c)

图 11-3　水黾腿的微观结构

自然界中一些昆虫的翅膀也具有超疏水性，如蝴蝶、蝉等，在雨天，它们的翅膀不会被打湿。蝴蝶的翅膀与水稻叶相似，水滴在蝴蝶的翅膀上滚动时，同样存在各向异性。水滴沿着径向向外的方向很容易滚落，而沿着径向向内的方向则很难滚动。蝴蝶翅膀的微观结构如图 11-4 所示。蝴蝶翅膀表面是由许多鳞片组成的，长约 100μm、宽约 40μm，鳞片沿径向方向定向排列，微米尺寸的鳞片表面是由纳米尺寸的脊状条纹组成的。它们共同构成了蝴蝶翅膀表面的微-纳米结构，使蝴蝶翅膀表面具有良好的超疏水特性。其中，蝴蝶翅膀表面上鳞片的排列方式决定了水滴的滚落方向。

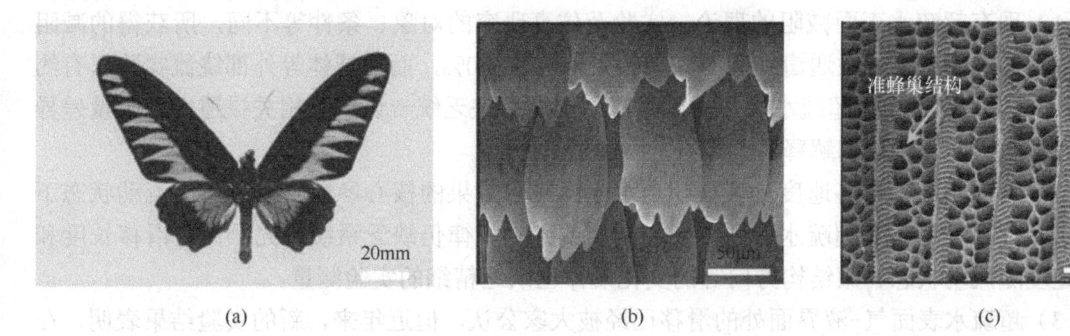

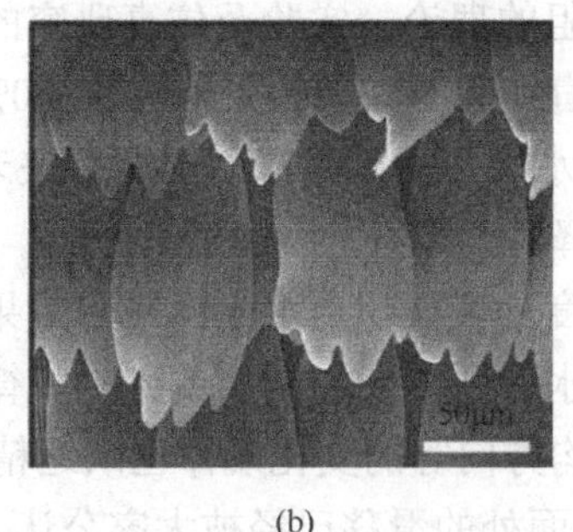

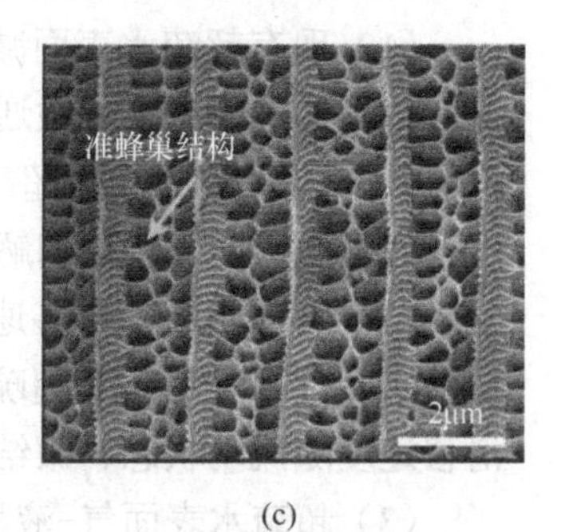

图 11-4　蝴蝶翅膀的微观结构

2. 仿生超疏水表面制备方法

超疏水表面的设计一般需要同时考虑微观结构和表面化学组成两个因素，因此设计需满足：①具有合适的表面微纳阵列结构；②具有较低表面能的材料。此外，若表面可加工制备极其特殊的微观结构，如双重重入结构和三重重入结构，则即使表面材料具有较高的表面能，也能获得超疏水性能。

模板法是先将低表面能预聚体放置在具有特定形状的母版之上，采用挤压、硬化等工艺手段将模板上的特定形状复印至预聚体，然后将母版移开，便获得了与模板结构相反、具有同样特定形状的低表面能薄膜，即低表面能仿生微纳表面。表面刻蚀法主要包括化学刻蚀、激光刻蚀和等离子体刻蚀等，是构建粗糙表面的一种有效方法。Didem 等采用激光刻蚀法在硅基底上制备出一系列不同尺寸和形状的规则微结构，并在表面上修饰了硅烷，获得了最大接触角超过 170° 的超疏水表面。随后 Lai、Shiu 和 Feng 等分别采用类似的方法制备出微结构和润湿性可控的超疏水表面。溶胶-凝胶法的具体做法为在溶胶中分散一些纳米颗粒或者大分子，这些颗粒或者大分子在溶胶中凝固，凝固的结构为多孔状结构，同时内部充满了液体和气体；然后在该混合物中加入具有高活化能的物质，使该混合物凝固，从而形成比较稳定的体系。相分离法是在有机溶胶中加入添加物，当温度或者压强等环境因素发生改变时，有机溶胶和添加物就会发生相分离。在相分离过程中由于凝胶固化，有机物会形成三维网状微-纳米结构，而其他物质则通过挥发的方式扩散出去，最终在固体壁面上留下高孔隙度的微结构，该方法可以使用价格低廉的原料进行大面积的超疏水涂层制备。

此外，超疏水表面还有电化学法、气相沉积法、自组装法和热反应法等。超疏水表面的制备方法大多具有烦琐、难以控制表面质量、需要高昂的设备等缺点，如何采用低廉的材料、简单的工艺制备性能稳定的超疏水表面仍是现在研究的热点问题。

3. 疏水/超疏水表面减阻研究现状

超疏水表面减阻研究可追溯至 20 世纪末，1999 年 Watanabe 等将丙烯酸树脂改性的氟烷烃涂覆在圆管内壁，形成超疏水表面，发现层流状态时减阻量可达 14%，且超疏水表面壁面处的流速不为零，这归因于低表面能及微结构内部封存的空气形成了气-液界面，减小了液体与固体壁面的接触面积。

目前，对超疏水表面水下减阻已经进行了大量的研究，且其减阻效果得到了理论和实验的证实，主要有以下成果和亟须解决的问题。

（1）现有超疏水表面减阻的理论、实验及仿真研究的对象、条件等不同，所获得的减阻量在数值上偏差很大（微通道实验中减阻效果可达约 40%，而椭球体等外部绕流实验只有约15%的减阻量），致使对超疏水表面的减阻能力至今仍缺乏统一认识，相关报道中减阻量差异性的产生原因亟须验证和解释。

（2）滑移长度和滑移速度是表征超疏水表面减阻效果的核心参数，目前不同流动状态下滑移长度、滑移速度对超疏水表面流场与减阻的影响规律仍缺乏系统研究，同时滑移长度和滑移速度随流动状态、微结构方向等的变化规律也缺乏精细的实验测量。

（3）超疏水表面气-液界面处的滑移已经被大家公认。但近年来，新的实验结果表明，在某些条件下超疏水表面气-液界面处存在明显的剪应力，因此，有必要从实验角度对不同超疏水表面的壁面滑移进行更加直观的观测，以总结不同实际条件下滑移速度的影响因素和变化规律。

三、主要的实验仪器与材料

主要的实验仪器与材料包括：锥板式流变仪、真空干燥箱、超声清洗仪、烧杯、聚二甲基硅氧烷（PDMS）、聚甲基丙烯酸甲酯（PMMA）、聚乙烯醇（PVA）、丙酮、甘油、乙醇、纯水等。

四、实验内容与步骤提示

1．模板法制备 PDMS 超疏水微结构表面

模板法制备 PDMS 超疏水微结构表面的流程示意图如图 11-5 所示。首先利用材料制备生物表面负向模板，再用低表面能材料制备仿生超疏水材料，这实际上就是一种微铸造过程。

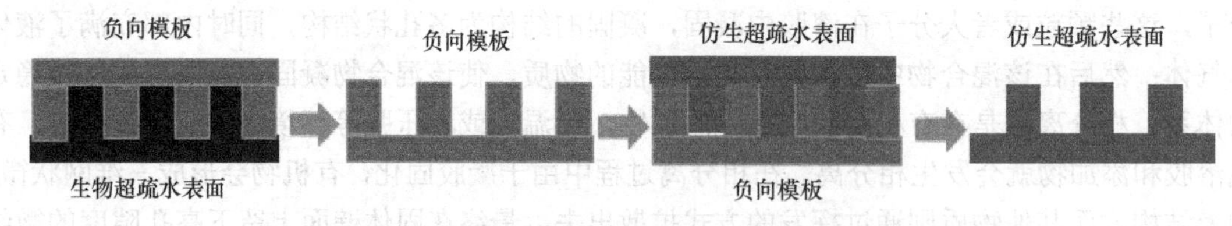

图 11-5 模板法制备 PDMS 超疏水微结构表面的流程示意图

制作 PMMA 负向模板结构。将新鲜荷叶浸入纯水中进行超声清洗，将配制的 10% PMMA 丙酮溶液浇注于荷叶表面，室温下静置 16h，待丙酮挥发完全后，将浇注样品与荷叶表面分离。

利用 PMMA 负向模板制作 PDMS 正结构，首先将 PDMS 与交联剂以质量比 10：1 混合，并置于真空箱中除气 20min；然后将液态的 PDMS 浇筑到 PMMA 负向模板上，将模型放在60℃烘箱内固化 120min，最后将固化的 PDMS 薄膜与硅板分开，便得到具有规则微结构的超疏水 PDMS 表面。

2．PDMS 超疏水微结构表面的减阻规律

采用锥板式流变仪对 PDMS 超疏水微结构表面的相对减阻率进行测试，采用体积比为

2∶1 的甘油和水混合液作为测试液，使转子以设定的剪切速率在覆盖相同测试液的样板上旋转，如图 11-6 所示。通过测试不同剪切速率下 PDMS 超疏水微结构表面产生的剪切力，并与光滑表面的基准样板的剪切力对比，表征测试样板的表面结构与基准试样相比所引起的相对减阻效果，作出剪切率和相对减阻率的关系曲线。

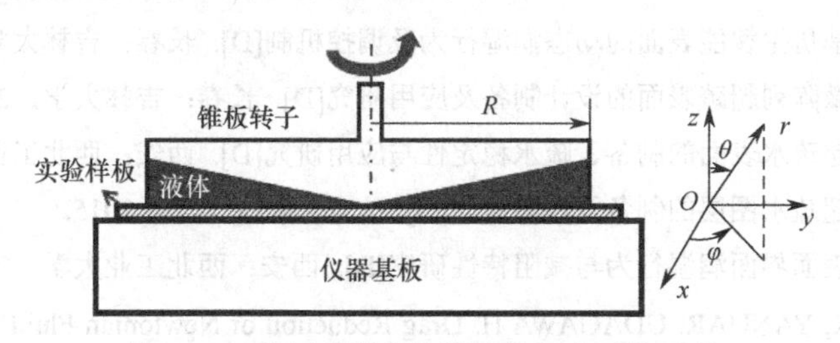

图 11-6　锥板式流变仪测试剪切力系统原理

相对减阻量 K 可表示为

$$K=\frac{\tau_{未处理}-\tau_{处理后}}{\tau_{未处理}}\times 100\% \tag{11-1}$$

五、预习思考题

1．什么是“荷叶效应”？详述荷叶表面超疏水性的产生原因。

2．模板法制备仿生功能性表面的流程是什么？

3．表征润湿性的参数是什么？如何测量这几个参数？

4．简述超疏水性的研究方法。

5．流阻测试有什么方法？针对不同方法，如何评价减阻效果？

六、论文报告的撰写要求

1．引言。简要概述研究背景，聚焦研究主题，提出研究问题和研究目的。

2．研究方法。研究方法主要包括材料（材料来源、性质、数量及处理等）和实验方法（实验仪器、实验条件、实验方案和测试方法等）。

3．实验结果与分析讨论。以图或表等手段整理实验结果，并进行分析与讨论。

4．结论。论文总体的结论，还可以在结论中提出建议及方法、改进意见、研究设想和待解决的问题等。

5．参考文献。

七、拓展

1．采用模板法制备马面鲀鱼或水稻叶等其他动植物功能性表面。

2．设计方案，测量 PDMS 超疏水微结构表面的润湿性。

3．设计实验，对 PDMS 超疏水微结构的表面形貌进行表征。

八、参考文献

[1] 黄景泉，张宇文. 鱼雷流体动力学[M]. 西安：西北工业大学出版社，1989.

[2] 魏增江，肖成龙，田冬，等. 仿荷叶聚苯乙烯超疏水薄膜的制备[J]. 化工新型材料，2010，38（3）：74-76.

[3] 高鹏，耿兴国，欧秀龙，等. 人工构建二维准晶复合结构的减阻特性研究[J]. 物理学报，2009，58（1）：421-426.

[4] 高涵鹏. 金属基仿生智能表面的动态润湿行为及调控机制[D]. 长春：吉林大学，2020.

[5] 王胡军. 仿生微阵列超疏表面的设计制备及应用研究[D]. 长春：吉林大学，2020.

[6] 黄建业. 仿生超疏水表面的制备、疏水稳定性与应用研究[D]. 西安：西北工业大学，2014.

[7] 潘洪波. 仿生超疏水图层的制备及性能研究[D]. 太原：中北大学，2015.

[8] 宋东. 超疏水表面界面润湿行为与减阻特性研究[D]. 西安：西北工业大学，2015.

[9] WATANABE K, YANUAR, UDAGAWA H. Drag Reduction of Newtonian Fluid in a Circular Pipe with a Highly Water-Repellent Wall[J]. Journal of Fluid Mechanics, 1999, 381: 225-238.

[10] ONER D, MCCARTHY T J. Ultrahydrophobic Surfaces. Effects of Topography Length Scales on Wettability [J]. Langmuir, 2000, 16(20): 7777-7782.

[11] LAI Y, LIN C, WANG H, et al. Superhydrophilic–Superhydrophobic Micropattern on Tio2 Nanotube Films by PhotocatalyticLithography[J]. Electrochemistry Communications, 2008, 10(3): 387-391.

[12] SHIU J Y, KUO C W, CHEN P L, et al. Fabrication of Tunable Superhydrophobic Surfaces by Nanosphere Lithography[J]. Chemistry of Materials, 2004, 16(4): 561-564.

[13] FENG J S, TUOMINEN M T, ROTHSTEIN J P. Hierarchical Superhydrophobic Surfaces Fabricated by Dual-Scale Electron-Beam-Lithography with Well-Ordered Secondary Nanostructures[J]. Advanced Functional Materials, 2011, 21(19): 3715-3722.

实验 27　仿贝壳复合材料的制备及其力学性能

为了生存及适应环境，生物经过几百亿年的进化和优胜劣汰的自然选择，不断地完善自身的结构与功能，使其精细结构、力学性能和功能具有独特性，受到了许多领域研究学者的关注。尽管生物结构材料由少量的组分构成，但其仍具有先进的性能，并且在某些方面优于传统工程材料。值得注意的是，这些生物结构材料在多个长度尺度（包括纳米和分子尺度）上显示出高度可控的结构特征。另外，生物结构材料可以使其组分和结构适应环境，展现自我修复和重塑。就绝对结构性能而言，诸如骨骼或软体动物壳之类的硬生物结构材料通常不如钢或纤维增强复合材料等工程材料。但是，硬生物结构材料的力学性能远高于其组分——脆性矿物质和弱蛋白质，而正是这些天然复合材料实现的“性能增强”是非凡的，特别是许多生物结构材料既坚固又坚韧，而这两种特性在工程材料中通常是互斥的。

一般认为，生物结构材料的结构和力学是以有限尺寸的功能单元为特征的，而这些功能单元就像砌墙上的砖块一样，在材料内井然有序地排布着，如珍珠层中的矿物片层、骨骼中的胶原纤维、木材中的纤维素等。大自然严格控制着这些功能单元的大小、几何形状和排列方式。通常功能单元被分为纤维状、螺旋状、梯度状、层状、管状、蜂窝状、缝合和重叠的构件。这些功能单元在多个尺度上组合，生物结构材料在宏观尺度上实现了多功能和高性能。另外，生物结构材料的变形和断裂在很大程度上取决于它们内部所包含的界面。这些界面可能在材料中占据非常小的体积分数，但它们的重要性绝不一般。

一、实验目的和要求

1. 了解贝壳珍珠层的砖砌多级微观结构特征、力学性能和增韧机制。
2. 了解仿生砖砌结构的设计和制备方法。
3. 掌握光刻、电沉积法结合制备砖砌结构金属材料的制备方法。
4. 学习砖砌结构材料的表征及力学性能测试方法。

二、基础理论及启示

强度和韧性的实现对于工程材料至关重要，然而，这两种性能往往难以兼得，这在很大程度上限制了材料的应用。大自然使物种在数亿年的进化中找到合理的成分和结构从而实现结构与性能的高度统一，造就了机械性能优异的层状复合结构材料，以便物种适应千奇百怪的生存环境，贝壳就是其杰作之一。

1. 贝壳的结构、力学性能与强化机制

贝壳，又名珍珠母，是一种无机/有机杂化材料，具有非常高的强度、韧性和硬度等力学性能。同时，作为珍珠的外壳，具有绚丽夺目的彩虹色。贝壳的大部分是无机矿物质材料（95wt.%的填充物是文石片），有机基质只占其中的一小部分（1～5wt.%的β-甲壳质和丝纤蛋白）。贝壳不仅具有层状多级有序的结构，而且具有突出的力学性能。贝壳的弹性模量为40～70GPa，强度范围为20～120MPa。贝壳的韧性为3～10MPa/m，是其组元相的100～1000倍。这种超常的韧性来源于由硬相碳酸钙和软相蛋白质交替层叠排列组成的砖砌结构。“砖”是指直径为5～8μm、厚度为200～900nm的硬脆的$CaCO_3$片层，占总体积的95%以上；“泥”则是厚度为10～50nm的柔韧蛋白质，占总体积的不到5%。$CaCO_3$片层的形状和排列方式在不同贝壳珍珠层中并不拘泥于一种形式，主要有板片状珍珠层结构、复杂交叉叠片结构、交叉叠片结构、棱柱状结构、柱状珍珠层结构、叶状结构和匀质结构7种，如图11-7所示。这些形式都可称为砖砌结构。另外，贝壳的砖砌结构是一种从宏观到微观的多尺度、多层次的复杂而精细的结构。宏观贝壳的尺寸处于厘米量级，而其微观的砖形单元尺寸为几微米，界面的蛋白质厚度只有几十纳米。除此之外，整个碳酸钙砖形单元表面不是平整的，而有一些波形起伏；其表面也有一些纳米的微凸体，当上、下两块片层的微凸体连接在一起时，不仅形成纳米级的矿物桥联，还会出现一些纳米级的蛋白质的桥联。这些结构通过不同方式起到强化或韧化材料的作用。

贝壳的砖砌结构区别于其他生物材料结构的特点在于，硬相碳酸钙的砖形单元有规律地排列在软相蛋白质基体中。而人骨或鹿角则以其他形式存在，硬相以纤维状排列在软相基体中。在贝壳的砖砌结构中，硬相承担外力载荷，软相负责在硬相砖形单元之间传递载荷。在贝壳的变形过程中会发生软相蛋白质的剪切及硬相碳酸钙砖形单元的滑移，最后因蛋白质剪切断裂及砖形单元的拔出而失效。这是贝壳变形过程中主要的增韧机制之一：砖块拔出。在这个过程中软相的失效会引导裂纹的扩展，从而造成裂纹的偏转。裂纹偏转机制在贝壳的增韧过程中也将发挥重要作用。另外，在贝壳失效前的砖块之间的滑移过程中，砖块的波形起伏、纳米微凸体及纳米桥联对滑移的阻碍起到了强化作用。这些都是贝壳拥有超高韧性的原因。

砖砌结构最重要的变形机制是在单轴拉伸下砖块的滑移及拔出。力作用下软相先发生剪切变形并将力传导向各个砖块，当力达到软相的剪切强度时，砖块开始发生相对滑移。砖块的滑移会导致微观孔洞的产生，同时表现出局部的较大塑性变形，当这种现象出现在整个材料中时，也是贝壳整体表现出明显塑性的阶段。任何一处滑移导致界面软相发生破裂都会迅速蔓延至整个材料，使砖块从软相中拔出，导致材料整体失效。另外，基体软相通过发生塑性变形提高了相邻片层间的滑移阻力，因此强化了砖块拔出韧化机制的作用。然而，这种失效的前提是软、硬相的结合强度要大于软相的剪切强度，否则软、硬相将相互分离，不能进行有效的力的传导和硬相砖形单元的相互滑移，这是贝壳砖砌结构的独特之处。

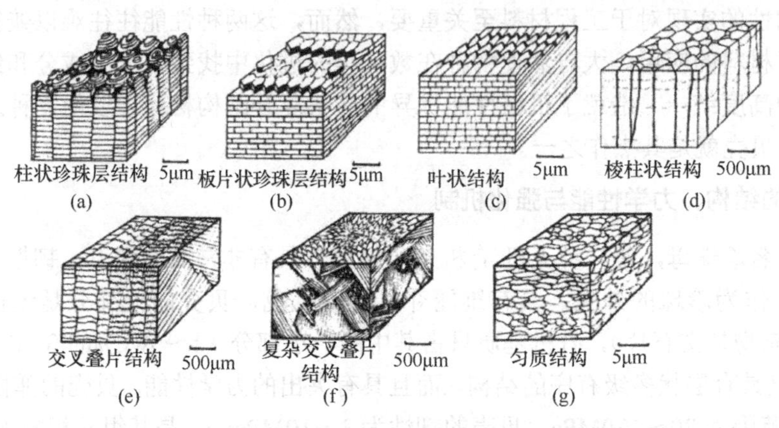

图 11-7 贝壳多级微观结构

裂纹只在界面软相或者一些沟槽中扩展，造成不断偏折。在同一层上，裂纹沿界面软相延伸，当裂纹从界面软相生长到下一处界面软相时，裂纹相当于偏折 90° 或大于 90° 方向后继续向前移动，所以即使在相邻的砖形单元之间，裂纹也在不断偏折弯曲。在不同层之间，当裂纹从界面缝隙向软相层延伸时，裂纹将沿两个相反的方向在软相基体层扩展直到被硬相砖形单元阻碍。随着外加载荷的不断增大，在此处容易产生新的裂纹，然后通过硬相层的软相界面继续延伸到下一个软相层，蜿蜒曲折的过程延长了裂纹的扩展路径，促使整个材料在断裂过程中吸收更多的能量，使其表现为较大的断裂功。另外，裂纹从应力状态有利的方向向应力状态不利的方向扩展，也会增大裂纹的扩展阻力。

砖块的拔出机制和裂纹偏转机制虽是贝壳最主要的增韧机制，但砖块上的纳米凸起（直径为 30～100nm，高为 20～30nm）的作用也不可忽略。相邻层凸起有些会连接在一起形成所谓的矿物桥，增大砖块滑移的阻力，从而起到提高强度及提高加工硬化的作用，如图 11-8(a) 所示。但是，这些微凸体对滑移的阻碍作用是非常有限的，其距离一般为 15～20nm，相对于砖块的滑移距离为 100～200nm，几乎差一个数量级。所以，这些纳米微凸体带来的韧性增强效果相对于较宏观的砖块拔出及裂纹偏转的增韧效果微弱一些。矿物桥的作用与之类似（图 11-8(b)），可视为界面的一种强化相，这些矿物桥属于硬脆相，在滑移过程中很容易脆断，但脆断之后，在经过一段滑动后，断桥重新接触，从而产生新的互锁作用。

2．仿贝壳结构的设计原理

目前，对于砖砌结构强塑性复合材料设计的大致原则为：软相组元材料一般具有较好的塑性或延伸率（如蛋白质、高分子材料、某些金属材料等），而硬相组元材料一般为硬脆材料，几乎没有塑性或延伸率（如碳酸钙、陶瓷、玻璃等）。这些软、硬相的结合要取得优异的力学性能，需要其他因素的匹配调和，如两相比例、结构尺寸等。

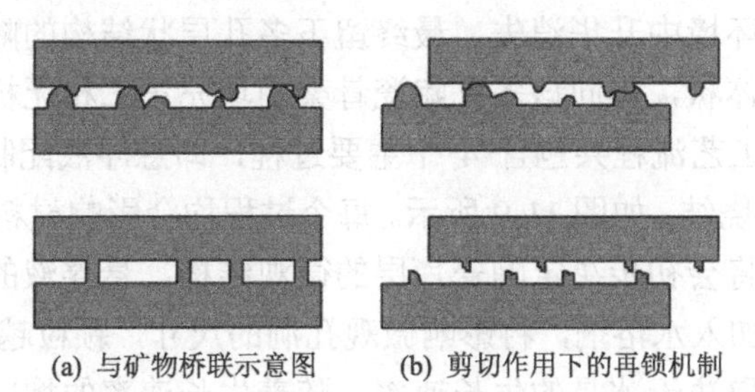

(a) 与矿物桥联示意图　　(b) 剪切作用下的再锁机制

图 11-8　剪切作用下两种纳米尺度的砖形单元之间滑动的模型

结构尺寸的设计原则如下。

在拉伸时，载荷将软相有机质中形成的剪切应力传递到硬相砖块，并在一定条件下发生砖块的拔出，即贝壳的核心增韧机制。而贝壳的强度通常由简单的剪切滞后模型确定

$$\sigma_c = \alpha V_P \sigma_P + (1 - V_P)\sigma_m \tag{11-2}$$

式中，σ_c为砖砌结构复合材料的断裂强度，V_P为硬相所占的体积分数，σ_P为硬相拉伸强度，σ_m为软相拉伸强度。

由于具有特殊的结构影响，这种复合材料的强度并不能按照简单的混合叠加法则来计算，而是由各部分所受的平均应力来决定的，因此会有一个强化系数 α。

整体材料的断裂模式由砖块的纵横比决定，若纵横比 S 大于临界值 S_c，则会因砖块的断裂使材料发生失效，这意味着材料会发生灾难性的失效，此时 α 的表达式为

$$\alpha = 1 - \frac{\sigma_P}{2\tau_y S} \tag{11-3}$$

式中，τ_y为软相的剪切强度。若纵横比 S 小于临界值，则软相的屈服将发生在砖块断裂之前，这意味着软相会发生较大的塑性变形，砖块被拔出而导致材料的失效，这就是最重要的增韧机制，即拔出机制。整体材料会以一种较温和的方式失效，此时 α 的表达式为

$$\alpha = \frac{\tau_y S}{2\sigma_P} \tag{11-4}$$

在砖块断裂模式下，材料的强度高，但比较脆，对裂纹较敏感；而发生砖块拔出的材料强度低一些，但塑性较好且对裂纹的敏感性大大降低。所以在保证强度的条件下，S 的值应尽量大，但要小于 S_c。在拔出机制中，由于软相的屈服要早于两相之间的分离，因此两相的结合力 τ_i 要大于软相的剪切强度 τ_y。

3. 仿贝壳砖砌结构材料的制备

由于贝壳的砖砌结构具有一系列完善的增韧机制，因此这一结构已经被材料研究者引入各种工程材料中，以便提高工程材料的断裂韧性。目前，人工制备砖砌结构材料涉及陶瓷/高分子、黏土/高分子、玻璃/高分子、陶瓷/金属等复合材料。

（1）采用冰模板法制备陶瓷基砖砌结构材料。冰模板法也称冷冻铸造法。应用冰模板法（Ice Template）制备陶瓷基砖砌结构材料是目前技术最成熟，也是取得最多成果的仿贝壳材料的研究之一。它是指水基陶瓷悬浮液在定向凝固过程中，冰晶定向控制形成层状结构，在此

过程中生长的冰晶把悬浮的陶瓷颗粒推挤至晶界处，大量陶瓷颗粒沿晶界排布，最终形成冰晶层和陶瓷颗粒堆积层的交替排列的结构，包括由垂直于主生长方向的树突形成的“矿物桥”；随后冰晶层在低温低压环境中升华消失，最终留下多孔层状结构的陶瓷材料；最后经过压缩烧结后，材料变成小块体状，再向该多孔陶瓷骨架中填充第二相无机或有机相后可获得致密的砖砌结构。冰模板法工艺流程共包含 4 个主要过程，即悬浮液配制、定向凝固、冷冻干燥（冰晶的升华）和坯体的烧结，如图 11-9 所示。每个过程均会影响材料的最终微观结构，其中，悬浮液配制和定向凝固将会初步决定陶瓷片层的微观结构。悬浮液的配制过程选择微米或者亚微米尺寸的陶瓷颗粒加入水溶剂，将影响微观孔洞的尺寸，颗粒越细小，陶瓷骨架越致密；而层状结构的厚度主要取决于冰晶的生长速率，随着生长速率的增大，凝固界面前沿的过冷幅增大，导致冰晶尖端半径减小。因此，在不影响整个结构的长期顺序的情况下，获得了更细的微观结构。该技术提供了一种从几微米到几十微米甚至几百微米的多尺度范围内模拟珍珠贝的材料设计新途径。

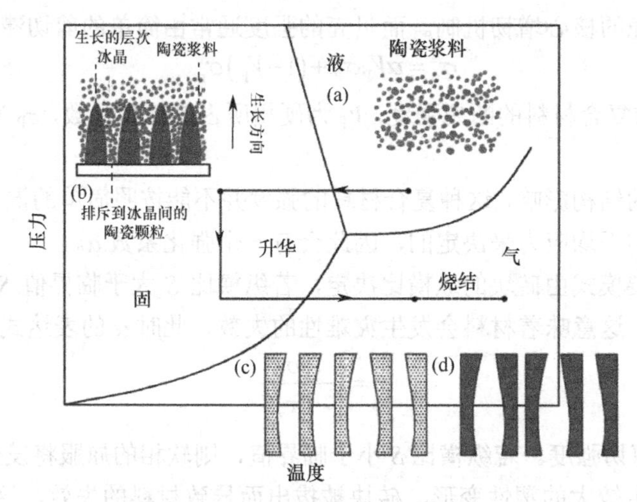

图 11-9 冰模板法工艺流程

（2）采用激光熔融法制备玻璃基砖砌结构材料。激光三维雕刻技术应用飞秒激光诱导光击穿，通过非线性电离将能量传递给电子，这些电子再把能量转移到晶格上，从而完成把光能量转移到物质上的过程。在辐照过程中，材料会经历不可逆的局部的相变或结构的变化，从而导致折射率的改变，甚至产生孔洞或裂纹。随着激光功率的增大，产生变化的区域尺寸线性增大，达到一个极值后，该缺陷尺寸达到一个恒定值，不会继续增大，这提供了一个足够大的范围来调整微裂纹的大小。另外，飞秒激光的非线性吸收的性质限制了对焦区域的任何诱导变化。这种空间限制结合激光扫描或样品平移，实现了在三维几何上的复杂结构的微机械加工。

（3）采用层层自组装法制备黏土基砖砌结构材料。层层自组装（Layer-By-Layer self-assembly，LBL）技术是指在固体载体上，溶液中的基团通过相互作用、交替沉积进而形成具有特殊层状结构和形状的聚合物薄膜的一项技术。这些作用力包括静电力、氢键作用、共价键作用等。由于其操作简单、方法通用，且由胶体和大分子结合成具有纳米尺度特征的结构精细，性能稳定，从而被广泛应用于制备多功能化、纳米结构的功能薄膜材料，包括纳米复合、药物传递平台、抗反射涂层、固相记忆器件、超疏水涂层等。对于功能材料来讲，除要求其在某些特殊的功能（如折射率、疏水性、存储性等）达到一定要求外，其机械性能也是这些功能发挥作用的重要保障，是材料研究者不可忽略的关键点。

不同的组装方式可直接影响材料制备的效率及其在各领域的应用价值。目前，仿贝壳珍珠母复合材料的其他制备方法还有电泳沉积法、挤出法、真空抽滤法和液晶纺丝等。仿贝壳结构制备法中比较常用的有层层自组装和真空抽滤法。由于层层自组装的方法操作效率低，冰模板法的限制条件比较苛刻，而真空抽滤法相比于前两种方法操作简单且成膜高效，特别是在制备仿贝壳珍珠母复合材料时，其可很好地避免材料发生局部相分离而被广泛采纳。另外，最新的3D打印技术可以制备出具有任意几何形状微观结构的材料，促进了仿生复合材料的研究。

三、主要的实验仪器与材料

主要的实验仪器与材料包括：电子束蒸发仪，光刻机，Sawatec/SM-180-BT涂胶机，电沉积设备，Instron 5848 MicroTester万能实验机，切割机，Image J图像处理软件，Tanner绘图软件，正型S-1813光刻胶，Sawatec/HP-150加热台，硬相非晶Ni-P，软相超细晶Ni，硅基片，丙酮、异丙醇类化学清洗剂等。

光刻工艺原理示意图如图11-10所示。本实验将软件设计好的图形从掩模板上转移到硅片基底上要经历一套复杂的工序。首先清理并干燥硅片表面，接下来用涂胶机实现硅片涂胶，烘干使光刻胶固化，在光刻机中曝光，用浸没法显影，通过后烘去除光刻胶中残留的溶剂，最后检查图案的形状和精度。

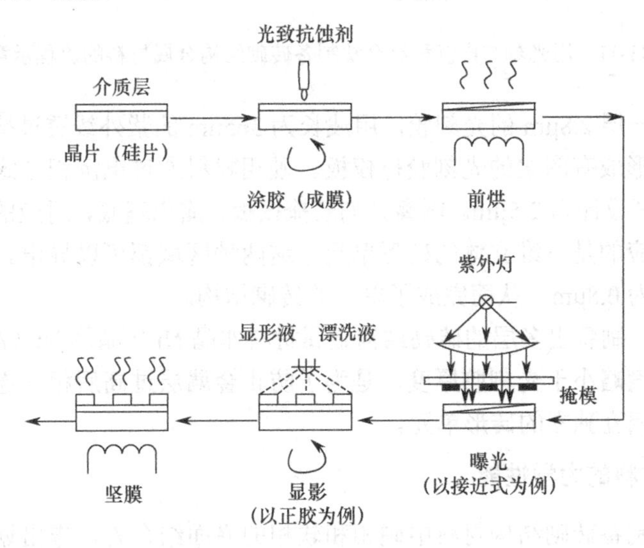

图11-10 光刻工艺原理示意图

电镀工艺（直流电沉积法）用来砖砌结构的制备砖块层和泥浆层。电沉积设备主要包括程控电源、控制端计算机、恒温磁力搅拌器、电镀槽、工业在线pH计、蠕动泵等。控制端计算机和程控电源控制电流的大小和输出时间，恒温磁力搅拌器为加热装置且有恒温及搅拌电镀液的作用，蠕动泵则用来逐滴补充溶剂（水），保证溶液浓度的恒定。在砖砌结构材料的电沉积过程中，电镀砖块层先在一种溶液中电镀一段时间后，把样品迅速拿出进行三道清洗，分别是去离子水清洗、超声酸洗1min、再次去离子水清洗。然后剥离光刻胶掩模板，放入第二种溶液中进行电沉积。第二种溶液沉积结束后，进行三道清洗，再放入第一种溶液中进行沉积。

材料制备完成后，需要与基底进行分离。砖砌材料在硅片上生长，因此只需用质量分数为30%的 NaOH 在 90℃下溶解硅片即可。本实验所用的硅片厚度约为 500μm，溶解时间约为 2h。

四、实验内容与步骤提示

1．用光刻与电沉积结合法制备砖砌结构金属材料

用光刻与电沉积结合法制备砖砌结构金属材料的流程示意图如图 11-11 所示。首先准备 500μm×3cm×3cm 的硅片作为基底，接下来应用电子束蒸发设备蒸镀一层厚度为 50nm 的金薄膜，作为电沉积导电的基底。在此基底上进行循环交替、光刻和电沉积。

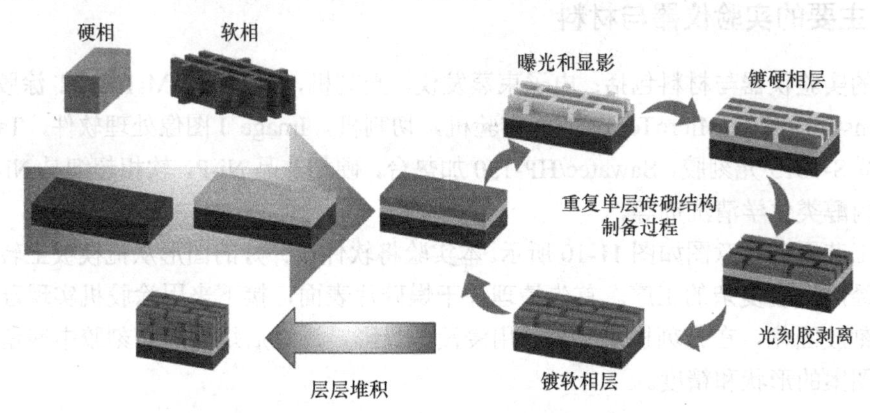

图 11-11 用光刻与电沉积结合法制备砖砌结构金属材料的流程示意图

在基底上旋涂一层 2.8μm 的光刻胶，用波长为 365nm 的紫外线透过掩模板图案对光刻胶曝光，然后显影，形成有图案的光刻胶掩模板。硬相材料通过电沉积方式填充于无光刻胶区的基底上，沉积厚度设计为 2.5μm。剥离光刻胶掩模板，露出基底，对应的是掩模板的不透光区域，透光区域对应的是三维立体的砖形单元。这两种区域都可以导电。在整个表面沉积软相材料，设计厚度为 0.8μm，从而完成了单层的砖砌结构。

重复上述步骤，制备出多层的砖砌结构金属材料非晶 Ni-P/晶体 Ni（AM-Ni-P/UFC-Ni）。

注意：沉积厚度略小于光刻胶厚度，是为了防止金属层过高后相互连接，导致下一步去胶困难，难以制备相互独立的砖形单元。

2．砖砌结构材料的力学性能

用划痕法测量制备砖砌结构材料中硬相和软相的界面结合力，作出划痕实验中声信号、摩擦力和摩擦系数信号随压痕载荷变化的曲线。声信号和摩擦力的第一个突变点可以确定界面失效时的载荷，它可以定量地表征两相之间的结合力。界面失效后的声信号及摩擦力的突变是由膜层被破坏后产生的碎屑或褶皱带来的。

在本实验中，砖砌结构其实是基底加双层膜的结构，因此第一个突变点后的某个摩擦力突变可能是基底与膜层之间结合力失效的表现。通常直接用临界载荷 L_c 表示基底和膜层间的结合强度。影响性的因素有很多，主要包括膜层厚度、两相组元的硬度、压头与膜之间的摩擦力、薄膜的应力等。

将制备的砖砌结构材料制成条带状样品进行单轴拉伸实验，测试材料的强度，拉伸样品的尺寸为 20mm×6mm×32μm。作出条带拉伸应力–应变曲线，获得该材料的抗拉强度。若 σ_b 与 σ_m 分别是硬相砖块与软相泥浆的拉伸强度，V_b 与 V_m 分别是硬相砖块与软相泥浆所占的体积分数，则可由简单的混合法公式 $\sigma_c=\sigma_b V_b+\sigma_m V_m$ 计算砖砌结构复合材料的抗拉强度 σ_c。比较测量结果与计算结果，分析两者不同的原因。

五、预习思考题

1．海洋贝壳的组成成分是什么？不同贝壳的珍珠层中，$CaCO_3$ 片层主要有哪几种形状？

2．为什么简单组成的贝壳具有优异的力学性能？贝壳砖砌结构的增韧机制是什么？

3．仿贝壳砖砌结构应遵循什么设计思路？

4．仿贝壳砖砌结构材料常用的有哪几种制备方法？给出用光刻法与电沉积结合法制备砖砌结构材料的方案。

5．仿贝壳结构主要用来克服材料的什么缺点？对于仿贝壳层状或砖砌结构材料，常测量什么力学性能？并给出测量拉伸性能的具体步骤。

六、论文报告的撰写要求

1．引言。简要概述研究背景，聚焦研究主题，提出研究问题和研究目的。

2．研究方法。研究方法主要包括材料（材料来源、性质、数量及处理等）和实验方法（实验仪器、实验条件、实验方案和测试方法等）。

3．实验结果与分析讨论。以图或表等手段整理实验结果，并进行分析与讨论。

4．结论。论文总体的结论，还可以在结论中提出建议及方法、改进意见、研究设想和待解决的问题等。

5．参考文献。

七、拓展

1．对制备的砖砌结构材料的结构进行表征，并用 Image J 软件测量体积分数。

2．设计方案，用光刻法/电沉积法制备仿贝壳层状结构材料。

3．选取一种合适的方法，制备仿贝壳金属/金属砖砌结构材料，并给出详细的步骤。

八、参考文献

[1] 何泽洲. 非共价界面层状纳米复合材料的多尺度力学与设计[D]. 合肥：中国科学技术大学，2021.

[2] 侯雪. 海洋贝壳的精细结构及其力学性能研究[D]. 海口：海南大学，2020.

[3] 炊晓毅. 砖砌结构金属材料的制备与力学性能[D]. 合肥：中国科学技术大学，2020.

[4] LIN A Y M, MEYERS M A, VECCHIO K S. Mechanical properties and structure of Strombus gigas, Tridacna gigas, and Haliotis rufescens sea shells: a comparative study[J]. Materials Science and Engineering: C, 2006, 26(8): 1380-1389.

[5] CURREY J D. mechanical properties of mother of pearl in tension[J]. Proceedings of theRoyal Society of London Series B, 1976, 196(1125): 443-463.

[6] WEGST U G K, ASHBY M F. The mechanical efficiency of natural materials[J]. Philosophical Magazine,

2004, 84(21): 2167-2186.

[7] JACKSON A P, VINCENT J F V, TURNER R M. The Mechanical Design of Nacre [J]. Proceedings of the Royal Society of London Series B, 1988, 234(1277): 415-440.

[8] KATTI K S, MOHANTY B, KATTI D R. Nanomechanical properties of nacre[J]. Journal of Materials Research, 2006, 21(5): 1237-1242.

[9] ESPINOSA H D, RIM J E, BARTHELAT F, et al. Merger of structure and material in nacre and bone-Perspectives on de novo biomimetic materials[J]. Progress in Materials Science, 2009, 54(8): 1059-1100.

[10] SMITH B L, SEHAFFER T E, VIANI M, et al. Molecular mechanistic origin of the toughness of natural adhesives fibres and composites[J]. Nature, 1999, 399(6738): 761-763.

[11] DEVILLE S, SAIZ E, TOMSIA A P. Ice-templated porous alumina structures [J]. Acta Materialia, 2007, 55(6): 1965-1974.

[12] GLAVINCHEVSKI B, PIGGOTT M. Steel Disc Reinforced Polycarbonate[J]. Journal of Materials Science, 1973, 8(10): 1373-1382.

[13] MUNCH E, LAUNEY M E, ALSEM D H, et al. Tough, Bio-Inspired Hybrid Materials [J]. Science, 2008, 322(5907): 1516-1520.

[14] YIN Z, HANNARD F, BARTHELAT F. Impact-resistant Nacre-like Transparent Materials[J]. Science, 2019, 364(6447): 1260-1263.

[15] DECHER G. Fuzzy Nanoassemblies: Toward Layered Polymeric Multicomposites [J]. Science, 1997, 277(5330): 1232-1237.

[16] DIMAS L S, BRATZEL G H, EYLON I, et al. Tough Composites Inspired by Mineralized Natural Materials: Computation, 3D printing, and Testing[J]. Advanced Functional Materials, 2013, 23(36): 4629-4638.

实验 28　仿生复眼的电化学刻蚀制备及测试

自然界中昆虫的复眼，如苍蝇的眼睛，是天然存在的多孔径曲面光学探测系统，也是天然存在的实时图像分析和处理系统，具有视场大、重量轻、体积小、对运动物体敏感等特点，是研究者制作微光电传感器、微光电探测器、微光电成像系统的极佳模型。以昆虫复眼生理结构为原型的仿生复眼在微型照相机、微型摄像机、飞行导航、实现微飞行器自主飞行、自动化机械、智能运动机器人等设备的光电探测系统和传感系统上有着重要的应用前景。将其与微光机电系统（Micro-Optical-Electro-Mechanical System，MOEMS）集成，可以进一步减轻 MOEMS 的重量，扩展系统的视觉范围，使系统更加微型化、智能化。对自然界中的昆虫复眼成像、神经计算、信息处理等功能进行仿生并加以运用的研究工作一直方兴未艾。

目前，对自然界中昆虫复眼的仿生研究工作可以分为以下三部分：对昆虫复眼结构的仿生、对昆虫复眼功能的仿生及对昆虫复眼视觉信息的神经计算处理的仿生（控制仿生），即对昆虫复眼视觉信息的神经计算处理的仿生。对昆虫复眼结构的仿生是通过选择合适的材料及工艺，制作出与昆虫复眼结构相似的物理结构；对昆虫复眼功能的仿生是通过对物理结构的调整，包括材料的选择、结构及尺寸的优化，使仿生复眼具有不同的功能。在通常情况下，对昆虫复眼结构和功能的仿生是联系在一起的。另外，若要对复眼的功能加以应用，就需要对其视觉信息的神经计算处理过程进行仿生，即控制仿生，这可以通过计算机信息处理软件和硬件来实现。

一、实验目的和要求

1. 了解生物复眼的结构及成像原理。
2. 了解仿生平面复眼系统、曲面复眼系统和多相机系统。
3. 掌握仿生复眼结构的设计思路。
4. 学会仿生复眼的制备工艺及测试。

二、基础理论及启示

生物复眼是自然界昆虫、节肢类动物、甲壳类动物的视觉器官，视场内不同方向的物体可以由相对应角度的子眼孔镜捕获，相邻子眼视场之间有重叠区域，可避免检测死区。昆虫复眼结构因具有独特的成像机制、空间和时间分辨率高、大视场等优点备受人们的关注。仿生复眼是集光学、机械学、信息学、自然科学于一体，具有创新性和交叉性的前沿学科。因具有体积小、集成度高、视场大等优点，仿生复眼在自主导航、目标追踪与定位、智能相机、信息交流、航空航天、医疗诊断、光学整形等领域具有广阔的市场潜力和发展前景。

1. 生物复眼的微观结构及成像原理

昆虫的复眼在它们的生活中起着非常重要的作用，它能辨别出近距离的物体，尤其是运动的物体。复眼由小眼构成，其数目和形状与昆虫种类有关。一般情况下，昆虫小眼为六边形，直径范围为10～140μm，相邻小眼的夹角为1°～5°，所有小眼紧密地排列在一起，最大的视野范围可达360°。图11-12所示为不同放大倍数下苍蝇的复眼结构。

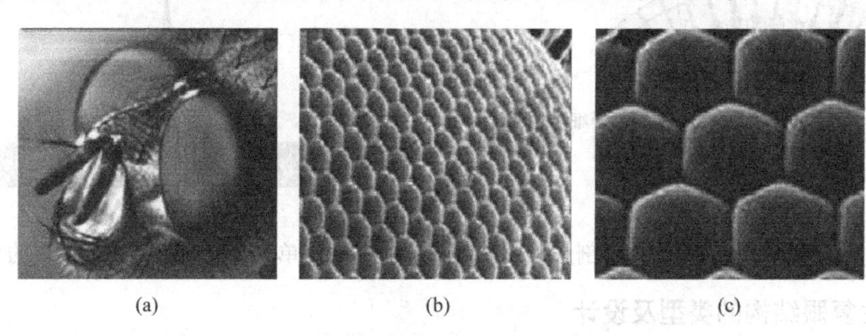

(a)　(b)　(c)

图11-12　不同放大倍数下苍蝇的复眼结构

根据生理结构、成像原理与光学特性的差异，可以将昆虫复眼分为并列型复眼、折射重叠型复眼、神经重叠型复眼、反射重叠型复眼、抛物线重叠型复眼，如图11-13所示。并列型复眼成镶嵌像，折射重叠型复眼、反射重叠型复眼和抛物线重叠型复眼成光学重叠像，神经重叠型复眼成神经重叠像。虽然构成复眼的小眼的数量、形状和大小对于不同种类的昆虫会有差异，成像原理也有所不同，但每个小眼的生理解剖结构都是相同的。图11-14所示为复眼小眼的生理结构解剖图。小眼由角膜、晶锥、感杆束、视觉神经、反光层等组成，整体是一个独立的感光单位。角膜和晶锥是由特化的皮细胞及其分泌物形成的透明组织，相当于屈光器；而感杆束、视觉神经和反光层相当于感光器，其中感杆束由感觉神经细胞集成，视觉神经由感觉神经轴突集成，反光层由微气管构成。当环境变化引起光线变化时，屈光器将光聚焦至感光器。另外，小眼四周还包围着暗色素细胞，相当于隔光器，可以对进入小眼的光通量进行调节和控制。昆虫复眼从外界感受到的信息通过视觉中枢神经与昆虫大脑联系起来，从而对外界环境的变化做出反应。

昆虫复眼对移动物体的反应十分敏感，有着很高的时间分辨能力。例如，蜜蜂对突然出现物体的反应时间是 0.01s，而人类需要 0.05s；对于连续运动的物体，人眼每秒捕捉到的画面是 24 帧，昆虫复眼可以达到上百帧。如图 11-15 所示，单孔径光学成像系统人眼的水平和垂直视场角在 100°左右，视场范围有限，在可视视场范围内比生物复眼的分辨率高，但是越靠近视场边缘，递减速率越大，成像质量也越差。虽然昆虫等生物复眼的分辨率比人眼低，但是复眼占据昆虫整个头部表面的大部分区域。复眼光学系统能够捕获视场范围内各个视场角的空间目标，扩大了视场范围，大多数复眼的视场角为 180°～360°，分辨率比较均匀。生物复眼视觉系统相对于单孔径视觉系统的最大优点为具有大视场特性。

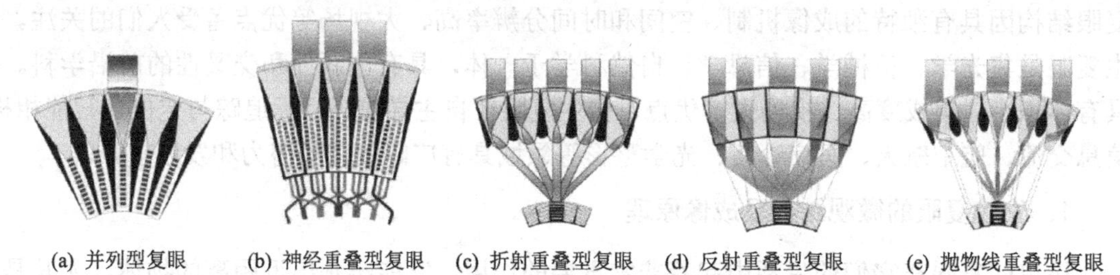

图 11-13 不同类型复眼的成像原理

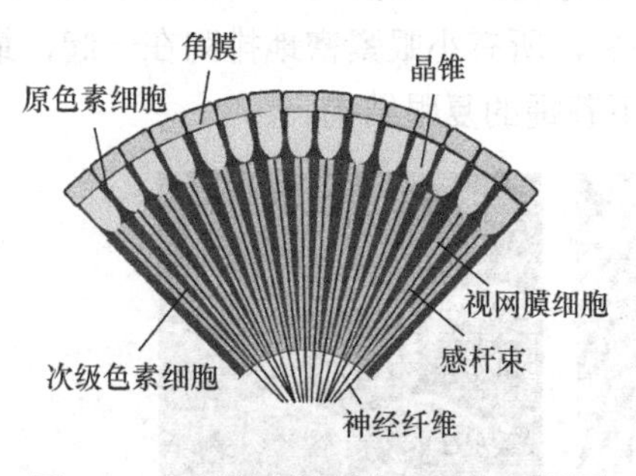

图 11-14 复眼小眼的生理结构解剖图

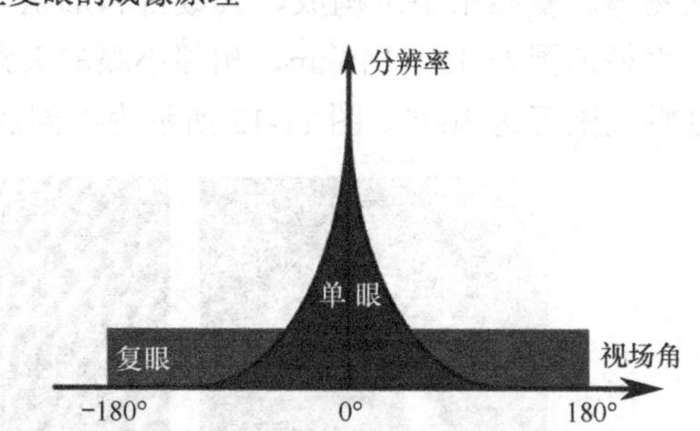

图 11-15 单眼和复眼在视场范围内的分辨率对比

2. 仿生复眼结构的类型及设计

对仿生复眼成像系统的研究始于 20 世纪 90 年代，根据复眼的结构及各部位的功能性质抽象出来的物理模型主要由微透镜阵列、隔光层及探测器阵列组成。目前，根据多种仿生复眼成像系统组成结构的差异，其主要分为平面复眼系统、曲面复眼系统及多相机系统三类。在实际研究过程中，由于所选的工艺和成型材料不同，因此研究者提出的结构模型也不尽相同。而由于工艺限制或者设计需求，在不同的研究中设计制备了不同的结构来实现隔光引导的作用，如波导、光纤、场镜等，使仿生复眼的结构具有多样性。仿生复眼结构的多样性使其在功能上存在一定差异，从而能应用于不同场合。

（1）平面仿生复眼系统的设计研究。2000 年日本大阪大学的 Tanida 团队受蜻蜓并列型复眼的启发，设计了一种小型紧凑的成像系统 TOMBO。该系统由三部分组成：一个微透镜阵列、一个隔离阵列和一个图像探测器。每个透镜都对应一个隔离器且覆盖多个探测器敏感元而形成一个单元，相邻的单元相互独立、互不干扰。每个透镜都在探测器上形成一幅子图像，相邻子图像仅有很小的位移差。该系统获取的子图像阵列可用于图像高分率重构、深度估计甚至三维成像。Fraunhofer 研究所设计了一种多层平面仿生复眼 oCley，该系统包括三层微透镜阵列和光阑阵列。三个来自不同层的微透镜构成一个光学通道，这三个微透镜的光轴存在一定夹角。各个光学通道分别负责不同的视场，所有通道的子图像都可以拼接成一幅完整的大视场图像。该系统的主要技术参数如下：视场角 70°×10°，空间分辨率 71lp/mm，角分辨率 3.3lp/°。随后该课题组对 oCley 进行了改进，通过增加一层微透镜阵列，减小光线到达图像传感面的入射角，从而增大了通光量、减小了通道串扰、提高了图像信噪比。改进后的系统视场角可达到 53.2°×39.9°，空间分辨率增至 155lp/mm，角分辨率增至 4.2lp/°。

（2）仿生曲面复眼的设计研究。设计仿生曲面复眼的目的是尽可能地模拟生物复眼的结构和功能，以获得生物复眼所具有的特性，甚至获得比生物复眼更强的性能和更多的功能。生物并列型复眼由很多单独的小眼排列在曲面上组成，每个小眼又包括收集光线的角膜、传导光线的晶锥和由感光细胞包围的感杆束三部分。相邻小眼之间由色素细胞隔开，防止相互串扰。所以仿生曲面复眼的结构在理想情况下应该包括微透镜阵列、光传导系统、光敏感元阵列三部分，相邻小眼之间可以加入隔离器防止小眼间的串扰。仿生曲面复眼原理模型如图 11-16 所示，模型主要包含四部分：曲面微透镜阵列、曲面光传导系统、曲面光探测器阵列及防止小眼间相互串扰的隔离器。

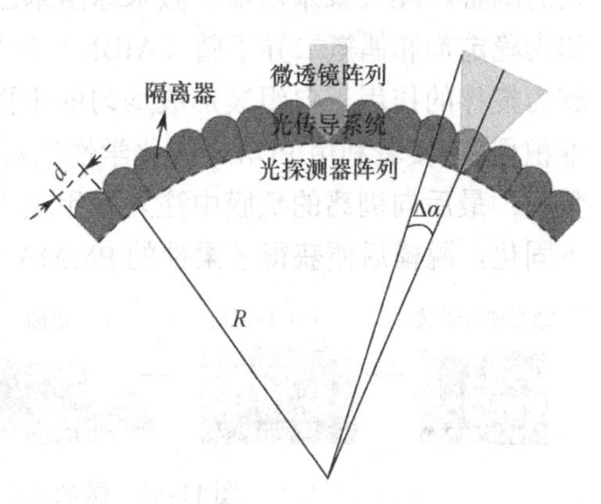

图 11-16　仿生曲面复眼原理模型

（3）多相机系统的设计研究。平面复眼系统虽然能够获得比传统成像系统更多的功能，如深度估计、三维成像等，但是平面复眼系统相比生物复眼，依然存在探测视场范围小的缺陷。为了实现较大的视场成像，研究人员提出了多种多相机曲面排列模仿生物复眼的方案。斯坦福大学制作的相机阵列实现了超分辨率成像、高信噪比成像、高动态范围成像等。由于不同空间位置的相机采集不同视角的图像，因此还可以用来进行深度估计和三维成像。2013 年，Afshari 等提出了一种嵌入式全景相机系统，该系统由 30 个带有光学探测器的相机组成，并均匀地排列在半径为 6.5cm 的半球冠上，最大视场角可达 180°×360°。每个微型相机都是一个多折射系统，其焦距为 1.27mm。该系统包含 3 个 FPGA 计算板，用于实时捕获和处理视频流，可以实现以每秒 625 万像素的速率进行实时视频流传输，并且每个 FPGA 计算板的最大图像分辨率为 3200 万像素，该系统的帧频为每秒 25 帧。

3. 仿生复眼的制备

微透镜阵列是仿生复眼结构的核心，其制备工艺是研究仿生复眼的基础，近年来对仿生复眼制备工艺的研究也取得了许多成果。目前，工艺较成熟且常用的制造方法包括光敏玻璃热成型法、聚焦离子束刻蚀与沉积法、光刻胶热熔法及离子交换法等。随着科学技术的高速发展，越来越多的新技术被应用于微透镜阵列的制备工艺中。

孙宏达等提出利用静电力形变模板制备微透镜阵列，其工艺原理示意图如图 11-17 所示。首先通过一系列的工艺加工出静电变形薄膜模具，并在模具下方的相应位置设计下电极，其形状可以是六边形、正方形或圆形；然后在制作好的静电变形薄膜模具上施加特定的电压，使导电薄膜在电场的作用下发生变形，而薄膜的形变量可以通过调节电压大小、改变电极的位置/倾角来控制，最后在保持电压不变的情况下，向形变模板中导入液态高分子光学材料，采用加热或紫外线照射等固化手段，使透镜材料成型固化。待材料固化完毕进行脱模，得到平面微透镜阵列。

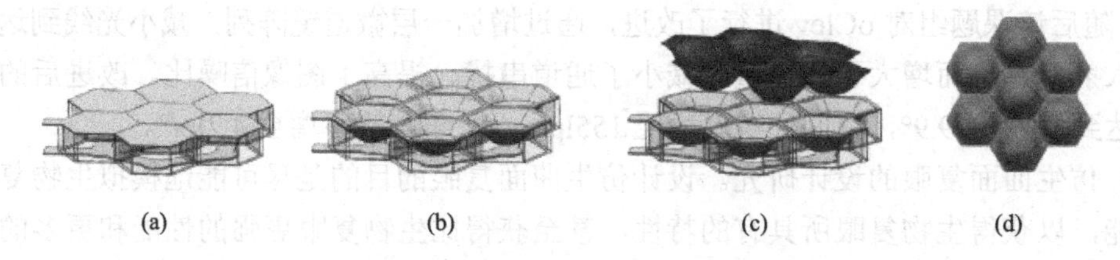

图 11-17 利用静电力形变模板制备微透镜阵列工艺原理示意图

结合对微纳材料的研究，Wen-Kai Kuo 等提出利用高分子微米球的自组装来完成微透镜阵列的制备。PS（聚苯乙烯）微米球由苯乙烯的分散聚合合成，并采用聚乙烯吡咯烷酮（PVP）作为稳定剂和偶氮二异丁腈（AIBN）作为引发剂。其原理示意图如图 11-18 所示，微米球在磁力搅拌的作用下自组装形成均匀的平面微米球阵列；随后置于真空干燥箱中，提高其紧密堆积程度；接着利用 PDMS 的化学惰性对该平面阵列进行倒模，从阵列上剥离薄膜获得 PDMS 负膜；最后向剥离的负膜中注入聚甲基丙烯酸甲酯（PMMA）与乙酸混合溶液，使其在常温下固化，脱模后便获得了柔性的 PMMA 平面微透镜阵列。

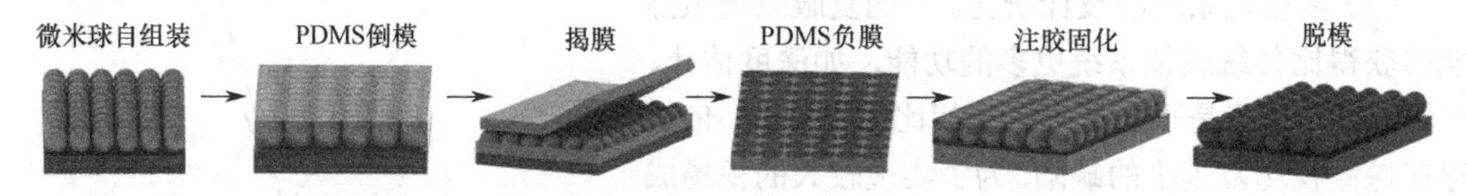

图 11-18 微米球自组装微透镜阵列制备原理示意图

J Dunkel 等将纳米压印技术与超精密加工技术相结合，提出一种快速制备微透镜阵列的方法，并可以根据主模具的结构制备任意形状的微透镜阵列。

吉林大学的研究团队利用高速三维像素调制激光扫描技术直接在曲面基底上加工微透镜阵列，如图 11-19 所示。首先通过旋涂工艺在基片上旋涂 20μm 厚的胶层，通过对最小像素的调制进行两次扫描：第一次激光扫描将最小像素设定为 400nm，此次扫描的目的在于勾勒出曲面的基底；第二次扫描调节最小像素至 100nm，用于制备分布于曲面上的微透镜阵列。两次扫描完成后，需要对其进行显影去除多余的光刻胶，从而得到最终的曲面微透镜阵列。

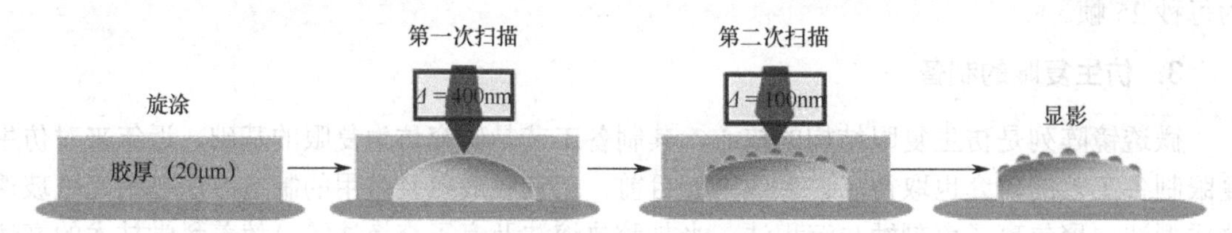

图 11-19 高速三维像素调制激光扫描工艺

综上可知，国内外的学者对仿生复眼结构都有很深的认识，对微透镜阵列的制备工艺进行了很多研究，也取得了不斐的成果，然而现阶段的工艺方法仍存在很多不足，需要研究者进一步完善。

三、主要的实验仪器与材料

主要的实验仪器与材料包括：角分辨光谱显微镜、扫描电子显微镜、电子束曝光系统、超声清洗机、电化学工作站、热板、匀胶机、镀膜机、退火炉、恒温鼓风干燥箱、电子束电致抗蚀剂（AR-P 6200）及其显影液、掺杂硫的N型InP（直径：50.8±0.4mm；厚度：350±25μm；晶向：（100））、烧杯、导电银浆、光刻胶废液、无水乙醇、丙酮、去离子水、甲基丙烯酸甲酯（MMA）、苯甲醚。

四、实验内容与步骤提示

1. 电子束曝光技术辅助电化学刻蚀技术制备仿生复眼结构

基于InP的仿生复眼结构的制备主要分为3步：首先，利用电子束曝光技术制备具有孔阵的InP掩模；其次，将曝光后的样品进行电化学刻蚀实验；最后，在电化学刻蚀过程中施加外界干扰，通过外界干扰得到基于InP的半球形径向多孔结构，即仿生复眼结构。用作图法分析刻蚀时间分别对刻蚀深度、半球形径向多孔结构的直径和平均刻蚀速率的影响规律。

2. 基于InP的仿生复眼结构的形貌表征及光学性能测试

将PMMA作为中介进行薄膜剥离实验，观测剥离之后的InP样品表面的结构，并研究半球形径向多孔结构的转移。用角分辨光谱显微镜对仿生复眼结构进行角分辨光谱测试，实验采用全角度照明反射模式进行测量，光波的波长范围为500～1000nm，光垂直于样品表面入射，入射角均为0°，接收角为0°～90°。

五、预习思考题

1. 生物复眼一般有哪几类？光学成像分别有什么特点？
2. 复眼小眼由什么组成？组元分别起什么作用？
3. 单眼和复眼在视场、分辨率、响应时间等方面有何区别？
4. 仿生复眼结构设计主要有哪几类？试给出曲面仿生复眼的设计思路。
5. 仿生复眼结构有哪些制备方法？试给出两种方法的具体方案。
6. 电子束曝光的原理是什么？设计对InP样品进行电子束曝光制备具有孔阵的掩模的实验步骤，设计对电子束曝光之后的InP样品进行电化学刻蚀的实验步骤。

六、论文报告的撰写要求

1. 引言。简要概述研究背景，聚焦研究主题，提出研究问题和研究目的。
2. 研究方法。研究方法主要包括材料（材料来源、性质、数量及处理等）和实验方法（实验仪器、实验条件、实验方案和测试方法等）。
3. 实验结果与分析讨论。以图或表等手段整理实验结果，并进行分析与讨论。

4．结论。论文总体的结论，还可以在结论中提出建议及方法、改进意见、研究设想和待解决的问题等。

5．参考文献。

七、拓展

1．设计多球面仿生复眼的结构，采用双光子聚合技术制备仿生曲面复眼结构，对制备的多球面仿生复眼结构用光学轮廓仪进行光学性能测试。

2．采用光学设计软件建立多焦距仿生复眼的仿真模型，并在光学模型的基础上，模拟仿生光学复眼的光学性质。

八、参考文献

[1] 王凯旋. 超简洁微型多球面仿生复眼的研究[D]. 长春：长春工业大学，2021.

[2] 李凤. 一体化仿生光学复眼的制作及其光学性质研究[D]. 南京：南京航空航天大学，2014.

[3] 张家铭. 大视场微透镜并列型仿生复眼系统设计[D]. 长春：长春理工大学，2019.

[4] 张阳. 电化学刻蚀制备仿生复眼结构[D]. 长春：长春理工大学，2018.

[5] 史成勇. 仿生曲面复眼系统设计及其图像处理研究[D]. 长春：中国科学院长春光学精密机械与物理研究所，2017.

[6] 王玉伟. 仿生复眼全景立体成像关键技术研究[D]. 合肥：中国科学技术大学，2017.

[7] 罗家赛. 多焦距仿生复眼研究[D]. 重庆：重庆大学，2018.

[8] WU Z, WANG Q N, SUN H D, et al. Shape-controllable polymeric microlens array duplicated by electrostatic force deformed template[J]. Optical Engineering, 2013, 52(6): 063401.

[9] SUN H D, DENG S F, CUI X B, et al. Fabrication of microlens arrays with varied focal lengths on curved surfaces using an electrostatic deformed template[J]. Journal of Micromechanics and Microengineering, 2014, 24(6): 065008.

[10] KUO W K, KUO F K, LIN S Y, et al. Fabrication and characterization of artificial miniaturized insect compound eyes for imaging[J]. Bioinspiration & Biomimetics, 2015, 10(5): 056010.

[11] DUNKE J, WIPPERMANN F, BRÜCKNER A, et al. Fabrication of refractive freeform array masters for artificial compound eye cameras[J]. Proceedings of SPIE-The International Society for Optical Engineering, 2014, 35(1): 627-631.

[12] AFSHARI H, Laurent JACQUES L, Luigi BAGNATO L, et al. The PANOPTIC Camera: A Plenoptic Sensorwith Real-Time Omnidirectional Capability[J]. Journal of Signal Processing Systems, 2013, 70: 305-328.

[13] DUPARRÉ J, SCHREIBER P, MATTTHES A, et al. Microoptical telescope compound eye[J]. Optics Express, 2005, 13(3): 889-903.